Der subordinationsrechtliche Verwaltungsvertrag
als Instrument der Grundwassersanierung

AF811030

Europäische Hochschulschriften
Publications Universitaires Européennes
European University Studies

Reihe II
Rechtswissenschaft

Série II Series II
Droit
Law

Bd./Vol. 3235

PETER LANG
Frankfurt am Main · Berlin · Bern · Bruxelles · New York · Oxford · Wien

Rüdiger Nolte

Der subordinationsrechtliche Verwaltungsvertrag als Instrument der Grundwassersanierung

Die Handlungsform des Sanierungsvertrages im Kontext des Neuen Steuerungsmodells unter Berücksichtigung der neuen Wege kooperativer Konfliktlösung

PETER LANG
Europäischer Verlag der Wissenschaften

Die Deutsche Bibliothek - CIP-Einheitsaufnahme

Nolte, Rüdiger:

Der subordinationsrechtliche Verwaltungsvertrag als Instrument der Grundwassersanierung : die Handlungsform des Sanierungsvertrages im Kontext des Neuen Steuerungsmodells unter Berücksichtigung der neuen Wege kooperativer Konfliktlösung / Rüdiger Nolte. - Frankfurt am Main ; Berlin ; Bern ; Bruxelles ; New York ; Oxford ; Wien : Lang, 2001

(Europäische Hochschulschriften : Reihe 2, Rechtswissenschaft ; Bd. 3235)
Zugl.: Münster (Westfalen), Univ., Diss., 2001
ISBN 3-631-38317-7

D 6
ISSN 0531-7312
ISBN 3-631-38317-7

© Peter Lang GmbH
Europäischer Verlag der Wissenschaften
Frankfurt am Main 2001
Alle Rechte vorbehalten.

Das Werk einschließlich aller seiner Teile ist urheberrechtlich geschützt. Jede Verwertung außerhalb der engen Grenzen des Urheberrechtsgesetzes ist ohne Zustimmung des Verlages unzulässig und strafbar. Das gilt insbesondere für Vervielfältigungen, Übersetzungen, Mikroverfilmungen und die Einspeicherung und Verarbeitung in elektronischen Systemen.

www.peterlang.de

Vorwort

Die vorliegende Arbeit wurde im Sommersemester 2000 von der Rechtswissenschaftlichen Fakultät der Westfälischen Wilhelms-Universität zu Münster als Dissertation angenommen.

Danken möchte ich an erster Stelle Herrn Professor Dr. Hans-Michael Wolffgang, der diese Arbeit angeregt und stets umsichtig betreut hat, für die Erstattung des Erstgutachtens sowie für die vertrauensvolle und engagierte Unterstützung, die ich erfahren durfte.

Mein besonderer Dank gilt an dieser Stelle auch Herrn Professor Dr. Johannes Hellermann, der freundlicherweise die Erstellung des Zweitgutachtens übernommen hat.

Meiner Frau, meinen Kindern und meinen Eltern danke ich für die liebe- und verständnisvolle sowie für die vielfältige persönliche Unterstützung, die es mir erst ermöglicht hat, diese Arbeit noch neben der Erfüllung meiner beruflichen Verpflichtungen fertigzustellen. Ihnen möchte ich diese Arbeit widmen.

Münster, im Juni 2001 Rüdiger Nolte

Inhaltsverzeichnis

A. Einleitung

Neben den Umweltmedien Boden und Luft stellt insbesondere das Wasser eine der wichtigsten Grundlagen allen menschlichen, tierischen und pflanzlichen Lebens dar.[1]

Infolge der fortschreitenden Kontamination dieser Elemente und der daraus resultierenden nachhaltigen Schädigung des gesamten Naturhaushalts setzte sich - im Sinne einer wachsenden Umwelt-Sensibilisierung der Bevölkerung - sukzessiv die Erkenntnis durch, dass die natürlichen Ressourcen nicht beliebig reproduzierbar sind. Zur Erhaltung der natürlichen Lebensgrundlagen und zum Ausgleich der konfliktären ökologischen, sozialen und ökonomischen Ziele der modernen Industriegesellschaft bedarf es mehr denn je eines effektiven und praktikablen Umweltschutzes.

Bereits das Umweltprogramm der Bundesregierung aus dem Jahre 1971 definiert Umweltpolitik richtungsweisend als Gesamtheit aller Maßnahmen, die notwendig sind, um

1. dem Menschen eine Umwelt zu sichern, wie er sie für seine Gesundheit und ein menschenwürdiges Dasein braucht,
2. Boden, Luft, Wasser, Tier- und Pflanzenwelt vor nachteiligen Wirkungen menschlicher Eingriffe zu schützen und
3. Schäden oder Nachteile aus menschlichen Eingriffen zu beseitigen.[2]

Diese Trias der Umweltziele wurde in den folgenden Jahrzehnten der Dynamik des Umweltrechts entsprechend fortentwickelt und den gegenwärtigen und zukünftigen Erfordernissen eines effektiven und effizienten Umweltschutzes in zunehmendem Maße angepasst. So wurde mit der Aufnahme des Umweltpflegeprinzips in das Grundgesetz der Bundesrepublik Deutschland die ökologische Fortentwicklung ver-

[1] Vgl. BVerfGE 58, 300 ff., 341 ff., BVerfGE 10, 89 ff., 107 ff., 113
[2] Vgl. Umweltprogramm der Bundesregierung v. 14.10.1971, BT-Drs.VI/2710 S. 8ff.

fassungsrechtlich verankert, wobei Art. 20 a GG[3] den Schutz der natürlichen Lebensgrundlagen umweltmedienübergreifend auch für zukünftige Generationen objektiv-rechtlich als staatliche Aufgabe festschreibt.[4]

Ein weiterer Meilenstein in der Umweltpolitik bzw. Umweltgesetzgebung und von außerordentlich großer praktischer Relevanz ist das Gesetz zum Schutz vor schädlichen Bodenveränderungen und zur Sanierung von Altlasten (Bundes-Bodenschutzgesetz-BBodSchG)[5], das - in Verbindung mit der Bundes-Bodenschutz- und Altlastenverordnung (BBodSchV)[6] - nunmehr auch den Boden bzw. die Bodenfunktionen als drittes Umweltmedium - neben Wasser und Luft - bundeseinheitlich schützt.[7]

Einen weiteren entscheidenden Schritt zur Modernisierung und Harmonisierung des Umweltrechts stellen gegenwärtig der sogenannte Professorenentwurf eines Umweltgesetzbuches (UGB AT/BT-ProfE) sowie der modifizierte UGB-Entwurf der Unabhängigen Sachverständigenkommission (UGB AT/BT-KomE) dar.[8] Diese - über eine bloße Kompilation hinausgehende - umfassende Kodifikation ermöglicht die dringend gebotene Systematisierung und Rationalisierung der umweltrechtlichen Bestimmungen mit dem Ziel, die Überschaubarkeit des Umweltrechts zu erhöhen und die Vollzugseignung zu steigern.[9] Während der äußerst innovative, aus acht

---

[3] Grundgesetz für die Bundesrepublik Deutschland v. 23.Mai 1949 BGBl. I S. 1, zuletzt geändert durch G v. 16.07.1998 BGBl. I S. 1822, Art. 20 a GG wurde durch G v. 27.10.1994 BGBl. I S. 3146 in das GG aufgenommen

[4] Vgl. Jarass in Jarass/Pieroth GG aaO., Art. 20 a, Rdnr. 1, 7, 8, Kloepfer Umweltrecht, § 3, Rdnr. 20 ff., Murswiek NVwZ 1996, 222 ff., 230, Uhle JuS 1996, 96 ff., 97 zum Umweltschutzprinzip als Staatszielbestimmung und relatives Schutzgut der Verfassung

[5] Bundes-Bodenschutzgesetz vom 17.März 1998 (BGBl.I S.502)

[6] Bundes-Bodenschutz- und Altlastenverordnung vom 12.Juli 1999 (BGBl.I S.1554 ff.)

[7] Vgl. Holzwarth in Holzwarth/Radtke/Hilger Bundesbodenschutzgesetz, Einführung Rdnr. 2

[8] Vgl. Kloepfer/Rehbinder/Schmidt-Aßmann unter Mitwirkung von Kunig Umweltgesetzbuch AT Jarass/Kloepfer/Kunig/Papier/Rehbinder/ Salzwedel/Schmidt-Aßmann Umeltgesetzbuch BT Berichte des Umweltbundesamtes 7/90, 4/94, Texte 66/95, Kommissionsentwurf der Unabhängigen Sachverständigenkommission eines Umweltgesetzbu- ches AT/BT als Grundlage eines Referentenentwurfs, Sendler (Vorsitzender), Kloepfer (stellvertretender Vorsitzender), Bulling, Gaentzsch, Johann, Schweikl, Sellner, Winter, Bundesministerium für Umwelt, Naturschutz und Reaktorsicherheit (Hrsg.) Berlin 1998

[9] Vgl. Schink DÖV 1999, 1 ff., 2, Kloepfer/Durner DVBl 1997, 1081 ff., 1082 m.w.Nw., UGB-KomE, Anm. 1, S. 74

Kapiteln bestehende Allgemeine Teil des UGB-KomE die allgemeinen, übermedialen Vorschriften quasi "vor die Klammer zieht",[10] knüpfen die neun Kapitel des Besonderen Teils stärker als der Allgemeine Teil an die bestehenden umweltrechtlichen Regelungen an und befassen sich unter anderem - unter Beibehaltung kausaler und medialer Gliederungsprinzipien[11] - mit Naturschutz, Landschaftspflege und Waldschutz, Bodenschutz, Immissionsschutz und Energieversorgung, Kernenergie- und Strahlenschutz sowie Abfallwirtschaft. Ein umfassender Gewässer- bzw. Grundwasserschutz zählt ebenfalls zu den Kernbeständen des Umweltrechts.[12]

I. Die Notwendigkeit eines umfassenden und nachhaltigen Grundwasserschutzes

Die kaum zu überschätzende Bedeutung des Gewässerschutzes sowie eines geordneten Wasserhaushalts für das Wohl der Allgemeinheit[13] wird durch die Tatsache verdeutlicht, dass die permanenten Eingriffe des Menschen in den sich normalerweise selbst regenerierenden globalen Wasserkreislauf Dimensionen erreicht haben, die sauberes Trinkwasser in fast allen Teilen der Erde zu einem der knappsten und kostbarsten Güter haben werden lassen. Obwohl die Erdoberfläche zu mehr als 70 % von Wasser bedeckt ist, beträgt der Süßwasseranteil am gesamten Wasserhaushalt nur ca. 2,8 %. Insgesamt sind derzeit lediglich 0,3 % der Wassermassen nutzbar.[14] Ein Großteil des Süßwasservorrates ist in den Eismassen der Pole und Gletscher gebunden und somit nicht verfügbar.[15] Die nutzbaren Süßwasserressour-

---

[10] Vgl. Storm NVwZ 1999, 35 ff., 36
[11] Vgl. Kloepfer/Durner DVBl 1997, 1081 ff., 1095
[12] Vgl. Storm NVwZ 1999, 35 ff., 36
[13] Vgl. BVerfG NJW 1982, 745 ff., 750, 751, BVerfG NVwZ 1996, 469 ff., 470 mit folg. Ausführung: "Wegen der vielfältigen und teilweise miteinander konkurrierenden Nutzungsinteressen ist eine geordnete Wasserbewirtschaftung sowohl für die Bevölkerung als auch für die Gesamtwirtschaft lebensnotwendig und daher verfassungsrechtlich grundsätzlich unbedenklich" BVerfGE 58, 300 ff., 341 ff., BVerfGE 10, 89 ff., 107 ff., 113
[14] Daten zur Umwelt, aaO., S. 326
[15] Daten zur Umwelt, S. 326

cen sind zudem geografisch ungleich verteilt und unterliegen einer unterschiedlich intensiven Nutzung.
Die Gefährdung der Gewässer und ihrer Funktionen ergeben sich in der modernen Industriegesellschaft insbesondere durch Schadstoffeintrag, übermäßigen Wasserentzug und bauliche Maßnahmen.[16] Berücksichtigt man die Bevölkerungsdichte, den Grad der Industrialisierung sowie die klimatischen und geographischen Bedingungen in der Bundesrepublik Deutschland, so wird deutlich, dass die zunehmenden wasserwirtschaftlichen Probleme unseres Staates bislang weniger aus der Quantität als vielmehr aus der Qualität des Wassers resultieren. Ursachen für eine Verschlechterung der Wasserqualität sind zum Beispiel regional übermäßige Nutzungen sowie Behinderungen der Grundwassererneuerungen durch flussbautechnische Maßnahmen oder Bodenversiegelung.[17] Als Hauptverschmutzungsquellen der Gewässer gelten die industrielle bzw. öffentliche Abwasserbeseitigung sowie die Landwirtschaft.[18]

Nach den Ergebnissen des statistischen Bundesamtes zur öffentlichen Wasserversorgung wurden dem natürlichen Wasserhaushalt in den vergangenen Jahren durchschnittlich ca. 6,5 Mrd. Kubikmeter Rohwasser (76 %) und Reinwasser (24 %) entnommen, wobei das Reinwasser den Verbrauchern ohne vorherige Aufbereitung zugeleitet wird.[19] Ökologisch bedenklich ist insbesondere der Pro-Kopf-Verbrauch an Trinkwasser von ca. 144 Liter pro Einwohner und Tag,[20] wobei im Zeitraum von 1970 bis 1985 eine Zunahme um ca. 35 % registriert wurde.[21]

---

[16] Bender/Sparwasser aaO., Rdnr. 617 ff.
[17] Bender/Sparwasser, Rdnr. 619
[18] Bender/Sparwasser, Rdnr. 628
[19] Daten zur Umwelt, S. 321
[20] Daten zur Umwelt, S. 321, Stand 1989/1990, nach den Angaben des Wasserwirtschaftsberichts 1998 ermäßigte sich der Pro-Kopf-Verbrauch an Trinkwasser zwischenzeitlich auf ca. 120 l
[21] Kloepfer Umweltrecht aaO., § 13, Rdnr. 5
Vgl. UGB-KomE 1998 aaO., Begründung S. 1117 m.w.Nw.
"In Deutschland trägt das Grundwasser im w.S. zu ca. 90% zur Trinkwassergewinnung bei, da anthropogen unbeeinflusstes Grundwasser in der Regel bakteriologisch einwandfrei ist und bei günstigen hydrologischen Verhältnissen meist ohne oder mit relativ geringem Aufwand und Kosten für die Aufbereitung als Trinkwasser an den Verbraucher abgegeben werden kann"

Die erhöhte Trinkwasserförderung hat in einzelnen Gebieten bereits zu bedenklichen, den Landschaftscharakter verändernden Absenkungen des Grundwassers geführt.[22] Aus diesen Gründen schlägt die Unabhängige Sachverständigenkommission zum Umweltgesetzbuch im elften Kapitel des sogenannten Kommissionsentwurfs - Gewässerschutz gem. §§ 355 - 418 UGB-KomE - als oberste Bewirtschaftungsziele gem. § 389 Abs. I UGB-KomE vor, dass die Förderung von Grundwasser langfristig nicht über die Erneuerungsrate hinausgehen darf und der gegenwärtigen und zukünftigen öffentlichen Wasserversorgung Vorrang vor anderen Benutzungen des Grundwassers einzuräumen ist.[23]

Zudem zielen die Bewirtschaftungsgrundsätze des § 358 UGB-KomE vorrangig darauf ab, die Funktions- und Leistungsfähigkeit der Gewässer zu erhalten und zu verbessern.[24] Gem. § 360 UGB-KomE wird jedermann verpflichtet, die nach den Umständen erforderliche Sorgfalt anzuwenden, um eine Verunreinigung des Wassers zu vermeiden und eine sparsame Verwendung zu erreichen.[25]
Einer zunehmenden Schädigung des Wasserhaushalts wird in Deutschland bereits seit den 60er Jahren durch entsprechende Abwasserreinigungsmaßnahmen und durch eine Vielzahl umweltrechtlicher Bestimmungen entgegengewirkt. Dies gilt insbesondere für das Wasserhaushaltsgesetz des Bundes[26], die Grundwasserverordnung[27], das Abwasserabgabengesetz[28], die Abwasserverordnung,[29] die Landeswas-

[22] Kloepfer Umweltrecht, § 13, Rdnr. 5
[23] Vgl. Kommissionsentwurf (UGB AT/BT-KomE) als Grundlage eines entsprechenden Referentenentwurfs, Sendler (Vorsitzender), Kloepfer (stellvertretender Vorsitzender), Bulling, Gaentzsch, Johann, Schweikl, Sellner, Winter, Bundesministerium für Umwelt, Naturschutz und Reaktorsicherheit (Hrsg.) Berlin 1998 aaO., S. 261, Begründung S. 1121, 1122
Kloepfer/Durner DVBl 1997, 1081 ff., 1097
[24] Kloepfer/Durner DVBl 1997, 1081 ff., 1097
[25] Kloepfer/Durner DVBl 1997, 1081 ff., 1097
[26] Gesetz zur Ordnung des Wasserhaushalts (WHG) BGBl. I S. 1695, zuletzt geändert durch G v. 25.08.1998, BGBl. I S. 2455
[27] Verordnung zur Umsetzung der Richtlinie 80/68/EWG des Rates vom 17.12.1979 über den Schutz des Grundwassers gegen Verschmutzung durch bestimmte gefährliche Stoffe v. 18.03.1997, BGBl. I S. 542
[28] Gesetz über Abgaben für das Einleiten von Abwasser in Gewässer (AbwAG) BGBl. I S. 3370, zuletzt geändert durch G v. 25.08.1998, BGBl. I S. 2455
[29] Verordnung über Anforderungen an das Einleiten von Abwasser in Gewässer (AbwV) in der Fassung der Bekanntmachung v. 09.02.1999, BGBl. I S. 86

sergesetze sowie die sonstigen direkt gewässerbezogenen - medialen - Regelungen. Daneben existieren eine Reihe produkt- und produktionsbezogener wasserschützender Regelungen, wie z.B. das Wasch- und Reinigungsmittelgesetz, das Altölgesetz, das Chemikaliengesetz sowie das Düngemittelgesetz, die die Zielsetzung haben, bereits die Einleitung gefährlicher Stoffe in die Umwelt zu minimieren und den Umgang mit diesen potentiell für Umweltschäden kausalen Stoffen zu reglementieren.[30]

In Ergänzung der spezifischen auf den Gewässerschutz ausgerichteten Vorschriften bezwecken weitere Vorschriften - wie z.B. § 10 Abs. IV Nr. 3 KrW-/AbfG,[31] § 36 Abs. II S. 2 KrW-/AbfG, § 1 BImschG,[32] § 1 Nr.4 PflSchG,[33] § 2 Nr.6 PflSchG, § 1 BBodSchG, § 4 Abs. III S. 1 BBodSchG - über den primären Schutz anderer Umweltmedien hinaus auch mittelbar die Reinhaltung des Wassers.

Da die Reinhaltung des Wassers und der effektive Schutz der vorhandenen Wasserressourcen nicht nur als innerstaatliches, sondern als staatenübergreifendes, letztlich globales Problem gewertet werden muss, zählt der Gewässerschutz seit Jahrzehnten auch zu den Kernbereichen des Umweltrechts der Europäischen Union. Während in der Vergangenheit der Schwerpunkt eher auf der Wahrung der Wasserqualität für die Verwendung als Trinkwasser sowie auf der Kontrolle einiger Hauptschadstoffe lag, ist die Union nunmehr bestrebt, die Sicherung der Wasserqualität mit der Bewirtschaftung der Süßwasserressourcen und einer umfassenden gemeinschaftsweiten Sicherstellung der Wasserversorgung im Sinne eines einheitlichen Wasserwirtschaftssystems zu verbinden.[34] Diese Ziele decken sich weitestgehend mit den Inhalten des fünften Aktionsprogramms der EU[35], die langfristig auf eine

[30] Nisipeanu Abwasserrecht, A I 4, S. 12 ff., mit umfangreichen Nachweisen
[31] Gesetz zur Förderung der Kreislaufwirtschaft und Sicherung der umweltverträglichen Beseitigung von Abfällen (Kreislaufwirtschafts- und Abfallgesetz) v. 27.09.1994 BGBl. I S. 2705, zuletzt geändert durch G v. 25.08.1998 BGBl. I S. 2455
[32] Gesetz zum Schutz vor schädlichen Umwelteinwirkungen durch Luftverunreinigungen, Geräusche, Erschütterungen und ähnliche Vorgänge (Bundes-Immissionsschutzgesetz) in der Fassung der Bekanntmachung v. 14.05.1990 BGBl. I S. 880, zuletzt geändert durch G v. 19.10.1998 BGBl. I. S. 3178
[33] Gesetz zum Schutz der Kulturpflanzen (Pflanzenschutzgesetz) in der Fassung der Bekannmachung v. 14.05.1998 BGBl. I. S. 971, ber. S. 1527, 3512
[34] Vgl. Kloepfer Umweltrecht, § 9, Rdnr. 55
[35] Abl. C 138 v. 28.05.1992, S. 1

umweltgerechte Nutzung des Süßwassers, auf die Erhaltung und Regenerierung des Grundwassers sowie auf die Vermeidung weiterer Grundwasserverschmutzungen und die Verringerung der Einleitung sämtlicher Stoffe, die aufgrund ihrer toxischen Wirkung oder einer Anhäufung über einen längeren Zeitraum zu Umweltschäden führen können, ausgerichtet sind.[36] Die zentralen Angelpunkte des gemeinschaftlichen Gewässerschutzes stellen unter den zahlreichen EG-Richtlinien und Folgerichtlinien[37] nach wie vor die Gewässerschutzrichtlinie[38] sowie die Grundwasserrichtlinie dar.[39] Bei der Ausübung ihrer umweltpolitischen Handlungskompetenzen muss die EU jedoch neben den sich gem. Art. 174 ff. EGV[40] ergebenden Rechtsgrundsätzen der Vorsorge und Vorbeugung sowie dem Ursprungs- und Verursacherprinzip insbesondere das Subsidiaritätsprinzip gem. Art. 5 EGV beachten. Nach dem Subsidiaritätsprinzip des Art. 5 S. 2 EGV wird die Gemeinschaft in den Bereichen, die nicht in ihre ausschließliche Zuständigkeit fallen, nur dann tätig, sofern und soweit die Ziele der in Betracht gezogenen Maßnahmen auf Ebene der Mitgliedstaaten nicht ausreichend erreicht werden können (Negativkriterium) und daher wegen ihres Umfangs oder ihrer Wirkungen besser auf Gemeinschaftsebene erreicht werden können (Positivkriterium). In engem Zusammenhang mit dem Subsidiaritätsprinzip steht im Umweltrecht Art. 176 EGV, der es im Bereich der Rechtsharmonisierung den Mitgliedstaaten gestattet, verstärkte Schutzmaßnahmen beizubehalten oder zu ergreifen, sofern sie mit dem Inhalt des Vertrages vereinbar sind.

Das Zusammenspiel der technischen und rechtlichen Instrumentarien hat seit Mitte der 70er Jahre in Teilbereichen der alten Bundesländer zu einer kontinuierlichen Verbesserung der biologischen Gewässergüte geführt. So hat z.B. die Belastung der

---

[36] Vgl. Kloepfer Umweltrecht, § 13, Rdnr. 24 m.w.Nw.

[37] Vgl. den umfassenden Nachweis bei Kloepfer Umweltrecht, § 9, Rdnr. 52 ff., 55, § 13, Rdnr. 24, Fn. 91

[38] Richtlinie 76/464/EWG des Rates v. 04.05.1976 betreffend die Verschmutzung infolge der Ableitung bestimmter gefährlicher Stoffe in die Gewässer der Gemeinschaft

[39] Richtlinie 80/68/EWG des Rates v. 17.12.1979, ABl. EG 1980 Nr. L 20 S. 43
Vgl. auch den Vorschlag über ein Aktionsprogramm zur Eingliederung von Gewässerschutz und-Grundwasserbewirtschaftung v. 09.09.1996, KOM (96) 315 - 96/0181 /COD), ABl. EG Nr. C 355 S. 1, Vgl. auch Richtlinie 91/676/EWG des Rates vom 12.12.1991, ABl. EG Nr. L 375 S. 1 zum Schutz der Gewässer vor Verunreinigungen durch Nitrat aus landwirtschaftlichen Quellen

[40] Vertrag zur Gründung der Europäischen Gemeinschaft vom 25.03.1957, BGBl. II S. 766 zuletzt geändert durch den Vertrag von Amsterdam v. 02.10.1997, BGBl. II S. 386, 1999 II S. 296, 416, am

Fließgewässer während der letzten 20 Jahre deutlich abgenommen. Dennoch gibt es bundesweit nur wenige Flüsse, die als unbelastet (Güteklasse I) oder als gering belastet (Güteklasse I - II) bezeichnet werden können.[41] Auch zur Kontrolle des Grundwassers hat die Länderarbeitsgemeinschaft Wasser (LAWA) seit Beginn der 80er Jahre ein Grundwasserbewirtschaftungskonzept erarbeitet. Nach wie vor besorgniserregend ist die Beeinträchtigung der Grundwasserqualität infolge eines massiven Einsatzes von Pflanzenschutz- und Schädlingsbekämpfungsmitteln (PBSM) in der Landwirtschaft. In Regionen mit intensiver landwirtschaftlicher Nutzung und hohem Düngemitteleinsatz ist zudem eine stetige Zunahme des Nitratgehalts im Grundwasser zu verzeichnen.[42] Neben den stark erhöhten Nitratgehalten ist - dies gilt schwerpunktmäßig für das Gebiet der neuen Bundesländer - eine erhebliche Überschreitung der Grenzwerte auf zu hohe Eisen-, Mangan-, Blei- und Aluminiumgehalte des Wassers zurückzuführen.[43] Obwohl die Auswirkungen von Belastungen auf das Ökosystem Grundwasser noch weitgehend ungeklärt sind, steht jedoch fest, dass Kontaminationen des Grundwassers zu Langzeitschäden führen, die - wenn überhaupt - nie ganz oder nur in sehr langen Zeiträumen und mit enorm hohen Kosten zu beseitigen sind.[44]

II. Altlasten und sonstige Bodenkontaminationen als Ursache von Grundwasserverunreinigungen

Ein hohes Risikopotential bzw. erhebliche Gefahren für den natürlichen Wasserhaushalt gehen von den 190.000 bereits erfassten[45] bzw. mehr als 240.000 ge-

---

01.05.1999 in Kraft getreten

[41] Daten zur Umwelt, S. 341

[42] Daten zur Umwelt, S. 444

[43] Daten zur Umwelt, S. 209,
Vgl. Kloepfer Umweltrecht, § 13, Rdnr. 6

[44] Jedlitschka IWS-Schriftenreihe Bd. 27, Grundwassersanierung 1996, S. 26 ff., 26

[45] Knopp BB 1998, 1853 ff., 1853

schätzten altlastenverdächtigen Flächen in der Bundesrepublik Deutschland[46] sowie den sonstigen kontaminierten Flächen z.B. infolge von Auswaschungen bzw. Stoffeintrag aus. Die Bewältigung der Altlastenrisiken stellt für Investoren und Anlagenbetreiber eine der größten Herausforderungen in wirtschaftlicher und technologischer Hinsicht dar. Es ist davon auszugehen, dass das Umweltproblem Altlasten noch weit bis ins 21. Jahrhundert für faktischen und rechtlichen Handlungsbedarf sorgen wird.[47] In der Summe dürfte sich allein das deutsche Altlastenproblem - nach vorsichtigen Schätzungen - in einer Schadenshöhe zwischen 60 und 200 Mrd. DM bewegen.[48]

Neben oder auch meist im Zusammenhang mit der Sanierung hochgradig kontaminierter Liegenschaften, speziell der Wiedernutzbarmachung von Industriebrachen, hat sich die Grundwassersanierung als ein Problemschwerpunkt mit einem außerordentlich hohen Kostenrisiko bzw. einer Vielzahl von Kostenunwägbarkeiten herausgestellt. Ein erheblicher Anteil der Sanierungskosten fällt zum Schutz des Grundwassers an, dem damit eine entscheidende finanzierungsrelevante Bedeutung zukommt. [49] Die Durchführung ordnungsgemäßer Grundwassersanierungen hat sich, nicht zuletzt aufgrund der Langfristigkeit, der Komplexität sowie der weiten rechtlichen Auslegungsspielräume im Hinblick auf die Anwendung des Verhältnismäßigkeitsgrundsatzes und des behördlichen Bewirtschaftungsermessens für Sanierungspflichtige und Behörde gleichermaßen als problematisch erwiesen.[50]

Boden-, Grundwasser- und Fließwasserkontaminationen treten jedoch nicht nur im Zusammenhang mit bereits stillgelegten, sondern auch regelmäßig in aktiven Betrie-

---

[46] Vgl. Umweltbundesamt, Fortschrittsbericht 1995 aaO., S.1
Kloepfer Umweltrecht, § 13, Rdnr. 59
Pützenbacher NJW 1999, 1137 ff., 1138 m.w.Nw.

[47] Vgl. Pützenbacher NJW 1999, 1137 ff., 1137

[48] Vgl. Spieth altlasten-spektrum 1996, 163 ff., 163 m.w.Nw.
Spieth IWS-Shriftenreihe Bd. 27, Grundwassersanierung 1996, 38 ff., 38 m.w.Nw.

[49] Vgl. Spieth altlasten-spektrum 1996, 163 ff., 164 m.w.Nw.
Spieth IWS-Schriftenreihe Bd. 27, Grundwassersanierung 1996, 38 ff., 39 m.w.Nw.

[50] Vgl. Salzwedel in Lühr (Hrsg.) IWS-Schriftenreihe Bd. 21, Altlastenbehandlung 1995, S. 27 ff. sowie die Stellungnahme der LAWA in Lühr (Hrsg.) IWS-Schriftenreihe Bd. 21, Altlastenbehandlung

ben infolge von Unregelmäßigkeiten oder Unfällen auf. In diesen Fällen steht parallel zur umweltbezogenen Sanierung auch die Existenz- und Arbeitsplatzsicherung im Vordergrund. Besondere Überlegungen hinsichtlich der Schutz- und Sanierungsmaßnahmen sind dann gefordert, wenn Betriebsfortführung und Gebäudebestand gesichert werden sollen.[51]

Vor diesem Hintergrund wird deutlich, dass der wirksame Schutz des Grundwassers vor weiteren Schädigungen sowie die Sanierung des bereits verunreinigten Grundwassers und des belasteten Bodens, der in unbelastetem Zustand als Puffer im Wasser- und Stoffkreislauf, als Schadstofffilter für das Grundwasser sowie als Grundwasserspeicher dient,[52] auch zukünftig als ein Hauptziel des Umweltschutzes angesehen werden muss. Zu Recht stellt daher die LAWA in ihren Anforderungen an einen fortschrittlichen Grundwasserschutz in der EU heraus, dass das Grundwasser flächendeckend zu schützen[53] und prinzipiell in seiner natürlichen Beschaffenheit zu erhalten ist.[54]

Es ist insofern erstaunlich, dass sich im Bereich des Wasserrechts bei der Umsetzung des EG - Gewässerschutzrechts - insbesondere der Grundwasserrichtlinie - in den vergangenen Jahren erhebliche Umsetzungsschwierigkeiten ergeben haben und Umsetzungsdefizite - trotz entsprechender Entscheidungen des EuGH - noch nicht vollständig abgebaut wurden.[55]

1995, S. 71 ff., Spieth IWS-Schriftenreihe Bd. 27, Grundwassersanierung 1996, 38 ff., 38

[51] Vgl. Forschungsvorhaben: Erfassung und Sanierung der Belastung von Böden und Wässern durch Holzschutzmittel, Teilvorhaben I, Projektträgerschaft: Umweltbundesamt, Bundesministerium für Bildung, Wissenschaft, Forschung und Technologie 1995, S. 39, Rdnr. 5

[52] Holzwarth in Holzwarth/Radtke/Hilger, Bundesbodenschutzgesetz, S. 9
Vgl. Peine DVBl. 1998, 1547 ff., 157, 158

[53] Ein flächendeckender, umfassender Grundwasserschutz wird nach wie vor vom Bundesumweltministerium, von der Länderarbeitsgemeinschaft Wasser, vom Rat der Sachverständigen für Uweltfragen sowie vom Deutschen Juristentag gleichermaßen vertreten
Vgl. Jedlitschka IWS-Schriftenreihe Bd. 27, Grundwassersanierung 1996, 26 ff., 26, 27, Jauck IWS-Schriftenreihe Bd. 23, Grundwassersanierung 1995, 7 ff., 10, Knopp IWS-Schriftenreihe Bd. 23, Grundwassersanierung 1995, 23 ff., Sondermann IWS-Schriftenreihe Bd. 23, Grundwassersanierung 1995, 27 ff., Rat der Sachverständigen für Umweltfragen IWS- Schriftenreihe Bd. 21, Altlastenbehandlung, Auszüge "Altlasten II - Sondergutachten" 1995, 11 ff.

[54] Jedlitschka IWS-Schriftenreihe Bd. 27, Grundwassersanierung 1996, 26 ff., 27

[55] Vgl. Kloepfer Umweltrecht, §, 13, Rdnr. 26 m.w.Nw., EuGH ZfW 1991, 211 ff., zum Schutz des Grundwassers, EuGH ZfW 1992, 351 ff., zur Trinkwassergewinnung aus Oberflächengewässern, EuGH NVwZ 1991, 866 ff., 868, im Anschluss an diese Entscheidungen des EuGH hat der Gesetzgeber durch das 6. Gesetz zur Änderung des Wasserhaushaltsgesetzes vom 11.11.1996

III. Probleme und Risiken eines einseitig-hoheitlichen Vollzugs wasser- und bodenschutzrechtlicher Bestimmungen

Da der Gesetzgeber das Umweltrecht - trotz der Bedeutung der Materie und langjähriger Harmonisierungsbestrebungen - bislang noch nicht vereinheitlicht hat,[56] müssen die zuständigen Behörden zur Regelung umweltrechtlicher Fälle nach wie vor auf eine Vielzahl spezialgesetzlicher - teils fragmentarischer - Normen sowie gegebenenfalls auf die Bestimmungen des allgemeinen Polizei- und Ordnungsrechts zurückgreifen.[57]

Hinzu kommt, dass bislang insbesondere bei der Grundwassersanierung die Praxis der zuständigen Behörden bei der Ermittlung der Gefahren und bei der Festlegung von Sanierungsschwellen- und Sanierungszielwerten als äußerst uneinheitlich bezeichnet werden muss.[58] Die Vielfalt der zahlreichen Erlasse und Listen mit unterschiedlichen Eingriffswerten hat ebenfalls nicht zu einer einheitlichen und damit - für die potentiell Sanierungspflichten - berechenbaren Verwaltungspraxis geführt.

Welche Rechtsnormen auf den jeweiligen Sachverhalt Anwendung finden, hängt unter anderem vom zeitlichen und sachlichen Geltungsbereich des jeweiligen Gesetzes, von der Art und dem Entstehungszeitpunkt der Umweltschädigung sowie von dem Verfahrensstand einer etwaigen Sanierung ab.[59] Die Schwierigkeiten, mit denen sowohl die vollziehenden Stellen als auch die Adressaten umweltrechtlicher Maßnahmen konfrontiert werden, resultieren nicht nur aus der Komplexität und Rege-

---

(BGBl. I S. 1690) mit § 6 a WHG eine Ermächtigungsgrundlage zum Erlass von Rechtsverordnungen eingeführt, mit denen bindende Beschlüsse der Europäischen Gemeinschaft sowie zwischenstaatliche Vereinbarungen umgesetzt werden können

[56] Vgl. Mache aaO., Rdnr. 3, Oberrath aaO., S. 17, Professorenentwurf eines UGB AT/BT aaO., Berichte des Umweltbundesamtes 7/90, 4/94, Texte 66/95
Entwurf der Sachverständigenkommission zum UGB AT/BT aaO., Bundesministerium für Umwelt, Naturschutz und Reaktorsicherheit (Hrsg.) Berlin 1998 zum aktuellen Stand der Kodifikation

[57] Vgl. Schink aaO., Bd I, Syst. Darst. IX, Rdnr. 9ff., Czychowski WHG aaO., § 1 a, Rdnr. 25 m.w.Nw., § 21, Rdnr. 34
Bundesministerium für Umwelt, Naturschutz und Reaktorsicherheit, UGB-KomE (Hrsg.) Berlin 1998, Begr. S. 1119 m.w.Nw.

[58] Vgl. UGB-KomE 1998 aaO., Begründung 1119 m.w.Nw.

[59] Vgl. Schink aaO., Bd. I, Syst. Darst. IX, Rdnr. 9ff.

lungsdichte des Umweltrechts[60], das sich dem Rechtsanwender in verwirrender Unübersichtlichkeit präsentiert,[61] sondern auch aus der sich daraus ergebenden Abgrenzungsproblematik. In vielen Fällen ist zudem bereits infolge der zeitlichen Dimension eine zur rechtsfehlerfreien Entscheidung erforderliche umfassende Sachverhaltsaufklärung im Sinne des § 24 VwVfG nach dem gegenwärtigen Stand der Technik nicht mehr möglich. Dies gilt für die Ermittlung des Störers - beziehungsweise im Rahmen einer pro-rata-Verantwortlichkeit für die Ermittlung der Verursachungsanteile mehrerer voneinander unabhängiger Handlungsbeiträge verschiedener Störer -, für Fragen der Rechts- oder Funktionsnachfolge sowie hinsichtlich der Legalisierungswirkung öffentlich-rechtlicher Genehmigungen. Auch die Bestimmung des maßgeblichen Bewertungszeitpunkts unter Berücksichtigung des damaligen naturwissenschaftlich-technischen Entwicklungs- und Erkenntnisstandes bedingt ein hohes Maß an Rechtsunsicherheit. Dies hat zur Folge, dass die zuständige Behörde in der Praxis häufig versucht, die infolge der Rechtsunsicherheit entstehenden rechtlichen Risiken dadurch zu minimieren, dass sie Hoheitsmaßnahmen vor deren Erlass im Einvernehmen mit dem Adressaten "aushandelt" oder dem Verursacher nur Sanierungs- und Gefahrenbeseitigungsmaßnahmen auf dem "untersten Niveau" auferlegt, selbst wenn dies unter ökologischen Gesichtspunkten - vor dem Hintergrund der verfassungsrechtlichen Zielsetzung des Art. 20 a GG - bedenklich ist.[62]

Es stellt sich daher die Frage, ob die klassische Handlungsform der Verwaltung - der Verwaltungsakt im Sinne des § 35 VwVfG - und damit die einseitige Ausübung staatlichen Zwangs in Form einer Sanierungsverfügung, insbesondere vor dem Hintergrund des als Grundpfeiler des Umweltrechts bezeichneten Kooperationsprinzips,[63] noch als das für die Praxis vorrangig geeignete und zeitgemäße Mittel zur Lösung komplexer umweltrechtlicher - hier insbesondere grundwasserrechtlicher - Probleme angesehen werden kann. Nach dem Grundgedanken des Kooperationsprinzips ist

---

[60] Vgl. Oberrath aaO., S. 17
[61] Vgl. Kloepfer/Durner DVBl 1997, 1081 ff., 1081 m.w.Nw.
[62] Paßlick DVBl 1992, 674 ff., 679
[63] Vgl. Grüter, zur Bedeutung des Kooperationsprinzips im Umweltrecht, Kloepfer/Elsner DVBl 1996, 964 ff., 965 m.w.Nw.

der Umweltschutz nicht die alleinige Aufgabe des Staates.[64] Vielmehr sollen dort, wo es möglich erscheint, an die Stelle staatlicher Normierung und Überwachung die eigenverantwortliche Selbstregulierung und Selbstkontrolle der Privaten treten.[65] Der Umweltschutz ist auf die Zusammenarbeit aller betroffenen Kräfte, d.h. insbesondere auf eine Kooperation von Staat und Gesellschaft[66] bzw. Staat und Wirtschaft angewiesen, um die offensichtlichen Grenzen einseitig-hoheitlicher Verhaltenssteuerung zu überwinden und bestehende Vollzugsdefizite möglichst einvernehmlich abzubauen.

IV. Der Sanierungsvertrag als Alternative zur Sanierungsverfügung – eine weitergehende Einführung in den Untersuchungsgegenstand und ein Überblick über die Zielstellung der Arbeit

Ausgangspunkt dieser Arbeit ist die These, als alternative Handlungsform zur einseitig – hoheitlichen Verhaltenssteuerung – z.B. als Alternative zur wasserrechtlichen Sanierungsverfügung – komme der verwaltungsrechtliche Vertrag im Sinne der §§ 54 ff. VwVfG in Betracht,[67] und gerade das Umweltrecht biete ein breites Anwendungsfeld für diese Handlungsform[68] sowie die sonstigen Formen kooperativen bzw. konsensualen Verwaltungshandelns.[69]
Gestützt wird diese These in Literatur und Rechtsprechung durch folgende Argumentationsansätze, mit denen sich die vorliegende Untersuchung auseinandersetzt

[64] Kloepfer/Elsner DVBl 1996, 964 ff., 965
[65] Kloepfer/Elsner DVBl 1996, 964 ff., 965
[66] Vgl. Oebbecke DVBl 1986, 793 ff., 793 m.w.Nw
[67] Vgl. Enders/Uwer BB 1995, 629 ff., 636 zum Beschluss der Abteilung UR des 60. Deutschen Juristentages, Spieth altlasten-spektrum 1996, 163 ff., 164, Spieth IWS-Schriftenreihe Bd. 27, Grundwassersanierung 1996, 38 ff., 39, 40
[68] Vgl. Kunig DVBl 1992, 1193 ff., 1194, Kloepfer Umweltrecht, § 5, Rdnr. 195, 198, 204, Obermayer VwVfG aaO., § 54, Rdnr. 3, Spieth altlasten-spektrum 1996, 163 ff., 164, Spieth IWS-Schriftenreihe Bd. 27, Grundwassersanierung 1996, 38 ff., 39
[69] Vgl. Schröder NVwZ 1998, 1011 ff., 1011

und die die Vielschichtigkeit der Problematik bereits im Rahmen der Einleitung schlaglichtartig beleuchten sollen:

Das Institut des verwaltungsrechtlichen Vertrages korrespondiert der Idee des kooperativen Staates, die den Bürger nicht nur als ein der obrigkeitlichen Gewalt unterworfenes Objekt begreift, sondern als Subjekt, dessen Mitwirkung an der gemeinsamen Entscheidungsfindung vom verfassungsrechtlichen Demokratieprinzip gefordert wird.[70] Der Vorteil verwaltungsvertraglicher Regelungen liegt grundsätzlich in der frühzeitigen und aktiven Einbeziehung des Verantwortlichen in den Entscheidungsprozess mit dem Ziel der Herbeiführung einer praktikablen, rechtlich zulässigen und einvernehmlichen Lösung.[71] Der gemeinschaftlich geschaffene Regelungsinhalt führt zu einer Erhöhung der Akzeptanz[72] und somit im Ergebnis zu mehr Rechtssicherheit in Form einer angemessenen Risikoverteilung.[73]
Das Sanierungsrisiko wird durch verwaltungsvertragliche Regelungen, insbesondere hinsichtlich der Sanierungsziele, der Sanierungsmaßnahmen und Sanierungskonzepte, der Offenlegung von Restrisiken sowie durch die Feststellung, wann die Sanierung beendet ist und der Sanierungspflichtige frei wird, überschaubarer und kalkulierbarer als dies bei einem rein ordnungsbehördlichen Verfahren mit einer Vielzahl von Sanierungsverfügungen der Fall ist.[74] Konsensuale Lösungen dienen nicht nur der Wahrung des Rechtsfriedens, sie bieten zudem den Vorzug der Flexibilität in atypischen Fällen und können vorhandene Durchsetzungsschwächen von Staat und Verwaltung im Sinne eines effektiven Umweltschutzes überbrücken.[75] Die geringe Steuerungskraft des materiellen Rechts als Folge zahlreicher offener, in hohem Maße konkretisierungsbedürftiger Vorgaben sowie die Komplexität der zu treffenden Entscheidungen begünstigt Handlungsformen, die auf Kooperation bzw. auf Konsens ausgerichtet sind.[76]

---

[70] Vgl. BVerfG NJW 1966, 1936 ff., 1937 ff.
[71] Vgl. Maurer DVBl 1989, 798 ff., 805, Hill DVBl 1989, 321 ff., 322, 326, 327, Bulling DÖV 1989, 277 ff., 281 ff. Kloepfer Umweltrecht, § 5, Rdnr. 189
[72] Vgl. Schröder NVwZ 1998, 1011 ff., 1011 m.w.Nw.
[73] Vgl. Spieth altlasten-spektrum 1996, 163 ff., 163 m.w.Nw., Spieth IWS-Schriftenreihe Bd. 27, Grundwassersanierung 1996, 38 ff., 38
[74] Vgl. Spieth IWS-Schriftenreihe Bd. 27, Grundwassersanierung 1996, 38 ff., 40, 41
[75] Vgl. Maurer DVBl 1989, 798 ff., 805

Die Forderung nach neuartigen, flexiblen Instrumenten,[77] nach Verfahrensbeschleunigung, nach Steigerung der Effizienz und Effektivität des Verwaltungshandelns sowie nach einer auf Kooperation basierenden Kundenorientierung der öffentlichen Verwaltung steht in einem engen Zusammenhang mit der gegenwärtigen, sich zunehmend verschärfenden Diskussion um Verwaltungsreformen und einer "Modernisierung" der öffentlichen Verwaltung.[78] Unter dem Leitbild des "Schlanken Staates" hat sich zudem in den vergangenen Jahren bereits ein deutlicher Wandel in der Verwaltungspraxis vom klassischen Hoheitsträger alter Prägung zum Dienstleister im Sinne eines modernen Verwaltungsverständnisses vollzogen.
Die Vielzahl der Argumente, die im Ergebnis auf eine Flexibilisierung des Verwaltungshandelns und den Abbau bürokratischer Hemmnisse ausgerichtet sind, lassen sich auch als Strategien für die Sicherung des Wirtschaftsstandortes Deutschland interpretieren.[79] Deshalb bezieht das Thema des konsensualen bzw. kooperativen Verwaltungshandelns seine Aktualität nicht nur aus der prinzipiellen Debatte um die Modernisierung des Umweltrechts, sondern gleichermaßen aus der Standortdebatte.[80]

Insbesondere der Verwaltungsvertrag hat durch seine Anerkennung und Regelung im VwVfG eine erhebliche Aufwertung erfahren und nimmt in der Praxis an Zahl und Bedeutung zu.[81] Diese Bedeutung wird durch § 13 Abs. IV BBodSchG weiter gestärkt. Der Gesetzgeber hat durch die ausdrückliche gesetzliche Benennung des Sanierungsvertrages bestimmt, dass die verwaltungsvertragliche Sanierungsregelung nicht nur ein geeignetes, sondern auch ein in besonderem Maße sachgerechtes Instrument zur Absicherung der im Sanierungsplan vorgesehenen Sanierungs-

---

[76] Vgl. Schröder NVwZ 1998, 1011 ff. 1011
[77] Vgl. Brohm DÖV 1992, 1025 ff., 1026
[78] Vgl. Schröder NVwZ 1998, 1011 ff., 1011
[79] Vgl. Schröder NVwZ 1998, 1011 ff., 1011
[80] Vgl. Schröder NVwZ 1998, 1011 ff., 1011
[81] Maurer Allgemeines Verwaltungsrecht, § 14, Rdnr. 1, S. 347
Vgl. Bantz/Görtz IWS-Schriftenreihe Bd. 27, Grundwassersanierung 1996, S. 48 ff., 51, 52 mit umfangreichen Nachweisen zur praktischen Relevanz von Sanierungsverträgen beim Umweltamt Düsseldorf

schritte ist.[82] Die Tatsache, dass sich insbesondere die einschlägigen Urteile fast ausnahmslos mit den Voraussetzungen und Rechtsfolgen einer Inanspruchnahme des jeweiligen Störers durch die Behörde mit Hilfe der traditionellen Ordnungsverfügung auseinandersetzen[83] und sich erst in jüngerer Zeit in zunehmendem Maße Hinweise auf die Möglichkeiten des verwaltungsrechtlichen Vertrages finden,[84] steht dieser Annahme nicht entgegen. Der Grund für die mangelnde Publizität liegt in der "Haltbarkeit" derartiger vertraglicher Regelungen und einer daraus resultierenden äußerst geringen Klagenhäufigkeit. Desweiteren besteht im Regelfall für die Vertragsparteien kein Anlass, den Inhalt der konsensualen Lösungen einer breiten Öffentlichkeit zugänglich zu machen.[85] Diese Unauffälligkeit bestätigt einerseits den Erfolg konsensualer, verwaltungsvertraglicher Regelungen, droht ihn andererseits aber auch zu verbergen.[86]

Die generellen Vorteile kooperativer, verwaltungsvertraglicher Lösungen hat der Gesetzgeber erkannt und diese Handlungsformen außerhalb der §§ 54 ff. VwVfG bereits in einer Vielzahl spezieller Rechtsnormen - wie z.B. in den § 124 Abs. I BauGB (Erschließungsvertrag), § 59 Abs. II BauGB (Sanierungsvertrag), § 11 Abs. I BauGB (städtebaulicher Vertrag), § 67 Abs. I BauGB (Entwicklungsvertrag), § 110 Abs. I BauGB (Einigung über Enteignung und Entschädigung), §13 Abs. IV BBodSchG (Altlastensanierungsvertrag) - verankert.[87] Hinzu kommt, dass ein Paradigmenwechsel insofern eingetreten ist, als konsensuale Instrumente mehr und mehr auch als Gegenstand der Umweltgesetzgebung in Erscheinung treten.[88] Dafür stehen insbesondere die Vorschläge des Kommissionsentwurfs für ein Umweltgesetzbuch - z.B. die §§ 7 Abs. II, 36 ff., 132 Abs. I UGB AT/BT KomE - , die Regelun-

---

[82] Radtke in Holzwarth/Radtke/Hilger Bundesbodenschutzgesetz, § 13, Rdnr. 14, S. 201, 202

[83] Vgl. Knopp aaO., Rdnr. 74, der die praktische Bedeutung von Sanierungsvereinbarungen gegenwärtig für eher gering hält, da sich die Ordnungsbehörden - nach Auffassung des Autors – lieber auf den Vollzug von Gesetzen stützen und per Verwaltungsakt die Verantwortlichkeit, Sanierungsweise und das Sanierungsziel geregelt wissen wollen, obwohl eine "gute" Sanierungsvereinbarung dies ebenfalls gewährleiste

[84] Vgl. Kloepfer Umweltrecht, § 5, Rdnr. 198, Correll DÖV 1998, 363 ff., 363, Fn.1

[85] Vgl. Kloepfer Umweltrecht, § 4, Rdnr. 243, § 5, Rdnr. 198

[86] Kloepfer Umweltrecht, § 5, Rdnr. 198

[87] Vgl. auch Kloepfer/Elsner DVBl 1996, 946 ff. zu den Perspektiven einer kooperativen Normsetzung

[88] Schröder NVwZ 1998, 1011 ff., 1011
Vgl. Kloepfer/Elsner DVBl. 1996, 946 ff., Oebbecke DVBl 1986, 793 f., 795

gen über Umweltvereinbarungen bzw. Umweltverträge enthalten sowie die vertraglichen Instrumente des Bodenschutz- und Naturschutzrechts.[89]

Ziel dieser Bearbeitung ist es, die Handlungsform des subordinationsrechtlichen Sanierungsvertrages und dessen wachsende Bedeutung im Kontext des New Public Management darzustellen und darzulegen, ob und in welchem Umfang, d.h. mit welchen Vertragsinhalten und Gestaltungsspielräumen, Entscheidungen des Hoheitsträgers zur Grundwassersanierung zulässigerweise durch subordinationsrechtliche Sanierungsverträge im Sinne der §§ 54 ff. VwVfG ersetzt werden können.

Für die inhaltliche Ausgestaltung und Reichweite subordinationsrechtlicher Verwaltungsverträge stellt sich in der Sanierungspraxis in besonderem Maße das Problem der Kollision zwischen dem Grundsatz der Gesetzmäßigkeit der Verwaltung, der zu einer beträchtlichen - und von den Parteien oftmals gar nicht gewollten - Einschränkung der inhaltlichen Ausgestaltungsmöglichkeiten führt und dem Wunsch der Parteien nach individueller, flexibler Vertragsgestaltung im Sinne einer dem Zivilrecht vergleichbaren Privatautonomie, d.h. mit den Komponenten einer weitestgehenden Abschluss- und Gestaltungsfreiheit von Verträgen.[90] Da die Verwaltung insbesondere bei der Anordnung wasserrechtlicher Sanierungen - sofern keine spezialgesetzlichen Ermächtigungsgrundlagen gegeben sind - auf das Instrumentarium des allgemeinen Polizei- und Ordnungsrechts zurückgreifen muss,[91] wird das Spannungsfeld zwischen dem klassisch-hoheitlichen Handeln der Vollzugsbehörden und den Möglichkeiten kooperativen, verwaltungsvertraglichen Handelns infolge dieser Polarisierung besonders deutlich. Ob vor dem Hintergrund zunehmender Kooperation im Umweltschutz bereits von einem "Rückzug des Ordnungsrechts" und einer Abkehr

---

[89] Vgl. Umweltgesetzbuch (UGB-KomE), Bundesministerium für Umwelt, Naturschutz und Reaktorsicherheit (Hrsg.) Berlin 1998, Begründung S. 457 ff., 510 ff., 711, 712, Schröder NVwZ 1998, 1011 ff., 1011 m.w.Nw.

[90] Vgl. Correll DÖV 1998, 363 ff., 368, Henneke in Knack VwVfG, vor § 54, Rdnr. 8.3.1, Maurer Allgemeines Verwaltungsrecht, § 14, Rdnr. 25

[91] Vgl. Ziehn Die Störerverantwortlichkeit für Boden- und Wasserverunreinigungen, S. 129, C, 2, Czychowski WHG, § 1 a, Rdnr. 25 m.w.Nw., § 21, Rdnr. 34 m.w.Nw., Schink DVBl 1986, 161 ff., 162, 166, OVG NW NVwZ 1987, 619, 620, Staupe/Dieckmann Individualrechtliche Haftung für Altlasten in Brandt (Hrsg.) Altlasten aaO., S. 154 ff., 164, 165

von den klassischen ord-nungsrechtlichen Instrumenten gesprochen werden kann, bleibt jedoch abzuwarten.[92]

Soweit landesrechtliche Bestimmungen heranzuziehen sind, bleibt die rechtliche Erörterung aus Gründen der Praktikabilität im wesentlichen auf das nordrhein-westfälische Recht beschränkt.

Die Arbeit besteht aus insgesamt sieben Kapiteln. Im Anschluss an das Einleitungskapitel, in dessen Verlauf die Gefahren für das Grundwasser, die Notwendigkeit eines nachhaltigen Grundwasserschutzes sowie der Untersuchungsgegenstand skizziert wurden, behandelt das zweite Kapitel den Begriff, die Typologie und die Zulässigkeit des subordinationsrechtlichen Sanierungsvertrages in Abgrenzung von anderen Handlungsformen der Verwaltung, insbesondere von den kooperativ – informalen Maßnahmen, dem Verwaltungsakt und den privatrechtlichen bzw. gemischten Verträgen. Das dritte Kapitel befasst sich mit "Bargaining" und "Mediation" als neuen Instrumenten umweltrechtlicher Konfliktlösung. Da in der Verwaltungspraxis alternativen Problem- und Konfliktlösungsinstrumenten eine wachsende Bedeutung zukommt, wurde den "Neuen Wegen" der Konfliktlösung ein eigenes Kapitel gewidmet. Im vierten Kapitel wird die Handlungsform des subordinationsrechtlichen Sanierungsvertrages in den Kontext des "New Public Management" bzw. des sogenannten "Neuen Steuerungsmodells" gestellt und die spezifische Eignung dieser Handlungsform als Mittel zur Erreichung der Ziele des "Public Managements" untersucht. Im fünften und sechsten Kapitel, die den eigentlichen Schwerpunkt der Arbeit darstellen, werden die Zulässigkeit des subordinationsrechtlichen Sanierungsvertrages als Handlungsform der Verwaltung sowie dessen formelle und materielle Zulässigkeit geprüft. Den Abschluss dieser Arbeit bildet das siebente Kapitel, das ein kurzes Resümee der Untersuchung und die genetische Struktur eines subordinationsrechtlichen Verwaltungsvertrages zur Sanierung von Bodenkontaminationen und dadurch verursachten Grundwasserverunreinigungen beinhaltet.

---

[92] Vgl. Schmidt in DVBl 1998, 1271 ff., 1272 Bericht über das 14. Trierer Kolloquium zum Umwelt-

B. Der verwaltungsrechtliche Sanierungsvertrag als Handlungsform

I. Begriff und Abgrenzung des verwaltungsrechtlichen Sanierungsvertrages

Gem. § 54 S. 1 VwVfG[93] kann ein Rechtsverhältnis auf dem Gebiet des öffentlichen Rechts durch Vertrag begründet, geändert oder aufgehoben werden, soweit Rechtsvorschriften nicht entgegenstehen. Insbesondere kann die Behörde gem. § 54 S. 2 VwVfG - anstatt einen Verwaltungsakt zu erlassen - einen öffentlich-rechtlichen Vertrag mit demjenigen schließen, an den sie sonst den Verwaltungsakt richten würde. Die Legaldefinition des § 54 VwVfG geht von dem allgemeinen Vertragsbegriff aus und bestimmt den verwaltungsrechtlichen Vertrag insbesondere durch seinen Gegenstand.[94]

Der Vertrag ist nach der allgemeinen Rechtslehre die Einigung mindestens zweier Rechtssubjekte über die Herbeiführung eines bestimmten Rechtserfolges.[95] Er kommt durch die Abgabe kongruenter, auf einen gemeinsamen Rechtserfolg gerichteter Willenserklärungen - Angebot und Annahme - zustande.[96] Der Verwaltungsvertrag hat die gleiche Grundstruktur wie in allen übrigen Rechtsgebieten, d.h. sein Wesen besteht in der auf Grund der Willenseinigung herbeigeführten Rechtswirkung mit Bindung zwischen den Beteiligten, der die Rechtsordnung Anerkennung zollt.[97]

---

und Technikrecht unter dem Titel "Rückzug des Ordnungsrechts im Umweltschutz"

[93] Verwaltungsverfahrensgesetz vom 25.05.1976 (BGBl I S. 1253) zul. geändert durch Gesetz v. 12.09.1996 (BGBl I S. 1354) / v. 06.08.1998, 2. VwVf ÄndG (BGBl. I S. 2022)

[94] Maurer Allgemeines Verwaltungsrecht, § 14, Rdnr. 5, S. 352, Siegmund in Brandt/Sachs aaO., D I, Rdnr. 188

[95] Vgl. Stelkens/Bonk/Sachs VwVfG, § 54, Rdnr. 28

[96] Maurer Allgemeines Verwaltungsrecht, § 14, Rdnr. 6, S. 352, Siegmund in Brandt/Sachs aaO., D I, Rdnr. 209, Stelkens/Bonk/Sachs VwVfG aaO., § 54, Rdnr. 31

[97] Vgl. Stelkens/Bonk/Sachs VwVfG, § 54, Rdnr. 28

Aus der Beschränkung des Verwaltungsverfahrensgesetzes auf die Verwaltungstätigkeit von Behörden gem. § 1 VwVfG ergibt sich, dass der Begriff des öffentlichrechtlichen Vertrages in einem engen auf diese Rechtsverhältnisse begrenzten Sinne zu verstehen ist und daher dem Begriff des verwaltungsrechtlichen Vertrages, beziehungsweise Verwaltungsvertrages entspricht.[98]

Von dem verwaltungsrechtlichen Vertrag zu unterscheiden ist der Begriff des öffentlich-rechtlichen Vertrages im weiteren Sinne.[99] Dieser umfasst sowohl die verwaltungsrechtlichen als auch verfassungs- und völkerrechtlichen Verträge.[100] Für völkerrechtliche oder verfassungsrechtliche Verträge gilt das Verwaltungsverfahrensgesetz jedoch nicht, da keine öffentlich-rechtliche Verwaltungstätigkeit einer Behörde im Sinne des Verwaltungsverfahrensgesetzes vorliegt.[101] Insofern sollten aus Klarstellungsgründen die Begriffe Verwaltungsvertrag und öffentlichrechtlicher Vertrag - entgegen einer weit verbreiteten Praxis - auch nicht synonym verwendet werden.[102]

Gegenstand der vorliegenden rechtlichen Abhandlung sind verwaltungsrechtliche Sanierungsverträge, d.h. verwaltungsrechtliche Verträge im engeren Sinne.

Im Rahmen der Verwaltungsverträge wird weiter zwischen den sogenannten normersetzenden und den projekt- oder anlagenbezogenen, d.h. den normvollziehenden Verträgen unterschieden.[103]

Beim Abschluss wasserrechtlicher Sanierungsverträge wird der Gesetzesvollzug im konkreten Fall durch die Handlungsform des subordinationsrechtlichen Verwaltungsvertrages gewährleistet, der insofern an die Stelle der sonst möglichen Sanierungsverfügung tritt. Der Sanierungsvertrag hat demzufolge normvollziehenden Charakter.

---

[98] Vgl. Kopp VwVfG, Vorbem. zu § 54, Rdnr. 1, Henneke in Knack VwVfG, § 54, Rdnr. 2 m.w.Nw., Scherzberg JuS, 205 ff., 205, Siegmund in Brandt/Sachs aaO., D I, Rdnr. 179

[99] Vgl. Henneke in Knack VwVfG, § 54, Rdnr. 3

[100] Correll DÖV 1998, 363 ff., 364 m.w.Nw.

[101] Vgl. Henneke in Knack VwVfG, § 54, Rdnr. 3, Scherzberg JuS 1992, 205 ff., 205 m.w.Nw.

[102] Vgl. Erichsen Jura 1994, 47ff., 47, 48, Maurer DVBl 1989, 798 ff., 798, Scherzberg JuS 1992, 205 ff., 205, Siegmund in Brandt/Sachs aaO., D I, Rdnr. 179 mit der Bezeichnung Verwaltungsvertrag

[103] Vgl. Schröder NVwZ 1998, 1011 ff., 1011, Henneke DÖV 1997, 768 ff., 773

Zunächst ist die Handlungsform des verwaltungsrechtlichen Sanierungsvertrages von den sonstigen in der Verwaltungspraxis gebräuchlichen, insbesondere von den sonstigen kooperativen Handlungsformen sowie vom Verwaltungsakt abzugrenzen. Eine Abgrenzung nach beiden Seiten – zum informalen Verwaltungshandeln sowie zum Handeln durch Verwaltungsakt – ist geboten, da die verschiedenen Handlungsformen erhebliche rechtliche Unterschiede aufweisen und höchst unterschiedliche verwaltungspraktische Auswirkungen haben. So stellen Verwaltungsakt und Verwaltungsvertrag zwar eine verfahrensabschließende verwaltungsrechtliche Regelung eines Einzelfalles mit Außenwirkung dar, sie unterscheiden sich jedoch insbesondere in der Art und Weise des Zustandekommens.[104] Dieser Unterschied wirkt sich u.a. auf die Rechtswirksamkeitsvoraussetzungen, die Bestandskraft, die Fehlerfolge, die Aufhebungsmöglichkeit sowie auf die Vollstreckbarkeit aus.[105] Eine Abgrenzung des Verwaltungsvertrages von den kooperativ - informalen Handlungsformen der Verwaltung ist bereits wegen des Merkmals der rechtlichen Verbindlichkeit des Vertrages bzw. der nur faktischen Wirkung informalen Handelns und den sich daraus ergebenden Konsequenzen erforderlich.

1. Das informal-kooperative Verwaltungshandeln

In den vergangenen Jahrzehnten war die Verwaltung immer häufiger mit Sachverhalten befasst, bei denen komplexe, ineinander verwobene Problemstellungen ökologischer, ökonomischer, technologischer und sozialer Art zu lösen waren.[106]
Der klassische Weg einseitig hoheitlichen, bzw. imperativen Handelns erwies sich in der modernen Verwaltungspraxis vor dem Hintergrund unzureichender, häufig sogar unklarer oder widersprüchlicher rechtlicher Rahmenbedingungen, mangelnder per-

---

[104] Vgl. Maurer, Allgemeines Verwaltungsrecht, § 14, Rdnr. 18
[105] Vgl. Maurer, Allgemeines Verwaltungsrecht, § 14, Rdnr, 18
[106] Vgl. Henneke in Knack VwVfG, § 35, Rdnr. 5.2

soneller und sachlicher Ressourcen sowie eines immer stärkeren Zeit- und Kostendrucks als zu wenig effektiv.[107]

Die zuständigen Behörden sind - nicht zuletzt als Folge der permanenten Verschlankung - für die vielfältigen technischen bzw. naturwissenschaftlichen Probleme personell und sachlich oftmals nur unzureichend gerüstet, während insbesondere die betroffenen Unternehmen in ihrem jeweiligen Bereich naturgemäß eine hohe Fachkompetenz besitzen und sich zudem nicht selten eine Vielzahl von Spezialisten leisten können.[108] Unter diesen Umständen ist es verständlich, wenn die Behörden in vielen Fällen auch auf unverbindliche Absprachen ausweichen, um zumindest auf diesem Wege gewisse Verbesserungen zu erzielen.[109] Da von den rechtlich unverbindlichen Absprachen jedoch erhebliche faktische Effekte ausgehen, ist Jarass zuzustimmen, der die informalen Absprachen als "Zwischending zwischen echter Untätigkeit der Behörde und verwaltungsrechtlichen Verträgen" klassifiziert.[110]

Insbesondere beim Vollzug umweltrechtlicher Normen treten an die Stelle einseitigen hoheitlichen Handelns in immer stärkerem Maße unterschiedlichste Formen kooperativen bzw. informal - kooperativen Verwaltungshandelns.

a) Das kooperative Verwaltungshandeln

Der Begriff des kooperativen Verwaltungshandelns kann – in Abgrenzung zu den nicht-kooperativen Formen – als Oberbegriff für sämtliche Handlungsformen der Verwaltung verstanden werden, die auf eine enge Zusammenarbeit staatlicher und privater Kräfte mit dem Ziel einer gemeinsamen Problemlösung angelegt sind. Das

---

[107] Vgl. Kippes Bargaining, S. 1 mit einer vergleichbaren Einschätzung
[108] Vgl. Jarass DVBl 1985, 193 ff., 194 m.w.Nw.
[109] Vgl. Jarass DVBl 1985, 193 ff., 194
[110] Vgl. Jarass DVBl 1985, 193 ff., 197

kooperative Handeln umfasst sowohl die rechtsverbindlichen, formalen als auch die rechtlich unverbindlichen, informalen Handlungsformen.
Dem kooperativen Verwaltungshandeln kommt im Umweltrecht eine besondere Bedeutung zu. Das umweltrechtliche Kooperationsprinzip bringt zum Ausdruck, dass Umweltschutz nicht die alleinige Aufgabe des Staates ist und von diesem auch nicht – durchgängig – einseitig gegen Wirtschaft und Gesellschaft durchgesetzt werden kann bzw. soll, sondern die Zusammenarbeit aller Kräfte erfordert.[111] Allen kooperativen Handlungsformen ist daher gemein, dass die Verwaltung die Grundlage für eine sachgerechte Problemlösung in engem Kontakt mit den Betroffenen erarbeitet.[112] Die wesentlichen Unterschiede zwischen den einzelnen Formen kooperativen Handelns liegen in dem Grad ihrer rechtlichen oder faktischen Wirkung bzw. ihrer Verbindlichkeit und in der Form in der das Einvernehmen erzielt wird.

Zu den kooperativen Formen zählen auch die konsensualen Handlungen – wie z.B. die Sanierungsabsprachen - , die formaler oder informaler bzw. rechtsverbindlicher oder rechtlich unverbindlicher Natur sein können. Die vollständige oder zumindest teilweise inhaltliche Gleichsetzung der Begriffe kooperativ, konsensual und informal führt in der Praxis zu einer vermeidbaren rechtlichen Unschärfe, die akzeptanzmindernd ist und eine Integration dieser Handlungsformen in das formale, herkömmliche Instrumentarium deutlich erschwert.

b) Das konsensuale Verwaltungshandeln

Die konsensualen Instrumente, wie z.B. die rechtlich verbindlichen oder rechtlich unverbindlichen Umweltabsprachen, erschließen sich vom Handlungsmodus der

[111] Kloepfer Umweltrecht, § 4, Rdnr. 45 m.w.Nw.
[112] Vgl. Bulling DÖV 1989, 277 ff., 277

konsensualen Verwaltung her,[113] der einen auf Verhandlung und Verständigung der Parteien beruhenden Entscheidungsvorgang bezeichnet.[114]

Während die Kooperation begrifflich jede Form der Zusammenarbeit bzw. des Zusammenwirkens von Staat und Gesellschaft umschreibt, setzt der Konsens die inhaltliche Übereinstimmung, die Übereinkunft voraus. Das konsensuale Verwaltungshandeln kann somit als Teilmenge oder Unterfall[115] kooperativer Verwaltungstätigkeit bezeichnet werden. Konsensuale Instrumente erfassen nur einen Ausschnitt der kooperativen Handlungsmöglichkeiten im allgemeinen und des umweltrechtlichen Kooperationsprinzips im besonderen, und zwar die auf Verhandlung, Verständigung und Konsens ausgerichteten Instrumente.[116]
Das konsensuale Verwaltungshandeln lässt sich in konsentierte Einzelfallentscheidungen und konsensuale Normsetzung bzw. -ersetzung oder in Verträge und informale Absprachen[117] untergliedern.[118] Konsensuale Verhaltenweisen müssen nicht zwangsläufig informaler Natur sein. Sie sind es jedoch regelmäßig dann, wenn der Konsens außerhalb der rechtlich geregelten, formalen Handlungsformen erzielt wird. Der informale Konsens ist in Abgrenzung zum vertraglichen Konsens rechtlich unverbindlich[119] und entfaltet ausschließlich faktische Wirkung.

c) Das informale Verwaltungshandeln

Mit dem Terminus des informalen[120] Verwaltungshandelns können alle rechtlich nicht geregelten Tathandlungen bezeichnet werden, die der Hoheitsträger anstelle von rechtlich geregelten Verfahrenshandlungen oder Rechtsfolgeentscheidungen wählt,

---

[113] Schröder NVwZ 1998, 1011 ff., 1012
[114] Schröder NVwZ 1998, 1011 ff, 1012
[115] Vgl. Schneider VerwArch 87 (1996), 38ff., 39
[116] Vgl. Schröder NVwZ 1998, 1011 ff., 1012 m.w.Nw.
[117] Vgl. Kloepfer Umweltrecht § 5, Rdnr. 190 mit einer Differenzierung zwischen vertraglichen und nichtvertraglichen Umweltabsprachen
[118] Vgl. Schröder NVwZ 1998, 1011 ff., 1012 m.w.Nw.
[119] Schröder NVwZ 1998, 1011 ff., 1012 m.w.Nw., Kloepfer Umweltrecht, § 5, Rdnr. 206 ff.

die jedoch zur Herbeiführung des beabsichtigten Erfolges auch in den von der Rechtsordnung bereitgestellten öffentlich-rechtlichen oder privatrechtlichen Handlungsformen hätten erfolgen können.[121]

Reduziert man die eher organisationstheoretisch bzw. soziologisch orientierten Auffassungen auf ihre Grundaussage, so sind informale Handlungsweisen vorrangig dadurch gekennzeichnet, dass sie rechtlich nicht geregelt sind, ohne deshalb bereits zwangsläufig rechtswidrig zu sein.[122] Es handelt sich - nach dieser restriktiven Definition - primär um formlose und rechtlich unverbindliche Handlungen, die die eigentlichen Sachentscheidungen aus dem rechtlichen Verfahren in einen vorgeschalteten oder parallel laufenden Entscheidungsprozess verlagern.[123] Betrachtet man die Verwaltungswirklichkeit, so erweist sich diese Begriffsbestimmung mittlerweile als zu eng. Es erscheint daher sachgerechter, unter den Begriff des informalen Verwaltungshandelns grundsätzlich alle Verhaltensweisen zu subsumieren, die in der formalen Ordnung des Entscheidungsprozesses - bisher - nicht ausdrücklich vorgesehen sind, gleich ob es sich um einseitige oder kooperative Varianten handelt,[124] und diese unterschiedlichen Handlungsformen nach rechtlichen Kriterien zu strukturieren.

Obwohl die Lehre von den Formen des Verwaltungshandelns keine fertige, sondern stets eine zu reformierende Lehre ist[125] und der Rechtsordnung kein "geschlossenes", sondern ein offenes System staatlicher Handlungsformen zugrunde liegt,[126] begegnet ein nicht unerheblicher Teil der Literatur den "vermeintlich" neuen Formen des Verwaltungshandelns mit einer "gewissen Skepsis" und "Zurückhaltung". Diese Zurückhaltung resultiert aus der Annahme, dass sich das informale Handeln als ein sich teilweise mit dem schlicht-hoheitlichen Verwaltungshandeln

---

[120] Die Begriffe informal und informell werden synonym verwendet
[121] Vgl. Bohne Verw.Arch. Bd. 75, 1984, 343 ff., 344
[122] Vgl. Bauer Verw.Arch. Bd. 78, 1987, 241 ff., Becker DÖV 1985, 1OO3 ff., Bohne Verw. Arch. Bd. 75, 1984, 343 ff., Kloepfer Umweltrecht, § 5, Rdnr. 190
[123] Vgl. Bohne Verw.Arch. Bd. 75, 1984, 343 ff., 344
[124] Vgl. Schulte DVBL 1988, 512 ff., 512, Ossenbühl aaO., 27ff., 29
[125] Vgl. Schmidt-Aßmann DVBL 1989, 533 ff., 541, Kunig DVBL 1992, 1193 ff., 1193
[126] Schulte DVBL 1988, 512 ff., 513 m.w.Nw.

überschneidendes Bündel von Handlungsformen, das den beabsichtigten Handlungserfolg ohne rechtlich geregeltes Verfahren und Rechtsfolgeentscheidung zu erreichen sucht, kaum unter die herkömmlichen rechtlich formalisierten Handlungsformen einordnen lässt.[127] In dieser "informalen" Zusammenarbeit zwischen den Betroffenen und dem Hoheitsträger mit dem Ziel einer einvernehmlichen Regelung wird eine rechtlich bedenkliche Abkehr von den traditionellen Vorstellungen und Instrumentarien des öffentlichen Rechts gesehen.[128]

Der partielle "Wandel vom normierenden zum paktierenden Staat" ist daher nicht unbeanstandet geblieben,[129] und die rechtliche Zulässigkeit des informalen Verwaltungshandelns ist - nach wie vor - äußerst umstritten.[130]
Als Bedenken werden insbesondere die Gefahr der Entwertung rechtsstaatlicher Verfahrensgrundsätze, eine mögliche Ausschaltung von Verfahrensrechten Drittbetroffener sowie die Einschränkung des Rechtsschutzes durch die Gerichte und die Aufsichtsbehörden vorgebracht.[131] Als wohl größte Gefahr informaler Verständigungen wird die Relativierung gesetzlicher Regelungen und normativer Vorgaben erachtet.[132] Insbesondere bestehe die Gefahr, dass der Regelungsbereich von Rechtsnormen abgewandelt oder unterlaufen werde und dass die autoritative Durchsetzung des Rechts in Frage gestellt und die rechtliche Bindung der Verwaltung gelockert werde.[133]
Die Auffassungen, die das sogenannte informale Verwaltungshandeln in die "Dunkelkammern des Rechtsstaates"[134] verlegen oder das Recht zum Tauschobjekt degradieren,[135] verkennen jedoch, dass das gesamte Verwaltungsrecht - und damit auch seine Erscheinungsformen - einer ständigen praxisorientierten Modifizierung und Anpassung unterliegt und defizitäre Gesetzesregelungen sowie daraus resultie-

---

[127] Vgl. Clausen in Knack VwVfG, Vor § 9, Rdnr. 2.6 m.w.Nw.
[128] Vgl. Bauer Verw. Archiv Bd. 78, 1987, S. 241 ff., 241
[129] Kloepfer Umweltrecht, § 5, Rdnr. 189 m.w.Nw.
[130] Vgl. Clausen in Knack VwVfG, Vor § 9, Rdnr. 2.6
[131] Vgl. Clausen in Knack VwVfG, Vor § 9, Rdnr. 2.6
[132] Vgl. Bauer Verw. Archiv Bd. 78, 1987, S. 241 ff. 254
[133] Vgl. Bauer Verw. Archiv Bd. 78, 1987, S. 241 ff. 254
[134] Vgl. Eberle Die Verwaltung Bd. 17, 1984, 439 ff., 463

rende Vollzugsdefizite flexible, atypische Formen des Verwaltungshandelns erst ermöglichen bzw. begünstigen. Auch der heute allgemein anerkannten Handlungsform des öffentlich-rechtlichen Vertrages ging vor der gesetzlichen Regelung in den §§ 54 ff. VwVfG ein langjähriger Meinungsstreit mit ähnlicher Argumentation und vergleichbaren Bedenken voraus,[136] ohne dass die Einführung der verwaltungsvertraglichen Handlungsform in der Folgezeit die Grundfesten des Rechtsstaates erschüttert hätte. In der Praxis geht es bei dem Einsatz der unterschiedlichen Arten informal-kooperativen Handelns - als weithin gebräuchliche Handlungsform der Verwaltung[137] - keinesfalls um einen Ausverkauf des Rechtsstaates, um einen Verkauf von Hoheitsakten,[138] um die Relativierung gesetzlicher Regelungen[139] oder um eine Umgehung rechtlicher Bestimmungen, die die Verwaltung als zu umständlich, zeit- und kostenaufwendig[140] oder konfliktbeladen erachtet, es geht vielmehr darum, dem Grundgedanken des Kooperationsprinzips und des Verursacherprinzips im Umweltrecht dadurch Rechnung zu tragen, dass Problemfälle - im Interesse der Allgemeinheit, der Betroffenen und der zuständigen Behörde - einer zeitnahen, sachgerechten, einvernehmlichen und damit dauerhaften Lösung zugeführt werden.

Umweltabsprachen, d.h., konsensuale Maßnahmen des Umweltschutzes verzichten zunächst auf den Einsatz einseitigen staatlichen Zwangs zugunsten eines als "Bargaining"[141] bezeichneten Verhandlungsprozesses mit dem Ziel praktikabler und flexibler Problemlösungen unter Aktivierung privater Initiative. Zu dieser Vorgehensweise gibt es in Anbetracht bestehender und auf absehbare Zeit kaum abbaubarer Durchsetzungsschwächen von Staat und Verwaltung in einer Vielzahl von Fällen keine realistische Alternative.[142] Angesichts der überaus dichten und vielfach beklagten Reglementierungen durch das Ordnungsrecht rückt die - weitgehend - unge-

---

[135] Vgl. Bohne Der Informale Rechtsstaat, S. 224 ff.
[136] Vgl. Kunig DVBl 1992, 1193 ff., 1194
[137] Vgl. Clausen in Knack VwVfG, Vor § 9, Rdnr. 2.6
[138] Vgl. Krüger DVBl 1955, 380 ff., 384 ff.
[139] Henneke in Knack VwVfG, Vor § 35, Rdnr. 5.3.
[140] Vgl. Clausen in Knack VwVfG, Vor § 9, Rdnr. 2
[141] Vgl. Kippes Bargaining aaO., 1 ff. mit einer umfassenden empirischen Untersuchung
[142] Vgl. Kloepfer Umweltrecht, § 5, Rdnr. 189, Schulze-Fielitz DVBl. 1994, 657 ff., 658 ff.

störte Interaktion zwischen den beteiligten Tauschpartnern geradezu zwangsläufig in den Vordergrund konsensual - und nicht selten informal - getroffener Absprachen, die infolge eines wechselseitigen Gebens und Nehmens faktische Selbstbindungen erzeugen.[143] Hinzu kommt die sich abzeichnende fehlende Finanzierbarkeit sowie die zunehmende Unbeweglichkeit oder gar Handlungsunfähigkeit eines mit Aufgaben und Normen überfrachteten Staates,[144] die zwangsläufig zu einer konsequenten Aufgabenkritik mit dem Ziel der Deregulierung sowie einer Rückführung der staatlichen Betätigung im Sinne einer "schlanken" Verwaltung führen.

Da konsensuale - insbesondere auch informale - Lösungen für die öffentliche Hand regelmäßig zudem kostengünstiger sind,[145] dürfte die Einbeziehung des Kostenaspektes bei der Wahl der Handlungsform der aktuellen Entwicklung in der öffentlichen Verwaltung durchaus entsprechen.

Die konsequente Anwendung des sogenannten Neuen Steuerungsmodells, insbesondere die Implementierung einer umfassenden Kosten- und Leistungsrechnung, deren Hauptzweck die Fundierung und Kontrolle operativer und strategischer Entscheidungen ist,[146] sowie einer Budgetierung auf Landes- und Kommunalebene wird die öffentlichen Verwaltungen, die ohnehin aus haushaltsrechtlichen Gründen zu wirtschaftlichem Handeln verpflichtet sind, in zunehmendem Maße veranlassen, die zu wählende Handlungsform nicht nur nach den rechtlichen, sondern auch nach den wirtschaftlichen Folgen zu beurteilen.

ca) Informales Verwaltungshandeln und der Grundsatz der Nichtförmlichkeit des Verfahrens i.S.d. § 10 VwVfG

In dem Gefüge des informal-kooperativen und formal-kooperativen Verwaltungshandelns erhält der Verwaltungsvertrag seinen herausgehobenen Stellenwert durch sei-

---

[143] Vgl. Kloepfer Umweltrecht, § 5, Rdnr. 189
[144] Vgl. Kloepfer/Elser DVBl 1996, 964 ff., 964, 965
[145] Vgl. Clausen in Knack VwVfG, Vor § 9, Rdnr. 2.6
[146] Vgl. Horvath und Partner Das Controllingkonzept, S. 25

ne Rechtsform und seine Rechtsverbindlichkeit.[147] Der Verwaltungsvertrag stellt eine durch positives Gesetzesrecht ausgestaltete, formale Handlungsform der Verwaltung dar.[148] Im Gegensatz dazu steht das rechtlich unverbindliche Verwaltungshandeln, das sich nicht in die herkömmlichen rechtlich formalisierten Handlungsformen einordnen lässt.[149] Da man aus der rechtlichen Unverbindlichkeit informalen Handelns jedoch nicht folgern kann, es sei uneingeschränkt zulässig,[150] unterliegen auch die informalen Handlungsformen rechtlichen Grenzen.
Die folgenden Ausführungen zum Grundsatz der Nichtförmlichkeit des Verfahrens i.S.d. § 10 VwVfG sowie zur analogen Anwendung der §§ 54 ff. VwVfG auf informale Absprachen sollen verdeutlichen, dass die rechtlich notwendige "Formalisierung" informaler Handlungsformen letztlich zu einem weitestgehenden Verlust der spezifischen Vorteile informalen Handelns führt und damit im Ergebnis das formale – insbesondere das verwaltungsvertragliche - Handeln aufwertet.

Als Beurteilungsgrundlage für die Zulässigkeit der Wahl informaler Handlungsformen wird insbesondere § 10 S. 1 VwVfG herangezogen.[151] Gem. § 10 S. 1 VwVfG sind Verwaltungsverfahren nicht an bestimmte Formen gebunden. § 10 VwVfG verankert diejenigen Verfahrensgrundsätze, die die Typik des Verwaltungsverfahrens bestimmen, und normiert - vorbehaltlich besonderer Rechtsvorschriften - als eine Art Generalklausel i.V.m. § 40 VwVfG das sogenannte Verfahrensermessen, wonach die Durchführung und Gestaltung des Verwaltungsverfahrens im pflichtgemäßen Ermessen der Behörde steht.[152]
Gegenstand der Verfahrensgestaltung ist sowohl die einzelne Verfahrenshandlung als auch der Ablauf des Verfahrens in seiner Gesamtheit unter Einschluss der Form seiner Einleitung und seines Abschlusses.[153]

[147] Vgl. Hennecke in Knack VwVfG, Vor. § 54, Rdnr. 8.3.4 m.w.Nw.
[148] Hennecke in Knack VwVfG, Vor § 54, Rdnr. 1.1
[149] Vgl. Clausen in Knack VwVfG, Vor § 9, Rdnr. 2.6
[150] Vgl. Maurer Allgemeines Verwaltungsrecht, § 15, Rdnr. 21
[151] Vgl. UBA-Berichte 7/90, 1990, mit ausführlicher Begr. S. 157 ff.
[152] Vgl. Obermayer VwVfG, § 10, Rdnr. 1 m.w.Nw.

Der Grundsatz der Nicht-Förmlichkeit bedeutet, dass es dem Ermessen der Behörde überlassen ist, das Verfahren so zu führen und zu gestalten, wie sie es für am zweckmäßigsten hält,[154] wobei sich die Formfreiheit nicht nur auf Förmlichkeiten i.e. Sinne - insbesondere i.S.d. §§ 63 ff. VwVfG - bezieht, sondern schlechthin auf die gesamte Verfahrensgestaltung.[155]
Das Prinzip der grundsätzlichen Nichtförmlichkeit des Verfahrens ist im Rahmen der pflichtgemäßen Betätigung des Verfahrensermessens zu beachten.[156]

Der in § 10 VwVfG verankerte Grundsatz der Nicht-Förmlichkeit gilt jedoch nur, soweit keine besonderen Rechtsvorschriften für die Form des Verfahrens bestehen.[157] Desweiteren sind die Möglichkeiten der Verfahrensgestaltung durch das geltende Recht und den Grundsatz der pflichtgemäßen Ermessensbetätigung begrenzt.[158] Die zuständige Behörde ist insbesondere rechtlich an den Gleichheitssatz, das Willkürverbot, den Grundsatz der Verhältnismäßigkeit, die das Verwaltungsverfahren beherrschenden Verfahrensgrundsätze, spezielle verfahrensrechtliche Bestimmungen und einschlägige Verwaltungsvorschriften gebunden.[159]

Absprachen, die gegen gesetzlich vorgeschriebene Verfahrensformen verstoßen, sind demzufolge grundsätzlich unzulässig. Im übrigen steht die Verfahrensgestaltung im pflichtgemäßen Ermessen der zuständigen Behörde.[160]
Ein Rückgriff auf § 10 S. 1 VwVfG und §§ 40 ff. VwVfG sowie die analoge Anwendung der §§ 54 ff. VwVfG zur Bestimmung der Zulässigkeit informaler Absprachen,[161] erscheint jedoch - unter den genannten Voraussetzungen - als nicht unproblematisch. Das informale Verwaltungshandeln in Form informaler Absprachen un-

---

[153] Vgl. Hill NVwZ 1985, 449 ff., 451, Obermayer VwVfG, § 10, Rdnr. 3
[154] Kopp VwVfG, § 10, Rdnr. 5 m.w.Nw.
[155] Kopp VwVfG, § 10, Rdnr. 5
[156] Vgl. Obermayer VwVfG, § 10, Rdnr. 9
[157] Kopp VwVfG, § 10, Rdnr. 8, Clausen in Knack VwVfG, § 10, Rdnr. 2.1 m.w.Nw.
[158] Vgl. Kunig/Rublack Jura 1990, 1 ff., 5, Obermayer VwVfG, § 10, Rdnr. 5 m.w.Nw., Stelkens/Bonk/Sachs VwVfG, § 10, Rdnr. 1,3
[159] Vgl. Kopp VwVfG, § 10, Rdnr. 6, Obermayer VwVfG, § 10, Rdnr. 6 m.w.Nw.
[160] Vgl. Hill NVwZ 1985, 449 ff., 450, 451, DÖV 1987, 891 ff.

terliegt wie jede Form staatlichen Handelns auch den Geboten des Rechtsstaatsprinzips. Das Rechtsstaatsprinzip zieht dem Verfahrensermessen der Verwaltung nach § 10 VwVfG Grenzen.[162]
Als besondere Rechtsvorschriften i.S.d. § 10 S. 1 VwVfG kommen - wie bereits dargelegt - nicht nur Vorschriften innerhalb oder außerhalb des Verwaltungsverfahrensgesetzes in Betracht, die Notwendigkeit zur Beachtung bestimmter Förmlichkeiten, insbesondere zu einer bestimmten Gestaltung des Verfahrens, kann sich auch aus allgemeinen Rechtsgrundsätzen ergeben.[163] Die Formfreiheit i.S.d. Norm bedeutet jedenfalls keine Ermächtigung zu willkürlicher oder beliebiger Verfahrensgestaltung.[164]

Zu den zentralen Geboten des Rechtsstaatsprinzips gehören u.a. die Berechenbarkeit und die Voraussehbarkeit staatlichen Handelns,[165] im Sinne eines Gebotes größtmöglicher Rechtssicherheit. Die Gestaltung von Verfahren darf nicht einseitig an den Bedürfnissen der Verwaltung ausgerichtet sein und muss in berechenbarer und transparenter Weise unabhängig von Person und Einfluss des Betroffenen erfolgen.[166] Allenfalls unter diesen engen Voraussetzungen lässt sich die Zulässigkeit informaler Absprachen nach dem Regelungsinhalt des § 10 VwVfG beurteilen, wobei zu berücksichtigen ist, dass § 10 VwVfG - wegen des weiten und unbestimmten Verfahrensermessens - nicht als hinreichende Ermächtigungsgrundlage herangezogen werden kann.[167]

Die öffentliche Verwaltung darf sich nicht durch informales Handeln aus den Fesseln der rechtlich geregelten Instrumente in die "vermeintliche" Freiheit des § 10 VwVfG

---

[161] Vgl. Kloepfer/Rehbinder/Schmidt-Aßmann unter Mitwirkung von Kunig Umweltgesetzbuch AT-ProfE, UBA-Berichte 7/90, 1990 aaO., S. 157 ff. mit ausführlicher Begründung
[162] Vgl. Grüter aaO., S. 78
[163] Vgl. Kopp VwvfG, § 10, Rdnr. 8
[164] Vgl. Kopp VwVfG, § 10, Rdnr. 6 m.w.Nw., Clausen in Knack VwVfG, § 10, Rdnr. 4
[165] Vgl. BVerfGE 49, 148 ff., 164
[166] Vgl. Grüter aaO., Teil 2, VI, 3, S. 87
[167] Vgl. Grüter aaO., Teil 2, VI, 4, S. 99 unter Hinweis auf die a.A. Bohnes in Verw.Arch. Bd. 75, 1984, 350 sowie Bohne Der informale Rechtsstaat 1981, 132

flüchten. Desweiteren dürfte § 10 VwVfG viel zu weit und unbestimmt sein, um als Ermächtigungsnorm für informale Grundrechtseingriffe dienen zu können.[168]
Informales Verwaltungshandeln, insbesondere informale Absprachen dürften im Ergebnis nur zulässig sein, soweit die Behörde nicht zu einem förmlichen Eingreifen verpflichtet ist.[169] Dies gilt in besonderem Maße im Bereich der Gefahrenabwehr.[170]
Weitere grundlegende Bedenken resultieren aus dem Postulat des rechtsbeständigen Verfahrensabschlussses,[171] das vor dem Hintergrund der fehlenden Rechtsverbindlichkeit informaler Absprachen in der Verwaltungspraxis kaum gewährleistet werden kann. Der praktischen Bedeutung informaler Absprachen vermögen die rechtlichen Unsicherheiten jedoch keinen Abbruch zu tun, da die rechtliche Zulässigkeit für die zuständige Behörde wie für den Betroffenen vielfach eher sekundärer Natur zu sein scheint.[172]
Zur Minimierung der rechtlichen Risiken informaler Absprachen und zur Absicherung ihrer Durchsetzbarkeit werden unterschiedliche Ansätze vertreten. Da die faktischen Zwänge zur Einhaltung der Absprachen oft nicht groß genug sind, erscheint es dringend geboten, dass sich der Betroffene jedenfalls zur Durchführung bestimmter Maßnahmen in rechtsverbindlicher Form bereit erklärt.[173]

cb) Die analoge Anwendung der §§ 54 ff. VwVfG auf das informale Verwaltungshandeln

Auch die analoge Anwendung der §§ 54 ff. VwVfG zur Bestimmung der materiellen Rechtmäßigkeitskriterien informaler Handlungsformen,[174] lässt die ganze Problematik der rechtlichen Beurteilung informalen Verwaltungshandelns deutlich werden.

---

[168] Vgl. Grüter aaO., S. 99
[169] Vgl. Jarass DVBl 1985, 193 ff., 197, 198
[170] Vgl. Jarass DVBl 1985, 193 ff., 197, 198
[171] Vgl. Grüter aaO., Teil 2, VI, 3, S. 88 m.w.Nw., BVerfGE 2, 403 ff.
[172] Vgl. Jarass DVBl 1986, 314 ff., 320
[173] Vgl. Jarass DVBl 1985, 193 ff., 198

Unabhängig davon, ob man die Anwendbarkeit der §§ 54 ff. VwVfG auf außervertragliche Vereinbarungen bzw. Absprachen des öffentlichen Rechts nicht ohnehin ablehnt, sofern von diesen allenfalls eine faktische Bindung ausgeht,[175] stellt sich prinzipiell die Frage nach der Vorteilhaftigkeit informaler Absprachen, deren materielle Rechtmäßigkeit sich - unter Beachtung rechtsstaatlicher Grundsätze - ebenfalls nach den Vorschriften über den Verwaltungsvertrag beurteilt.
Zu Recht weist Maurer darauf hin, dass eine Formalisierung des informellen Verwaltungshandelns dazu führt, dass sich wiederum im Vorfeld dieser Handlungsformen weitergehende informelle Kontakte und Absprachen ansiedeln werden.[176]

Vor dem Hintergrund der Selbstbeschränkung des Verwaltungsverfahrensgesetzes auf die Handlungsformen des Verwaltungsvertrages und des Erlasses von Verwaltungsakten[177] erscheint es folgerichtig, auch im Umweltrecht zur Lösung komplexer Sachverhalte vorrangig auf die mit der formalen Rechtsordnung unstreitig in Einklang stehenden Handlungsoptionen zurückzugreifen.
Diese Forderung gewinnt umso mehr an Gewicht, wenn man berücksichtigt, dass das informale Verwaltungshandeln stets dann als unzulässig gilt, wenn durch den Grundsatz des Gesetzesvorbehalts oder durch Gesetz eine Pflicht zum Handeln durch Verwaltungsakt besteht, wenn durch das informale Verwaltungshandeln Verfahrensrechte von Drittbetroffenen ausgeschaltet werden, wenn das Allgemeininteresse eine vollständige Aufklärung und eine Gewichtung allen Tatsachenstoffes verlangt und wenn grundlegende Verfahrensprinzipien außer Kraft gesetzt werden.[178]

---

[174] Vgl. Professorenentwurf zum UGB AT, aaO., Begr. zu § 6 I S. 4 UGB-ProfE unter Hinweis auf Bohne Der informale Rechtsstaat 1981, S. 134 ff. VerwArch Bd. 75, 1984, 343 ff., 358, 359 und Beyer aaO., S. 241 ff. zur grundsätzlichen Zulässigkeit informeller Handlungsformen
[175] Vgl. Kopp VwVfG, § 54, Rdnr. 5, 6a m.w.Nw.
[176] Vgl. Maurer Allgemeines Verwaltungsrecht, § 15, Rdnr. 21,Begründung zum UGB-KomE 1998, S. 507 unter Hinweis auf Bohne Verw.Arch. Bd. 75, 1984, 343 ff., 361, auch nach der Auffassung der Sachverständigenkommission zum UGB AT/BT liegt der "Wert" informaler Handlungen gerade in ihrer Unverbindlichkeit und fehlender Formalisierung, mit der Folge, dass formale Regelungen häufig wieder neue, nicht geregelte Absprachemuster erzeugen
[177] Vgl. Clausen in Knack VwvfG, Vor § 9, Rdnr. 2.8

Die Chancen und Vorteile einer verwaltungsvertraglichen Sanierungsabsprache liegen darin, dass der Vertrag dem Kooperationsgedanken ebenfalls Rechnung trägt, ohne die rechtlichen Mängel und Risiken des informalen Verwaltungshandelns - dies gilt in besonderem Maße für das zwar schriftlich fixierte, aber nicht der Schriftform i.S.d. § 57 VwVfG entsprechende, verfahrensabschließende Agreement - aufzuweisen und gleichzeitig eine flexible Lösung komplexer und atypischer Sachverhalte ermöglicht.

d) Die Typologie informal-kooperativen Handelns

Das informale Verwaltungshandeln ist äußerst vielschichtig. Es handelt sich um ein sich teilweise mit dem schlicht-hoheitlichen Verwaltungshandeln oder dem schlichten Verwaltungshandeln deckendes bzw. überschneidendes Bündel von Handlungsformen ohne rechtliche Verbindlichkeit, das der Schaffung tatsächlicher Verhältnisse dient.[179] Zum informalen Verwaltungshandeln gehören z.B. Informationen zur Erreichung eines beabsichtigten Zwecks durch Handeln des Informierten, Beratungen, Auskünfte, Empfehlungen, Warnungen ebenfalls mit bestimmter Zielrichtung auf ein gewünschtes Verhalten, bloße Duldungen zur Vermeidung rechtsförmlicher Regelungen sowie Vorgespräche, informale Absprachen, Arrangements und Agreements.[180]

Nicht zuletzt wegen der praktischen Bedeutung des kooperativen Verwaltungshandelns ist eine genaue Typologie erforderlich.[181] Manches was heute noch in der Grauzone des informalen Verwaltungshandelns angesiedelt wird, hat bereits Vertragscharakter, weil sich die Parteien rechtlich binden wollen, manches liegt noch im

[178] Clausen in Knack VwVfG, Vor § 9, Rdnr. 2.6 m.w.Nw.
[179] Vgl. Clausen in Knack VwVfG, Vor § 9, Rdnr. 2.6 m.w.Nw., das schlichte Verwaltungshandeln wird auch als tatsächliches Verwaltungshandeln oder Realakt bzw. Verwaltungsrealakt bezeichnet
[180] Vgl. Clausen in Knack VwVfG, Vor § 9, Rdnr. 2.6
[181] Vgl. Maurer DVBl 1989, 798 ff., 802

Vorfeld, sei es als eine Art Vorvertrag, sei es als rechtlich völlig unverbindliche Übereinkunft.[182]

Auch die Formen, die bereits Vertragscharakter haben, sind weiter aufzugliedern, etwa nach dem verfahrensrechtlichen Standort, nach dem Inhalt oder nach der Bindungswirkung.[183] Eine sachgerechte differenzierende Terminologie erleichtert die rechtliche Einordnung der Handlungsformen und wirkt akzeptanzfördernd.[184]

Zur Verdeutlichung der Vielschichtigkeit des Verwaltungshandelns lassen sich - in Anlehnung an den Typisierungsansatz von Hennecke - zunächst folgende Handlungsformen unterscheiden:

- Verwaltungsakt und Zusicherung als einseitig-formale Handlungsformen,
- öffentlich-rechtliche oder privatrechtliche Verträge als formale Absprachen,
- einseitig informelles Verwaltungshandeln und
- informelle Absprachen.[185]

Das informale Verwaltungshandeln lässt sich - auf dieser Grundlage - in einseitig informale Handlungen - z.B. Informationen, Auskunft und Beratung, Empfehlung und Warnung, bloße Duldung - und informale Absprachen untergliedern. Zu den informalen normvollziehenden Absprachen zählen insbesondere Vorabsprachen, Vorabzuleitung von Bescheidentwürfen, Arrangements und Agreements sowie "aktive" Duldungen.

Die vorgenannten Handlungsformen sind durch ein hohes Maß an Kooperation gekennzeichnet und auf eine einvernehmliche Problemlösung ausgerichtet.[186]

---

[182] Vgl. Maurer DVBl 1989, 789 ff., 802
[183] Vgl. Maurer DVBl 1989, 789 ff., 802
[184] Vgl. Maurer DVBl 1989, 789 ff., 802
[185] Vgl. Hennecke Natur und Recht 1991, 267 ff., 271
Vgl. Kloepfer Umweltrecht, § 5, Rdnr. 190 mit einer Differenzierung der Absprachen nach Rechtswirkungen und Gegenstand in öffentlich-rechtliche Verträge, privatrechtliche Verträge und sonstige Absprachen ohne Rechtsverbindlichkeit
Vgl. auch die Vorschläge der Sachverständigenkommission zum Umweltgesetzbuch, UGB-KomE 1998 aaO., §§ 34 ff. UGB-KomE AT/BT, Begründung Zu § 36 UGB-KomE normersetzender Vertrag und Zu § 38 UGB-KomE öffentlich-rechtlicher Umweltschutzvertrag S. 510, 513 ff.

Der Begriff des verwaltungsrechtlichen Sanierungsvertrages im Sinne der §§ 54 ff. VwVfG lässt sich von den sonstigen kooperativen Handlungsformen der Verwaltung - insbesondere von den nicht formalen Varianten - weitestgehend überschneidungsfrei abgrenzen.

e) Vorverhandlungen und Vorgespräche

Unter Vorverhandlungen versteht man Kontakte zwischen der Behörde und dem Betroffenen, bei denen in fachlichen und häufig auch rechtlichen Erörterungen Inhalt und Umfang des Handlungs- und Entscheidungsbedarfs eingegrenzt werden.[187] Im Gegensatz zum Sanierungsvertrag, der Rechte und Pflichten zwischen den Parteien wirksam begründet, sind Vorverhandlungen dadurch geprägt, dass zu diesem Zeitpunkt noch keine rechtsverbindlichen Abmachungen getroffen werden und rechtliche Verbindlichkeiten aus den Vorverhandlungen noch nicht entstehen.[188]
Vorverhandlungen und Vorgespräche dienen primär der Erkenntnisgewinnung, da insbesondere im Sanierungsrecht in einer Vielzahl von Fällen eine entsprechende Sachverhaltsaufklärung nur durch die Mithilfe der Betroffenen möglich wird. Die zuständigen Behörden sind oftmals ohne eine umfassende und frühzeitige Kooperation gar nicht in der Lage, den zu beurteilenden Sachverhalt vollständig zu ermitteln, die entscheidungsrelevanten Gesichtspunkte herauszufiltern und zu bewerten bzw. eine fundierte Prognose abzugeben.[189] Sie sind regelmäßig auf die Informationen und den Kenntnisstand des Betroffenen und gegebenenfalls auf seine speziellen Sachkenntnisse angewiesen.[190]
So ist in der Sanierungspraxis insbesondere die zeitliche Ein- und Zuordnung von Boden- bzw. Grundwasserkontaminationen im Einzelfall problematisch, da der ge-

[186] Vgl. Hennecke Natur und Recht 1991, 267 ff., 271
[187] Vgl. Bulling DÖV 1989, 277 ff., 279
[188] Vgl. Bulling DÖV 1989, 277 ff., 279
[189] Vgl. Henneke DÖV 1997, 768 ff., 773
[190] Vgl. Henneke in Knack VwVfG, Vor. § 35, Rdnr. 5.3, Henneke DÖV 1997, 768 ff., 774

genwärtige Erkenntnisstand der Naturwissenschaften hinsichtlich der meisten Stoffe, die im Boden und Grundwasser gefunden werden, noch keine genaue Bestimmung des "Alters" zulässt. In diesen Fällen muss im Rahmen der Amtsermittlung ohnehin auf Betriebsunterlagen und Angaben der Mitarbeiter im Hinblick auf den Umgang und die Verwendung mit bzw. von bestimmten Stoffen zurückgegriffen werden, um Aussagen über einen möglichen Eintrittszeitraum der Stoffe zu erhalten.[191]

Zu berücksichtigen ist weiterhin, dass z.B. die zutreffende Bewertung der individuellen Kontaminationssituation, die Bewertung konkreter Grundwasserschäden, die Entscheidungsfindung hinsichtlich der Notwendigkeit von Schutz- bzw. Sanierungsmaßnahmen, das Setzen von Sanierungsprioritäten zur Boden- und Grundwassersanierung, die Gefährdungsabschätzung und die Festlegung der Schutz- und Sanierungsziele nur im Rahmen eines engen, kooperativen Abstimmungs- und Informationsaustauschprozesses erfolgen kann. Dies gilt auch für die Auswahl des optimalen Verfahrens aus einer Vielzahl komplexer technischer Varianten. Beispielhaft seien hier als mögliche Sanierungsmaßnahmen zur Sicherung die passiven hydraulischen Maßnahmen, die Einkapselung und Flächenversiegelung und die Immobilisierung sowie als mögliche Sanierungsmaßnahmen zur Dekontamination die aktiven hydraulischen Maßnahmen, die gängigen in-situ-, on-site- und off-site-Verfahren sowie die spezifischen Verfahren zur Grundwasserreinigung benannt.[192]

Bei der Sanierung von Boden und Grundwasser kommt es jedoch nicht nur auf die Konzentration der Schadstoffe im Medium Boden und deren toxikologische Wirkung an, entscheidend für ordnungsbehördliche Maßnahmen bleibt im Einzelfall die tatsächlich oder mindestens begründet anzunehmende Exposition des Schutzgutes

---

[191] Vgl. Knopp aaO., S. 27, Rdnr. 6

[192] Vgl. Forschungsvorhaben im Auftrag des Umweltbundesamtes 1995 aaO., S. 43 ff., Rdnr. 6, mit einem umfassenden Nachweis der gängigen Sicherungs- und Sanierungsmaßnahmen, Fortschrittsbericht 1995, Projektträger Umweltbundesamt, BMBF Modellhafte Sanierung von Altlasten

Grundwasser unter Berücksichtigung des stoffspezifischen Transferverhaltens von Schadstoffen sowie die standortspezifischen Besonderheiten.[193]
Die Mobilität von Schadstoffen, deren Verlagerbarkeit bzw. Eintrag ins Grundwasser und deren Transport mit dem Grundwasser stellen die Sanierungsunternehmen, die Vollzugsbehörden und die Sanierungspflichtigen vor besondere technische, wirtschaftliche und rechtliche Probleme. Dies gilt insbesondere im Hinblick auf die Verhältnismäßigkeit der jeweiligen Sanierungsmaßnahme. Hinzu kommen eine Vielfalt neuer, zum Teil nur versuchsweise erprobter Verfahrenskonzepte in der Sanierungstechnik, da die hohen Anforderungen, die an die Umweltschutztechnik gestellt werden, regelmäßig nur durch eine Kombination verschiedenster verfahrenstechnischer Grundoperationen zu erreichen sind.[194]

Die Komplexität der in der Sanierungspraxis zu lösenden Problemstellungen in naturwissenschaftlicher, technologischer, ökonomischer, ökologischer, sozialer und rechtlicher Hinsicht setzt eine interdisziplinäre Kommunikation im Sinne eines permanenten Wissenstransfers sowie eine fachübergreifende Kooperation zwingend voraus. In der Praxis hat es sich jedenfalls bewährt, bei Verdacht oder Feststellung von Umweltbeeinträchtigungen in Form von Boden- bzw. Grundwasserbelastungen, das kooperative Gespräch zwischen Unternehmen und beteiligten Behörden zu suchen.[195] Ein weiterer Vorteil der sogenannten "round-table" Gespräche, an denen bei Bedarf außer der Behörde und den Betroffenen noch Gutachter, Sanierungsunternehmen und gegebenenfalls Dritte teilnehmen, liegt in der Möglichkeit, frühzeitig und flexibel auf etwaige Imponderabilien im Wege einer "kurzen Abstimmung" reagieren zu können.[196]
Neben der Sicherstellung des Sanierungseffektes, der Überprüfung der technischen und wirtschaftlichen Machbarkeit und Zumutbarkeit sowie der Anwendbarkeit der

---

[193] Vgl. Lühr/Schulz-Terfloth/Balzereit/Wegener in IWS-Schriftenreihe Bd. 27, Grundwassersanierung 1996, 97 ff., 97, 100 ff.
[194] Vgl. Behrend/Niebelschütz IWS-Schriftenreihe Bd. 27, Grundwassersanierung 1996, 118 ff., 118
[195] Vgl. Forschungsvorhaben des Umweltbundesamtes 1995 aaO., S. 42, Rdnr.5 mit einer Auflistung und Erörterung praktischer Beispiele
[196] Vgl. Forschungsvorhaben des Umweltbundesamtes 1995 aaO., S. 42, Rdnr. 5

Maßnahme im Einzelfall können zudem die Auswirkungen der durchzuführenden Maßnahme, d.h. deren Umweltverträglichkeit, nur unter Einbeziehung besonderer Sachkunde und Sanierungserfahrung beurteilt werden.

Ein auf kooperativer Grundlage festgestellter Sachverhalt und eine abgestimmte Vorgehensweise verschaffen der Behörde zudem eine seitens des Betroffenen nicht bestrittene Entscheidungsgrundlage, was sich gegenüber der reinen Amtsermittlung als erheblicher Vorteil erweist.[197] Dies wird deutlich, wenn man in diesem Zusammenhang berücksichtigt, dass zwar im Rahmen der Amtsermittlung i.S.d. § 24 VwVfG eine Mitwirkungspflicht der Beteiligten gem. § 26 Abs. II S. 1 VwVfG besteht, diese jedoch trotz des Wortlautes der Norm - "die Beteiligten sollen bei der Ermittlung des Sachverhaltes mitwirken" - nach h.M. keine Rechtspflicht zur Mitwirkung begründet.[198] Es besteht lediglich eine Mitwirkungslast bzw. Obliegenheit in dem Sinne, dass die Beteiligten grundsätzlich selbst über ihre Mitwirkung entscheiden können, eine Verweigerung der Mitwirkung jedoch dazu führen kann, dass die Beteiligten die negativen Folgen einer unterlassenen Mitwirkung durch einen unrichtig ermittelten Sachverhalt in Kauf nehmen müssen.[199]
Im Rahmen der Eingriffsverwaltung hat sich die Behörde jedoch im Regelfall - auch bei einem Schweigen der Beteiligten - selbst die erforderliche Gewissheit vom Vorliegen der Eingriffsvoraussetzungen zu verschaffen.[200] Über § 26 Abs. II S. 1 VwVfG hinausgehende Mitwirkungspflichten ergeben sich nur, wenn diese gem. § 26 Abs. II S. 3 VwVfG durch Rechtsvorschrift - z.B. gem. § 21 WHG, § 40 Abs. II KrW-/AbfG, § 52 BImSchG - besonders vorgesehen sind.

Vorgespräche bzw. Vorverhandlungen führen außerdem dazu, unterschiedliche Auffassungen vorab auszutauschen, auf die gegenseitige Vereinbarkeit zu überprü-

---

[197] Vgl. Henneke DÖV 1997, 768 ff., 774

[198] Vgl. OVG Koblenz NuR 1987, 165 ff., Clausen in Knack VwVfG, § 26, Rdnr. 7, Kopp VwVfG, § 26, Rdnr. 41, Stelkens/Bonk/Sachs VwVfG, § 26, Rdnr. 50

[199] Vgl. Clausen in Knack VwvfG, § 26, Rdnr. 7 m.w.Nw., Maurer Allgemeines Verwaltungsrecht, § 19, Rdnr. 25

[200] Vgl. Clausen in Knack VwVfG, § 26, Rdnr. 7

fen und gegebenenfalls anzugleichen sowie auf eine gerichtliche Austragung strittiger Standpunkte zu verzichten.[201] Auf diese Weise können bereits in einem sehr frühen Stadium der Behördentätigkeit wechselseitige Ungewissheiten abgebaut sowie die Erwartungs- und Verhaltenssicherheit erhöht werden,[202] was gerade für den Betroffenen bedeutsam ist, da er seinerseits die Auffassung der Behörde zur Sach- und Rechtslage frühzeitig für seine Dispositionen - insbesondere zur Sicherung von Investitionsmaßnahmen - berücksichtigen kann.[203]

Erst das Ergebnis der die tatsächliche, technische oder wirtschaftliche Situation auslotenden Vorkontakte führt zur abschließenden Realisierungsentscheidung der Behörde in Form eines Arrangements, eines Agreements, eines verwaltungsrechtlichen Vertrages oder eines Verwaltungsaktes.[204] Vorverhandlungen und sonstige Formen informaler Verfahrenshandlungen im Rahmen eines Verwaltungsverfahrens[205] stellen somit keine Alternative zum Bescheid oder zum Verwaltungsvertrag dar,[206] sie bilden vielmehr die Grundlage der Entscheidung.

f) Informale Absprachen

Von den informalen Verfahrenshandlungen im Rahmen eines Verwaltungsverfahrens zu unterscheiden sind die sogenannten informalen Absprachen, denen als Alternative zu den herkömmlichen verfahrensabschließenden Handlungsformen ebenfalls verfahrensabschließende Wirkung zukommen kann. Die informalen Absprachen können in sogenannte einfache Absprachen, Vergleichsabsprachen und Austauschabsprachen untergliedert werden.[207] Die einfachen Absprachen beziehen

---

[201] Vgl. Henneke DÖV 1997, 768 ff., 774
[202] Vgl. Henneke in Knack VwVfG, § 35, Rdnr 5.3.
[203] Vgl. Henneke DÖV 1997, 768 ff., 774
[204] Vgl. Bulling DÖV 1989, 277 ff., 279
[205] Vgl. Bohne Der informale Rechtsstaat 1981, S. 50 ff. zur Abgrenzung informeller Verfahrenshandlungen von den informellen Absprachen
[206] Vgl. Bohne VerwArch. Bd. 75, 1984, 343 ff., 347 a.A.
[207] Vgl. Bohne Der informale Rechtsstaat 1981, S. 75 ff. VerwArch Bd. 75, 1984, 343 ff., 355

sich regelmäßig auf einzelne Maßnahmen und sollen einen Interessenausgleich zwischen der Behörde und dem Betroffenen hinsichtlich des Ziels und der Durchführung der Maßnahme ermöglichen. Die Vergleichsabsprachen beziehen sich ebenfalls auf eine Einzelmaßnahme, dienen jedoch vorrangig der Beilegung von Streitigkeiten über die Rechtslage und bzw. oder Tatsachen. Demgegenüber sind Austauschabsprachen dadurch gekennzeichnet, dass Maßnahmen von zwei oder mehreren Beteiligten in ein gegenseitiges Abhängigkeitsverhältnis gebracht werden, also vorrangig der Bereinigung komplexer Sachverhalte dienen.[208]

fa) Arrangements

Informale Absprachen können in Form eines Arrangements getroffen werden. Bei dem Begriff des Arrangement handelt es sich regelmäßig um mündliche Absprachen zwischen der Behörde und dem Betroffenen, die - zumindest in einem faktischen Sinne - verbindlich gemeint sind, aber im Falle der Nichteinhaltung keine Sanktionen nach sich ziehen.[209]

Im Gegensatz zu den durch ihre völlige Unverbindlichkeit charakterisierten Vorverhandlungen, die primär der Erweiterung des Kenntnisstandes der Behörde und einer möglichst umfassenden Sachverhaltsaufklärung dienen, können sich die Arrangements bereits auf Verfahrens- oder Sachdetails, deren Grundzüge vorab im Rahmen von Vorgesprächen erörtert wurden, sowie gegebenenfalls auch schon auf den konkreten Inhalt des Behörden- bzw. des Betroffenenverhaltens beziehen.[210]

Das Arrangement unterscheidet sich vom Verwaltungsvertrag in der Formfreiheit, in der fehlenden rechtlichen Bindungswirkung[211] und in der fehlenden Durchsetzbarkeit der Übereinkunft.

---

[208] Vgl. Bohne Der informale Rechtsstaat 1981, S. 75 ff. VerwArch Bd. 75, 1984, 343 ff., 355
[209] Vgl. Bulling DÖV 1989, 277 ff., 280
[210] Vgl. Bulling DÖV 1989, 277 ff., 280
[211] Vgl. Scherzberg JuS 1992, 205 ff., 205

fb) Agreements

Informale Absprachen können desweiteren in Form eines dokumentierten Agreements getroffen werden. Verwaltungsrechtliche Verträge und Agreements - sogenannte "Gentlemen´s Agreements" - unterscheiden sich ebenfalls in ihrer rechtlichen Wirkung.

Das Agreement ist im Gegensatz zum Arrangement regelmäßig schriftlich fixiert und entfaltet insoweit eine noch stärkere faktische Wirkung.[212] Dennoch kommt auch dieser Form der schriftlich dokumentierten Absprache keine dem verwaltungsrechtlichen Vertrag vollständig vergleichbare rechtliche Wirkung zu.[213] Die praktische Bedeutung solcher Agreements liegt in der Möglichkeit einer frühzeitigen Einigung zwischen Behörden und Betroffenen über die wesentlichen Ziele, Eckdaten und Verfahrensformen.[214] Dadurch wird den Beteiligten die Möglichkeit einer weitergehenden, detaillierten, rechtsverbindlichen Ausgestaltung eröffnet. Die Agreements können in der Verwaltungspraxis als Alternative zum formalen Verwaltungsverfahren, als Ergänzung der formalen Handlungsformen oder als gesetzlich nicht geregelte Art des Verfahrensabschlusses eingesetzt werden.

Die schriftliche Dokumentation der Absprachen erfolgt in der Verwaltungspraxis regelmäßig durch bestätigende Schriftwechsel, als richtig akzeptierte Gesprächsvermerke oder Protokolle bzw. gemeinsame Erklärungen.[215] Auf die Beachtung der Schriftform i.S.d. § 57 VwVfG, insbesondere auf den Grundsatz der Urkundeneinheit gem. § 126 BGB in entsprechender Anwendung, der als Indiz für eine rechtsverbindliche Regelung gewertet werden könnte, wird beim Agreement bewusst verzichtet.

Sofern die Unterschiede zwischen dem unbewehrten Verwaltungsvertrag und dem Agreement jedoch ausschließlich auf die fehlende Vertragsurkunde reduziert werden, ansonsten aber von einer rechtlich gleichwertigen, bindenden Verpflichtung

---

[212] Vgl. Bulling DÖV 1989, 277 ff., 280
[213] Vgl. Bulling DÖV 1989, 277 ff., 280
[214] Vgl. Bulling DÖV 1989, 277 ff., 280
[215] Vgl. Bulling DÖV 1989, 277 ff., 280

ausgegangen wird,[216] bestehen gegen eine derartige Auffassung erhebliche rechtliche Bedenken.

§ 57 VwVfG setzt für Verwaltungsverträge aus Gründen der Rechtssicherheit - nach h.M. - die Einhaltung der Schriftform gem. § 126 II S. 1 BGB analog voraus.[217] Die Wahl der Handlungsform des Agreements darf im Ergebnis nicht zu einer Umgehung des Schriftformerfordernisses führen. Sofern eine rechtlich verbindliche, einvernehmliche Sanierungsregelung im konkreten Fall gewollt ist, haben die Parteien aus Gründen der Rechtssicherheit und Rechtsklarheit als geeignete verfahrensabschließende Handlungsform den Sanierungsvertrag zu wählen.

g) Das Merkmal der rechtlichen Unverbindlichkeit

Das wesentliche Abgrenzungskriterium zwischen der Handlungsform des Verwaltungsvertrages und den informellen Handlungsformen – insbesondere der informalen Absprache - ist das Merkmal der rechtlichen Verbindlichkeit.[218]

Als informal bzw. informell werden daher nur diejenigen Handlungsformen bezeichnet, von denen keine unmittelbaren Rechtswirkungen ausgehen,[219] d.h. diejenigen Verfahrensweisen und Entscheidungsformen, die in einem Alternativ- und Ergänzungsverhältnis zu den rechtlich geregelten Formen des Verwaltungshandelns stehen, denen regelmäßig - zumindest hinsichtlich des zweiseitigen informellen Ver-

---

216 Vgl. Bulling DÖV 1989, 277 ff., 287

217 Vgl. Kopp VwVfG, § 57, Rdnr. 5, 6 m.w.Nw., Siegmund in Brandt/Sachs aaO., D I, Rdnr. 210 m.w.Nw. auch zur a.A

218 Bauer Verw. Arch. Bd. 78, 1987, 241 ff., 246 ff., Bohne Verw.Arch. Bd. 75, 1984, 343 ff., 344, Bohne Der informelle Rechtsstaat, 46 ff., 54 ff., Eberle Die Verwaltung 1984, 439 ff., 444, Grüter aaO., S. 60 m.w.Nw., Kloepfer Umweltrecht, § 5, Rdnr. 206, Maurer Allgemeines Verwaltungsrecht, § 15, Rdnr. 14, 20, Scherzberg JuS 1992, 205 ff., 205

219 Vgl. Kloepfer Umweltrecht, § 5, Rdnr. 206, der konsequent zwischen rechtsgeschäftlichen bzw. vertraglichen Umweltabsprachen und informalen Umweltabsprachen unterscheidet, a.A. Bulling DÖV 1989, 277 ff., 287

waltungshandelns[220] - das Prinzip des Tausches - "do ut des" - zugrundeliegt und die rechtlich - wenn auch u.U. nicht faktisch - unverbindlich sind.[221]
Die informalen Handlungen sind an keine Form gebunden und enthalten keine rechtlich verbindlichen Verhaltenzusagen, da sie ansonsten als - gegebenenfalls gem. § 59 VwVfG formnichtiger - Verwaltungsvertrag zu interpretieren wären.[222]

Den Begriffen Vorverhandlung, Vorgespräche, Arrangement und Agreement ist gemein, dass sie die Beteiligten moralisch oder politisch - d.h. im Ergebnis zumindest faktisch - , jedoch nicht aus Rechtsgründen verpflichten.
Diese Arten informalen Verwaltungshandelns, die von den Handlungsformen des wasserrechtlichen Sanierungsvertrages und von der Sanierungsverfügung abgegrenzt werden müssen, haben projektbezogenen bzw. normvollziehenden Charakter und sind in ihren unterschiedlichen, abgestuften Erscheinungsformen regelmäßig in ein konkretes Verwaltungsverfahren eingebunden oder ersetzen dieses sogar.[223]
Sofern die projektbezogenen, rechtlich unverbindlichen Verwaltungshandlungen im Rahmen eines konkreten umweltrechtlichen Verwaltungsverfahrens lediglich eine Vorstufe der in § 9 VwVfG benannten Handlungsformen darstellen, das Verfahren selbst jedoch in der Folgezeit durch einen inhaltlich eigenständigen verwaltungsrechtlichen Sanierungsvertrag oder durch den Erlass einer Sanierungsverfügung abgeschlossen wird, bestehen gegen den Einsatz informaler Instrumente keine so schwerwiegenden rechtlichen Bedenken, wie in den Fällen, in denen durch informelle Absprachen der Inhalt von Sanierungsverfügungen - im Wege gegenseitigen Nachgebens - vorab und gegebenenfalls unter Missachtung der Grenzen des Zulässigen[224] "ausgehandelt" wird. Dies gilt auch in den Fällen, in denen das informale

220 Vgl. Grüter aaO., S. 59, 62 ff., 65, der vor dem Hintergrund einseitig informellen Verwaltungshandelns das Merkmal des "do ut des" nicht als ein Essentiale informalen Handelns erachtet
221 Vgl. Grüter aaO., S. 59, 60, 65, der anstelle des Tauschprinzips das Merkmal der Einzelfallbezogenheit bzw. Finalität des informellen Verwaltungshandelns bezogen auf einen bestimmten oder bestimmbaren Personenkreis in die Diskussion einführt
222 Kloepfer Umweltrecht, § 5, Rdnr. 206, Maurer Allgemeines Verwaltungsrecht, § 15, Rdnr. 20
223 Vgl. Kloepfer JZ 1991, 737 ff., 739, 740, Beyer aaO., S. 193, a.A., der den Begriff des informalen Verwaltungshandelns eher restriktiv auslegt und demzufolge informelles Handeln als Verfahrensweise im Vorfeld eines Verwaltungsverfahrens definiert
224 Vgl. Kloepfer Umweltrecht, § 5, Rdnr. 66

Verwaltungshandeln vollständig an die Stelle eines förmlichen Verwaltungsverfahrens tritt bzw. dieses ablöst.

Die Tatsache, dass als Ursachen für eine zunehmende "Flucht" aus den rechtlich geregelten Formen des Verwaltungshandelns, die durch eine Gesetzesflut bedingte umsichgreifende Rechtsunsicherheit, das Fehlen einer hinreichend präzisen Gesetzessprache, die weite Verbreitung unbestimmter, schwer konkretisierbarer Rechtsbegriffe sowie die komplizierten technischen und wirtschaftlichen Zusammenhänge[225] festgestellt worden sind, und dass das informale Verwaltungshandeln der Beseitigung von Unsicherheiten, der frühzeitigen Entschärfung von Konflikten und der Steigerung der Effektivität und Rechtssicherheit der Verwaltungsverfahren dient, [226] darf nicht darüber hinwegtäuschen, dass das Erreichen eines grundsätzlich erstrebenswerten Zieles nicht "zwangsläufig" auch den Einsatz rechtlich bedenklicher Mittel rechtfertigt. Es gibt zwar keinen numerus clausus der Handlungsformen der Verwaltung,[227] die öffentliche Verwaltung ist jedoch auch bei der Auswahl der Handlungsform in besonderem Maße an Recht und Gesetz gebunden.

h) Die Bedeutung der faktischen Bindungswirkung

Zudem wird im Rahmen der sogenannten informalen Absprachen das Ausmaß der faktischen Bindungswirkung häufig verkannt. Für den Betroffenen mag im Einzelfall der faktische Zwang, den eine informale Umweltabsprache entfaltet wesentlich stärker sein, als für einen anderen Betroffenen der Zwang, der im Einzelfall aus der rechtlichen Wirkung eines Verwaltungsvertrages oder sogar eines Verwaltungsaktes resultiert.

---

[225] Vgl. Grüter aaO., S. 66 m.w.Nw.
[226] Vgl. Becker DÖV 1985, 1003 ff., 1008, Grüter aaO., S. 66
[227] Vgl. Maurer Allgemeines Verwaltungsrecht, § 15, Rdnr. 19

Die Auffassungen, die bei konsensualen Lösungen - insbesondere in einem rechtlich nicht eindeutig geregelten und daher stark umstrittenen Bereich - den Grundgedanken des "volenti non fit iniuria" noch als tragfähiges Prinzip heranziehen,[228] berücksichtigen jedoch nicht in ausreichendem Maße, dass die Verwaltung bei einem Scheitern konsensualer Lösungen auf das klassische Instrumentarium der Hoheitsverwaltung - die Ordnungsverfügung - zurückgreifen wird, bzw. die Möglichkeiten einer "harten" Verhaltenssteuerung als Druckmittel einsetzen kann.

Die Alternative zur sogenannten "weichen" Verhaltenssteuerung ist aus Sicht des Betroffenen regelmäßig die direkte, imperative Verhaltenssteuerung mittels Hoheitsaktes, die dem Betroffenen keine echte Entscheidungsfreiheit belässt und unter dem massiven Eindruck des staatlichen Gewaltmonopols steht. Insofern hat der Verwaltungsakt im Sinne des § 35 VwVfG als Mittel zur Durchsetzung des geltenden Umweltrechts, nichts an Aktualität und Bedeutung verloren und stellt - auch im Hinblick auf die zunehmende Bedeutung des Kooperationsprinzips - keinesfalls einen umweltrechtlichen Anachronismus dar. Insbesondere in den Fällen, in denen kooperatives Verwaltungshandeln mangels Konsensfähigkeit der Beteiligten oder aufgrund konsensfeindlicher gesetzlicher Regelungen an seine Grenzen stößt, ist es unabdingbar, dass der Staat seine Hoheitsmacht auch gegen den Willen des Betroffenen, aber nach Maßgabe der im Gesetz materialisierten und formalisierten demokratischen Mehrheitsentscheidung durchsetzen können muss.[229]

Das Recht bindet die öffentliche Verwaltung. Dies gilt auch dann, wenn es einmal unbequem wird und vor allem dann, wenn bloße Nützlichkeits- oder Effizienzerwägungen Abweichungen vom Grundsatz der Gesetzmäßigkeit der Verwaltung zu fordern scheinen.[230] Nur dann, wenn das Recht auch gegenüber Widerständen be-

---

[228] Vgl. BVerwGE 42, 331 ff., 335 ff.
[229] Vgl. Würtenberger NJW 1991, 257 ff., 263
[230] Vgl. Hesse aaO., Rdnr. 195

hauptet wird, kann der Rechtsstaat seine legitimierende und stabilisierende Wirkung entfalten[231] und dem Anspruch des Art. 20 GG letztlich auch gerecht werden.
Die Effektivität kooperativen Verwaltungshandelns bestimmt sich entscheidend nach der richtigen "Mischung" kooperativer und einseitig-hoheitlicher Handlungsweisen.[232] Kooperation darf jedenfalls nicht zum Alibi für das Unterlassen unangenehmer, weil konfliktträchtiger Verwaltungsentscheidungen werden.[233]

i) Die Aufwertung formaler und informaler Umweltabsprachen durch den Professorenentwurf und den Entwurf der Unabhängigen Sachverständigenkommission zum Umweltgesetzbuch

Zu einer Erneuerung der Diskussion um die Zulässigkeit informaler umweltrechtlicher Absprachen - verbunden mit einer deutlichen rechtlichen Aufwertung dieser Handlungsformen auf der Grundlage des Kooperationsprinzips - haben die Vorschläge des sogenannten Professorenentwurfs zum Umweltgesetzbuch sowie der modifizierte Entwurf der Unabhängigen Sachverständigenkommission geführt.
Ein konkreter Vorschlag zur Kodifizierung des Kooperationsprinzips findet sich in § 6 UGB-ProfE. § 6 UGB AT-ProfE beschreibt als Inhalt des Kooperationsprinzips jede Mitwirkung nichtstaatlicher Träger an umweltrelevanten Entscheidungen, sei es durch Anhörungs- und Beteiligungsrechte, sei es durch eigenverantwortliche Entscheidungen.[234] Als Konsequenz dieser äußerst weiten Interpretation wird in § 6 Abs. I S. 3 UBG AT-ProfE ein Subsidiaritätsgrundsatz bezüglich des Staates im Umweltschutz festgeschrieben.[235]
Desweiteren werden Umweltabsprachen gem. § 6 Abs. I S. 4 UGB AT-ProfE für grundsätzlich zulässig erklärt und, soweit sie nicht im Widerspruch zu geltendem

---

[231] Vgl. Hesse aaO., Rdnr. 195
[232] Vgl. Schulze-Fielitz DVBl. 1994, 657 ff., 659 unter Hinweis auf Lübbe-Wolff NuR 1989, 295 ff., 296, 301 ff.
[233] Vgl. Schulze-Fielitz DVBl. 1994, 657 ff., 659 m.w.Nw.
[234] Kloepfer Umweltrecht aaO., § 4, Rdnr. 60, S. 192

Verfahrens- oder materiellem Recht stehen, sogar i.V.m. § 6 Abs. I S. 3 UGB AT-ProfE vorsichtig präferiert.[236]

Im Rahmen des Entwurfs der Unabhängigen Sachverständigenkommission zum Umweltgesetzbuch ergibt sich die grundsätzliche Zulässigkeit von umweltrechtlichen Vereinbarungen - wenn auch in modifizierter Ausgestaltung - gem. § 7 UGB-KomE. Gem. § 7 Abs. II UGB-KomE sollen die Behörden bei Maßnahmen auf Grund der umweltrechtlichen Vorschriften prüfen, ob die Zwecke des Gesetzbuches in gleicher Weise durch Vereinbarungen mit den Betroffenen erreicht werden können.
Im Gegensatz zum UGB-ProfE wurde von der Übernahme der in § 6 Abs. I S. 3 UGB-ProfE vorgeschlagenen allgemeinen Subsidiaritätsklausel, wonach Behörden nur noch tätig werden sollen, wenn der Schutz der Umwelt nicht durch die Bürger sichergestellt werden kann, abgesehen.
Diese Modifizierung ist insbesondere zur Aufrechterhaltung der Akzeptanz von nicht sanktionsbewehrten kooperativen Maßnahmen erforderlich, da ansonsten die zuständigen Behörden ihrer Verhandlungsmacht beraubt würden, da ihr Gegenüber mit hoheitlichen Maßnahmen nicht mehr jederzeit zu rechnen bräuchte.[237]
Sofern man informal-kooperatives Verwaltungshandeln - unter strikter Beachtung der rechtlichen Grenzen und unter Ausnutzung der bestehenden gesetzlichen Spielräume - einsetzt, um eine einvernehmliche verwaltungsvertragliche Regelung zu erzielen bzw. um eine solche vorzubereiten, die die Interessen des Betroffenen, der Behörde, etwaiger Dritter und das Wohl der Allgemeinheit gleichermaßen berücksichtigt, ist auch das informal-kooperative Handeln als prinzipiell zulässig zu erachten und nach den Umständen des Einzelfalles durchaus förderlich.[238]

---

[235] Vgl. Kloepfer/Rehbinder/Schmidt-Aßmann unter Mitwirkung von Kunig, Umweltgesetzbuch Allgemeiner Teil, UBA-Berichte 7/90, 1990 aaO., S. 157 ff.
[236] Kloepfer Umweltrecht, § 4, Rdnr. 60, S. 192
[237] Vgl. Umweltgesetzbuch (UGB-KomE), Entwurf der Unabhängigen Sachverständigenkommission zum UGB 1998 aaO.,beim Bundesministerium für Umwelt, Naturschutz und Reaktorsicherheit, Entwurfsbegründung zu § 7 UGB-KomE, S. 459, 460

2. Die Handlungsform des Verwaltungsaktes

a) Die Notwendigkeit der Abgrenzung von Verwaltungsakt und Verwaltungsvertrag

Soweit der Staat im Einzelfall und im Außenrechtsverhältnis verbindlich, das heißt sich selber und den Betroffenen rechtlich bindend handelnd will, stellt ihm die Verwaltungsrechtsordnung prinzipiell die Handlungsformen des Vertrages und des Verwaltungsakts zur Verfügung.[239]

Da das Verwaltungsverfahrensrecht - wie sich aus § 9 VwVfG ergibt - den verwaltungsrechtlichen Vertrag vor allem im Hinblick auf seine verfahrensrechtliche Bedeutung als Alternative zum Abschluss von Verwaltungsverfahren durch Verwaltungsakt regelt[240] und der Verwaltungsvertrag als Einrichtung des Verfahrensrechts grundsätzlich demselben Zweck dient wie der Verwaltungsakt, nämlich der Begründung, Änderung oder Aufhebung von Rechtsverhältnissen auf dem Gebiet des öffentlichen Rechts,[241] bedarf es einer genauen Abgrenzung zwischen Verwaltungsvertrag und Verwaltungsakt. Dies gilt umso mehr, als eine antinomisch strenge Trennung von Verwaltungsakt und Verwaltungsvertrag dem geltenden Recht eigentlich widerspricht, da beide Instrumente als Handlungsform grundsätzlich austauschbar eingesetzt werden können und einer Vielzahl gemeinsamer verfahrensrechtlicher Bestimmungen unterliegen.[242]
Hinzu kommt, dass insbesondere in der umweltrechtlichen Verwaltungspraxis bisweilen die Tendenz zu verzeichnen ist, die sogenannten formalisierten Instrumente - wie den Verwaltungakt - zu informalisieren, d.h. den Inhalt von Verwaltungsakten

---

[238] Vgl. Stelkens/Bonk/Sachs VwVfG, § 54, Rdnr. 41, 42 m.w.Nw.
[239] Vgl. Schulze-Fielitz DVBl. 1994, 657 ff., 661
[240] Kopp VwVG, Vorbem. zu § 54, Rdnr. 4
[241] Kopp VwVfG, Vorbem. zu § 54, Rdnr. 4
[242] Vgl. Schulze-Fielitz DVBl. 1994, 657 ff., 662

auszuhandeln oder zu vereinbaren[243] und damit die Unterschiede einseitig hoheitlichen Handlens und konsensualen Handelns einzuebnen. Die Vorabzuleitung von Entscheidungsentwürfen sowie die inhaltliche Abstimmung von Sanierungsverfügungen entspricht seit etlichen Jahren der gängigen Verwaltungspraxis.[244]

Auch im Rahmen des klassischen ordnungsrechtlichen Verwaltungshandelns bestehen zahlreiche individuelle Einwirkungsmöglichkeiten auf den Erlass oder den Inhalt eines Verwaltungsaktes.[245] Die Verwaltungspraxis hat letztlich - um einen zumindest partiellen Funktionsverlust des Verwaltungsaktes zu vermeiden - einen inneren Wandel vollzogen,[246] mit der Folge, dass der Verwaltungsakt keineswegs mehr ausschließlich die Form des einseitig autoritativen Befehls verkörpert, die man ihm überkommenerweise zugeschrieben hat. Auch aus diesem Grunde hat der Verwaltungsakt - nicht zuletzt wegen seiner Stabilisierungs- und Formungsfunktion - nur wenig von seiner außerordentlichen Bedeutung verloren. Der der Sanierungsabsprache und der Sanierungsverfügung mittlerweile gleichermaßen immanente Verständigungsprozess zwischen Hoheitsträger und Sanierungspflichtigem lässt die Abgrenzung der Einsatzfelder von Verwaltungsakt und Verwaltungsvertrag jedoch immer fließender werden.[247]

b) Die maßgeblichen Abgrenzungskriterien von Verwaltungsakt und Verwaltungsvertrag

Gem. § 35 S. 1VwVfG ist ein Verwaltungsakt jede Verfügung, Entscheidung oder andere hoheitliche Maßnahme, die eine Behörde zur Regelung eines Einzelfalles auf dem Gebiet des öffentlichen Rechts trifft und die auf unmittelbare Rechtswirkung nach außen gerichtet ist. Ebenso wie der Verwaltungsakt stellt der Verwaltungsver-

---

[243] Vgl. Kloepfer JZ 1991, 737 ff., 738, Kloepfer Umweltrecht, § 5, Rdnr. 197
[244] Vgl. Bohne Der informale Rechtsstaat 1981, S. 50 ff.
[245] Vgl. Kloepfer Umweltrecht, § 5, Rdnr. 188, Schulze-Fielitz DVBl. 1994, 657 ff., 663, 664 m.w.Nw.
[246] Vgl. Henneke DÖV 1997, 768 ff., 771
[247] Vgl. Henneke DÖV 1997, 768 ff., 771

trag i.S.d. §§ 54 ff. VwVfG eine verwaltungsrechtliche Regelung eines Einzelfalles mit Außenwirkung dar.[248]

Das maßgebliche Kriterium dafür, ob ein Vertrag oder ein Verwaltungsakt vorliegt, ist demnach, ob nach der Form, dem Inhalt einer getroffenen Regelung und gegebenenfalls nach den näheren Umständen unter denen sie erfolgt ist sowie nach dem erkennbaren Willen der Beteiligten die übereinstimmenden bzw. einander entsprechenden Willenserklärungen das entscheidende Moment darstellen oder ob eine einseitige Entscheidung der Behörde, der gegenüber eine etwaige Zustimmung des Bürgers nur von sekundärer Bedeutung ist, im Vordergrund steht.[249] Ausschlaggebend ist im Ergebnis der Rechtsfolge- bzw. der Vertragswille der Parteien.[250] Nur dann, wenn die Parteien mit Vertragswillen handeln, also einen Vertrag abschließen wollen, kann dieser zustandekommen.[251]

Der Verwaltungsakt geht von einer einseitigen Anordnung, einer einseitigen Regelung aus, der Vertrag davon, dass von der behördlichen Erklärung ohne die korrespondierende Erklärung des anderen Teils keine Wirkung ausgehen soll.[252]

Es ist in Zweifelsfällen zunächst durch Auslegung der Erklärungen zu ermitteln, ob die gewollten Rechtsfolgen aufgrund eines übereinstimmenden Handlungswillens der Behörde und des Sanierungspflichtigen oder aufgrund einseitig hoheitlichen Handelns der Behörde eintreten sollen. Hier kommt es insbesondere auf den Willen der Behörde an, der aus den jeweiligen Erklärungen und dem Gesamtzusammenhang zu ermitteln ist.[253] Indizien für die Willensrichtung der Beteiligten können sich insoweit aus der Verwendung der für die jeweilige Handlungsform typischen Form- und Gestaltungselemente ergeben.[254]

---

[248] Vgl. Maurer Allgemeines Verwaltungsrecht, § 14, Rdnr. 18
[249] Vgl. Kopp VwVfG, § 54, Rdnr. 14 m.w.Nw., Siegmund in Brandt/Sachs aaO., D I, Rdnr. 181, Stelkens/Bonk/ Sachs VwVfG, § 54, Rdnr. 39
[250] Henneke in Knack VwVfG, § 54, Rdnr. 5.1 m.w.Nw.
[251] Henneke in Knack VwVfG, § 54, Rdnr. 5.13, Siegmund in Brandt/Sachs aaO., D I, Rdnr. 181
[252] Henneke in Knack VwVfG, § 54 Rdnr. 5.1, vgl. Maurer Allgemeines Verwaltungsrecht, § 14, Rdnr. 18
[253] VGH Kassel NVwZ 1990, 879 ff., vgl. Ehlers Die Verwaltung 1998, 53 ff., 77
[254] Scherzberg JuS 1992, 205 ff., 205

Die ausdrückliche Bezeichnung als "Sanierungsverfügung", "Sanierungsanordnung" oder "Bescheid", der Aufbau, insbesondere die Begründung für den Erlass eines Verwaltungsaktes im Sinne des § 39 VwVfG sowie die Beifügung einer Rechtsbehelfsbelehrung sprechen als typische äußere Merkmale für die Handlungsform der Sanierungsverfügung.[255]

Für die Handlungsform des Sanierungsvertrages sprechen demgegenüber der vertragstypische Aufbau sowie die Bezeichnung der Behörde und des bzw. der Sanierungspflichtigen als "Vertragsparteien".Weitere Indizien sind insbesondere die Bezeichnung als "Sanierungsvereinbarung" oder "Sanierungsvertrag", die Ausfertigung einer von beiden Parteien unterzeichneten Urkunde unter Beachtung der Schriftform gem. § 57 VwVfG, die Beachtung etwaiger Zustimmungserfordernisse i.S.d. § 58 Abs. I VwVfG, die Unterwerfung unter die sofortige Vollstreckung i.S.d. § 61 VwVfG sowie spezifische Regelungen zur Vertragsanpassung und Kündigung unter Berücksichtigung des § 60 VwVfG.

c) Die Abgrenzung des mitwirkungsbedürftigen Verwaltungsaktes vom Verwaltungsvertrag

Problematisch kann im Einzelfall auch eine Abgrenzung von Verwaltungsvertrag und mitwirkungsbedürftigem Verwaltungsakt sein. Mitwirkungsbedürftige Verwaltungsakte dürfen nur dann erlassen werden, wenn der Betroffene seine Zustimmung erklärt hat.[256] Das Zustimmungserfordernis hat jedoch nicht den Zweck, den Bürger mitentscheidend in den Regelungsvorgang einzubeziehen, es soll vielmehr sicherstellen, dass ihm nicht ein Verwaltungsakt aufgedrängt wird, den er nicht haben will.[257] Auch der mitwirkungsbedürftige Verwaltungsakt ist - im Gegensatz zum Vertrag - auf die einseitige Herbeiführung von Rechtswirkungen gerichtet.[258] Im Gegen-

[255] Vgl. Scherzberg JuS 1992, 205 ff., 205
[256] Henneke in Knack VwVfG, § 54, Rdnr. 5.2, Maurer Allgemeines Verwaltungsrecht, § 14, Rdnr. 19
[257] Henneke in Knack VwVfG, § 54, Rdnr. 5.2, Maurer Allgemeines Verwaltungsrecht, § 14, Rdnr. 19
[258] Vgl. Stelkens/Bonk/Sachs VwVfG, § 54, Rdnr. 39

satz zum mitwirkungsbedürftigen Verwaltungsakt hat der Bürger beim Verwaltungsvertrag nicht nur Einfluss auf den Bestand der Regelung, sondern auch rechtlichen Einfluss auf deren Inhalt.[259] Beim Verwaltungsvertrag stehen einander inhaltlich kongruente Willenserklärungen gegenüber.[260] Während die Erklärung des Bürgers beim Verwaltungsvertrag Existenzvoraussetzung ist, ist sie beim zustimmungsbedürftigen Verwaltungsakt lediglich Rechtmäßigkeitsvoraussetzung.[261]

Wie bereits dargestellt ist bei der Abgrenzung der Handlungsformen voneinander vorrangig auf den Willen der Beteiligten, insbesondere auf den Willen der Behörde, der aus den jeweiligen Erklärungen und dem Gesamtzusammenhang zu ermitteln ist,[262] abzustellen. Sofern der Bürger Einfluss auf die inhaltliche Gestaltung nehmen konnte, spricht dies - als Indiz - für den Abschluss eines Verwaltungsvertrages. Hatte der Bürger lediglich die Möglichkeit, den Erlass des Verwaltungsaktes durch eine Verweigerung seiner Zustimmung zu verhindern, so spricht das für das Vorliegen eines Verwaltungsaktes.[263]

Nach anderer Auffassung stellen Art und Ausmaß der Einflussnahme des Bürgers kein geeignetes Abgrenzungskriterium dar.[264] Als Begründung wird angeführt, dass weder ein faktischer Kontrahierungszwang noch eine gesetzliche oder von der Verwaltung formularmäßig vorgenommene Fixierung der Vertragsbedingungen der Annahme eines zweiseitgen Rechtsgeschäftes entgegenstehe.[265]
Es ist in der heutigen Verwaltungspraxis sicherlich zutreffend, dass allein Art und Ausmaß der Einflussnahme des Betroffenen noch keine zwingenden Rückschlüsse auf die Wahl der Handlungsform zulassen, da die Grenzen zwischen dem einseitig-hoheitlichen Handeln und dem kooperativen Handeln immer fließender werden. Dies

---
[259] Vgl. Kloepfer Umweltrecht, § 5, Rdnr. 191
[260] Vgl. Achternberg JA 1979, 356 ff., 358
[261] Vgl. Maurer Allgemeines Verwaltungsrecht, § 14, Rdnr. 19
[262] VGH Kassel NVwZ 1990, 879 ff., vgl. Ehlers Die Verwaltung 1998, 53 ff., 77, Maurer Allgemeines Verwaltungsrecht, § 14, Rdnr 19
[263] Vgl. Henneke in Knack VwvfG, § 54, Rdnr. 5.2, Maurer Allgemeines Verwaltungsrecht, § 14, Rdnr. 19
[264] Vgl. Scherzberg JuS 1992, 205 ff., 205

wird deutlich, wenn man sich vergegenwärtigt, dass in Abhängigkeit von der jeweiligen Verhandlungsmacht und Verhandlungsposition der Behörde und der Sanierungspflichtigen selbst Sanierungsverfügungen inhaltlich "ausgehandelt" werden können und der Inhalt normkonkretisierender Sanierungsverträge - bei eindeutiger Sach- und Rechtslage - weitestgehend durch die Behörde und die rechtlichen Restriktionen bestimmt wird. Dennoch kommt Art und Ausmaß der Einflussnahme durchaus eine Indizwirkung zu, als sie die Wirkung anderer Indizien verstärken oder abschwächen kann.

Auch bei den sogenannten mitwirkungsbedürftigen Verwaltungsakten handelt es sich grundsätzlich nicht um eine spezielle Form des verwaltungsrechtlichen Vertrages i.S.d. §§ 54 ff VwVfG.

Die Abgrenzung des subordinationsrechtlichen Verwaltungsvertrages zum Verwaltungsakt und zum informellen Verwaltungshandeln macht jedoch deutlich, dass der Verwaltungsvertrag im Schnittpunkt zweier Beziehungsgefüge steht, nämlich als Ausdrucksform des kooperativen Staates in dem des konsensualen Verwaltungshandelns und als rechtsverbindliche Regelung in dem der rechtsförmlichen Verwaltungshandlungen.[266]

3. Die Handlungsform des privatrechtlichen oder gemischten Vetrages

a) Die Abgrenzung zwischen verwaltungsrechtlichen und privatrechtlichen Verträgen

Die Abgrenzung zwischen privatrechtlichen und verwaltungsrechtlichen Verträgen, d.h. die Frage, ob ein unter Beteiligung eines Trägers öffentlicher Verwaltung ge-

[265] Vgl. Scherzberg JuS 1992, 205 ff., 205 m.w.Nw.
[266] Vgl. Henneke in Knack VwvfG, Vor § 54, Rdnr. 8.3.4 m.w.Nw.

schlossener Vertrag dem öffentlichen oder dem privaten Recht zugeordnet werden muss, ist von erheblicher Bedeutung, da für öffentlichrechtliche Verträge deutlich engere Bindungen gelten als für privatrechtliche Verträge. Die Verwaltung ist auch beim Abschluss verwaltungsrechtlicher Verträge in besonderem Maße an ihre verfassungsrechtlichen Handlungsprinzipien, die Grundsätze der Rechtmäßigkeit und Gesetzmäßigkeit und den Gleichheitsgrundsatz gebunden.[267]
Zudem gilt der dem bürgerlichen Recht immanente Grundsatz der Vertragsfreiheit nach h.M für den Abschluss und die inhaltliche Ausgestaltung subordinationsrechtlicher Verwaltungsverträge allenfalls in einer äußerst eingeschränkten Form.[268]
Von der Rechtsnatur des Vertrages hängt desweiteren die Frage der Haftungsregelungen, der Vollstreckung, des Rechtswegs und des Schriftformerfordernisses i.S.d. § 57 VwVfG ab.[269]

Gem. § 54 S. 1 VwVfG kommt es für die Abgrenzung von privatrechtlichem und verwaltungsrechtlichem Vertrag darauf an, ob ein Rechtsverhältnis auf dem Gebiet des öffentlichen Rechts begründet, geändert oder aufgehoben werden soll. Als Rechtsverhältnis werden herkömmlicherweise die sich aus einer rechtlichen Regelung ergebenden Beziehungen zwischen mehreren Rechtssubjekten bezeichnet.[270] Stellt man mithin auf die Rechtsnatur des geregelten Rechtsverhältnisses ab, so unterscheidet sich der verwaltungsrechtliche Vertrag im Sinne der §§ 54 ff. VwVfG von privatrechtlichen Verträgen durch den Regelungsgegenstand [271] und die angestrebten Rechtsfolgen.[272]
Als Verwaltungsverträge sind demnach alle Verträge anzusehen, die sich auf einen nach den maßgeblichen Rechtsvorschriften und Grundsätzen öffentlichrechtlich ge-

[267] Vgl. Henneke in Knack VwVfG, § 54, Rdnr. 2
[268] Vgl. Henneke in Knack VwVfG, § 54, Rdnr. 2.7 m.w.Nw., Stelkens/Bonk/Sachs VwVfG, § 54, Rdnr. 73
[269] Vgl. Scherzberg JuS 1992, 205 ff., 206, Kloepfer Umweltrecht, § 5, Rdnr. 200 m.w.Nw.
[270] BVerwGE 50, 11 ff., 19 ff., BVerwGE 51, 69 ff., 74 ff.
[271] BVerwGE 74, 368 ff., 370, BVerwG JZ 1986, 1007 ff., 1008, BVerwG JZ 1990, 591 ff., 595, BVerwGE 22, 138 ff., 140, BVerwGE 42, 331 ff., 332, BGHZ 97, 312 f., 314 ff., BVerwG DVBl 1993, 654 ff., 655, OVG NW NVwZ 1984, 522 ff., 523
[272] Kopp VwVfG, § 54, Rdnr. 6 m.w.Nw., Siegmund in Brandt/Sachs aaO., D I, Rdnr. 188 Stelkens/Bonk/Sachs VwVfG, § 54, Rdnr. 75 ff.

regelten Sachverhalt beziehen.[273] Der Gegenstand des Vertrages ist aus seinem Inhalt zu ermitteln. Entscheidend ist, ob sich der Vertragsgegenstand auf einen öffentlich-rechtlich zu beurteilenden Sachverhalt bezieht, insbesondere ob die vertraglich übernommene Verpflichtung oder die vertraglich vollzogene Verfügung öffentlich-rechtlichen Charakter hat.[274] Die Zuordnung der vertraglich geregelten Rechtsbeziehungen zu Rechtsnormen ist regelmäßig in den Fällen unproblematisch, in denen der Vertrag nicht selbst das Rechtsverhältnis begründende Regelungen setzt, sondern eine bereits bestehende öffentlich-rechtliche Rechts - oder Pflichtenbeziehung zum Gegenstand hat.[275]

Die gängige Abgrenzungsregel, wonach ein von der Verwaltung geschlossener Vertrag öffentlich-rechtlich ist, wenn er sich auf einen Gegenstand bezieht, der von der gesetzlichen Ordnung öffentlich-rechtlich geregelt ist,[276] versagt jedoch weitgehend in den Fällen, in denen der Vertrag keine durch Rechtsnormen ausgestaltete Beziehung der Parteien zum Gegenstand hat bzw. der Vertragsgegenstand gesetzlich nicht normiert ist.[277] Nach der wohl herrschenden Meinung kommt es dann darauf an, ob der Vertrag in Vollzug einer dem öffentlichen Recht angehörenden Regelung geschlossen wird, die zur Wahl der vertraglichen Handlungsform ermächtigt und damit inzident auch die Begründung einer öffentlich-rechtlichen Rechtsbeziehung vorsieht.[278]

Es erscheint zudem sachgerecht, in der Praxis von einer Vermutung zugunsten eines öffentlich-rechtlichen Vertrages auszugehen,[279] insbesondere dann, wenn der vertragliche Kontext bzw. der Sachzusammenhang öffentlich-rechtlicher Natur ist,

---

[273] BVerwG NJW 1995, 1104 ff., 1105, BVerwG DVBl 1995, 675 ff., 676, BGH Z 56, 365 ff., 368

[274] Vgl. Maurer Allgemeines Verwaltungsrecht, § 14, Rdnr. 11, Siegmund in Brandt/Sachs aaO., D I, Rdnr. 188

[275] Vgl. Scherzberg JuS 1992, 205 ff., 207

[276] Vgl. BVerwG DVBl 1973, 800 ff., 802, BVerwGE 42, 332, NJW 1993, 2695 ff., 2696, Gem. Sen. BGHZ 97, 312 ff., 314 ff., OVG Münster NJW 1991, 61 ff., 62

[277] vgl. Kloepfer Umweltrecht, § 5, Rdnr. 200

[278] BVerwGE 42, 331 ff., 332, BVerwG NJW 1976, 2360, BVerwG NJW 1985, 989, 990
Vgl. Scherzberg JuS 1992, 205 ff., 207 m.w.Nw. zur sogenannten Vorordnungslehre sowie einer umfassenden Darstellung unterschiedlicher Anknüpfungsmodelle

[279] Vgl. Henke DÖV 1985, 41 ff., 44, Kloepfer Umweltrecht, § 5, Rdnr. 200, Lange NVwZ 1983, 313 ff., 318, BGH NJW 1975, 106 ff., 107, OLG Schleswig NVwZ 1988, 761 ff., 762

bzw. bei einer Beteiligung der öffentlichen Hand auf einer oder beiden Seiten des Vertrages.[280]

Die subordinationsrechtlichen Sanierungsverträge im Sinne der §§ 54 ff. VwVfG begründen bzw. konkretisieren regelmäßig vertragliche Rechte und Pflichten zwischen den Parteien - dem Sanierungspflichtigen, der Behörde und etwaigen Dritten - im Rahmen eines zwischen der Sonderordnungsbehörde und dem Störer bestehenden Über- und Unterordnungsverhältnisses. Bei den maßgeblichen Rechtsvorschriften des allgemeinen und besonderen Verwaltungsrechts - insbesondere bei den ordnungsrechtlichen, wasserrechtlichen und bodenschutzrechtlichen Bestimmungen - sowie den Normen des Verwaltungsverfahrensrechts handelt es sich um Normen öffentlich - rechtlicher Natur, d.h. der subordinationsrechtliche Sanierungsvertrag bezieht sich auf einen Gegenstand, der von der Rechtsordnung öffentlich-rechtlich geregelt ist. Der subordinationsrechtliche Sanierungsvertrag ersetzt zudem als Handlungsform die einseitige hoheitliche Reaktion der Behörde in Form einer Sanierungsverfügung.

Selbst wenn man davon ausgeht, dass die Sanierungsvereinbarung im Einzelfall Bestandteile enthalten kann, die bei einer isolierten Betrachtungsweise als "indifferent" oder privatrechtlich anzusehen wären, so ist nach dem Grundsatz der Einheitlichkeit - Einheitstheorie des Bundesverwaltungsgerichts[281] - gleichwohl der gesamte Vertrag als öffentlich - rechtlich zu qualifizieren.

b) Privatrechtliche Sanierungsregelungen, insbesondere Gewährleistungs- und Haftungsausschlüsse sowie Freistellungsklauseln

In diesem Zusammenhang ist zu berücksichtigen, dass auch rein privatrechtliche Verträge, insbesondere Grundstückskaufverträge regelmäßig sogenannte "Altlasten-

[280] Vgl. Henneke in Knack VwVfG, § 54, Rdnr. 2 m.w. Nw.

" bzw. "Sanierungsklauseln" enthalten. Grundstückseigentümer und Erwerber versuchen bereits im Rahmen der Kaufvertragsgestaltung, eine sachgerechte Verteilung möglicher Sanierungsrisiken zivilrechtlich zu regeln.[282] Sowohl der Veräußerer, als auch der Erwerber einer Liegenschaft möchten vorab eine Eingrenzung der sich aus etwa vorhandenen Altlasten oder sonstigen Bodenkontaminationen ergebenden Haftungsrisiken erreichen.

Der Erwerber wird in den Fällen, in denen aufgrund der vorhergehenden Nutzung der Liegenschaft ein konkreter Kontaminationsverdacht besteht, bzw. die Kontamination der Fläche naheliegt, auf eine Gefahrenabschätzung drängen, um die geschätzten Sanierungskosten im Rahmen der Wertermittlung bzw. über die Kaufpreisgestaltung angemessen berücksichtigen zu können. Der Veräußerer wird demgegenüber - im Rahmen privatautonomer Vertragsgestaltung - versuchen, Haftungs- und Gewährleistungsausschlüsse sowie Freistellungsklauseln mit dem Erwerber auszuhandeln. Nach der Rechtsprechung des Bundesgerichtshofes sind derartige Grundstückskaufverträge, die Haftungs- und Gewährleistungsausschlüsse enthalten grundsätzlich wirksam, sofern sie eindeutig und zweifelsfrei formuliert sind.[283] Insbesondere muss der Haftungsausschluss für etwaige verborgene Mängel hinreichend bestimmt und für den Käufer verständlich sein.[284]

Um dies zu gewährleisten wurden in der Praxis unterschiedliche Klauseln zur Freistellung und zum Haftungs- und Gewährleistungsausschluss entwickelt, die dem jeweiligen Sachverhalt angepasst werden müssen. In diesem Zusammenhang ist zu berücksichtigen, dass mit Inkrafttreten des Bundes-Bodenschutzgesetzes die Klauseln für Haftungsausschlüsse aller Art im Einzelfall um den gesetzlichen Ausgleichsanspruch gem. § 24 Abs. II BBodSchG zu ergänzen sind.[285] Ein derartiger

---

[281] BVerwG NJW 1980, 25 ff., 38
[282] Vgl. Beckmann/Große-Hündfeld BB 1990, 1570 ff., 1570
[283] Vgl. BGH NJW 1967, 32 ff., 32, 33, BGH BB 1979, 1319 ff., 1320, BGH NJW 1991, 2900 ff.,
[284] BGH BB 1979, 1319 ff., 1320
[285] Vgl. Pützenbacher NJW 1999, 1137 ff., 1141

vertraglicher Ausschluss ist gem. § 24 Abs. II S. 2 BBodSchG - "Soweit nichts anderes vereinbart wird" - auch grundsätzlich zulässig.[286]
Sofern der Anspruchsgläubiger im Rahmen des Kaufvertrages einen Gewährleistungsausschluss für Bodenkontaminationen vereinbart hat, muss er diese vertragliche Abrede auch hinsichtlich des Ausgleichsanspruchs gegen sich gelten lassen.[287]
In der Kaufvertragsgestaltung tritt dann neben den Ausschluss der Haftung für Kontaminationen aller Art der Ausschluss des gesetzlichen Ausgleichsanspruchs gem. § 24 Abs. II BBodSchG.[288]
Die Gewährleistungsklauseln können Kontaminationen berücksichtigen, die den Vertragsparteien bereits bekannt sind, bzw. die behördlich festgestellt wurden, sie können aber auch Sachverhalte betreffen, in denen den Vertragsparteien vorhandene Kontaminationen noch nicht bekannt sind, bzw. in denen aufgrund der konkreten Nutzung der Liegenschaft erfahrungsgemäß von Boden- und Grundwasserverunreinigungen auszugehen ist.

Für die inhaltliche Ausgestaltung von Grundstückskaufverträgen sind folgende Klauseln üblich:

§ des Kaufvertrages

1. Der Verkäufer übernimmt - soweit sich aus dem Kaufvertrag nichts anderes ergibt - für Größe, Güte und Beschaffenheit, insbesondere für eine bestimmte Nutzbarkeit oder Bebaubarkeit in Umfang und Art und Weise sowie für Mangelfreiheit des Kaufgegenstandes keinerlei Gewähr.
Dies gilt auch für etwaige verborgene Mängel.

2. Der Kaufgegenstand wird in dem Zustand gekauft, in welchem er sich derzeit befindet, bzw. - alternativ - der Kaufgegenstand geht an dem Stichtag über, wie er steht und liegt.

---

[286] Vgl. Hilger in Holzwarth/Radtke/Hilger Kommentar zum BBodSchG, § 24, Rdnr. 5, Kobes NVwZ 1998, 786 ff., 796, Pützenbacher NJW 1999, 1137 ff., 1141, Vierhaus NJW 1998, 1262 ff., 1267
[287] Vgl. BT-Drucks. 13/6701, S. 46
[288] Vgl. Pützenbacher NJW 1999, 1137 ff., 1141

3. Der Käufer hat ausreichend Gelegenheit gehabt, den Zustand des Kaufgegenstandes eingehend zu untersuchen und wurde ausdrücklich darauf hingewiesen, dass der Kaufgegenstand nach Kenntnis des Verkäufers wie folgt genutzt wurde ...., bzw. - alternativ - der Verkäufer weist den Käufer ausdrücklich darauf hin, dass der Kaufgegenstand seit dem ...... als .... diente, bzw. im Zeitraum von .... bis ..... als .... genutzt wurde, und deshalb Altlasten oder sonstige schädliche Bodenveränderungen i.S.d. § 2 Abs. III, V BBodSchG sowie Kontaminationen des Grundwassers vorhanden sein können.

4. Der Käufer bestätigt, dass der Verkäufer den ihm obliegenden Auskunfts- und Informationspflichten[289] umfassend und in nicht zu beanstandender Weise nachgekommen ist, und der Käufer Gelegenheit hatte, sämtliche vorhandene, den Kaufgegenstand betreffende Unterlagen einzusehen, bzw. - alternativ - der Bescheid der Behörde ...... vom ..... wurde dem Käufer zur Kenntnisnahme vorgelegt, bzw. das Gutachten des Sachverständigen .... vom .... wurde dem Käufer zur Kennntisnahme vorgelegt.
Dem Käufer ist somit bekannt, dass der Kaufgegenstand nicht frei von schädlichen Bodenveränderungen bzw. Altlasten i.S.d. § 2 Abs. III, V BBodSchG ist, bzw. - alternativ - Altlasten oder sonstige schädliche Bodenveränderungen i.S.d. § 2 Abs. III, V BBodSchG auf dem Kaufgegenstand vorhanden sein können.

5. Der Käufer übernimmt in Kenntnis des Sachverhalts alle Risiken, die mit den auf dem Kaufgegenstand befindlichen Altlasten oder sonstigen schädlichen Bodenveränderungen i.S.d. § 2 Abs. III, V BBodSchG verbunden sind und zwar unabhängig von der Höhe der erforderlichen Sanierungskosten.
6. Der Käufer verpflichtet sich, den Verkäufer von jeglicher Inanspruchnahme öffentlich-rechtlicher oder privatrechtlicher Natur freizustellen.
Dem Käufer stehen im Falle einer Inanspruchnahme keine Regressansprüche gegen den Verkäufer zu.

7. Der Käufer verpflichtet sich zudem, den Verkäufer im Falle einer öffentlich-rechtlichen Inanspruchnahme unverzüglich zu unterrichten.

8. Die Vertragsparteien schließen Ausgleichsansprüche gem. § 24 Abs. II BBodSchG ausdrücklich aus.

Im Rahmen des Kaufvertrages kann es im Einzelfall auch sinnvoll sein, eine Beteiligung des Verkäufers an den Kosten einer Sanierungsmaßnahme i.S.d. § 2

[289] vgl. Harms NJW 1999, 3668 ff., 3669 m.w.Nw. aus der Rspr.

BBodSchG ausdrücklich zu vereinbaren, sofern die Maßnahme z.B. erforderlich ist, um eine gefahrlose Nutzung des Kaufgegenstandes im Rahmen der vertraglich vorgesehenen bzw. zulässigen Nutzung zu gewährleisten. Es ist dann erforderlich, die Höhe der Kostenbeteiligung des Verkäufers eindeutig vertraglich zu fixieren bzw. der Höhe nach zu begrenzen. Eine rein prozentuale Kostenregelung birgt für den Verkäufer erhebliche wirtschaftliche Risiken. Eine Kostenbeteiligung des Verkäufers kann geboten sein, um eine kontaminierte bzw. kontaminationsverdächtige Liegenschaft, die aufgrund der bestehenden Sanierungsrisiken ansonsten dem Grundstücksverkehr faktisch entzogen wäre, einer Veräußerung und Anschlussnutzung zuzuführen. Von der Kostenbeteiligung sollten die Kosten ausdrücklich ausgenommen werden, die im Rahmen der künftigen Nutzung ohnehin angefallen wären. Dies betrifft insbesondere die Kosten für Bodenaushub, Transport von Boden, Bauschutt oder Baumaterialien, Abriss von Gebäuden sowie für Flächenentsiegelung, soweit diese Maßnahmen auch ohne die erforderliche Sanierung angefallen wären.
Auch in den Fällen einer Kostenbeteiligung des Verkäufers erfolgt die vertragliche Kostenregelung abschließend und schließt eine darüber hinausgehende Beteiligung des Verkäufers auch im Rahmen der Ausgleichspflicht gem. § 24 BBodSchG aus. Sofern der Verkäufer z.B. als früherer Eigentümer i.S.d. § 4 Abs. VI BBodSchG unmittelbar öffentlich-rechtlich in Anspruch genommen wird, gilt im Innenverhältnis der Vertragsparteien die vertraglich vereinbarte Kostenregelung bzw. eine insoweit vereinbarte Freistellung. Im Rahmen einer Kostenbeteiligung sollte weiter vereinbart werden, dass der Käufer den Verkäufer unverzüglich und unter Zurverfügungstellung sämtlicher Informationen und Unterlagen über das Ausmaß etwaiger Boden- und Grundwasserkontaminationen sowie über den erforderlichen Sanierungsumfang in Kenntnis setzt. Dies betrifft insbesondere Sanierungsverfügungen, die gegen den Käufer erlassen werden. Zudem erscheint es sachgerecht, die erforderlichen Sanierungsmaßnahmen vorab mit dem Verkäufer abzustimmen und im Einvernehmen mit diesem durchzuführen. Soweit der Sanierungsmaßstab von der planungsrechtlich zulässigen Nutzung i.S.d. § 4 Abs. IV BBodSchG des Kaufgegenstandes bestimmt wird, sind die im Kaufvertrag näher zu konkretisierenden Nutzungen maßgeblich.

Der Käufer kann vertraglich verpflichtet werden, die stark belasteten Flächen, dies gilt insbesondere für größere Liegenschaften, von einer empfindlichen Nutzung - z.B. von einer Wohnbebauung - freizuhalten, sofern dadurch nicht in unzulässiger bzw. unzumutbarer Weise die beabsichtigte Gesamtnutzung des Kaufgegenstandes beeinträchtigt oder ausgeschlossen wird. Eine solche Regelung kann insbesondere bei der Wiedernutzbarmachung von Industriebrachen von erheblicher wirtschaftlicher Bedeutung sein. Anstelle einer vertraglich vereinbarten Kostenbeteiligung können etwaige Sanierungskosten auch vorab bei der Kaufpreisgestaltung kaufpreismindernd berücksichtigt werden. Dies setzt jedoch im Regelfall voraus, dass die Höhe der Sanierungskosten und das Ausmaß der Sanierung bereits zu diesem Zeitpunkt mit hinreichender Genauigkeit abgeschätzt werden können.

Zur Vermeidung von Streitigkeiten zwischen den Vertragsparteien sind die Haftungs- und Gewährleistungsausschlüsse sowie die Freistellungsklauseln - unter Berücksichtigung der Erfordernisse des konkreten Einzelfalles[290] - so genau und umfassend wie möglich auszuformulieren. Im Rahmen der privatrechtlichen Vertragsgestaltung ist jedoch zu berücksichtigen, dass die rein zivilrechtlichen Gewährleistungsausschlüsse und Freistellungsabreden grundsätzlich nur inter partes wirken. Sie können eine Inanspruchnahme des Störers durch die zuständige Sonderordnungsbehörde daher nicht wirksam ausschließen. Die ausschließlich zwischen den Vertragsparteien vereinbarte privatrechtliche Haftungs- und Gewährleistungsregelung ändert nichts an der originären öffentlich-rechtlichen Haftung der Parteien und entfaltet insoweit auch keine Bindungswirkung gegenüber der Behörde. Derartige Vereinbarungen - dies betrifft insbesondere Freistellungsabreden - sind von der Sonderordnungsbehörde allenfalls im Rahmen der Störerauswahl zu berücksichtigen. Es erweist sich daher in zahlreichen Fällen, dass die mit einer Boden- und Gewässerkontamination verbundenen Haftungsrisiken, soweit sie dem öffentlichen Recht entstammen, nicht mit zivilrechtlichen Mitteln, sondern nur mit öffentlich-rechtlichen In-

---

[290] Vgl. VG Karlsruhe NVwZ 1993, 1018 ff., 1019, BVerwG NVwZ 1990, 474 ff., 475, Arbeitshilfen Altlasten aktuell 1999, Hrsg. OFD Hannover LBA, Nr. 2, Pützenbacher NJW 1999, 1137 ff., 1141, Schlemminger BB 1991, 1433 ff., 1435 mit ausführlichen Anregungen zur Vertragsgestaltung und mit Vertragsmustern

strumenten gelöst werden können.[291] Daher besteht die Notwendigkeit, die zuständigen Sonderordnungsbehörden im Rahmen eines verwaltungsrechtlichen Sanierungsvertrages in die Vertragsgestaltung einzubinden, soll nicht nur das zivilrechtliche, sondern auch das öffentlich-rechtliche Sanierungsproblem umfassend geregelt und eine verbindliche Absprache zur Störerverantwortlichkeit getroffen werden.

c) Der Sanierungsvertrag als gemischter Vertrag

Auch für den subordinationsrechtlichen Sanierungsvertrag gilt der Grundsatz, dass einzelne privatrechtliche Verpflichtungen oder Berechtigungen dem Gesamtcharakter eines Vertrages als öffentlichrechtlich nicht entgegenstehen, wenn sie in unmittelbarem Zusammenhang mit öffentlichrechtlichen Regelungen stehen und nicht nur äußerlich in einer Urkunde mit diesen zusammen geregelt werden. Man spricht bei derartigen Fallkonstellationen von "gemischten" Verträgen i.e.Sinne.[292] Die Aufspaltung derartiger Verträge in einen öffentlich-rechtlichen und einen privatrechtlichen Teil, mit der Folge einer differenzierten rechtlichen Beurteilung lehnt die h.A.ab.[293] Die Folge dieser einheitlichen Betrachtungsweise ist, dass sich der Anwendungsbereich des Verwaltungsvertrages erheblich ausdehnt, da es bereits genügt, dass die vertragliche Vereinbarung wenigstens eine - nicht unwesentliche - öffentlich-rechtliche Verpflichtung enthält oder sich auch nur auf eine solche bezieht.[294] Demgegenüber werden als gemischte Verträge i.w.Sinne die Verträge bezeichnet, bei denen inhaltlich nicht notwendig zusammengehörende Teile nur äußerlich in einem Vertrag zusammengefasst sind.[295]

---

291 Vgl. Beckmann/Große-Hündfeld BB 1990, 1570 ff., 1571
292 Vgl. BVerwG DÖV 1981, 878 ff., 878
293 Vgl. BVerwGE 42, 331 ff., 332 ff., OVG Münster NWVBl 1989, 138 ff., 139, Maurer Allgemeines Verwaltungsrecht, § 14, Rdnr. 11 m.w.Nw., Siegmund in Brandt/Sachs aaO., D I, Rdnr. 190 m.w.Nw., Stelkens/Bonk/Sachs VwVfG, § 54, Rdnr. 77, 78 m.w.Nw.
294 Vgl. Maurer Allgemeines Verwaltungsrecht, § 14, Rdnr. 11, Siegmund in Brandt/Sachs aaO., D I, Rdnr. 190
295 Vgl. BVerwGE 84, 183 ff., 185, 186, NVwZ 1994, 1012, BVerwGE 94, 202, 204

Nach anderer Auffassung kommt es für die Beurteilung der Frage, ob es sich um einen verwaltungsrechtlichen Vertrag handelt, vorrangig auf den Schwerpunkt des Vertrages an.[296] Sowohl nach den Kriterien der Einheitstheorie als auch der Schwerpunkttheorie stellt der subordinationsrechtliche wasserrechtliche Sanierungsvertrag regelmäßig einen insgesamt öffentlichrechtlichen Vertrag dar, da sich die vereinbarten Regelungen unmittelbar auf den Vollzug oder die Anwendung öffentlichrechtlicher Normen - insbesondere auf die Vorschriften des Bodenschutz- und Wasserrechts sowie des allgemeinen Ordnungsrechts - beziehen oder die Regelungen jedenfalls in unmittelbarer synallagmatischer Wechselwirkung damit stehen.[297]
Die engen Verknüpfungen mit öffentlich-rechtlichen Berechtigungen und Verpflichtungen geben dem Sanierungsvertrag, der zwischen der Behörde und dem Sanierungspflichtigen geschlossen wird, im Normalfall den Gesamtcharakter eines verwaltungsrechtlichen Vertrages.

II. Die Arten normvollziehender verwaltungsrechtlicher Verträge

Unter einem verwaltungsrechtlichen Vertrag versteht man - in Abgrenzung zu den privatrechtlichen Verträgen - diejenigen Verträge, die ein verwaltungsrechtliches Rechtsverhältnis zum Gegenstand haben, die verwaltungsrechtliche Rechte und Pflichten begründen oder aufheben.[298] Der Verwaltungsvertrag setzt grundsätzlich ein Zusammenwirken von wenigstens zwei Parteien voraus, das durch die Abgabe einander entsprechender öffentlich-rechtlicher Willenserklärungen und durch den Verzicht auf die Vornahme einseitiger Regelungsakte gekennzeichnet ist.[299]

---

[296] Vgl. BGH Z 76, 16, 20, a.A. BVerwG NJW 1976, 2360, DVBl 1980, 686 ff., 687
[297] Vgl. Kopp JZ 1991, 564 allgemein zum Verwaltungsvertrag
[298] Vgl.Obermayer VwVfG, § 54, Rdnr. 27 m.w.Nw., Scherzberg JuS 1992, 205 ff., 205, Siegmund in Brandt/Sachs aaO., D I, Rdnr. 179
[299] Vgl.Obermayer VwVfG, § 54, Rdnr. 5

1. Unbewehrter und bewehrter Verwaltungsvertag

Verwaltungsrechtliche Verträge können begrifflich in unbewehrte und bewehrte Vertragsverhältnisse untergliedert werden. Bei den nicht-sanktionsbewehrten Verträgen handelt es sich um Verwaltungsverträge im Sinne der §§ 54 ff. VwVfG, die jedoch für den Fall der Zuwiderhandlung keine Sanktionen wie Stillegungspflichten, Unterwerfung unter die Zwangsvollstreckung oder Akzeptanz von Zwangsgeldern vorsehen.[300] Diese Verträge werden regelmäßig mit Betroffenen geschlossen, die selbst in einem öffentlich-rechtlichen Pflichtenverhältnis stehen und insoweit in besonderem Maße an Recht und Gesetz gebunden sind. In den sanktionsbewehrten Verträgen ist demgegenüber vertraglich fixiert, was im Falle von Vertragsverletzungen an tatsächlichen und rechtlichen Sanktionen vereinbart worden ist.[301]

2. Koordinationsrechtlicher und subordinationsrechtlicher Verwaltungsvertrag

Verwaltungsverträge können auf der Ebene der Gleichordnung als sogenannte koordinationsrechtliche Verträge oder auf der Ebene der Über-Unterordnung als subordinationsrechtliche Verträge geschlosen werden.

a) Der koordinationsrechtliche Vertrag

Die Abgrenzung von koordinationsrechtlichen und subordinationsrechtlichen Verwaltungsverträgen kann sowohl anhand des Wortlauts des § 54 S. 2 VwVfG als auch unter Bezugnahme auf den Vertragsgegenstand vorgenommen werden. Der Wortlaut des § 54 S. 2 VwVfG - "anstatt einen Verwaltungsakt zu erlassen" - legt nahe, als subordinationsrechtlich diejenigen Verträge zu bezeichnen, deren Inhalt im

[300] Vgl. Bulling DÖV 1989, 277 ff., 281
[301] Vgl. Bulling DÖV 1989, 277 ff., 281

Einzelfall auch durch Verwaltungsakt hätte geregelt werden können.[302] Hätten demgegenüber dem Betroffenen die vertraglich übernommenen Verpflichtungen wegen des Fehlens einer gesetzlichen Ermächtigung nicht einseitig-hoheitlich auferlegt werden dürfen, so handelt es sich regelmäßig um koordinationsrechtliche Verträge.[303] Stellt man auf den Vertragsgegenstand ab, so kommt es darauf an, ob sich die Vertragspartner in einem konkreten Subordinationsverhältnis gegenüberstehen, das der Behörde in dem betreffenden Sachbereich grundsätzlich auch ein einseitig-hoheitliches Vorgehen ermöglichen würde.[304] Kennzeichnend für den koordinationsrechtlichen Vertrag ist demzufolge das Fehlen eines Subordinationsverhältnisses der Vertragspartner hinsichtlich des Vertragsgegenstandes.[305] Koordinationsrechtliche Verträge liegen immer dann vor, wenn die Vertragspartner gleichgeordnet sind, also nicht im Verhältnis der Über- Unterordnung zueinander stehen.[306] Der koordinationsrechtliche Vertrag wird daher am ehesten zwischen Behörden bzw. Behördenträgern auf der Ebene der Geichordnung geschlossen[307] und betrifft Rechtsbeziehungen, die durch Verwaltungakt nicht geregelt werden können.[308]

Der Abschluss einer bodenschutz- und wasserrechtlichen Sanierungsvereinbarung stellt die Handlungsalternative zum Erlass einer entsprechenden Sanierungsverfügung dar. Da beim Vollzug wasser- und bodenschutzrechtlicher Normen durch die Sonderordnungsbehörde ein Subordinationsverhältnis i.S.d. § 54 S. 2 VwVfG besteht, findet die Form des koordinationsrechtlichen Vertrages bei dieser Fallkonstellation keine Anwendung.

---

302 Scherzberg JuS 1992, 205 ff., 208 m.w. Nw.
303 Vgl. Scherzberg JuS 1992, 205 ff., 208
304 Scherzberg JuS 1992, 205 ff., 208 m.w.Nw.
305 Vgl. Kopp VwVfG, § 54, Rdnr. 18, Kloepfer Umweltrecht, § 5, Rdnr. 191, Henneke in Knack VwVfG, § 54, Rdnr. 4., Obermayer VwVfG, § 54, Rdnr. 74
306 Vgl. Henneke in Knack VwVfG, § 54, Rdnr. 4.1, Kloepfer Umweltrecht, § 5, Rdnr. 191, Siegmund in Brandt/Sachs aaO., D I, Rdnr. 191, Stelkens/Bonk/Sachs VwVfG, § 54, Rdnr. 58
307 Vgl. Meyer/Borgs VwVfG, § 54, Rdnr. 40 ff.

b) Der subordinationsrechtliche Vertrag

Die subordinationsrechtlichen - heterogenen - Verträge bilden nicht nur den Schwerpunkt der gesetzlichen Vertragsregelung,[309] ihnen kommt auch die größte praktische Relevanz zu.[310] Gem. § 54 S. 2 VwVfG kann die Behörde, anstatt einen Verwaltungsakt zu erlassen, einen öffentlich-rechtlichen Vertrag mit demjenigen schließen, an den sie sonst den Verwaltungsakt richten würde. Gemeint sind damit alle öffentlich-rechtlichen Subordinationsverhältnisse, d.h. alle Fälle, in denen die Behörde dem Vertragspartner gegenüber bezüglich der Sache, die Gegenstand des Vertrages geworden ist, auch zum Erlass eines Verwaltungsaktes ermächtigt - gewesen - wäre,[311] oder in denen sonst aufgrund der maßgeblichen Rechtsnormen ein typisches hoheitliches Über- und Unterordnungsverhältnis gegeben ist.[312] Der subordinationsrechtliche Vertrag setzt jedoch nicht voraus, dass der Vertragspartner der Behörde ein Bürger ist, es können auch mehrere Träger der Verwaltung sein.[313]
Die Bedeutung des subordinationsrechtlichen Verwaltungsvertrages im Umweltrecht wird gegenwärtig noch uneinheitlich bewertet. Nach wohl überwiegender Auffassung bietet sich die rechtsverbindliche Umweltabsprache nach Maßgabe der §§ 54 ff. VwVfG insbesondere bei der Sanierung von Altlastenflächen, sonstigen Bodenkontaminationen und Gewässerverunreinigungen als geeignetes Sanierungsinstrument an, um umweltrechtliche Vorgaben zu verwirklichen, da im Rahmen des Umweltrechts durch Kooperation und Konsens regelmäßig mehr zu erreichen ist als durch staatlichen Zwang.[314]

---

[308] Vgl. Maurer Allgemeines Verwaltungsrecht, § 14, Rdnr. 12
[309] Meyer/Borgs VwVfG, § 54, Rdnr. 45
[310] Vgl. Correll DÖV 1998, 363 ff., 364
[311] Vgl. Scherzberg JuS 1992, 205 ff., 208 m.w.Nw., der auch die abweichende Auffassung vorträgt, nach der der Begriff des subordinationsrechtlichen Vertrages weiter zu fassen und auf alle im Staat-Bürger-Verhältnis getroffenen rechtsverbindlichen Abreden auszudehnen ist
[312] Vgl.Obermayer VwVfG, § 54, Rdnr. 67 ff., Siegmund in Brandt/Sachs aaO., D I, Rdnr. 192
[313] Vgl. Henneke in Knack VwVfG, § 54, Rdnr. 4.2
[314] Vgl. Oberrath aaO., S. 27, Knopp aaO., Rdnr. 74, Kloepfer Umweltrecht, Rdnr. 197, 198, 204, der einen Widerspruch zwischen den theoretischen rechtlichen Möglichkeiten die die Handlungsform des Verwaltungsvertrages bietet, der derzeitigen praktischen Bedeutung der rechtsverbindlichen Umweltabsprachen und der Erörterung und Wertung des Verwal-tungsvertrages in der Literatur feststellt, jedoch im Ergebnis davon ausgeht, dass insbesondere die Sanierungsverträge zukünftig als Alternative zu der klassischen Handlungsform der Verwaltung an Bedeutung gewinnt

3. Benannter und unbenannter subordinationsrechtlicher Verwaltungsvertrag

Desweiteren wird zwischen den benannten und unbenannten subordinationsrechtlichen Verwaltungsverträgen unterschieden.[315] Als "benannte" subordinationsrechtliche Verträge werden diejenigen Verträge bezeichnet, die in Rechtsvorschriften ausdrücklich zugelassen sind, wie z.B. § 124 Abs. I BauGB, § 110 BauGB, § 13 Abs. IV BBodSchG, während "unbenannte" Verträge die nicht ausdrücklich durch spezielle gesetzliche Ermächtigung zugelassenen subordinationsrechtlichen Verträge darstellen. Ihre Zulässigkeit ergibt sich gem. §§ 54 ff. VwVfG.[316]

4. Der subordinationsrechtliche Vergleichs- und Austauschvertrag

a) *Der subordinationsrechtliche Vergleichsvertrag*

Ein Unterfall des subordinationsrechtlichen Vertrages ist der subordinationsrechtliche Vergleichsvertrag im Sinne des § 55 VwVfG. Gem. § 55 VwVfG kann eine bei verständiger Würdigung des Sachverhalts oder der Rechtslage bestehende Ungewissheit durch gegenseitiges Nachgeben beseitigt werden, wenn die Behörde den Abschluss des Vergleichs zur Beseitigung der Ungewissheit nach pflichtgemäßem Ermessen für zweckmäßig hält. Die Besonderheit des subordinationsrechtlichen Vergleichsvertrages liegt darin, dass den Beteiligten die Möglichkeit eingeräumt wird, in Fällen, in denen eine Regelung durch Verwaltungsakt nicht ohne erhebliche Schwierigkeiten in tatsächlicher oder rechtlicher Hinsicht möglich wäre, eine einvernehmliche Lösung durch gegenseitiges Nachgeben zu treffen.[317]

---

[315] Vgl. Henneke in Knack VwVfG, § 54, Rdnr. 4.2.1, 4.2.2 m.w.Nw.
[316] Vgl. Henneke in Knack VwVfG, § 54, Rdnr. 4.2.2.
[317] Kopp VwVfG, § 55, Rdnr. 2

Der subordinationsrechtliche Vergleichsvertrag setzt voraus, dass

1. eine Ungewissheit bezüglich tatsächlicher Umstände oder rechtlicher Gesichtspunkte besteht,
2. diese Ungewissheit nicht oder nicht ohne erheblichen Aufwand beseitigt werden kann und
3. beide Vertragspartner "zurückstecken", also gewisse Zugeständnisse machen.[318]

Der Abschluss derartiger Vergleichsverträge dient insbesondere - im Interesse der Verfahrensökonomie[319] - der Vermeidung unnötiger Rechtsbehelfsverfahren.[320] Desweiteren sollen die Beteiligten nicht zur Durchführung umfangreicher, schwieriger und kostspieliger Ermittlungen gezwungen sein, wenn der zu erwartende Erfolg voraussichtlich außer Verhältnis zur Mühe und zum Aufwand stehen würde oder eine abschließende Erledigung der Angelegenheit nicht fördern würde. [321]

Dem subordinationsrechtlichen Vergleichsvertrag im Sinne der §§ 55 ff. VwVfG - als Ausdruck rationeller Verwaltung[322] - dürfte im Rahmen des Sanierungsrechts im Hinblick auf die vielfach ungewisse Rechts- und Sachlage eine zunehmende Bedeutung zukommen.[323] Vor dem Hintergrund der Grundwasserschädigungen infolge von Bodenkontaminationen ist insbesondere bei altlastenrechtlichen Fallkonstellationen davon auszugehen, dass eine umfassende Sachverhaltsaufklärung wegen des enormen technischen Aufwandes zu erheblichen Kosten führt, ohne dass in einer Vielzahl von Fällen die Kausalbeziehungen, Schadensanteile oder Schadenshöhen zweifelsfrei geklärt werden können. Es würde dem Normzweck des § 55 VwVfG zuwiderlaufen, in derartigen Fällen erst alle möglichen Maßnahmen zur Sachverhaltsaufklärung ausschöpfen zu müssen. Beim Abschluss eines subordinationsrechtlichen Vergleichsvertrages steht gerade nicht die vollständige Aufklärung des Sachverhalts im Vordergrund, sondern die einvernehmliche Beseitigung bestehender Ungewissheiten durch gegenseitiges Nachgeben, um insbesondere unnötige Verzöge-

---

[318] Vgl. Maurer Allgemeines Verwaltungsrecht, § 14, Rdnr. 16, Siegmund in Brandt/Sachs aaO., D I, Rdnr. 193 ff. m.w.Nw.
[319] Kopp VwVfG, § 55, Rdnr. 2 m.w.Nw.
[320] Kopp VwVfG, § 55, Rdnr. 2
[321] Vgl. BVerwG DVBl 1981, 255
[322] Vgl. Henneke in Knack VwVfG, § 55, Rdnr. 7

rungen - im Interesse der Parteien und der zu schützenden Rechtsgüter - zu vermeiden. § 55 VwVfG ermächtigt daher die Behörde im Einvernehmen mit dem Vertragspartner von einer vollständigen Klärung des Sachverhalts oder - in Ausnahmefällen - auch von einer umfassenden Klärung der Rechtslage abzusehen und statt dessen eine Regelung durch Vergleich zu treffen.[324]

b) Der subordinationsrechtliche Austauschvertrag

Ein weiterer Unterfall des subordinationsrechtlichen Vertrages ist der subordinationsrechtliche Austauschvertrag im Sinne des § 56 VwVfG. Gem. § 56 Abs. I S. 1 VwVfG kann ein subordinationsrechtlicher Vertrag mit dem Inhalt geschlossen werden, dass sich der Vertragspartner der Behörde zu einer Gegenleistung verpflichtet, wenn die Gegenleistung für einen bestimmten Zweck im Vertrag vereinbart wird und der Behörde zur Erfüllung ihrer öffentlichen Aufgaben dient. Die Gegenleistung muss gem. § 56 Abs.I S. 2 VwVfG den gesamten Umständen nach angemessen sein und in einem Sachzusammenhang mit der vertragliche Leistung der Behörde stehen. Diese Voraussetzungen, insbesondere das Koppelungsverbot, dienen dem Schutz des Bürgers und der Vermeidung eines "Ausverkaufs von Hoheitsrechten".[325] § 56 VwVfG eröffnet der Behörde im Rahmen der vorgesehenen Beschränkungen eine gewisse Freiheit, eine von ihr zu erbringende Leistung vertraglich von einer Gegenleistung des Vertragspartners abhängig zu machen, die nicht ausdrücklich im Gesetz vorgesehen ist. Austauschverhältnisse i.S.d. § 56 VwVfG sind bei Sanierungsverträgen vor allem als Randbedingungen der eigentlichen Sanierungsverpflichtung denkbar,[326] sowie als Grundlage sogenannter sanierungsrechtlicher "Paketlösungen", die mehrere Sanierungsfälle beinhalten oder bei einer Verbindung von Genehmigungsverfahren und Sanierungserfordernissen.

---

[323] Vgl. Kloepfer Umweltrecht, § 5, Rdnr. 194, allgemein zum Vergleich bzw. Kompromiss
[324] Vgl. Kopp VwVfG, § 55, Rdnr. 9
[325] Vgl. Maurer Allgemeines Verwaltungsrecht, § 14, Rdnr. 17, Kloepfer Umweltrecht, § 5, Rdnr. 193 ff. Siegmund in Brandt/Sachs aaO., D I, Rdnr. 202
[326] Müllmann NVwZ 1994, 876 ff., 877

Der Abschluss wasserrechtlicher Sanierungsvereinbarungen in Form von subordinationsrechtlichen Austauschverträgen , in denen sich die zuständige Behörde im Rahmen eines funktionellen "do ut des" - Verhältnisses gegenüber dem Betroffenen ausdrücklich und ausschließlich zu einem Nichteinschreiten bzw. zu einer Duldung verpflichtet, erscheinen rechtlich äußerst bedenklich. Als Leistungen der Behörde kommen zwar grundsätzlich außer dem Erlass begünstigender Verwaltungsakte auch die Unterlassung hoheitlicher oder schlichthoheitlicher Maßnahmen in Betracht,[327] es ist jedoch stets zu berücksichtigen, dass § 56 VwVfG in Verbindung mit den Nichtigkeitsgründen gem. § 59 Abs. II Nr. 4 VwVfG einen sachwidrigen "Ausverkauf von Hoheitsakten" verhindern will.[328] Der Abschluss eines Austauschvertrages, der im Hinblick auf eine Gegenleistung des Betroffenen ausschließlich den "Nichterlass" einer bodenschutzrechtlichen oder wasserrechtlichen Sanierungsverfügung als Hauptleistung der Behörde i.S.d. § 56 VwVfG beinhaltet, wäre mit dem Schutzzweck der Norm und dem Zweck der jeweiligen Spezialgesetze kaum noch zu vereinbaren. Liegt ein Sachverhalt vor, der die Behörde zum Erlass einer Sanierungsverfügung berechtigt, und hat sich die Behörde im Rahmen einer ordnungsgemäßen Ermessensbetätigung zu einem Einschreiten gegen den Störer bzw. gegen einen der Störer entschlossen, so hat sie gem. § 9 VwVfG unter Beachtung der gesetzlichen Bestimmungen einen entsprechenden Verwaltungsakt zu erlassen oder gem. § 54 VwVfG einen subordinationsrechtlichen Sanierungsvertrag abzuschließen. Sofern die Voraussetzungen eines subordinationsrechtlichen Vergleichsvertrages vorliegen, steht der Behörde auch diese Handlungsform zur Verfügung. Sowohl die Sanierungsvereinbarung im Sinne der §§ 54, 55 VwVfG als auch die Sanierungsverfügung dienen primär dem Gesetzesvollzug. Der herangezogene Störer erbringt die ihm obliegenden Sanierungsleistungen bzw. reguliert deren Kosten im Hinblick auf die Erfüllung einer ihm entweder einseitig auferlegten hoheitlichen Handlungspflicht oder aufgrund einer verwaltungsvertraglichen Verpflichtung. Bei einer vertraglich vereinbarten "Unterlassung eines Einschreitens" erbringt der

[327] Kopp VwVfG, § 56, Rdnr. 7

[328] Vgl. Kloepfer Umweltrecht, § 5, Rdnr. 195 zum umweltrechtlichen Austauschvertrag, Kopp VwVfG, § 56, Rdnr. 1 m.w.Nw.

Betroffene die "Gegenleistung" um des "Nichteinschreitens" willens und gerade nicht in Anerkennung der ihn treffenden umweltrechtlichen bzw. ordnungsrechtlichen Pflichten. Das Instrument des Austauschvertrages würde in den sanierungsrechtlichen Fällen nicht mehr gesetzeskonform eingesetzt, in denen der Betroffene die Gegenleistung nicht als Äquivalent einer behördlichen Leistung, d.h. eines behördlichen "Tuns" erbringt, sondern ausschließlich zur Vermeidung eines grundsätzlich gebotenen ordnungsbehördlichen Einschreitens. Darin liegt der wesentliche Unterschied zu den Fällen, in denen die Behörde und der Betroffene in Anerkennung und Vollzug einer bestehenden bodenschutz- oder wasserrechtlichen Verpflichtung einen Sanierungsvertrag abschließen, der im Ergebnis den Erlass einer entsprechenden Sanierungsverfügung ersetzt. In diesen Fällen kann die Behörde z.B. bei Erreichen des vereinbarten Sanierungsziels unter bestimmten Umständen ausdrücklich von einer weitergehenden Inanspruchnahme des Sanierungspflichtigen absehen, bzw. sich insoweit ihm gegenüber zu einem zukünftigen "Nichteinschreiten" verpflichten. Der Abschluss bodenschutz- und wasserrechtlicher Sanierungsabsprachen in Form von Austauschverträgen sollte daher - unter Berücksichtigung der dargestellten rechtlichen Problematik - eher restriktiv gehandhabt werden, sofern sich das Austauschverhältnis nicht vorrangig auf Randbedingungen der eigentlichen Sanierungspflichten bezieht.

C. Bargaining und Mediation als "Neue Wege" umweltrechtlicher Konfliktlösung

Wie bereits erörtert, versuchen die Vollzugsbehörden in zunehmendem Maße sanierungsrechtliche Probleme - wegen der erheblichen Risiken einseitig-hoheitlichen Handelns - in Übereinstimmung mit den Normadressaten zu lösen. Als sogenannte "Neue Wege" umweltrechtlicher Konfliktlösung mit dem Ziel einer "Zwei-Gewinner-Situation" kommt dem Bargaining und der Mediation besondere Bedeutung zu.

I. Bargaining

1. Die Bargaining - Ebenen

Ausgehend von der englischen Wortbedeutung kann Bargaining als Aushandlungsprozess bezeichnet werden, der eine Einigung der Verhandlungsparteien über einen oder mehrere Verhandlungspunkte zum Ziel hat.[329] Kippes differenziert in diesem Zusammenhang zwischen dem dynamischen Prozess des Aushandelns - dem Bargaining - und dessen Ergebnis bzw. Output, dem Bargain. Ein derartiger Aushandlungsprozess setzt eine kooperative Komponente, gemeinsame oder verknüpfbare Interessenlagen sowie eine Austauschkomponente, das heißt Verhandlungsmasse auf Seiten der Parteien voraus.[330] Bargaining kann auf der Ebene der verwaltungsrechtlichen Normsetzung (Bargaining-Ebene 1) - man müsste in diesem Zusammenhang wohl eher von "Normersetzung" sprechen - , auf der Ebene der verwaltungsrechtlichen Normumsetzung, dem Normvollzug (Bargaining-Ebene 2) sowie, folgt man der Auffassung von Kippes, im Bereich der gerichtlichen Überprüfung von

---

[329] Vgl. Kippes Bargaining, 38 ff., mit einer ausführlichen begrifflichen Herleitung
[330] Vgl. Kippes Bargaining, S. 49, 86

Verwaltungsprodukten (Bargaining-Ebene 3) vorkommen.[331] Kennzeichnend für das Bargaining ist, dass grundsätzlich an die Stelle einseitiger Anordnung oder Normierung durch den Staat ein Verhandlungsprozess tritt, wobei zur Kompromissfindung im Sinne einer Verknüpfung von Leistungen und Gegenleistungen jedwede Form des "Entgegenkommens" - einschließlich des Unterlassens[332] - gehört.[333]
Bei der Durchsetzung umweltrechtlicher Normen zur Sanierung von Boden- und Grundwasserkontaminationen ist die zweite Bargaining-Ebene, das heißt die Kooperation von Verwaltung und Normadressaten mit dem Ziel des Gesetzesvollzugs einschlägig. Diese Form des in der Sanierungspraxis gängigen Bargainings definiert Kippes als ein dem informalen Verwaltungshandeln zuzuordnender, vor dem Hintergrund gemeinsamer oder verknüpfbarer Interessenlagen stattfindender Aushandlungsprozess mit kooperativen Elementen und Austauschzielen zwischen Verwaltung und Normadressaten, dessen etwaiges positives Ergebnis, der Bargain, formlos oder förmlich, rechtlich verpflichtend oder unverbindlich sein kann.[334]

2. Bargaining und Bargain

Die von Kippes vertretene, auf das informale Verwaltungshandeln reduzierte Sichtweise des Bargainings ist nur bei der von ihm konsequent durchgeführten Unterscheidung zwischen Bargaining (Prozess) und Bargain (Ergebnis) haltbar, da das Ergebnis eines derartigen Verhandlungs- und Austauschprozesses sowohl informale als auch formale Handlungsformen sein können. Als formale Bargains benennt Kippes selbst unter anderem den Verwaltungsakt und den Verwaltungsvertrag.[335]
Die Tatsache, dass in der Sanierungspraxis in einer Vielzahl von Fällen ein formaler Bargain unterbleibt und anstelle von subordinationsrechtlichen Verwaltungsverträ-

---

[331] Vgl. Kippes Bargaining, S. 49 ff.,
Lübbe-Wolff in Benz/Seibel (Hrsg.) 1992 aaO., 209 ff., 210, hier wird zwischen zwei Phasen der Kooperation - Normsetzung und Normvollzug - unterschieden
[332] Vgl. Bohne in Kimmich/Lersner, v. Storm (Hrsg.) Bd. 2 1988 aaO., 1055 ff., 1057
[333] Vgl. Kloepfer Umweltrecht, § 5, Rdnr. 188
[334] Vgl. Kippes Bargaining, S. 62, 86

gen oder "ausgehandelten" Sanierungsverfügungen nur faktisch, nicht aber rechtlich bindende, formlose Absprachen getroffen werden - Bargains mit informaler Natur -, bedeutet nicht, dass die Ergebnisse von Bargaining-Prozessen zwangsläufig dem informalen Verwaltungshandeln zuzuordnen sind. Der sehr restriktiven Auffassung Bohnes, der die in einem Bargaining erreichten Austausch- und Vergleichsabsprachen grundsätzlich dem informalen Verwaltungshandeln zuordnet[336], kann daher nicht gefolgt werden. Kippes und die wohl überwiegende Literaturmeinung geht zutreffenderweise nicht prinzipiell von einer rechtlichen Unverbindlichkeit der Austausch- und Vergleichsabsprachen aus. Die über einen Leistungsaustausch ausgehandelten Ergebnisse können durchaus in einer verbindlichen und verpflichtenden Form ihren Niederschlag finden.[337] Die gegenteilige Auffassung wäre unter Berücksichtigung der vom Gesetzgeber ausdrücklich eröffneten Möglichkeit des Abschlusses von subordinationsrechtlichen Vergleichs- und Austauschverträgen i.S.d. §§ 55, 56 VwVfG auch kaum haltbar. An der Rechtsverbindlichkeit derartiger vertraglicher Absprachen, die ebenfalls das Ergebnis von Aushandlungs- und Austauschprozessen darstellen sowie an der Tatsache, dass es sich um formale Handlungsformen handelt, bestehen keine Zweifel.

Das Ergebnis eines Bargaining-Prozesses, der Bargain, kann demzufolge rechtsverbindlich oder rechtlich unverbindlich, informaler oder formaler Natur sein.

3. Der Bargaining - Prozess als formal-kooperatives und informal-kooperatives Verwaltungshandeln

Nach Auffassung von Kippes ist der Bargaining-Prozess demgegenüber stets dem informal-kooperativen Verwaltungshandeln zuzuordnen.[338] Sofern der Bargain informal oder rechtlich unverbindlich ist, ist der Zuordnung des Bargainings in den infor-

---

[335] Vgl. Kippes Bargaining, S. 47, 78
[336] Vgl. Bohne VerwArch. Bd. 75, 1984, 343 ff., 354
[337] Vgl. Kippes Bargaining, 78, 86 mit weiteren Nachweisen aus der Literatur
[338] Vgl. Kippes Bargaining, 87

malen Bereich des Verwaltungshandelns uneingeschränkt zuzustimmen, da der gesamte Aushandlungs- und Austauschprozess auf eine von der formalen Verfahrensordnung nicht ausdrücklich gedeckte Handlungsform gerichtet ist. Sofern der Bargain formal als Sanierungsverfügung ergeht, bzw. formal ein Sanierungsvertrag geschlossen wird, der weder Vergleichs- noch Austauschvertrag i.S.d. §§ 55, 56 VwVfG ist, ist die Klassifizierung eines vorgeschalteten oder parallel verlaufenden Aushandlungs- und Austauschprozesses als informal-kooperativ ebenfalls zutreffend. Zweifelhaft hingegen ist die Einordnung des Bargaining-Prozesses in den Bereich des informal-kooperativen Verwaltungshandelns in den Fällen, in denen das Ergebnis des Aushandlungs- und Austauschprozesses - der Bargain - in der Form eines Austausch- oder Vergleichsvertrages gerade von der formalen Ordnung ausdrücklich zugelassen wird. Unter diesen Voraussetzungen erscheint die Einordnung des Bargaining-Prozesses in den informal-kooperativen Bereich des Verwaltungshandelns als zumindest diskussionswürdig.

Dem Abschluss von Vergleichs- und Austauschverträgen i.S.d. §§ 55, 56 VwVfG ist die Durchführung von Abstimmungs- und Verhandlungsprozessen mit Austauschcharakter geradezu immanent. Tatbestandsmerkmal des Vergleichsvertrages i.S.d. § 55 VwVfG ist das gegenseitige Nachgeben der Vertragsparteien. Wesentlich ist, dass in den Vergleichsverhandlungen wechselseitige Zugeständnisse irgendwelcher Art gemacht werden, ohne dass es auf eine Gleichwertigkeit der Zugeständnisse ankommt.[339] § 55 VwVfG erlaubt den Vertragsparteien zudem eine weitergehende materielle Vertragsgestaltung als § 54 VwVfG, insbesondere das Abweichen von rechtlichen Bindungen.[340] Der Vergleichsvertrag genießt das "Privileg gesteigerter Unempfindlichkeit gegenüber Gesetzesverletzungen".[341] Deshalb kann unter den Voraussetzungen des § 55 VwVfG ein nicht aufgeklärter Sachverhalt oder eine ungewisse Rechtslage dazu führen, dass Vergleiche in der Reichweite, in der sie nach § 55 VwVfG zugelassen sind, auch Leistungspflichten begründen, die mit der Gesetzeslage nicht voll übereinstimmen, bzw. von gesetzlichen Leistungspflichten entbin-

---

[339] Vgl. Henneke in Knack VwVfG, § 55, Rdnr. 6

[340] Vgl. Siegmund in Brandt/Sachs, D I, Rdnr. 193 unter Hinweis auf BVerwGE 49, 359 ff., 364

[341] BVerwGE 84, 157 ff., 165

den.[342] Hinzu kommt, dass § 55 VwVfG eine in das Ermessen der Behörde gestellte Ermächtigung enthält, einen Vergleich zu schließen, der eine Einschränkung des Untersuchungsgrundsatzes gem. § 24 VwVfG bedeutet,[343] obwohl Übereinkünfte zwischen Verwaltung und Bürger zur Vermeidung von Sachverhaltsermittlungen dem Amtsermittlungsprinzip gem. § 24 VwVfG normalerweise widersprechen und als unzulässig zu qualifizieren sind.[344]

Desweiteren ist auch der Abschluss von Austauschverträgen i.S.d. § 56 VwVfG durch einen Verhandlungsprozess mit dem Ziel einer einvernehmlichen Regelung, hier eines Leistungsaustausches im Subordinationsverhältnis, gekennzeichnet. Einer derartigen Verknüpfung von Leistungen - hoheitliches Handeln - und Gegenleistungen des Vertragspartners der Behörde, das heißt einer "do-ut-des-Beziehung" der Vertragsparteien, liegt ebenfalls ein kontinuierlicher Aushandlungs- und Austauschprozess im Vorfeld des Vertragsabschlusses zugrunde. Die Sonderregelungen der §§ 55, 56 VwVfG i.V.m. dem Grundsatz der Nichtförmlichkeit des Verfahrens gem. § 10 VwVfG räumen der zuständigen Behörde einen außergewöhnlich weiten Handlungsspielraum ein. Verhaltensweisen, die außerhalb dieser Konstellationen als informal bezeichnet werden müssten, entsprechen unter diesen Voraussetzungen noch der formalen Ordnung. Demzufolge können Bargaining-Prozesse im Rahmen der §§ 55, 56 VwVfG nicht prinzipiell dem informal-kooperativen Verwaltungshandeln zugeordnet werden.

4. Der Bargaining - Prozess und die wesentlichen "Bargaining - Module"

Der Bargaining Prozess kann zu unterschiedlichen Zeitpunkten des Verfahrens stattfinden, gegebenenfalls sogar vor oder anstelle eines Verwaltungsverfahrens. Informale Vorverhandlungen bzw. informale Vorverfahren, die Bargaining-Prozesse

---

[342] Vgl. Henneke in Knack VwVfG, § 55, Rdnr. 3 m.w.Nw. aus der ständigen Rspr. des Bundesverwaltungsgerichts, vgl. auch OVG Münster DVBl 1980, 765 ff., 767

[343] Vgl. Henneke in Knack VwVfG, § 55, Rdnr. 7

[344] Vgl. Berg Die Verwaltung 1976, 161 ff., a.A. Eberle Die Verwaltung 1984, 439 ff., 448

enthalten, sind nicht Bestandteil des Verwaltungsverfahrens i.S.d. § 9 VwVfG, sie gehen diesem vielmehr voran.[345] In der Verwaltungspraxis muss schon in diesem frühen Stadium von einem hohen Bedarf an Bargaining-Verhaltensweisen ausgegangen werden, wobei das Spektrum von der Diskussion von Verfahrensfragen bis zum Bargaining um den eigentlichen Gegenstand des Verwaltungsverfahrens reicht.[346] Während des laufenden Verwaltungsverfahrens oder an dessen Stelle kann es insbesondere zu einem Bargaining über Zwischenlösungen, über Teil- oder sogar über eine Gesamtlösung kommen.[347] Die im Rahmen des Vorverfahrens bzw. im Rahmen von Vorverhandlungen gemeinsam erarbeiteten und ausgehandelten Ergebnisse werden zu einem späteren Bargaining-Zeitpunkt regelmäßig konkretisiert und den Erfordernissen der jeweiligen Sanierungssituation entsprechend weiterentwickelt. Dies führt nach Kippes zum Einsatz spezifischer - immer wiederkehrender - Bargaining-Module, die 1. den Untersuchungsumfang, 2. die Behandlung des Erdreichs, 3. die weitere Bewohnbarkeit bzw. Nutzung eines kontaminierten Areals, 4. das Sanierungsziel sowie 5. die Kostenübernahme betreffen.[348]

5. Der Einsatz von "Bargaining - Power"

Bei der Durchführung von Bargaining-Prozessen kommt es maßgeblich auf den Problemdruck und die "Bargaining - Power" der Parteien an. Als Tausch- und Drohpotential, das für die Intensität der jeweiligen Bargaining-Power ausschlaggebend ist, erscheinen auf Seiten der Behörden insbesondere das Gesetz und die Drohung mit seinem Vollzug oder dessen Nichtvollzug, auf Seiten des Bürgers stehen demgegenüber wirtschaftliche und politische Druckmittel sowie rechtlich gewährleistete Individualrechte und die Drohung ihrer Geltendmachung in zeitraubenden und lähmenden Gerichtsverfahren.[349] So begrüßenswert eine einvernehmliche, kooperative

---

[345] Vgl. Clausen in Knack VwVfG, § 9, Rdnr. 3.4.3, Kippes Bargaining, S. 93 m.w.Nw.
[346] Vgl. Kippes Bargaining, S. 93 ff., 94 m.w.Nw.
[347] Vgl. Kippes Bargaining, S. 97
[348] Vgl. Kippes Bargaining, S. 175 ff.
[349] Vgl. Brohm DVBl. 1994, 133 ff., 138

Problem- und Konfliktlösung im Wege des Bargainings, die den Interessen der öffentlichen Verwaltung, der Sanierungspflichtigen sowie etwaiger Dritter hinreichend Rechnung trägt, prinzipiell ist, darf nicht vergessen werden, dass der Einsatz von "Verhandlungsmacht", die auf wirtschaftlicher oder politischer Einflussnahme beruht, bei einem Ungleichgewicht der Kräfte zu einem Diktat der Bargaining-Ergebnisse führen kann und in der Praxis wohl auch führen wird. Es besteht insbesondere die Gefahr, dass bei gleicher oder ungleicher Bargaining-Power von Verwaltung und Bürger das öffentliche Interesse nicht mehr mit dem notwendigen Gewicht durchgesetzt wird.[350] Der umweltrechtliche Gesetzesvollzug darf nicht vorrangig von dem Durchsetzungsvermögen, der Machtposition oder dem Verhandlungsgeschick des Sanierungspflichtigen abhängen. Nach Auffassung Grüters neigen die Behörden mehr oder minder offen dazu, je informeller und entgegenkommender zu handeln, desto konfliktstärker, durchsetzungsfähiger und organisierter die betroffenen Interessen und ihre Vertreter sind.[351] Es ist nicht zu leugnen, dass es für die Stärke der Verhandlungsmacht nicht nur auf die Sach- und Rechtslage des Einzelfalles ankommt, ausschlaggebend ist vielmehr die wirtschaftliche und politische Bedeutung eines Störers und die damit verbundenen Möglichkeiten der Einflussnahme auf die Vollzugsbehörden.[352] Wird das Recht und seine Durchsetzung von Verwaltung und Bürgern vorwiegend als Droh- und Tauschmittel eingesetzt, um in Verhandlungen das Beste für sich herauszuholen, dann wird das Gesetz instrumentalisiert und verliert seine Unverbrüchlichkeit und seinen Rechtswert.[353] In diesen Fällen ist die Gleichheit vor dem Gesetz in Gefahr. Derjenige, der in Aushandlungsprozessen über die größten Möglichkeiten zu Drohungen und Tauschgeschäften verfügt, wird seine Interessen am besten durchsetzen, und wer zur Verhandlung erst gar nicht geladen ist, muss befürchten, mit seinem Anliegen übergangen zu werden.[354] Konfliktlösungen dieser Art laufen Gefahr, in einen Rechts- und Sozialdarwinismus zu

---

[350] Vgl. Bleckmann NVwZ 1990, 601 ff., 607
[351] Vgl. Grüter aaO., S. 93 m.w.Nw.
[352] Vgl. Grüter aaO., S. 93 mit einer vergleichbaren Einschätzung der Verwaltungswirklichkeit
[353] Vgl. Brohm DVBl. 1994, 133 ff., 138
[354] Vgl. Brohm DVBl. 1994, 137 f., 138

münden.[355] Insbesondere dann, wenn sich komplexe Bargaining-Prozesse als nicht mehr transparent erweisen bzw. sich Verhandlungsführung und Verhandlungsergebnis nicht mehr objektiv nachvollziehen lassen und die Bargains ebenfalls bloß noch informaler Natur sind, besteht in besonderem Maße die Gefahr, dass es zu einer Selektivität der Interessenberücksichtigung, einer Ungleichheit der Verfahrenschancen, einer Beeinträchtigung der Rechtspositionen Dritter sowie zu einem Verlust der Unparteilichkeit der Vollzugsbehörden kommen kann.[356] Spitzer konzediert insoweit, dass insbesondere die sogenannte "Bürgeraktivierung in informal geschlossenen Verhandlungsarenen" regelmäßig durch möglichst wenige, in vertraulicher Mündlichkeit verhandelnde Akteure gekennzeichnet ist.[357] Mit der Ausblendung der Interessen etwaiger Dritter und der selektiven Aufnahme bilateraler Beziehungen zwischen der Behörde und dem Sanierungspflichtigen wird der Aufbau von Tauschbeziehungen maßgeblich gefördert, wenn nicht sogar erst ermöglicht.[358] Im informalgeschlossenen Rahmen können sich die Beteiligten im "Schatten des kodifizierten Rechts" von ihren "offiziellen" Rollen lösen - der Bürokrat wird zum Interessenmakler, der Untertan zum Verhandlungspartner - und Problemkomplexität entsprechend "flexibler" handhaben.[359] Die Vollzugsbehörden sollten sich daher beim Aushandeln von Sanierungsverfügungen oder beim Abschluss von Sanierungsverträgen, insbesondere aber beim Abschluss informeller Bargains stets die Risiken, die mit einem massiven Einsatz von Bargaining-Power zusammenhängen - bei allen praktischen Vorzügen des Bargainings als Instrument der Konliktlösung - in hinreichendem Maße bewusst machen.

---

355 Vgl. Brohm DVBl. 1994, 137 ff., 138

356 Vgl. Spitzer in Bandemer/Blanke/Nullmeier/Wewer (Hrsg.) Handbuch zur Verwaltungsreform 1998 aaO., 131 ff., 135

357 Vgl. Spitzer in Bandemer/Blanke/Nullmeier/Wewer (Hrsg.) Handbuch zur Verwaltungsreform 1998 aaO., 131 ff., 135

358 Vgl. Spitzer in Bandemer/Blanke/Nullmeier/Wewer (Hrsg.) Handbuch zur Verwaltungsreform 1998 aaO., 131 ff., 135

359 Spitzer in Bandemer/Blanke/Nullmeier/Wewer (Hrsg.) Handbuch zur Verwaltungsreform 1998

II. Mediation

1. Die Mediation als Instrument der Konfliktlösung

Als alternative Form der Konfliktbewältigung im Sinne einer "Alternative Dispute Resolution" anglo-amerikanischen Vorbilds[360] dürfte der Einsatz sogenannter neutraler Konfliktmittler - Mediatoren - auch in der bundesdeutschen Sanierungspraxis zukünftig an Bedeutung gewinnen. Mediation im Umweltrecht kann als Reaktion auf Defizite in Verwaltung und Gesetzgebung verstanden werden. Eine der Möglichkeiten der Defizitbewältigung wird in der Mediation gesehen, die transparente Verfahren ermöglichen, mehr fachliche Kompetenz vermitteln und den Vorteil von Fairness bieten soll.[361] Mit dem Instrument der Mediation sollen ausgetretene Pfade verlassen werden können. Vermittelt Recht Schutz vor Macht, so ist zentrales Anliegen der Mediation der Interessenausgleich, ohne dass auf die Geltung des Rechts verzichtet wird.[362] So führen Damkowski und Precht[363] zu Recht an, dass ein hoher Bedarf an Mediationsverfahren zum Akzeptanz-, Konsens- bzw. Konfliktmanagement bei Wahrung des Partizipationsaspektes bereits in der Diskussion um die Kodifizierung des neuen Umweltgesetzbuches deutlich geworden ist.

Im Gegensatz zum ungeleiteten Aushandlungsprozess, der sogenannten "Negotiation" - als Form des Verhandelns ohne Einschaltung eines Mittlers -,[364] bei dem die Konfliktbeteiligten weniger als Problemlöser denn als Parteien agieren, soll der neutrale Mediator problembezogene Kommunikationsprozesse initiieren und schließlich auf das "breaking the impasse" hinwirken.[365] Auch ohne eigenständige Sanktionsmöglichkeiten ist der Mediator in der Lage, als Kommunikator und

---

aaO., 131 ff., 135, 136

360 Vgl. Kunig/Rublack Jura 1990, 1 ff., 1, Maaß VerwArch Bd. 88, 1997, 701 ff., 701

361 Vgl. Maaß VerwArch Bd. 88, 1997, 701 ff., 701

362 Vgl. Maaß VerwArch Bd. 88, 1997, 701 ff., 702

363 Vgl. Damkowski/Precht Public Management, S. 265 ff., 267

364 Vgl. Kunig/Rublack Jura 1990, 1 ff., 2

365 Spitzer in Bandemer/Blanke/Nullmeier/Wewer (Hrsg.) Handbuch zur Verwaltungsreform 1998, 131 ff., 136 m.w.Nw.

"Educator" die Herstellung eines sachbezogenen und verständigungsorientierten Verhandlungsklimas zu erleichtern, den Beteiligten bei der Identifizierung ihrer jeweiligen Anliegen, Interessen und Positionen zu helfen und die Entwicklung von Lösungsstrategien zu fördern, ohne jedoch über die Autorität zur Vorgabe von Problemlösungen zu verfügen.[366] Bei dem zu bestellenden Verfahrensmittler sollte es sich grundsätzlich um eine Person handeln, die nicht "im Lager" einer der Vertragsparteien steht und die über hinreichende sanierungsrechtliche und verfahrensmäßige Kenntnisse und Erfahrungen verfügt. Andernfalls besteht die konkrete Gefahr, dass der Konfliktmittler zum "Spielball" der durchsetzungsfähigeren Partei wird oder durch eine unsachgemäße Mediation selbst neue Konflikte auslöst.

Die Hinzuziehung "passiver" oder "aktiver" Mediatoren zur Konfliktlösung setzt daher voraus, dass bestimmte Erfahrungsregeln strikt eingehalten werden müssen, um eine erfolgreiche "Win-Win-situation" - "Zwei-Gewinner-Strategie" - der Konfliktparteien oder zumindest eine sogenannte "batna-Lösung" - "best alternative to a negotiated agreement" - aus Sicht der Vollzugsbehörde zu erreichen.[367]

2. Voraussetzungen der Mediation

Als Erfahrungsregeln schlagen Damkowski und Precht vor, dass die Situation vor Verhandlungsbeginn zunächst überhaupt einen Kompromiss zulassen muss.[368] Desweiteren muss jede Verhandlungspartei ausreichend Macht besitzen, um an Tausch- und Gegenwertverhandlungen teilzunehmen. Die Verhandlungsteilnehmer aus den öffentlichen Verwaltungen müssen dem Konfliktmittler zudem garantieren können, dass mitgetragene Ergebnisse nicht an politisch-administrativen oder rechtlichen Handlungsreserven scheitern können.[369] Vor Beginn der Mediation müssen sämtliche Schlichtungsversuche bezüglich des definierten Streitgegenstandes ohne

---

[366] Vgl. Spitzer in Bandemer/Blanke/Nullmeier/Wewer (Hrsg.) Handbuch zur Verwaltungsreform 1998, 131 ff., 136

[367] Vgl. Damkowski/Precht Public Management S. 265 ff., 266

[368] Vgl. Damkowski/Precht Public Management, S. 265 ff. 266

[369] Vgl. Damkowski/Precht Public Management, S. 265 ff. 266

Ergebnis geblieben sein, und es muss die Dringlichkeit der Konfliktlösung in unverändert hoher Intensität fortbestehen.[370] Diese Voraussetzungen der Mediation finden in wesentlichen Punkten ihre Parallelen im Bargaining-Prozess ohne Konfliktmittler, unterscheiden sich jedoch von den informal-bilateral vorstrukturierten Lösungsansätzen durch eine wesentlich effizientere und effektivere Verhandlungsführung, da der neutrale Mittler insbesondere bestehende Differenzen überbrücken kann. Zur Steigerung der Verfahrenseffizienz und aus rechtspolitischen Gründen bietet sich derzeit die - weitere - Erprobung von Konfliktmittlern an.[371]

3. Der Verfahrensmittler i.S.d. § 89 UGB-KomE, § 54 UGB-ProfE

Auch der Entwurf der Unabhängigen Sachverständigenkommission zum Umweltgesetzbuch sieht in § 89 UGB-KomE die Bestellung eines sog. Verfahrensmittlers im Rahmen der gebundenen Vorhabensgenehmigung ausdrücklich vor. Gem. § 89 Abs. II UGB-KomE kann die Genehmigungsbehörde die Durchführung einzelner Verfahrensabschnitte einem Verfahrensmittler übertragen. Dieser ist gem. § 89 Abs. III S. 1 UGB-KomE in seiner Tätigkeit unabhängig und an Weisungen nicht gebunden. Der Mediator darf gem. § 89 Abs. III S. 2 UGB-KomE weder "im Lager" des Antragstellers stehen noch in dem der Genehmigungsbehörde, ist somit neutral. Sinn und Zweck der "Rechtsfigur" des Mediators ist es, eine sachliche und konstruktive Auseinandersetzung der Parteien gezielt zu fördern und letztlich auf eine möglichst einvernehmliche Lösung bestehender Konflikte und einen Ausgleich gegensätzlicher Interessen hinzuwirken.[372] In der Diskussion sind insbesondere die Einschaltung von Mediatoren neben dem förmlichen Erörterungstermin, um in umstrittenen Verfahren einen Kompromiss erzielen zu können,[373] sowie die Einschaltung von Mediatoren im Rah-

---

370 Vgl. Damkowski/Precht Public Management, S. 265 ff. 266
371 Vgl. Kloepfer Umweltrecht, § 5, Rdnr. 171 m.w.Nw.
372 Vgl. Maaß VerwArch Bd. 88, 1997, 701 ff., 702
373 Vgl. UGB-KOmE 1998, Begründung, Vorbem. Zu den §§ 88, 89 UGB-KomE, S. 639 m.w.Nw.

men bestehender Verwaltungsverfahren mit der Funktion eines Schlichters im Erörterungstermin.[374]
Auch der Professorenentwurf zum Umweltgesetzbuch enthält in § 54 Abs. IV UGB-ProfE eine dem § 89 UGB-KomE im Kern vergleichbare Regelung. Gem. § 54 Abs. IV UGB-ProfE wird vorgeschlagen, den Ländern eine Übertragung der Vorbereitung und Durchführung des Erörterungstermins auf einen unbeteiligten Dritten zu ermöglichen, um damit bei großen Interessengegensätzen die Verwaltung zu entlasten und ein besseres Erörterungsklima zu schaffen.[375]
Die Ansätze für eine neutrale Konfliktmittlung werden damit institutionalisiert, was gegenüber einer rein informalen Mediation ohne gesetzliche Verfahrensregelung, wie sie z.B. in § 2 Abs. II Nr. 5 der 9. BImSchV angesprochen ist,[376] als vorzugswürdig erscheint. Der Einsatz von Mediatoren dürfte sich daher auch im Rahmen komplexer Sanierungsverhandlungen als durchaus verfahrensbeschleunigend und konsensfördernd erweisen. Dies gilt nicht nur für eine eher gemeinwohlorientierte einvernehmliche Lösungsstrategie von Behörde und Sanierungspflichtigen sowie etwaigen Dritten, sondern gleichermaßen für eine eher eigennutzorientierte Strategie unter massivem Einsatz von Verhandlungsmacht. Auch in diesen Fällen kann der Verfahrensmittler zu einem gerechteren Ausgleich von Staats- und Individualinteressen beitragen. Der wesentliche Vorzug der Mediation liegt in der Offenheit dieses Instruments. Die gütliche Verständigung zwischen den Parteien ist in jedem Fall ein so attraktiver Gedanke, dass auch die öffentliche Verwaltung Mediation zur Lösung komplexer Probleme - stärker als bisher - in Betracht ziehen sollte.[377]

---

[374] Vgl. Brohm NVwZ 1991, 1025 ff., 1031, Würtenberger NJW 1991, 257 ff., 261
[375] Vgl. UGB-ProfE AT, Berichte des Umweltbundesamtes 7/90, 1991, S. 275
[376] Neunte Verordnung zur Durchführung des Bundes-Immissionsschutzgesetzes in der Fassung der Bekanntnmachung vom 29.05.1992, BGBl. I S. 1001, zuletzt geändert durch G v. 09.10.1996, BGBl. I S. 1498
[377] Vgl. Maaß VerwArch Bd. 88, 1997, 701 ff., 704

D. Die Handlungsform des subordinationsrechtlichen Sanierungsvertrages im Kontext des"New Public Managements" (NPM) und des "Neuen Steuerungsmodells" (NSM)

I. Die Ökonomisierung des Verwaltungshandelns

In den vergangenen Jahren hat die Diskussion um effizienteres und effektiveres Handeln der öffentlichen Verwaltung spürbar an Intensität zugenommen.
Die Modernisierung der Verwaltung auf Bundes-, Landes- und Kommunalebene ist zu einer vordringlichen Aufgabe geworden,[378] die sich nicht als einmaliger Reformakt, sondern als kontinuierlicher Reformprozess darstellt. Dieser Reformprozess, in dem in der Bundesrepublik Deutschland gegenwärtig noch Strategieen und Konzepte der Kostensenkung dominieren, hat nicht nur erhebliche Auswirkungen auf die gesamte Struktur der öffentlichen Verwaltung, er beeinflusst auch unmittelbar die Art und Weise der Aufgabenerledigung bzw. der Auftragserfüllung.

Auch der Ablauf umweltrechtlicher Verwaltungsverfahren und die Wahl der Handlungsform - sei sie formal oder informal, einseitig hoheitlich oder konsensual bzw. kooperativ, rechtsverbindlich oder lediglich faktisch bindend - wird in zunehmendem Maße nicht nur durch die rechtlichen Rahmenbedingungen, sondern durch wirtschaftliche Restriktionen und Prinzipien bestimmt. Die Durchführung komplexer Sanierungsmaßnahmen ist von erheblicher ökonomischer Tragweite. Dies gilt nicht nur hinsichtlich der Kosten, die in unmittelbarem Zusammenhang mit der Sanierung kontaminierter Böden und Gewässer entstehen oder hinsichtlich der einschneidenden Auswirkungen von Sanierungsmaßnahmen auf aktive Betriebe und betriebliche Abläufe, dies gilt ebenso für den Einsatz personeller und sächlicher Ressourcen der Vollzugsbehörde, insbesondere für die Kosten des Fachpersonals, die die Verwaltung für einen ordnungsgemäßen Gesetzesvollzug vorhalten muss sowie für die mit der Anordnung von Sanierungsmaßnahmen verbundenen Vollzugsrisiken.

Spätestens mit Beginn der 90er Jahre ist in den öffentlichen Verwaltungen eine deutliche Tendenz zur "Ökonomisierung" des Verwaltungshandelns unter dem Leitbild des "Schlanken Staates" zu verzeichnen. Die Reform der Binnenstruktur der Verwaltung zur Verbesserung ihrer Leistungsfähigkeit und ihrer Bürgerorientierung gilt als das Gebot der Stunde.[379]

Die Suche nach "Neuen Wegen" der Aufgabenerfüllung sowie der Einsatz flexiblerer, zum Teil auch informaler Instrumente ist nicht nur eine Frage der zunehmenden Regelungsdichte und Komplexität der umweltrechtlichen Bestimmungen, ausschlaggebend ist insbesondere die anhaltende Finanzknappheit der öffentlichen Haushalte, die die "öffentliche Hand" mehr denn je zu einer konsequent betriebswirtschaftlichen Bewertung des eigenen Leistungserstellungsprozesses und des Verwaltungsoutputs zwingt.

Das Gebot der "Entbürokratisierung", der Deregulierung, der Verwaltungsmodernisierung[380] und Reorganisation sowie das Streben nach Effizienz- und Effektivitätssteigerungen müssen als Antwort auf die Frage nach der gegenwärtigen und zukünftigen Finanzierbarkeit des Verwaltungshandelns verstanden werden. Vor diesem Hintergrund ist auch ein permanenter Transfer wirtschaftswissenschaftlicher Erkenntnisse und die Adaption privatwirtschaftlicher Managementkonzepte zu beurteilen. So haben zum Beispiel die Termini "Mediation", "Bargaining", "Bargain", "Auditing" bzw. "Audit", "Managementsystem", "Qualitätsmanagement" und "Qualitätssicherung" sowie "Ökobilanz", "Ökocontrolling" und "Standardisierung", die sich insbesondere in der umweltrechtlichen Fortentwicklung außerordentlicher Beliebtheit erfreuen, ihre Wurzeln im Bereich des "Private Managements".

---

[378] Vgl. Kanther VOP 1996, Heft 5, 6 ff., 6

[379] Vgl. Scholz, Vorsitzender des Sachverständigenrates "Schlanker Staat" in Nau/Wallner Verwaltungscontrolling aaO., S. 5

[380] Vgl. Beck Die Neue Verwaltung 1999, S. 4 ff. mit einer ausführlichen Darstellung der Arbeit der Verwaltungsmodernisierungskommission sowie der Expertenkommission zur Neuorganisation der Landesverwaltung des Landes Rheinland-Pfalz

Der Erkenntnistransfer ist jedoch nicht nur einseitiger Natur, wie die Bestrebungen des sogenannten "integrativen" Umweltschutzes zeigen. Insbesondere in den Bereichen, in denen der Staat mit seinen imperativen Instrumenten eher unerwünscht ist, wie z.B. im Bereich der inneren Unternehmensorganisation, des Betriebsablaufs, der Produktgestaltung sowie des Konsumentenverhaltens, setzt die Verwaltung auf indirekte Steuerung über den Preis sowie auf eine Art instrumentalisierter Selbststeuerung.[381] Der Staat übernimmt zunehmend die Rolle eines "Supervisors", der längst nicht mehr alles vorschreibt und kontrolliert, sondern kraftsparend und ergebniszentriert reguliert.[382] Umweltbelange werden verstärkt übermedial und integrativ über das Instrument der Umweltverträglichkeitsprüfung,[383] die Inhalte der EG-Umwelt-Audit-VO bzw. "Öko-Audit-VO",[384] das Umweltauditgesetz (UAG) vom 07.12.1995[385] i.V.m der UAG-Erweiterungsverordnung[386] sowie über die Vorgaben der IVU-Richtlinie[387] in den Betriebszweck hinein integriert.[388]

Öffentliche Belange wie die des Umweltschutzes sollen dem wirtschaftlichen Akteur dadurch nahegebracht und seiner Aufmerksamkeit anempfohlen werden, mit dem Ziel der Übernahme in bestehende Managementkonzepte im Sinne eines Innovationsmanagements.[389]

---

[381] Vgl. Di Fabio NVwZ 1998, 329 ff., 336

[382] Vgl. Di Fabio NVwZ 1998, 329 ff., 336 m.w.Nw.

[383] Gesetz über die Umweltverträglichkeitsprüfung (UVPG) v. 12.02.1990, BGBl. I S. 205, zuletzt geändert durch G v. 18.08.1997, BGBl. I S. 2801 sowie Richtlinie des Rates v. 27.06.1985 über die UVP 85/337/EWG vom 02.04.1993 KOM (93) 28

[384] Verordnung Nr. 1836/93 des Rates vom 29.06.1993 über die freiwillige Beteiligung gewerblicher Unternehmen an einem Gemeinschaftssystem für das Umweltmanagement und die Umweltbetriebsprüfung Abl. EG Nr. L 168 S. 1 ber. ABl. EG 1995 Nr. L 203 S. 17

[385] Gesetz zur Ausführung der Verordnung (EWG) Nr. 1836/93 des Rates v. 29.06.1993 über die freiwillige Beteiligung gewerblicher Unternehmen an einem Gemeinschaftssystem für das Umweltmanagement und die Umweltbetriebsprüfung BGBl. I S. 1591

[386] Verordnung nach dem Umweltauditgesetz über die Erweiterung des Gemeinschaftssystems für dasUmweltmanagement und die Umweltbetriebsprüfung auf weitere Bereiche (UAG-ErwV) v. 03.02.1998 BGBl. I S. 338

[387] Richtlinie 96/61/EG des Rates über die integrierte Vermeidung und Verminderung der Umweltverschmutzung v. 24.09.1996 Abl. EG Nr. L 257 S. 26

[388] Vgl. Di Fabio NVwZ 1998, 329 ff., 336

[389] Vgl. Di Fabio NVwZ 1998, 329 ff., 336 m.w.Nw.

II. "New Public Management" und Gesetzmäßigkeit der Verwaltung

Unter dem Leitbegriff des "New Public Mangements" werden Mangementmethoden aus dem privatwirtschaftlichen Bereich auf den öffentlichen Sektor übertragen, um die öffentlichen Verwaltungen leistungsfähiger und kostenbewusster zu machen.[390]
Dieser Transfer betriebswirtschaftlicher Erkenntnisse auf den öffentlichen Sektor beeinflusst in erheblichem Maße die gegenwärtige und zukünftige Entwicklung des gesamten öffentlichen Dienstes und dessen spezifische - nicht nur fiskalische, sondern auch hoheitliche - Tätigkeiten.

1. Die wesentlichen Elemente und Erfolgsfaktoren des "Public Managements"

Wesentliche Elemente und Erfolgsfaktoren des "Public Managements" sind die Stärkung der Kunden- und Dienstleistungsorientierung, eine Aufgaben- und Komplexitätsreduzierung, eine - dezentrale - Budget- und Produkt- bzw. Ergebnisverantwortung der zuständigen Verwaltungseinheiten, die Outputorientierung, die Führung und Steuerung durch Zielvereinbarungen bzw. Kontrakmanagement, Quasi-Wettbewerb und Benchmarking, die Implementierung spezifischer Kosten- und Leistungsrechnungssysteme sowie ein umfassendes Qualitätsmanagement.[391]
In diesem Zusammenhang ist zu berücksichtigen , dass insbesondere die Ziele Kundenorientierung, Bürgernähe, Qualitätssicherung und Verbesserung der Wirtschaftlichkeit des Verwaltungshandelns interdependent sind und in einem Span-

---

[390] Vgl. Klie/Meysen DÖV 1998, 452 ff., 452, König DÖV 1995, 350 ff.

[391] Vgl. Schröter/Wollmann in Bandemer/Blanke/Nullmeier/Wewer (Hrsg.) Handbuch zur Verwaltungsreform 1998 aaO., S. 59 ff. m.w.Nw. zum New Public Management
Vgl. Jann in Bandemer/Blanke/Nullmeier/Wewer (Hrsg.) Handbuch zur Verwaltungsreform 1998 aaO., S. 70 ff. m.w.Nw. zum Neuen Steuerungsmodell, Wallerath VerwArch Bd. 88, 1997, 1 ff., 3
Adamaschek VOP 1999, Heft 10, 10 ff., 20

nungsverhältnis zur herkömmlichen, stark rechtlich ausgerichteten Aufgabenerledigung der Hoheitsträger stehen.

2. Das Spannungsverhältnis von Gesetzmäßigkeit und Wirtschaftlichkeit des Verwaltungshandelns

Die pauschalen Forderungen einerseits nach Gesetzmäßigkeit und andererseits nach Wirtschaftlichkeit und Flexibilität der öffentlichen Verwaltungen führen in der Praxis zu einem nur schwer lösbaren Zielkonflikt. Dieser Konflikt wird umso stärker, je mehr Gesetz- und Verordnungsgeber das Verwaltungshandeln durch eine Flut detaillierter Vorschriften zu steuern suchen.[392] Regulierung und Normierung im Übermaß führen zu einem stetigen Aufgabenzuwachs in quantitativer und qualitativer Hinsicht und binden die ohnehin schon knappen personellen und sächlichen Ressourcen der Vollzugsbehörden, ohne eine spürbare Erhöhung des Zielerreichungsgrades zu bewirken. Die Verwaltung wird auf der einen Seite von einer Vielzahl von Normen überdeterminiert, auf der anderen Seite wird sie durch eine die rechtlichen Anforderungen laufend verfeinernde Rechtsprechung immer weiter eingeengt und ist sich, selbst bei größter Sorgfalt in der Beachtung der Rechtsvorschriften und Judikate, weithin nicht mehr sicher, ob ihre Maßnahmen vor Gericht bestand haben werden.[393]

Als "Musterbeispiel" möge insoweit die äußerst komplexe und interdisziplinäre Materie des Umweltrechts dienen. Auch nach der Auffassung der Unabhängigen Sachverständigenkommission[394] erschwert die ständig fortschreitende Ausdifferenzierung des Umweltrechts es den Betroffenen, die einschlägigen Regelungen zu finden und einander richtig zuzuordnen. Das Umweltrecht wird somit zu einer Materie, deren einzelne Bereiche nur noch von Spezialisten beherrscht werden. Der mit der Nor-

[392] Vgl. Gaentzsch DÖV 1998, 952 ff., 952
[393] Vgl. Brohm DVBl 1986, 321 ff., 324
[394] Vgl. Entwurf der Unabhängigen Sachverständigenkommission zum Umweltgesetzbuch beim Bundesministerium für Umwelt, Naturschutz und Reaktorsicherheit 1998, S. 75 ff.

menflut verbundene Mangel an Rechtssicherheit und die daraus resultierende defizitäre Vollzugseignung erweisen sich als kontraproduktiv, da die Vollzugsunfreundlichkeit letztlich zu einer an sich vermeidbaren Verzögerung des Verwaltungsverfahrens führt. Insofern hat die Sachverständigenkommission "Schlanker Staat" zutreffend festgestellt, dass nur eine Kodifikation des Umweltrechts, die den Leitmaximen des "Schlanken Staates" Rechnung trägt, Deregulierung und Harmonisierung aus einem Guss zu leisten vermag.

Im Verlauf der Staats- und Verwaltungsmodernisierung erweist sich auch für die Sanierungspraxis zunehmend die Frage als bedeutsam, wie bei einer ausgreifenden Wirtschaftlichkeitsorientierung der Behörden die Prinzipien der Recht- und Gesetzmäßigkeit sowie die Qualität der erbrachten Verwaltungsdienstleistungen auch künftig hinreichend gewährleistet werden können.[395] Von zentraler Bedeutung ist zunächst, dass die öffentlichen Verwaltungen ihren Auftrag erfüllen. Nur dann sind sie erfolgreich. Der Auftrag einer Verwaltung muss im Rahmen der relevanten Gesetze und Verordnungen erfüllt werden - "Ordnungsgemäßheit" und "Gesetzmäßigkeit" -, er muss wirtschaftlich erfüllt werden - "Effizienz" -, er muss in adäquater Qualität und damit zur Zufriedenheit der Empfänger der Leistungen erbracht werden - "Kundenorientierung" und "Flexibilität" - und er muss in gleichbleibender Qualität - "Qualitätssicherung" - erfüllt werden.[396] In diesem Zusammenhang ist von Bedeutung, dass die Lösung der vermeintlichen Zielkonkurrenz von Wirtschaftlichkeit und Gesetzmäßigkeit der Verwaltung in der praktischen Umsetzung entweder nahezu einseitig über die rechtliche oder nahezu einseitig über die wirtschaftswissenschaftliche Schiene vorangetrieben wird.

Führt man die aktuelle Modernisierungs- und Strukturdebatte auf die eigentliche Kernaussage zurück, so ist es Ziel der Reform des öffentlichen Dienstes, die Verwaltungen zu modernen, wirtschaftlich arbeitenden und an den Interessen ihrer Kunden - Bürger und Wirtschaft - ausgerichteten Dienstleistungsunternehmen zu machen.[397] Dieses Ziel wird in der Umsetzung neuerdings immer häufiger - jedoch

---

[395] Vgl. Pitschas DÖV 1998, 907 ff., 907
[396] Vgl. ADL in KLR-Sonderheft VOP 1998, 1 ff., 14
[397] Vgl. Nau/Wallner Verwaltungscontrolling aaO., S. 15

unzutreffenderweise - als ein Primat der Wirtschaftlichkeit aufgefasst. Die zentrale Aufgabe und das Ziel der öffentlicher Verwaltung ist, trotz eines zumindest partiellen faktischen Rückzugs des Staates auf dem Gebiet der Daseinsvorsorge, - nach wie vor - die Maximierung des Gemeinwohls. Dazu zählt auch ein umfassender und nachhaltiger Schutz der Umwelt, insbesondere die Aufrechterhaltung der Funktionsfähigkeit des Wasserhaushalts.

Die Leistungserstellung in Verwaltungsbetrieben hat zwar wirtschaftlich, jedoch unter strikter Beachtung rechtsstaatlicher Grundsätze und Prinzipien und innerhalb der rechtlichen Rahmenbedingungen zu erfolgen. Die spezifische Dignität und Vertrauenswürdigkeit des Staates beruht insbesondere auf der Bindung des Staates an Recht und Gesetz, auf der Zuverlässigkeit seiner Staatsdiener, auf der wechselseitigen Kontrollfähigkeit der Staatsgewalten und auf der demokratischen Legitimation der Gesetzgebung.[398] Das Recht ist nicht nur ein maßgebliches Steuerungsinstrument der Verwaltung, es ist insbesondere ein unveräußerliches "Gut".[399]

3. Die Schnittstelle zwischen Gesetzmäßigkeit und Wirtschaftlichkeit

Die Schnittstelle zwischen der Gesetzmäßigkeit und der Wirtschaftlichkeit des Verwaltungshandelns bilden die Art. 114 Abs. II GG, Art. 109 Abs. III GG sowie die speziellen haushaltsrechtlichen Bestimmungen der Haushaltsordnungen und des Haushaltsgrundsätzegesetzes. So sind die öffentlichen Verwaltungen gem. § 7 BHO nicht nur ausdrücklich zu wirtschaftlichem - insbesondere sparsamem -Handeln verpflichtet, sie haben ihr Handeln auch an den Ergebnissen von Kosten-Nutzen-Analysen zu orientieren sowie in geeigneten Fällen Kosten- und Leistungsrechnungssysteme zur Optimierung des Ressourceneinsatzes zu implementieren.[400] Die

---

[398] Vgl. Kaufmann in v.Bandemer/Blanke/Nullmeier/Wewer (Hrsg.) aaO., 11 ff., 16
[399] Vgl. Wallerath VerwArch Bd. 88, 1997, 1 ff., 15 m.w.Nw.
[400] Vgl. Mühlen/Loitz BB 1998, 578 ff., 581 zu den Steuerungs- und Kontrollinstrumenten der Gebietskörperschaften

Ausrichtung des Verwaltungshandelns nach dem Wirtschaftlichkeitsprinzip soll eine bestmögliche Ausnutzung der vorhandenen Ressourcen bewirken. Verwaltungscontrolling im weiteren Sinne ist somit gem. § 7 BHO, § 6 HGrG auch gesetzlicher Auftrag. Bei der Frage der Relation von Wirtschaftlichkeit und Gesetzmäßigkeit, deren Bedeutung für die zukünftige Art und Weise des Gesetzesvollzuges nicht unterschätzt werden darf, ist in vollem Umfang der Auffassung von Gaentzsch zuzustimmen, der Wirtschaftlichkeit als Handlungsmaxime und als Element des Gebotes effektiver Erfüllung des der Verwaltung gestellten Gemeinwohlauftrages versteht.[401] Die Beachtung des Wirtschaftlichkeitsprinzips hat stets im Rahmen der Gesetze zu erfolgen. Der Eckpunkt Gesetzmäßigkeit im Sinne der Art. 20 Abs. III GG, Art. 79 Abs. III GG ist für die Verwaltung nicht disponibel und verträgt keine Abstriche zu Gunsten des Prinzips der Wirtschaftlichkeit und des Postulats bürgernaher Verwaltung.[402]

Diese grundsätzliche Wertung gilt auch für die Wahl der Handlungsform - Sanierungsvertrag oder Sanierungsverfügung - sowie für deren inhaltliche Ausgestaltung.

III. Die Handlungsform des Sanierungsvertrages als ein in besonderem Maße geeignetes Mittel zur Erreichung der Ziele des NPM/NSM

Von dem gegenwärtigen Modernisierungsprozess sind nicht nur Personen und Strukturen der Verwaltung betroffen, in die Diskussion geraten zunehmend auch die Verfahren und Instrumente, die für die Zielerreichung notwendig sind.

In diesem Zusammenhang ist von erheblicher praktischer Bedeutung, dass zu den Kernelementen des "Neuen Verwaltungsmanagements" eine dezentralisierte Verwaltungsverantwortung in Gestalt einer heruntergezonten Fach- und Ressourcen-

---

[401] Vgl. Gaentzsch DÖV 1998, 952 ff., 952, 953

verantwortung zählt.[403] Für die Recht- und Zweckmäßigkeit des Verwaltungshandelns sowie für dessen Fachlichkeit zeichnet damit vor allem die Sachbearbeiterebene verantwortlich. Die Sachbearbeitung entfaltet sich als Produkt- und Fallmanagement auf dem Hintergrund flacherer Hierarchien und in einem teamorientierten Arbeitsprozess, der sich an den konkreten Bedarfen der Bürger und den fachlichen Qualitätsstandards orientiert.[404] Dies bedeutet aber auch, dass der ergebnisverantwortliche Mitarbeiter die ihm bei der Wahl der Handlungsform und der materiellen Ausgestaltung eröffneten Handlungsspielräume stärker als bisher zur Zielerreichung nutzen wird, insbesondere dann, wenn eine Sanierungsmaßnahme erhebliche wirtschaftliche, politische oder rechtliche Brisanz aufweist.

Zu den klassischen Handlungsformen, mit denen bislang im Sanierungsrecht ein recht- und zweckmäßiger Gesetzesvollzug sichergestellt wurde, zählt vorrangig der Verwaltungsakt in Form der Sanierungsverfügung.

Welche Handlungsform unter Berücksichtigung der Ziele und Anforderungen des New Public Managements und des Neuen Steuerungsmodells als das jeweils geeignete Instrument zur Lösung sanierungsrechtlicher Probleme bezeichnet werden kann, hängt von den Besonderheiten des Einzelfalles ab.

1. Die kostenorientierte Bewertung des Verwaltungshandelns

Bei der Wahl der Handlungsform und der Ausgestaltung des Verwaltungsverfahrens i.S.d. §§ 9, 10 VwVfG ist zunächst zu berücksichtigen, dass das gesamte Verwaltungshandeln infolge der nahezu flächendeckenden Implementierung einer qualitätsorientierten Kosten- und Leistungsrechnung - als Instrument eines umfassenden Verwaltungscontrollings - sowie durch den Einsatz spezifischer Kennzahlen- und In-

---

[402] Vgl. Gaentzsch DÖV 1998, 952 ff., 953
[403] Vgl. Pitschas DÖV 1998, 907 f., 912 m.w.Nw.
[404] Vgl. Pitschas DÖV 1998, 907 f., 912 m.w.Nw.

dikatorensysteme transparent, bewertbar und damit auch vergleichbar gemacht werden kann.

Die Kosten- und Leistungsrechnung stellt in der gegenwärtigen Entwicklung des verwaltungsbetrieblichen Rechnungswesens die notwendige Erweiterung des vorhandenen kameralen Rechnungssystems dar. Aus dem kameralen Haushalt ist oft nur schwer zu erkennen, für welche Leistungen die jeweiligen Einnahmen und Ausgaben angefallen sind.[405]

Desweiteren erfasst die Kameralistik - ohne Formen der Erweiterung – regelmäßig nicht den mengenmäßigen Output, das heißt die Menge der erbrachten Leistungen bzw. der Produkte. Das Kernproblem eines rein kameralistischen Rechnungswesens liegt darin, dass zwar der "Geldverbrauch" einer Periode dokumentiert wird, nicht jedoch der gesamte Ressourcenverbrauch.[406] Eine adäquate Beurteilung der Wirtschaftlichkeit des Verwaltungshandelns ist mittels der traditionellen Haushaltsrechnung demzufolge nicht möglich. Die Kosten- und Leistungsrechnung bildet hingegen den gesamten betriebsbezogenen Ressourcenverbrauch einer Periode ab und bewertet diesen sowie die erbrachten Verwaltungsleistungen. Mittels unterschiedlicher Kostenrechnungssysteme und weitergehender "Controlling-Tools" können unwirtschaftliche Verfahrensabläufe, organisatorische Schwachstellen und vorhandene Einsparpotentiale transparent und steuerbar gemacht werden.[407] Dies ermöglicht eine Steigerung der Leistungsfähigkeit und Wirksamkeit der Verwaltung.

2. Die qualitätsorientierte Bewertung des Verwaltungshandelns

Im Rahmen des Neuen Steuerungsmodells werden die Produkte der öffentlichen Verwaltungen nicht nur in kostenmäßiger Hinsicht erfasst und bewertet, der vorrangig outputorientierten Steuerung liegt zudem ein umfassendes Qualitätsmanagement

---

[405] Reißig Die Neue Verwaltung 1999 aaO., 13 ff., 13

[406] Vgl. Horvath/Becker Die innovative Verwaltung 1995, 34 ff., 36, Reißig Die Neue Verwaltung 1999, 12 ff., 13

[407] Vgl. Horvath/Becker Die innovative Verwaltung 1995, 34 ff., 36 ff., mit einer vergleichbaren Beurteilung des Verwaltungscontrollings

zugrunde, das im Sinne eines kontinuierlichen Verbesserungsprozesses zu einer permanenten Optimierung der Struktur-, Prozess- und Ergebnisqualität führen soll. Das Qualitätsmanagement basiert regelmäßig auf sogenannten moderierten Mitarbeiter- und Qualitätszirkeln, in denen konkrete Probleme identifiziert und gelöst, aber auch Strategien und Konzepte für Einzelmaßnahmen entwickelt werden.[408]
Ziel eines dem Grundgedanken des "Kaizen"[409] vergleichbaren "Total Quality Managements" ist eine Verbesserung der Binnenstrukturen der Verwaltung, die Steigerung der Wirtschaftlichkeit, die Erhebung und Verbesserung der Mitarbeiterzufriedenheit, die Erhebung und Verbesserung der Kundenzufriedenheit und die Lösung von Sachproblemen im Sinne einer ständigen Optimierung des Verwaltungshandelns und der Aufgabenerledigung.[410]

3. Wettbewerb und Kundenorientierung

Desweiteren wird im öffentlichen Sektor zunehmend versucht, durch Schaffung einer "Konkurrenzbürokratie" bzw. durch Ansätze eines "Management by Competition" eine Flexibilisierung der klassischen Bürokratie durch internen und externen Wettbewerb, eine stärkere Kundenorientierung durch Installierung marktlicher Elemente sowie durch Leistungsvergleiche zwischen verschiedenen parallelen öffentlichen Trägern und zwischen öffentlichen und privaten Anbietern zu erreichen.[411]
Die Einführung eines behördeninternen oder inter-behördlichen "Quasi-Wettbewerbs", bei dem es in der Verwaltungswirklichkeit häufig nur noch um das Erreichen von Kosten-Benchmarks bzw. um eine möglichst günstige Positionierung des eigenen Leistungs- und Verantwortungsbereichs im Rahmen eines "Rankings" geht, führt zu einer einseitig an wirtschaftlichen Werten und Vorgaben orientierten

---

408 Vgl. Andriof/Ehrlein VOP 1997, 30 ff., 30
409 Der japanische Begriff "Kaizen" steht für die Veränderung zum Besseren bzw. für das Streben nach ständiger Verbesserung i.S. eines kontinuierlichen Verbesserungsprozesses
410 Vgl. Adamaschek VOP 1997, 18 ff., 20 mit einem Beitrag zur Kundenorientierung vor dem Hintergrund interkommunaler Leistungsvergleiche als Kernstück der Neuen Steuerung
Andriof/Ehrlein VOP 1997, 30 ff., 33

Ausrichtung des Verwaltungshandelns. Diese stark reduzierte Sichtweise der Verwaltungstätigkeit widerspricht eindeutig dem Konzept des Neuen Steuerungsmodells, dessen Grundlage gerade auch ein umfassendes Qualitätsmanagement ist. Der Bürger bzw. der Verfahrensbeteiligte wird als Kunde und Auftraggeber der öffentlichen Verwaltungen verstanden, der sowohl Anspruch auf Transparenz des Verwaltungshandelns als auch auf Qualität und Bedarfsorientierung der angebotenen Leistungen hat.[412] Lang hebt zu Recht den Anspruch des Kunden auf Sachkompetenz, -adäquanz, Zuverlässigkeit und Transparenz des Verwaltungshandelns hervor.[413]

Auch die Bildung der Produkte der öffentlichen Verwaltung erfolgt unter dem Gesichtspunkt des Adressatenbezugs bzw. der Kundenorientierung.[414]

Die Stellung des Bürgers als Mitproduzent von Verwaltungsdienstleistungen sowie das Ziel der Kundenzufriedenheit und Bürgernähe,[415] darf jedoch nicht dazu führen, dass die öffentlichen Verwaltungen - in Verkennung der rechtlichen Tragweite des Wirtschaftlichkeitsgebotes - die Gesetze mehr oder weniger als Hindernisse betrachten und deren engen Bindungen entrinnen möchten.[416] Diese Gefahr besteht insbesondere im Sanierungsrecht bei einem allzu massiven Einsatz informeller Bargains, sofern z.B. die Bargaining-Power des Sanierungspflichtigen deutlich stärker ist, als die Verhandlungsposition der Vollzugsbehörde.

4. Auftragserfüllung und Verfahrenseffizienz

Gesetzmäßigkeit und Wirtschaftlichkeit sind - wie bereits dargelegt - keine gleichrangigen Prinzipien für das Handeln der öffentlichen Verwaltungen. Es gilt insbesondere nicht der Grundsatz: soviel Gesetzmäßigkeit wie nötig, soviel Wirtschaft-

[411] Vgl. Damkowski/Precht Public Management, S. 172 ff., 174
[412] Klie/Meysen DÖV 1998, 452 ff., 454 m.w.Nw.
[413] Vgl. Lang VOP 1999, Heft 1-2, 11 ff., 13
[414] Vgl. Israel/Schneider Die Neue Verwaltung 1999, 9 ff., 10
[415] Vgl. Klie/Meysen DÖV 1998, 452 ff., 454, Mühlen/Loitz BB 1998, 578 f., 585
[416] Vgl. Gaentzsch DÖV 1998, 952 ff., 952

lichkeit wie möglich.[417] Die öffentlichen Verwaltungen - vorrangig die Eingriffsverwaltungen - haben die ihnen zugewiesenen Aufgaben, bzw. ihre "Service Mission", stets unter Beachtung rechtsstaatlicher Grundsätze zu erfüllen. Das Gebot effektiver und effizienter Aufgabenerledigung vermag keinesfalls die Bindung an Recht und Gesetz inhaltlich zu lockern oder gar auszuhöhlen.
Dies gilt in besonderem Maße für die Beachtung wasserrechtlicher und bodenschutzrechtlicher Bestimmungen unter besonderer Berücksichtigung der Wertigkeit und Bedeutung des Schutzgutes Grundwasser sowie der menschlichen Gesundheit. Demzufolge gilt auch bei der Behördentätigkeit im Zusammenhang mit der Sanierung von Grundwasserverunreinigungen zwar gem. § 10 S. 1 VwVfG der Grundsatz der Nichtförmlichkeit des Verfahrens sowie gem. § 10 S. 2 VwVfG die Grundsätze der Einfachheit, Zweckmäßigkeit und Zügigkeit des Verfahrens, der Grundsatz der Nichtförmlichkeit steht jedoch unter dem Vorbehalt besonderer Rechtsvorschriften über Formen des Verfahrens,[418] wie zum Beispiel die §§ 54 ff. VwVfG. Die Grundsätze der Einfachheit, Zweckmäßigkeit und Zügigkeit gelten ebenfalls nur im Rahmen möglichster Rechtssicherheit und Gerechtigkeit.[419]

Das in § 10 S. 1 VwVfG der Verwaltung gewährte Ermessen betrifft sowohl die Einleitung des Verwaltungsverfahrens als auch dessen Durchführung.[420] Darüber hinaus könnte man auch ein Ermessen bezüglich der Wahl der Verfahrensart ansehen, mit der in der Regel zugleich die Wahl eines bestimmten Handlungstyps und der entsprechenden Rechtsform verbunden ist.[421] § 10 VwVfG stellt einen Kompromiss zwischen den auch im Verfassungsrecht vorgegebenen Erfordernissen des Rechtsschutzes der Betroffenen durch ein mit förmlichen Verfahrensgarantien ausgestattetes Verfahren und den ebenfalls im Verfassungsrecht vorgegebenen Erfordernis-

[417] Vgl. Gaentzsch DÖV 1998, 952 ff., 952
[418] Clausen in Knack VwVfG, § 10, Rdnr. 2.1
[419] Clausen in Knack VwVfG, § 10, rdnr. 3.1
[420] Vgl. Hill NVwZ 1985, 449 ff., 451, Obermayer VwVfG, § 10, Rdnr. 1, Stelkens/Bonk/Sachs VwVfG, § 10, Rdnr. 16
[421] Vgl. Hill NVwZ 1985, 449 ff., 449 unter Hinweis auf BVerwGE 38, 152 ff., 156

sen der Verwaltungseffizienz[422] mit den Erfordernissen einfacher, rascher, zweckmäßiger und kostensparender Erfüllung der Verwaltungsaufgaben dar.[423] Der Verwaltung soll größtmögliche Elastizität und Freiheit für die optimale Erfüllung ihrer Aufgaben, möglichst unbehindert durch Förmlichkeiten belassen werden.[424]

Die Grenzen einer möglichst flexiblen Aufgabenerledigung[425] finden sich jedoch in den rechtsstaatlich gebotenen Mindestanforderungen an die Durchführung eines Verwaltungsverfahrens als zwingende Folgerungen aus dem Verfassungsrecht, insbesondere aus den in einer Sache betroffenen Grundrechten sowie dem Grundsatz der Gesetzmäßigkeit der Verwaltung.[426] § 10 S. 1 VwVfG räumt der Verwaltung nur ein Verfahrensermessen ein, das durch § 40 VwVfG determiniert wird.[427] Die Vorschrift gewährt jedoch keine Ermächtigung zu einer willkürlichen oder beliebigen Verfahrensgestaltung.[428] Dies gilt selbstverständlich auch für die Durchführung von sanierungsrechtlichen Verfahren. Selbst beim Abschluss und der inhaltlichen Ausgestaltung verfahrensabschließender subordinationsrechtlicher Verwaltungsverträge ist lediglich der Vergleichsvertrag im Sinne des § 55 VwVfG mit einem "Privileg gesteigerter Unempfindlichkeit gegenüber Gesetzesverletzungen" ausgestattet.[429]

Die Nichtigkeitsfolge gem. § 59 Abs. I, II Nr. 3 VwVfG macht deutlich, dass auch die erleichterte Möglichkeit verwaltungsvertraglicher Regelungen im Vergleichswege nicht dazu missbraucht werden soll, um einen rechtlich missbilligten Erfolg herbeizuführen.[430]

---

[422] Vgl. Di Fabio VerwArch Bd. 81, 1990, 193 ff., 214 ff.
[423] Kopp VwVfG, § 10, Rdnr. 2, Obermayer VwVFG, § 10, Rdnr. 16 ff. m.w.Nw.
[424] Kopp VwVfG, § 10, Rdnr. 1
[425] Vgl. Hill DÖV 1987, 885 ff., 890, 892 ff., mit sehr weitreichenden Zugeständnissen an die Flexibilität des Verwaltungshandelns
[426] Vgl. BVerfG NJW 1991, 2005 ff., BVerwG NVwZ 1993, 689, 690
[427] Vgl. Clausen in Knack VwvfG, § 10, Rdnr. 4
[428] Vgl. Clausen in Knack VwVfG, § 10, Rdnr. 4, Kopp VwVfG, § 10, Rdnr. 6
[429] Vgl. BVerwGE 49, 359 ff., 364, BVerwGE 84, 157 ff., 165
[430] Vgl. Hennecke in Knack VwVfG, § 59, Rdnr. 4.3

5. Die besondere Eignung des verwaltungsrechtlichen Sanierungsvertrages zur Lösung atypischer und komplexer Sachlagen

Während der Erlass von Sanierungsverfügungen in einfach gelagerten Fällen - dies gilt auch dann, wenn der Inhalt mit dem Sanierungspflichtigen zuvor abgestimmt wurde, bzw. dem Sanierungspflichtigen ein Bescheidentwurf zur Prüfung vorab zugeleitet wurde - den Geboten der Gesetzmäßigkeit und der Wirtschaftlichkeit des Verwaltungshandelns gleichermaßen entsprechen kann, wird die Wahl der verwaltungsvertraglichen Handlungsform insbesondere in komplexen, atypischen Fällen, in denen ein hohes Maß an Flexibilität gefordert ist, in besonderem Maße geeignet sein, auch die Ziele des NPM/NSM durchzusetzen.

Die Kernargumente, die für die Wahl der Handlungsform des verwaltungsrechtlichen Vertrages sprechen, sind

1. die Erhöhung der Akzeptanz und Befolgungsbereitschaft durch Einbeziehung des Bürgers in den Entscheidungsprozess,
2. die flexible Lösung atypischer Fälle und die Bewältigung komplexer, durch Verwaltungsakt nicht mehr regelbarer Sachverhalte,
3. die Nutzung der besonderen Kenntnise und Erfahrungen der Bürger und
4. die Möglichkeit der Verknüpfung verschiedener Rechtsverhältnisse.[431]

Der Abschluss von Sanierungsverträgen entspricht somit den Vorstellungen einer modernen, rechtsstaatlich-demokratischen Verwaltung, die den Bürger nicht nur als bloßen Untertan, sondern als selbständiges Rechtssubjekt und Partner der Verwaltung sieht und ihn deshalb im Rahmen der rechtlichen Möglichkeiten in das Verwaltungsgeschehen mitverantwortlich einbezieht.[432]

---

[431] Vgl. Henneke DÖV 1997, 768 ff., 776
[432] Maurer Allgemeines Verwaltungsrecht, § 14, Rdnr. 24

6. Die Bewertung des verwaltungsrechtlichen Sanierungsvertrages anhand der Aspekte "Kundenorientierung", "Kooperation von Staat und Gesellschaft", "Effizienz- und Effektivitätssteigerung" sowie "Qualität des Verwaltungshandelns"

Der Sanierungsvertrag als formale, kooperative und rechtlich verbindliche Handlungsform entspricht – wie die folgenden Ausführungen belegen - im Ergebnis den Erfolgsfaktoren des Neuen Steuerungsmodells, insbesondere der Kundenorientierung, der Kooperation von Staat- und Gesellschaft, dem Gebot der Effizienz- und Effektivitätssteigerung des Verwaltungshandelns sowie der Qualitätssicherung von Verwaltungsdienstleistungen.

a) Kundenorientierung

Bemisst man nun den verwaltungsrechtlichen Sanierungsvertrag an den Erfolgsfaktoren des Neuen Steuerungsmodells, so trägt die einvernehmliche Konfliktlösung im Vertragswege zu einer stärkeren Kundenorientierung und letztlich auch zu einer vergleichsweise hohen Kundenzufriedenheit bei, da der Betroffene sich frühzeitig und aktiv an der Konfliktlösung beteiligen und diese wesentlich mitgestalten kann.

Voraussetzung für den Abschluss von Sanierungsverträgen ist jedoch, dass der Sanierungspflichtige im Grundsatz seine Sanierungsverpflichtung akzeptiert und bereit ist, konstruktiv an der Problemlösung mitzuarbeiten.[433] Der Sanierungspflichtige wird den Abschluss eines Sanierungsvertrages regelmäßig dann einer drohenden Ordnungsverfügung vorziehen, wenn einer konkreten Sanierungsforderung nicht ausgewichen werden kann oder wenn er das Risiko einer gerichtlichen Auseinanderset-

---

[433] Bantz/Görtz IWS-Schriftenreihe Bd. 27, Grundwassersanierung 1996, 48 ff., 49

zung über eine behördliche Inanspruchnahme per Sanierungsverfügung nicht in Kauf nehmen will.[434]
Da insbesondere bei komplexen Maßnahmen zum Schutze des Grundwassers sorgfältige Einzelentscheidungen zur Bewältigung der rechtlichen und naturwissenschaftlich-technischen Probleme erforderlich sind, besteht aus Sicht des Betroffenen nicht nur ein hohes Kostenrisiko hinsichtlich der angeordneten Sanierungsmaßnahmen, sondern auch ein erhebliches rechtliches Risiko hinsichtlich der gerichtlichen Abwehr von Sanierungsverfügungen bzw. dann, wenn zunächst im Wege des Eilverfahrens gegen einen Sofortvollzug vorgegangen werden soll. Der Abschluss von Sanierungsverträgen und die dazu erforderlichen Verhandlungen und Abstimmungen dienen demgegenüber bereits der Konfliktvermeidung, erhöhen die Rechtssicherheit und minimieren die Risiken der Parteien. Insbesondere das enorme Kostenrisiko wird durch eine vertragliche Regelungen von Sanierungszielen, Sanierungskonzepten, der Offenlegung von Restrisiken sowie durch die Feststellung, wann die Sanierung beendet ist und dadurch der Sanierungspflichtige frei wird, überschaubarer und kalkulierbarer, als dies bei einem ordnungsbehördlichen Verfahren der Fall ist, wo oft eine Vielzahl von Ordnungsverfügungen für Einzelmaßnahmen aufeinanderfolgt, ohne dass der Sanierungspflichtige ein Ende abschätzen könnte.[435]
Der Verwaltungsvertrag vermag aus der Sicht des Kunden die komplexen Sanierungsprobleme jedenfalls angemessener zu lösen, als die für klare "Schwarz-Weiß-Fälle" eher geeignete Ordnungsverfügung. [436]Hinzu kommt die sich aus der Wertung des § 59 VwVfG ergebende hohe Bindungswirkung der sanierungsvertraglichen Regelung, die selbst in den Fällen partieller Rechtswidrigkeit der Vertragsinhalte fortbesteht. Dem Sanierungsvertrag ist somit im Interesse aller Vertragsparteien eine nicht zu unterschätzende nachhaltige und dauerhafte Befriedungsfunktion immanent. Die konsensualen Methoden der Problemlösung, die den Aufbau und Ausbau intensiver Informations- und Kommunikationsbeziehungen voraussetzen, schaffen eine dauerhafte Vertrauensbasis und führen auch zu einer deutlichen Verbesserung

---

[434] Spieth IWS-Schriftenreihe Bd. 27, Grundwassersanierung 1996, 38 ff., 38, 40
[435] Vgl. Spieth IWS-Schriftenreihe Bd. 27, Grundwassersanierung 1996, 38 ff., 41
[436] Spieth IWS-Schriftenreihe Bd. 27, Grundwassersanierung 1996, 38 ff., 41

des Verwaltungsimages. Durch die Stellung des Betroffenen als Vertragspartei erfährt dieser zudem eine erhebliche Aufwertung seiner Position.

Die Tatsache, dass der verwaltungsrechtliche Vertrag gegenwärtig angesichts der Kooperations- und Konsensdiskussion gemeinsam mit dem informellen Verwaltungshandeln quasi "im Trend" liegt, um mit ihm als dienstleistende Behörde dem Bürger als Kunden zu begegnen und damit die Akzeptanz des Verwaltungshandelns zu fördern,[437] darf jedoch nicht dazu führen, dass das Ziel Kundenorientierung bzw. Kundenzufriedenheit dahingehend missverstanden wird, dass die Vollzugsbehörden den Wünschen und Vorstellungen des Sanierungspflichtigen so weit wie möglich entgegenkommen, nur um letztlich eine einvernehmliche Sanierungsregelung zu erreichen und drohenden Konflikten zu entgehen.

Der Begriff des Kunden ist stets vor dem Hintergrund des staatlichen Gemeinwohlauftrags zu definieren. Es ist regelmäßig zwischen den "konkreten" Kunden der zuständigen Behörde - dem Sanierungspflichtigen bzw. Störer sowie etwaigen Dritten, deren Rechtsposition ebenfalls betroffen sein könnten - und dem "abstrakten" Kunden, der unter den Schutzbereich einer umweltrechtlichen Bestimmung fällt, ohne selbst Verfahrensbeteiligter zu sein, zu differenzieren. Kunden- bzw. Bürgerorientierung bedeutet nicht nur, dass den Interessen des Betroffenen im Rahmen des subordinationsrechtlichen Sanierungsvertrages unter Berücksichtigung der rechtlichen Restriktionen hinreichend Rechnung getragen wird, Kunden- bzw. Bürgerorientierung bedeutet insbesondere, den ordnungsgemäßen Gesetzesvollzug zum Schutze des Gemeinwohls im öffentlichen Interesse zu gewährleisten. In einer Vielzahl von Fällen müssen daher die "konkreten Kundenwünsche" aus Gründen des Gemeinwohls hinter den Interessen der "abstrakten Kunden" zurücktreten. Es ist demzufolge auch nicht Adamaschek zuzustimmen, der "Kundenzufriedenheit" als ein besonderes Problem des öffentlichen Sektors darstellt. [438] Als problematisch erweist sich das Kriterium "Kundenzufriedenheit" nur dann, wenn man das staatliche Leistungsspektrum und die staatlichen Pflichten auf das Verhältnis zum "konkreten Kunden" redu-

---

[437] Vgl. Henneke DÖV 1997, 768 ff., 776
[438] Vgl. Adamaschek VOP 1999, Heft 10, 20 ff., 23

ziert. Dies führt dazu, dass z.B. Dritte, die im Rahmen von Verwaltungsverfahren eigene Rechte geltend machen, als eher "störend" empfunden werden.
Die Handlungsform eines rechtmäßigen Sanierungsvertrages vermag im Ergebnis beide Aspekte der Kundenorientierung sicherzustellen.

b) Kooperation von Staat und Gesellschaft

Ein weiterer Vorteil des Verwaltungsvertrages gegenüber dem einseitig hoheitlichen Handeln liegt in der Verwirklichung des Kooperationsgedankens und in der Förderung und Unterstützung der Eigenverantwortlichkeit des Bürgers. Im Gegensatz zum ausgehandelten Verwaltungsakt bedient sich der Hoheitsträger beim Abschluss von Verwaltungsverträgen einer Handlungsform, die eher als klassisches Instrument der Gleichordnung und nicht der Über- und Unterordnung zu qualifizieren ist. Selbst für den Abschluss eines subordinationsrechtlichen Sanierungsvertrages ist die Willenserklärung des Betroffenen maßgeblich, das heißt Behörde und Betroffener müssen vorab im Verhandlungswege einen Konsens erzielt haben. Aus Gründen der Akzeptanzsicherung und Einbeziehung des Bürgers in die Verwaltungsverantwortung kommt dem Sanierungsvertrag somit stets ein nicht unerheblicher Eigenwert zu.[439] Der Vorteil des Sanierungsvertrages als Ausdruck kooperativen Handelns gegenüber einer nur informalen Absprache liegt in der rechtlichen Bindung und Durchsetzbarkeit sowie in der vollen rechtlichen Überprüfbarkeit des Vertragsinhalts. Zudem kommt insbesondere der Schriftform und den Nichtigkeitsgründen i.S.d. §§ 57, 59 VwVfG eine besondere Schutzfunktion gegenüber den vertragschließenden Parteien zu. Sofern als Vorteil informaler Absprachen eine größere Flexibilität, die allenfalls durch eine weniger enge Bindung an Recht und Gesetz erreicht werden kann, genannt wird, ist zu berücksichtigen, dass die Wahl einer informalen Handlungsform nicht dazu dienen darf, zwingende gesetzliche Regelungen, die bei der Wahl einer formalen Handlungsform beachtet werden müssen, in rechtsstaatlich be-

[439] Henneke DÖV 1997, 768 ff., 777

denklicher Art und Weise zu unterlaufen. Die Umgehung geltenden Rechts ist nicht Sinn und Zweck der Kooperation von Staat und Gesellschaft. Zur Wahrung der Gesetzmäßigkeit des Verwaltungshandelns wird daher in der Literatur bisweilen eine analoge Anwendung verwaltungsverfahrensrechtlicher Normen oder etwaiger spezialgesetzlicher Regelungen auf informale Umweltabsprachen gefordert.[440] Dies gilt insbesondere für die Vorschriften über öffentlich-rechtliche Verträge. Der Inhalt informaler Umweltabsprachen darf - nach dieser Auffassung - gem. § 44 Abs. I, II Nr. 4 VwVfG, § 59 Abs. II Nr. 1 VwVfG analog keine Mängel aufweisen, die wegen ihrer Schwere und Offenkundigkeit bei einem entsprechendem Verwaltungsakt oder öffentlich-rechtlichem Vertrag zur Nichtigkeit führen oder gem. § 59 Abs. I VwVfG analog die Nichtigkeit eines öffentlich-rechtlichen Vertrages wegen Verstoßes gegen die entsprechend anwendbaren Nichtigkeitsvorschriften des BGB begründen würden.[441]

Die analoge Anwendung der §§ 54 ff. VwVfG zur Konkretisierung der inhaltlichen Zulässigkeit informeller Umweltabsprachen und zum Abbau von Rechtsunsicherheiten im praktischen Umgang mit informellen Sanierungsabsprachen ist zwar aus rechtsstaatlichen Erwägungen prinzipiell zu begrüßen, es stellt sich jedoch die berechtigte Frage, weshalb dann nicht gleich aus Gründen der Rechtssicherheit ein Sanierungsvertrag im Sinne der §§ 54 ff. VwVfG geschlossen wird, zumal die informellen Absprachen infolge einer rechtlichen "Formalisierung"[442] nicht mehr den Vorteil "weitestgehender" Flexibiltät aufweisen würden. Zudem besteht bei einer derartigen "Formalisierung" informaler Handlungsformen die Gefahr, dass sich die Verwaltungspraxis zukünftig neuer alternativer Instrumente bedient.

[440] Vgl. Professorenentwurf zum UGB-AT/BT Begründung, zu § 6, Rdnr. 2.1,Kloepfer, Rehbinder, Schmidt-Aßmann unter Mitwirkung von Kunig

[441] Vgl. Professorenentwurf zum UGB-AT/BT Begründung, zu § 6, Rdnr. 2.1, Kloepfer, Rehbinder, Schmidt-Aßmann unter Mitwirkung von Kunig, Berichte 7/90

[442] Vgl. Maurer Allgemeines Verwaltungsrecht, § 16, Rdnr. 21

c) Effizienz- und Effektivitätssteigerung

Der subordinationsrechtliche Sanierungsvertrag setzt nicht nur Kooperation und Konsens voraus, er führt zudem durch eine möglichst frühzeitige Bündelung aller Kräfte und dem daraus resultierenden Synergieeffekt zu einer Steigerung der Effizienz und Effektivität des Verwaltungshandelns. Dies betrifft sowohl die eigentlichen Sanierungskosten - als unmittelbare Folge der Vertragsdurchführung - als auch die Verwaltungskosten der Vollzugsbehörde, die im Rahmen der Vertragsverhandlungen und des Vertragsmanagements entstehen. So führt Spieth völlig zu Recht aus, dass lange, streitige Auseinandersetzungen mit den betroffenen Sanierungspflichtigen auch bei den Behörden wichtige Kräfte binden und Haushaltsrisiken schaffen, die gerade bei knappen Kassen inzwischen ernster genommen werden, als dies in der Vergangenheit der Fall war.[443] Die einvernehmliche, Rechtsstreitigkeiten vermeidende, auf ein gemeinsames Ziel gerichtete Vorgehensweise im Sinne einer "Zwei-Gewinner-Strategie" schont letztlich die Ressourcen aller am Abschluss des Sanierungsvertrages Beteiligten.

d) Qualität des Verwaltungshandelns

Da die Ziele des NPM bzw. NSM in der Verwaltungspraxis vorrangig auf eine Effizienzsteigerung, wenn nicht sogar einseitig auf eine bloße Kostenreduzierung ausgerichtet zu sein scheinen, kommt beim Abschluss des Sanierungsvertrages und bei der Sanierungsdurchführung einer umfassenden Qualitätssicherung eine besondere Bedeutung zu. Das Leistungsspektrum der Vollzugsbehörden ist stets an den konkreten Zielen und Aufgaben des Bodenschutzrechts und Wasserrechts auszurichten. Es stellt sich bei der Lösung von Sanierungsproblemen insbesondere die Frage, ob die Verwaltungsdienstleistungen im Hinblick auf die Zielgruppe in der erforderli-

---

[443] Vgl. Spieth IWS-Schriftenreihe Bd. 27, Grundwassersanierung 1996, 38 ff., 41

chen Quantität und Qualität erbracht werden.[444] Die Qualität einer Sanierungsregelung lässt sich unter anderem am Sanierungserfolg, an den Kosten und der Dauer der Sanierungsmaßnahme, an der betrieblichen Beeinträchtigung des Sanierungspflichtigen, an der Rechtmäßigkeit und "Haltbarkeit" der Sanierungsabsprache sowie an den Kosten und der Dauer des Verwaltungsverfahrens bemessen.

Ein wesentlicher Indikator für die Qualität subordinationsrechtlicher Sanierungsverträge ist das - im Gegensatz zur Sanierungsverfügung - außerordentlich geringe Prozessrisiko. Da nach Abschluss der Vertragsverhandlungen bzw. des Bargaining-Prozesses sowohl die zuständige Behörde, als auch der Sanierungspflichtige eine einvernehmliche Regelung, einen tragfähigen Kompromiss erzielt haben, besteht für die Parteien regelmäßig kein Grund, diese Vereinbarung nachträglich anzugreifen, insbesondere dann, wenn die Parteien eine Vertrauensbasis im Hinblick auf langfristige Kontakte begründen wollen. Im Gegensatz zur informalen Absprache ist diese Vereinbarung auch rechtsverbindlich. Es besteht somit im Regelfall die Gewähr, dass dem Grundsatz der Gesetzmäßigkeit der Verwaltung bei der inhaltlichen Ausgestaltung des Vertrages hinreichend Rechnung getragen wurde, und dass etwaige Vormachtpositionen der Vertragsparteien nicht in rechtsstaatlich bedenklichem Ausmaß ausgenutzt wurden. Zudem ermöglicht die Wahl der Handlungsform des Verwaltungsvertrages eine umfassende rechtliche Überprüfung der vertraglich fixierten Ergebnisse durch die Gerichte.

---

[444] Vgl. Egger VOP 1998, 20 ff., 20 allgemein zur Wettbewerbsorientierung und ergebnisorientierten

IV. Der Abschluss eines Verwaltungsvertrages zur Sanierungvon Boden- und Grundwasserkontaminationen sowie das Vertragsmanagement als Produkt eines Verwaltungsbetriebes

1. Der Produktbegriff

Wie bereits dargestellt zählen zu den zentralen Elementen des Neuen Steuerungsmodells die Kosten- und Leistungsrechnung, die Führung durch Zielvereinbarung, eine dezentrale Ressourcenverwaltung, eine outputorientierte bzw. produktorientierte Steuerung sowie ein umfassendes Qualitätsmanagement.[445]
Das technische Instrument zur Ermittlung und Aufbereitung der notwendigen Steuerungsinformationen in den öffentlichen Verwaltungen ist die Kosten- und Leistungsrechnung, durch die die Kosten der Leistungserstellung den jeweiligen Verantwortungsbereichen – Kostenstellen – sowie den einzelnen Verwaltungsprodukten zugeordnet werden können.[446] In der Kosten- und Leistungsrechnung steht die Bewertung der Wirtschaftlichkeit des Verwaltungshandelns im Vordergrund. Die öffentlichen Verwaltungen sollen - bei zumindest konstanter Dienstleistungsqualität - flexibler, kostengünstiger und damit wettbewerbsfähiger werden.
Ziel einer jeden öffentlichen Verwaltung ist die Erbringung von Leistungen für den Bürger (externe Leistungen), wobei aus Sicht des Bürgers die Leistungen die abgeschlossenen Ergebnisse des Verwaltungshandelns einer Verwaltungseinheit darstellen.[447]
Da die enorme Menge unterschiedlichster interner und externer Leistungen einer Verwaltungseinheit mittels einer Kosten- und Leistungsrechnung kaum noch gesteuert werden kann, werden die einzelnen Leistungen aus Gründen der Praktikabilität

Steuerung
[445] Vgl. Jann in Bandemer/Blanke/Nullmeier/Wewer (Hrsg.) Handbuch zur Verwaltungsreform 1998 aaO., 70 ff., 73 ff. m.w.Nw.
[446] Vgl. Nau/Wallner Verwaltungscontrolling, S. 39

zu einer überschaubaren Zahl von Produkten und Produktgruppen zusammengefasst. Für jedes Produkt ist festzulegen, welche Ziele mit ihm erreicht werden sollen. Daraus lässt sich die Detailgestaltung des Produkts nach Menge, Qualität, Zielgruppe und Kosten ableiten.[448]

Die Produkte stellen demzufolge die zentralen Maßeinheiten und Steuerungsgrößen im "Neuen Steuerungsmodell" dar.[449] Das gesamte Dienstleistungsspektrum einer öffentlichen Verwaltung untergliedert sich pyramidenförmig - nach einer einheitlichen Systematik - in Produktbereiche bzw. Produktgruppen und Unterprodukte bzw. "Leistungen" oder Prozesse.

2. Die Definition der Produkte "Sanierungsvertrag"und "Vertragsmanagement"

Für den Abschluss subordinationsrechtlicher Sanierungsverträge, zur Durchführung der Sanierungsmaßnahmen sowie zur Überwachung der sich aus dem Sanierungsvertrag ergebenden Rechte und Pflichten - im Sinne eines umfassenden Vertragsmanagements - könnte folgende Produktdefinition[450] in Anlehnung an die Systematik der KGSt gebildet werden.[451]

---

447 Vgl. Nau/Wallner Verwaltungscontrolling, S. 82

448 Vgl. Holl VOP 1997, 12 ff., 12

449 Vgl. Berichte der Kommunalen Gemeinschaftsstelle, KGSt-Bericht 5/1997 aaO., KGSt-Produktbuch für Gemeinden, Städte und Kreise, KGSt-Bericht 8/1994 aaO., Das Neue Steuerungsmodell: Definition und Beschreibung von Produkten

450 Die Produktdefinition erfolgt in Anlehnung an das Ablaufschema/Phasenprogramm für den Umgang mit kontaminationsverdächtigen Flächen gemäß Arbeitshilfen Altlasten des Bundesministeriums für Raumordnung, Bauwesen und Städtebau sowie des Bundesministeriums der Verteidigung Bd. I/II, Kap. 4, S. 3 ff.
Phase I : Erfassung und Erstbewertung
Phase II a und II b: orientierende und detaillierte Untersuchungen
Phase III a, b, c : Sanierung/Überwachung/Ergebnisbewertung
Vgl. als Grundlagen die Sondergutachten "Altlasten I" und "Altlasten II" des Rates von Sachverständigen für Umweltfragen sowie die Baufachlichen Richtlinien des BMBau
Vgl. Bunk/Burmeister/Kloppenburg/Nowak/Wahl altlasten spektrum 1999, 211 ff., 214, 215 unter Hinweis auf die Musterleistungsbeschreibung für Sanierungsuntersuchungen

451 Vgl. KGSt-Bericht 5/1997 aaO., 188 ff., 289 ff.

1. Bezeichnung des Produkts

- Abschluss eines Verwaltungsvertrages zur Sanierung von Boden- und Grundwasserkontaminationen sowie

- Durchsetzung und Überwachung der sanierungsvertraglichen Pflichten (Vertragsmanagement)

2. Zuordnung des Produkts zu Produktgruppen oder Produktbereichen

- Sanierung von Boden- und Grundwasserkontaminationen [452]
(die Produktgruppe umfasst außer der Handlungsform des Sanierungsvertrages auch die Handlungsformen der Sanierungsverfügung sowie die sonstigen Sanierungsabsprachen)

3. Bezeichnung der verantwortlichen Organisationseinheit(en)

- hier erfolgt die Bezeichnung der nach Landesrecht zuständigen Behörden bzw. Fachbereiche sowie die Angabe der verantwortlichen Sachgebiete bzw. Kostenstellen

---

[452] Vgl. den Produktplan Wasser, Produktbereich 109.1 Maßnahmen zum Schutz von Oberflächengewässern und Grundwasser in KGSt-Bericht 5/1997 S. 188 ff. sowie KGSt-Bericht 5/1997 S. 289 ff. Die Produktgruppe 109.1.2 Maßnahmen zum Schutz des Grundwassers unterscheidet lediglich zwei Produkte: Konzeptioneller Grundwasserschutz und Maßnahmen zum Schutz des Grundwassers vor unzulässigen Beeinträchtigungen. Eine wünschenswerte Differenzierung nach den unterschiedlichen Handlungsformen des Hoheitsträgers findet auf dieser Ebene nicht statt.
Als Produkterläuterungen sind Gefährdungsabschätzungen für das Grundwasser bei betriebsbedingten Bodenverunreinigungen (bei laufendem Betrieb von Anlagen), Öl- und Giftunfälle und Austragung aus Recyclingmaterial sowie bei der Sanierung von Schäden.
Desweiteren Gefahrenabwehr für Grundwasser insbesondere durch Prüfung, Genehmigung und Überwachung von Anlagen zum Umgang mit wassergefährdenden Stoffen. Genehmigung von Grundwasserbenutzungen, z.B. Grundwasserentnahmen, Einleitungen in das Grundwasser, Einbringen von Stoffen in das Grundwasser.
Abwehr umweltbedingter Gesundheitsgefahren. Ersatzvornahmen, wenn Ordnungspflichtige oder Polizeipflichtige nicht rechtzeitig oder ausreichend sanieren. Messungen und Analysen. Die von der KGSt hier vorgeschlagene Produktbeschreibung kann allenfalls als ein äußerst grober und von der Verwaltungspraxis in erheblichem Umfang ausfüllungsbedürftiger Rahmen verstanden werden.

4. Produktdefinition

4.1. Kurzbeschreibung des Produkts (produktspezifische Leistungen)

- *Sachverhaltsermittlung / Untersuchung und Erstbewertung von Boden und Grundwasserkontaminationen*
(Orientierende Untersuchung / historisch-genetische Recherche / Erkundung, Dokumentation, Standortbeschreibung, Bewertung)

- *Risikobeurteilung*
(Gefährdungsabschätzung)

- *Durchführung von Vertragsverhandlungen und Abschluss eines subordinationsrechtlichen Sanierungsvertrages*
(Einvernehmliche Darstellung der Ausgangslage insbesondere der Standortverhältnisse, Gefährdungsabschätzung, gegebenenfalls Feststellung der Ergebnisse bisheriger Untersuchungs- und Sanierungsmaßnahmen, Einigung über weitergehende Untersuchungsmaßnahmen, Detailuntersuchungen / Sanierungsuntersuchungen bei Festlegung von Auswahlkriterien verfügbarer Sanierungstechniken und Sanierungsverfahren und deren Bewertung, Vorauswahl der als geeignet eingestuften Verfahren, Erarbeitung standortspezifischer Sanierungsszenarien sowie deren Bewertung, Entwicklung eines konkreten Sanierungskonzeptes und des entsprechenden Sanierungsleitbildes, insbesondere textliche und zeichnerische Darstellung der durchzuführenden Maßnahmen und der Nachweis ihrer Eignung, Festlegung der einzelfallbezogenen Sanierungsziele auf der Grundlage der bisherigen Erkenntnisse und Entwicklung eines konkreten, verfahrensbezogenen Ablauf- und Kostenplans, unter Durchführung einer Kostenschätzung sowie einer Nutzen-Kosten-Betrachtung, Einigung über Eigenkontrollmaßnahmen im Rahmen der Nachsorge und Langzeitüberwachung sowie zur Überprüfung der sachgerechten Ausführung und Wirksamkeit

---

In diesem Zusammenhang erscheint insbesondere eine weitergehende Spezifizierung der Ver-

samkeit der vorgesehenen Maßnahmen im Sinne eines umfassenden Qualitätsmanagements)

- *Vertragsmanagement*
(insbesondere Überwachung der sachgerechten Ausführung und Wirksamkeit der Sanierungsmaßnahmen sowie Überwachung von Eigenkontrollmaßnahmen, Erfolgskontrolle)

4.2. Wesentliche Auftrags- und Rechtsgrundlagen

- *VwVfG, WHG, LWG NW, BBodschG, BBodSchV, OBG NW*

4.3. Zielgruppe

- *Sanierungspflichtige / Störer / Dritte*

4.4. Ziele

- *Sanierung kontaminierten Bodens und Grundwassers, insbesondere Gefahrenbeseitigung*

4.5. Leistungen/Leistungsumfang

- *Die Spezifizierung des Leistungsumfangs erfolgt jeweils in Abhängigkeit vom konkreten Sachverhalt*

4.6. Finanzen/Budget

- *Kosten der Produkterstellung*

---

waltungsleistungen erforderlich.

(Verwaltungskosten des konkreten Sanierungsfalles, Ermittlung der Verwaltungskosten produkt- und kostenstellenbezogen in der Kosten- und Leistungsrechung)

- *Kosten der Sachverhaltsermittlung*
(Gefahrerforschung, soweit Amtsermittlungspflicht der Behörde)

- *Kosten der konkreten Sanierungsmaßnahmen sowie die Kosten weitergehender Gefahrerforschungsmaßnahmen, sofern sie vom Sanierungspflichtigen zu tragen sind*
(nachrichtliche Erfassung)

4.7. Zuordnung zur Haushaltssystematik

- *externes Produkt des Verwaltungsbetriebs*
(Fachprodukt)

4.8. Finanzen/Budget

- *hier erfolgt die genaue Bezeichnung des Titels*

E. Die Zulässigkeit des wasserrechtlichen Sanierungsvertrages als Handlungsform der Verwaltung

I. Der wasserrechtliche Sanierungsvertrag als benannter Verwaltungsvertrag

Subordinationsrechtliche Verwaltungsverträge sind als sogenannte "benannte" Verträge in einer Vielzahl spezialgesetzlicher Regelungen ausdrücklich zugelassen. Eine solche ausdrückliche spezielle Ermächtigung könnte auch für den Abschluss wasserrechtlicher Sanierungsverträge erfolgt sein.

1. Das Wasserhaushaltsgesetz

a) Die Ziele des Wasserhaushaltsgesetzes

Grundlegend für den Gewässerschutz ist das Gesetz zur Ordnung des Wasserhaushalts (WHG) in der Fassung der Bekanntmachung vom 12.11. 1996.[453]
Nach den Zielen des Wasserhaushaltsgesetzes, das ein Rahmengesetz i.S.d. Art. 75 Nr. 4 GG darstellt,[454] soll grundsätzlich jede vermeidbare Beeinträchtigung der ökologischen Funktionen der Gewässer einschließlich des Grundwassers unterbleiben.[455]
Das Wasserhaushaltsgesetz regelt - wie sich aus § 1 a WHG ergibt - die wasserwirtschaftliche Ordnung grundsätzlich und umfassend auf öffentlich-rechtlicher

---

[453] BGBl. I S. 1695, zuletzt geändert durch G v. 25.08.1998, BGBl. I S.2455
Vgl. Kloepfer Umweltrecht aaO., § 13, Rdnr. 9
[454] Vgl. BVerfGE 15, 1 ff., 15 ff., BVerfGE 58, 300 ff., 329 ff., Czychowski WHG, Einleitung S. 48 ff., m.w.Nw. Ketteler/Kippels Umweltrecht, S. 96 ff. m.w.Nw.

Grundlage.[456] Es will - unter besonderer Berücksichtigung der gegenwärtigen und zukünftigen Anforderungen an einen im ganzen begrenzten Wasserhaushalt - sicherstellen, dass die Gewässer nach Menge und Güte gem. § 1 a Abs. I WHG dem Wohl der Allgemeinheit und im Einklang mit ihm auch dem Nutzen einzelner dienen und vermeidbare Beeinträchtigungen, d.h. nachteilige Veränderungen gegenüber dem vorhergehenden Zustand,[457] grundsätzlich unterbleiben.

Das WHG normiert in § 1 a Abs. II WHG auch eine allgemeine Sorgfaltspflicht.[458] Gem. § 1a Abs. II WHG ist jedermann verpflichtet, bei Maßnahmen, mit denen Einwirkungen auf ein Gewässer verbunden sein können, die nach den Umständen erforderliche Sorgfalt anzuwenden, um eine Verunreinigung des Wassers oder eine sonstige nachträgliche Veränderung seiner Eigenschaften zu verhüten, um eine mit Rücksicht auf den Wasserhaushalt gebotene sparsame Verwendung des Wassers zu erzielen, um die Leistungsfähigkeit des Wasserhaushalts zu erhalten und um eine Vergrößerung und Beschleunigung des Wasserabflusses zu vermeiden.
Die Ordnung des Wasserhaushalts, als Bestandteil des Naturhaushalts, als Lebensraum für Tiere und Pflanzen und als Grundlage für die öffentliche Wasserversorgung stellt eine dem Wohl der Allgemeinheit dienende Aufgabe dar.

b) Der sachliche Anwendungsbereich des Wasserhaushaltsgesetzes und der Grundwasserbegriff

Unter den sachlichen Anwendungsbereich des WHG fallen gem. § 1 Abs. I WHG die oberirdischen Gewässer (§1 Abs. I Nr. 1 WHG), die Küstengewässer (§1 Abs. I Nr. 1a WHG) sowie das Grundwasser (§ 1 Abs. I Nr. 2 WHG).

---

[455] Schneider IWS-Schriftenreihe Bd. 23, Grundwassersanierung 1995, 49 ff., 49
[456] BVerfGE 58, 300 ff., 329 ff., 344
[457] Czychowski WHG, § 1 a, Rdnr. 10, Bückmann aaO., Rdnr. 3.2.2, S. 70
[458] Vgl. Bückmann aaO., Rdnr. 3.2.2, S. 70, 71

Das Grundwasser i.S.d. § 1 Abs. I Nr. 2 WHG, der diesbezüglich keine Legaldefinition enthält, umfasst das gesamte unterirdische, nicht in Rohren oder auf ähnliche Weise künstlich gefasste Wasser,[459] gleichgültig in welcher Tiefe und ob unter dem Land, oberirdischen Gewässern oder dem Meer,[460] vorausgesetzt, dass es an den natürlichen Gewässerschutzfunktionen teilnimmt und der wasserwirtschaftsrechtlichen Lenkung zugänglich ist.[461] Dieser weite Grundwasserbegriff deckt sich mit dem Grundwasserbegriff des Art. 1 Abs. II a der EG-Grundwasserschutz-Richtlinie,[462] der unter Grundwasser das gesamte unterirdische Wasser in der Sättigungszone, das in unmittelbarer Berührung mit dem Boden oder dem Untergrund steht, versteht.
Der wasserrechtliche Schutz des Grundwassers ist somit nicht auf bestimmte wasserführende Schichten beschränkt, die primär - als sogenannte Grundwasserleiter (Aquifer) - der Trinkwasserversorgung dienen. Das Hangdruckwasser und die Bodenfeuchte (sogenanntes Porenwinkelwasser) unmittelbar unter der Erdoberfläche sind demgegenüber vom Schutzbereich des WHG ausgenommen.[463] Dies gilt auch für das sogenannte Sickerwasser. Nach dem Inhalt des Bundes-Bodenschutzgesetzes i.V.m. der Bundes-Bodenschutz- und Altlastenverordnung zählt das Sickerwasser nicht zum Grundwasser.[464]

c) Die Bedeutung und der Wirkungszusammenhang von Boden- und Grundwasserschutz

Das Vorliegen einer Gefahr für das Schutzgut Grundwasser über den Transferpfad Boden - Grundwasser ist gem. § 4 Abs. III Bundes-Bodenschutz- und Altlastenver-

---

[459] Vgl. BVerwG DVBL 1968, 32 ff., 33, BVerfGE 58, 300 ff., 303 ff., 329 ff., Kloepfer Umweltrecht, § 13, Rdnr. 38, Bender/Sparwasser Umweltrecht, 4, Rdnr. 149
[460] Ketteler/Kippels Umweltrecht, S. 101
[461] Czychowski Kommentar zum WHG, § 1, Rdnr. 39 m.w.Nw.
[462] Czychowski Kommentar zum WHG, § 1, Rdnr. 39
Richtlinie 80/68 EWG des Rates v. 17.12.1979 über den Schutz des Grundwassers gegen Verschmutzung durch bestimmte gefährliche Stoffe (Abl. L 20 v. 26.01.1980 S. 43)
[463] Czychowski Kommentar zum WHG, § 1, Rdnr. 40
[464] Vorreyer/Jedlitschka Bodenschutz 1999, 96 ff., 96

ordnung über die Durchführung von Sickerwasseruntersuchungen zu prüfen.[465] Die Gefahrenbeurteilung erfolgt mittels einer Sickerwasserprognose. Gem. § 2 Nr. 5 BBodSchV ist eine Sickerwasserprognose die Abschätzung der von einer Verdachtsfläche, altlastverdächtigen Fläche, schädlichen Bodenveränderung oder Altlast ausgehenden oder in überschaubarer Zukunft zu erwartenden Schadstoffeinträge über das Sickerwasser in das Grundwasser, unter Berücksichtigung von Konzentrationen und Frachten und bezogen auf den Übergangsbereich von der ungesättigten zur wassergesättigten Zone, d.h. für die Stelle, an der das Sickerwasser zu Grundwasser wird.[466] Der Ort der Gefahrenbeurteilung ist demzufolge der sogenannte Kapillarsaum.[467]

Problematisch ist, dass bereits die genaue Abgrenzung der Kapillarzone äußerst umstritten ist. Die Kapillarzone stellt ein dynamisches System dar, das jahreszeitlichen Schwankungen unterliegt. Diese Besonderheit führt zu nicht unerheblichen Unsicherheiten bei der Sickerwasserprognose, so dass sich ein beachtlicher gutachterlicher und behördlicher Beurteilungsspielraum abzeichnet,[468] der gegebenenfalls im Rahmen einer sanierungsvertraglichen Regelung genutzt werden kann.
Speziell im Hinblick auf das Vorliegen von Grundwasserkontaminationen und die etwaige Verschleppung von Schadstoffen, z.B. über Grundwasserschwankungen, kann die Frage von erheblicher Bedeutung sein, ob am Ort der Gefahrenbeurteilung tatsächlich Sickerwasser, Grundwasser oder "Mischwasser" beprobt und untersucht wurde.[469]

Bezüglich einer direkten Entnahme und Untersuchung von Sickerwasser ist aus Sicht der Sanierungspraxis anzumerken, dass i.d.R. eine Sickerwasserprobenahme

---

[465] Vgl. Pfeifer/Odensaß/Schroers altlasten spektrum 1999, 144 ff., 144
[466] Vorreyer/Jedlitschka Bodenschutz 1999, 96 ff. 96, Pfeifer/Odensaß/Schroers altlasten spektrum 1999, 144 ff., 144
[467] Wöstmann/Kiel altlasten spektrum 1999, 137 ff., 141
[468] Vgl. Wöstmann/Kiel altlasten spektrum 1999, 137 ff., 141
[469] Wöstmann/Kiel altlasten spektrum 1999, 137 ff., 141

am Ort der Gefahrenbeurteilung zur Zeit nicht praktikabel ist.[470] Eine Rückrechnung von im Grundwasserabstrom gemessenen Werten an den Ort der Beurteilung erscheint zumindest bei komplexeren Kontaminationen mit heterogenem Schadstoffinventar und inhomogener Schadstoffverteilung schwer möglich.[471]
Die Grundwasserressourcen werden regelmäßig durch Einsickern und Infiltration aus oberirdischen Gewässern sowie durch Niederschläge erneuert. Es ist jedoch zu berücksichtigen, dass das Grundwasser im Gegensatz zum Oberflächenwasser nahezu kein Selbstreinigungsvermögen besitzt,[472] dass es gegenüber unmittelbaren Einwirkungen ungleich anfälliger ist als oberirdische Gewässer, dass es nur schwer überwachbar ist, sich schnell wirkenden Sanierungsmaßnahmen entzieht,[473] und dass Schadsstoffe, die in das Grundwasser gelangen, über weite Entfernungen in bislang noch nicht kontaminierte Vorkommen transportiert werden können.[474]

Desweiteren besteht zwischen der Grundwassergüte und dem Bodenschutz ein unmittelbarer Wirkungszusammenhang.[475] Zum einen kann selbst der noch intakte Boden das Grundwasser nur in begrenztem Umfang vor Verunreinigungen schützen, zum anderen geht von bereits verunreinigten Böden eine erhebliche Gefahr für das Grundwasser aus.
Während das Wasserangebot im Regelfall in quantitativer Hinsicht genügt, wird das Grundwasser in qualitativer Hinsicht zunehmend durch Schadstoffeintrag belastet. Das Grundwasser hat sich infolge ständig wachsender Nutzungsansprüche "verknappt" und stellt mittlerweile ein - keineswegs mehr als "frei" zu bezeichnendes - Wirtschaftsgut dar. In der Praxis sind daher nicht nur das Wasserangebot und die Nachfrage in Übereinstimmung zu bringen, es muss vielmehr dauerhaft eine adäquate Wasserqualität gewährleistet werden. Der abweichenden Ansicht, Grundwasser sei in der Bundesrepublik Deutschland - auch in entsprechender Qualität -

---

[470] Pfeifer/Odensaß/Schroers altlasten spektrum 1999, 144 ff., 144
[471] Vgl. Pfeifer/Odensaß/Schroers altlasten spektrum 1999, 144 ff., 144
[472] Bender/Sparwasser Umweltrecht, Rdnr. 4/5
[473] Vgl. Czychowski WHG, § 34, Rdnr. 2
[474] Vgl. Bender/Sparwasser Umweltrecht, Rdnr. 4/150
[475] Vgl. Bender/Sparwasser Umweltrecht, Rdnr. 4/5

reichlich oder überreichlich vorhanden, und das Bundesverfassungsgericht sei insoweit in seiner Entscheidung zum "baden-württembergischen Wasserpfennig" und zur hessischen Grundwasserabgabe[476] von der unzutreffenden Annahme einer in Wirklichkeit nicht bestehenden Knappheit ausgegangen,[477] kann nicht zugestimmt werden. Die herausragende Bedeutung des anthropogen unbeeinflussten Grundwassers - auch für zukünftige Generationen - liegt wegen seiner normalerweise eher geringen Schadstoffbelastung in der besonderen Eignung für die Trinkwasserversorgung und in der Kostengünstigkeit.
In der Bundesrepublik Deutschland trägt das Grundwasser im weitesten Sinne, zu dem neben dem aus Niederschlag stammenden Grund- und Quellwasser auch angereichertes Grundwasser aus Uferfiltrat gerechnet wird, aufgrund der durchweg hohen Qualität, zu ca. 90 % zur Trinkwasserversorgung bei.[478] Selbst wenn man gegenwärtig von einer noch ausreichenden Grundwassermenge ausgeht, so ist Grundwasser in seiner Funktion als "Haupttrinkwasserlieferant" nicht in unbegrenztem Maße vorhanden bzw. regenerierbar und unterliegt demzufolge schon jetzt im Rahmen der Daseinsvorsorge einer umfassenden wasserrechtlichen Bewirtschaftung. Somit ist nicht nur bei einer naturwissenschaftlichen sondern auch bei einer wirtschaftswissenschaftlichen Betrachtungsweise von einer Knappheit des Grundwassers auszugehen, wobei die Notwendigkeit einer planenden und lenkenden Bewirtschaftung mit der Zeit noch mehr in den Vordergrund treten wird.[479]

d) Die sonderordnungsbehördlichen Befugnisse der Wasserbehörden

Sofern eine ungenehmigte Gewässerbenutzung oder ein sonstiger Verstoß gegen gewässerschützende Belange vorliegt, können die Wasserbehörden zum Schutz

---

[476] Vgl. BVerfG NVwZ 1996, 469 ff., 470
[477] Vgl.Euler BB 1998, 1087 ff., 1088, 1091
[478] Bundesministerium für Umwelt, Naturschutz und Reaktorsicherheit (Hrsg.) Berlin 1998, UGB-KomE Begr. S. 1117
[479] Vgl. Czychowski Kommentar zum WHG, § 1a, Rdnr. 2 m.w.Nw.

des Wassers mit allgemeinen ordnungsrechtlichen Mitteln vorgehen,[480] da es im Wasserrecht - trotz zahlreicher Gesetzesnovellierungen - weiterhin an einer bundeseinheitlichen spezialgesetzlichen Ermächtigungsgrundlage mangelt. Obwohl die §§ 33 - 35 WHG spezielle Bestimmungen für das Grundwasser, insbesondere für dessen Reinhaltung darstellen, enthalten weder das WHG noch das Landeswassergesetz NW selbständige Ermächtigungsgrundlagen zur Abwehr drohender Gefahren für die Gewässer.[481]

Nach anderer Auffassung kann § 1 a Abs. II WHG als Eingriffsgrundlage für den Fall herangezogen werden, dass keine anderen spezielleren Ermächtigungen für behördliche Maßnahmen verfügbar sind.[482] Gegen diese Auffassung bestehen jedoch Bedenken, da § 1 a Abs. II WHG lediglich eine Verhaltensvorschrift darstellt, in deren Verletzung die Voraussetzungen für ein ordnungsbehördliches Eingreifen nach den polizei- und ordnungsrechtlichen Bestimmungen liegt.[483] Zudem lässt auch die verhältnismäßige Unbestimmtheit des Tatbestandes es zweifelhaft erscheinen, ob § 1 a Abs. II WHG die Eigenschaft einer spezialgesetzlichen Ermächtigungsgrundlage beigemessen werden kann.[484]

Die Tatsache, dass das WHG keine derartige Ermächtigungsgrundlage enthält, erstaunt umso mehr, als das Wasserhaushaltsgesetz gem. § 22 WHG sogar einen besonderen Tatbestand der Gefährdungshaftung beinhaltet, der neben dem Umwelthaftungsgesetz besteht, und der für bestimmte Handlungen oder für bestimmte Anlagen ohne Verschulden eine der Höhe nach unbegrenzte Schadensersatzpflicht

480 Vgl. Kloepfer Umweltrecht, § 13, Rdnr. 168, Czychowski Kommentar zum WHG, § 1a, Rdnr. 25 m.w.Nw. § 21, Rdnr. 34, Bückmann aaO., Rdnr. 3.2.2, S. 71, Hoppe/Beckmann aaO., § 15, Rdnr. 32, 33
481 Vgl. Czychowski Kommentar zum WHG, § 21, Rdnr. 34 m.w.Nw., Ketteler/Kippels Umweltrecht, S. 123, Knopp aaO., Rdnr. 17, 27 b ff.
482 Vgl. Sieder/Zeitler/Dahme WHG, § 1 a, Rdnr. 22, § 34, Rdnr. 26
483 Vgl. Bückmann aaO., Rdnr. 3.2.2, S. 71 m.w.Nw., Czychowski Kommentar zum WHG, § 1 a, Rdnr. 25 m.w.Nw. auch aus der Rspr.
484 Vgl. Czychowski Kommentar zum WHG, § 1 a, Rdnr. 25 m.w.Nw. auch aus der Rspr.

festsetzt.[485] Diese privatrechtliche Möglichkeit, Schadensersatz an andere für durch Gewässerbeeinträchtigungen entstandene Schäden leisten zu müssen, trägt zumindest mittelbar zu einem gewässerpfleglicheren Verhalten bei[486] und bezweckt einen möglichst umfassenden Schutz der Gewässer.[487]

Es stellt sich vor dem Hintergrund der Wertigkeit eines umfassenden und nachhaltigen Gewässerschutzes die berechtigte Frage, weshalb eine dem § 10 Abs. I S. 1 BBodSchG vergleichbare Spezialermächtigung im Wasserrecht - unter Berücksichtigung des verfassungsrechtlich vorgegebenen Rahmens - noch nicht erfolgt ist, bzw. weshalb die Landeswassergesetze derartige Regelungen noch nicht einheitlich enthalten.

Es ist in diesem Zusammenhang jedoch zu berücksichtigen, dass die zuständigen Wasserbehörden nach Maßgabe der Landeswassergesetze (z.B. § 138 LGW NW) als Sonderordnungsbehörden handeln. Sie besitzen also im Rahmen ihrer Aufgaben der Gefahrenabwehr polizeiliche Befugnisse[488] und können ihre Maßnahmen auf die ordnungsbehördliche Generalklausel (§14 OBG NW) stützen, um eine im Einzelfall bestehende Gefahr für die öffentliche Sicherheit oder Ordnung abzuwehren.[489]

Eine Gefahr für die öffentliche Sicherheit besteht u.a. bei einem Verstoß gegen Normen des geltenden Rechts, insbesondere also auch des Wasserrechts.[490]

Schutzgüter im Sinne der ordnungsbehördlichen Generalklausel sind primär die Individualrechtsgüter wie Leben, Gesundheit und körperliche Unversehrtheit, sekundär generelle, durch die Rechtsordnung geschützte Rechtsgüter, wie z.B. das Grundwasser[491] oder die Reinheit des Wassers.[492]

---

[485] Vgl. Czychowski Kommentar zum WHG, § 22, Rdnr. 23, 29, Ketteler/Kippels Umweltrecht, S. 125 ff., 126, Storm aaO., Rdnr. 530 ff., 530

[486] Storm aaO., Rdnr. 530 ff., 530

[487] Czychowski Kommentar zum WHG, § 22, Rdnr. 4 m.w.Nw., Rdnr. 30

[488] Kloepfer Umweltrecht, § 13, Rdnr. 168

[489] Vgl. Czychowski Kommentar zum WHG, § 21, Rdnr. 34 m.w.Nw. aus der Rspr., Hoppe/Beckmann aaO., § 15, Rdnr. 33, 41

[490] Vgl. Czychowski Kommentar zum WHG, § 21, Rdnr. 34

[491] Vgl. Bückmann aaO., Rdnr. 5.3, S. 118

[492] Czychowski Kommentar zum WHG, § 21, Rdnr. 34

Kein Verstoß gegen die öffentliche Sicherheit ist demgegenüber ein nach § 22 Abs. II WHG schadensersatzpflichtiges Verhalten, da § 22 WHG nur eine zivilrechtliche Haftung begründet.[493]

Bei den allgemeinen Ordnungsbehörden verbleibt lediglich eine Notzuständigkeit für unaufschiebbare Maßnahmen im Eilfall.[494]
Trotz dieser umfassenden polizeilichen Befugnisse der Wasserbehörden darf nicht verkannt werden, dass die Aufgabe des Wasserrechts, den Wasserhaushalt so zu ordnen, dass Wasser stets in geeigneter Güte, in der benötigten Menge und am richtigen Ort für die jeweiligen Bedürfnisse zur Verfügung steht, nicht mehr allein mit polizei- und ordnungsrechtlichen Regelungen zur Kontrolle und zum Schutz des Wassers im Einzelfall[495] erfüllt werden kann. Erforderlich ist daher eine spezialgesetzliche Ausweitung und Konkretisierung des ordnungsrechtlichen Instrumentariums. Dies gilt nicht nur hinsichtlich einseitig-hoheitlicher Maßnahmen, sondern auch hinsichtlich einer ausdrücklichen und damit akzeptanzfördernden Ermächtigung zum Abschluss subordinationsrechtlicher Verwaltungsverträge.
Das Wasserhaushaltsgesetz beinhaltet in seiner derzeitigen Fassung noch keine spezialgesetzliche Ermächtigung zum Abschluss wasserrechtlicher Sanierungsverträge.

2. Der Professorenentwurf zum UGB AT/BT

Der aus einem Allgemeinen und einem Besonderen Teil bestehende Professorenentwurf eines Umweltgesetzbuches (UGB-ProfE)[496] bewerkstelligt die Harmonisierung und Systematisierung des Umweltrechts, mit dem Ziel, eine möglichst große innere Geschlossenheit und Widerspruchsfreiheit zu erreichen.[497]

---

[493] Vgl. Schink VerwArch, Bd. 82, 1991, 362 ff.
[494] Kloepfer Umweltrecht, § 13, Rdnr. 168, 169 m.w.Nw.
[495] Vgl. Czychowski Kommentar zum WHG, § 1a, Rdnr. 2
[496] UGB AT/BT-ProfE Texte 66/95 aaO., Umweltbundesamt 1995
[497] Kloepfer Umweltrecht, § 1, Rdnr. 44 ff.

Der Gesetzesentwurf geht dabei inhaltlich weit über eine systematisierende Zusammenfassung des geltenden Umweltrechts zu Gunsten einer rechtsschöpferischen Weiterentwicklung hinaus.[498]

Als Zweck eines harmonisierten Umweltgesetzbuches wurde gem. § 1 UGB AT-ProfE der Schutz der Umwelt zur dauerhaften Sicherung 1. der Funktions- und Leistungsfähigkeit des Naturhaushalts und 2. der Nutzungsfähigkeit der sonstigen Naturgüter vorgeschlagen, wobei als Naturhaushalt Boden, Wasser, Luft und lebende Organismen (Naturgüter) sowie das Wirkungsgefüge zwischen ihnen legaldefiniert wird.

Der Umweltschutz umfasst gem. § 1 UGB AT-ProfE 1. die Minderung von Umweltrisiken und die Abwehr von Umweltgefahren, 2. die Beseitigung von Umweltschäden und die Wiederherstellung der Funktions- und Leistungsfähigkeit des Naturhaushalts sowie 3. die Durchführung notwendiger Pflege- und Gestaltungsmaßnahmen für die Umwelt.

Gem. § 3 Abs. I UGB AT-ProfE zählt zu den Leitlinien des Umweltschutzes der mediale Schutz von Boden, Wasser, Luft und lebenden Organismen vor Umweltbeeinträchtigungen, wobei gem. § 3 Abs. I Nr. 2 UGB AT-ProfE insbesondere sicherzustellen ist, dass die öffentliche Wasserversorgung nicht gefährdet wird sowie ein vermeidbarer Wasserverbrauch unterbleibt.

Die spezifischen Bestimmungen zum Gewässerschutz und zur Wasserwirtschaft enthalten die §§ 222 ff. - 282 des zweiten Kapitels des UGB BT-ProfE. Von besonderer Bedeutung für den Schutz des Grundwassers sind die §§ 257 - 261 UGB BT-ProfE. Gem. § 257 Abs. I UGB BT-ProfE ist das Grundwasser zu schützen, zu pflegen und zu erhalten, wobei die Förderungsrate von Grundwasser langfristig nicht über die Erneuerungsrate hinausgehen darf. Nutzbares Grundwasser darf gem. § 257 Abs. II UGB BT-ProfE grundsätzlich nicht verunreinigt werden. Sofern eine

---

[498] Vgl. Kloepfer/Kunig/Rehbinder/Schmidt-Aßmann DVBl 1991, 339 ff., 340

Verunreinigung erfolgt, sollen Sanierungsmaßnahmen - soweit dies mit angemessenem Aufwand möglich ist - eingeleitet werden.

a) Ermächtigung zum Abschluss von Sanierungsverträgen

Gegenüber den geltenden wasserrechtlichen Bestimmungen schlägt der Professorenentwurf in den §§ 228, 267 UGB BT (Eingreifende Maßnahmen / Durchsetzung des Wasserrechts) i.V.m. § 72 UGB AT (Maßnahmen gegen Umweltbeeinträchtigungen) nicht nur eine ausdrückliche spezialgesetzliche Ermächtigung zur Durchführung der wasserrechtlichen Bestimmungen vor, er beinhaltet desweiteren gem. § 268 UGB BT (Vertragliche Regelungen) auch eine Bestimmung, die in konsequenter Anwendung und Beachtung des umweltrechtlichen Kooperationsprinzips die Möglichkeit zu vertraglichen Vereinbarungen ausdrücklich eröffnet.
Der Wortlaut des § 268 UGB BT-ProfE ist für die praktische Bedeutung wasserrechtlicher Sanierungsabsprachen richtungsweisend. Gem. § 268 UGB BT-ProfE sollen die für den Gewässerschutz zuständigen Behörden bei Maßnahmen zur Durchführung der wasserrechtlichen Vorschriften prüfen, ob der Schutzzweck auch durch vertragliche Vereinbarungen erreicht werden kann. Diese Bestimmung korrespondiert mit § 6 Abs.I S. 4 UGB AT-ProfE, der die Möglichkeit von Vereinbarungen zum Schutz der Umwelt besonders berücksichtigt. Durch die Regelungen des § 6 UGB AT-ProfE wird die Eigenverantwortlichkeit des Bürgers betont und das Gebot der Kooperation von Verwaltung und Betroffenem gesetzlich verankert.

b) Vorrang der Handlungsform des Sanierungsvertrages

Gem. § 6 Abs. I S. 3 UGB AT-ProfE sollen die Behörden - im Sinne einer Subsidiaritätsregelung - nur tätig werden, soweit ein hinreichender Schutz der Umwelt nicht durch die Bürger erfolgen kann oder erfolgt, wobei gem. § 6 Abs. I S. 4 UGB AT-

ProfE insbesondere die Möglichkeit von Vereinbarungen zum Schutz der Umwelt zu berücksichtigen sind. § 6 Abs. I S. 4 UGB AT-ProfE beinhaltet somit nicht nur die Feststellung der grundsätzlichen Zulässigkeit vertraglicher wie nichtvertraglicher Absprachen als Handlungsform der Behörden im Einzelfall, sondern in Verbindung mit § 6 Abs. I S. 3 UGB AT-ProfE auch eine vorsichtige Präferenz für dieses Instrument, [499] die aber in der Praxis wohl zu einem im Ergebnis nicht erwünschten Vorrang umweltrechtlicher Absprachen führen würde.[500]

Zudem haben gem. § 6 Abs. III UGB-ProfE solche Maßnahmen gegenüber Verboten und Geboten einen Vorrang, die dem Bürger Möglichkeiten eigenverantwortlicher Entscheidung belassen, wenn hierdurch ein gleichwertiger Schutz der Umwelt erreicht wird und die Betroffenen nicht stärker belastet werden. Der Professorenentwurf schreibt gem. § 6 Abs. III UGB AT den Vorrang nicht imperativer Maßnahmen vor, sofern diese mindestens gleich umweltschützend sind,[501] so dass man in diesem Zusammenhang durchaus von einer Priorität der flexiblen Instrumente i.S.d. §§ 87 ff. UGB AT-ProfE sprechen kann.[502]
Mit dieser Regelung soll den Bürgern beim Schutz der Umwelt der unter Beachtung staatlicher Schutzpflichten weitestmögliche Handlungsspielraum belassen werden.[503]

Durch die gem. § 6 Abs. I S. 3 UGB AT-ProfE vorgeschlagene Subsidiarität behördlichen Eingreifens wird jedoch - wie die Entwurfsverfasser selbst einräumen - der staatliche Aufgabenbereich im Umweltschutz über das von der Verfassung gebotene Maß hinaus eingeschränkt, ohne dass hierfür ein überzeugender Grund erkennbar wäre.
Vor diesem Hintergrund ergibt sich aus dem Zusammenspiel der§ 6 UGB AT-ProfE, § 72 Abs. I, II UGB AT-ProfE und § 268 UGB BT-ProfE für das Wasserrecht ein Vor-

---

[499] UBA Berichte 7/90, UGB-ProfE aaO., Begr. zu § 6 UGB AT-ProfE
[500] Bundesministerium für Umwelt, Naturschutz und Reaktorsicherheit (Hrsg.) UGB-KomE Berlin 1998 aaO., Begr. S. 457
[501] Kloepfer JZ 1991, 737 ff.,738
[502] Vgl. Kloepfer JZ 1991, 737 ff., 738
[503] UBA Berichte 7/90, UGB-ProfE, Begr. zu § 6 UGB AT-ProfE

rang vertraglicher Vereinbarungen vor Verfügungen, obwohl der Behörde gem. § 54 VwVfG i.V.m. §§ 9, 10 VwVfG, § 40 VwVfG grundsätzlich auch bei der Wahl der Handlungsform ein Ermessen eingeräumt ist. Sieht sich die Verwaltung vor die Alternativenwahl gestellt, so hat sie ein Verfahrensermessen auszuüben, das den Bindungen des § 40 VwVfG unterliegt. Dieses Ermessen kann sich normalerweise auf den Ausschluss der Vertragsform reduzieren, andererseits kaum auf ihre Wahl.[504] Nicht einmal bereichsspezifisch besteht strikter rechtlicher Vertragsvorrang, auch nicht allgemein im Blick auf das Übermaßverbot, sofern etwa der potentielle Adressat oder Vertragspartner die ihm einseitig auferlegte Verpflichtung vertraglich zu übernehmen bereit ist.[505]

Der Behörde wird grundsätzlich ein Wahlrecht zwischen Verwaltungsakt und Verwaltungsvertrag ausdrücklich zugebilligt.[506] Diese gesetzliche Wertentscheidung ergibt sich gem. § 54 S. 2 VwVfG. Danach kann die Behörde statt einen Verwaltungsakt zu erlassen einen öffentlich-rechtlichen Vertrag schließen. Das Gesetz geht selber davon aus, dass Verwaltungsakt und Verwaltungsvertrag als Form austauschbar eingesetzt werden können und die Behörde insoweit ein Ermessen bei der Formenwahl hat, sofern das jeweilige Spezialgesetz nicht ausnahmsweise Verwaltungsakte als Handlungsform zwingend gebietet.[507]
Über die Wahl der einen oder anderen Handlungsform entscheidet die zuständige Behörde i.S.d. § 40 VwVfG nach pflichtgemäßem Ermessen, wobei es der Behörde überlassen bleiben muss, die für den jeweiligen konkreten Einzelfall opportune Handlungsform zu bestimmen.

Die in § 6 UGB AT-ProfE i.V.m. § 268 UGB BT-ProfE vorgeschlagene "normierte Ermessensreduktion" zugunsten vertraglicher Handlungsformen ist mit der Wertung der § 10 VwVfG, § 54 S. 2 VwVfG nur schwer zu vereinbaren. Dennoch ist eine spe-

---

[504] Kunig DVBl 1992, 1193 ff., 1196 m.w.Nw.
[505] Kunig DVBl 1992, 1193 ff., 1196
[506] Vgl. Correll DÖV 1998, 363 ff., 368
[507] Vgl. Schulze-Fielitz DVBl 1994, 657 ff., 663

zialgesetzliche Ermächtigung zum Abschluss subordinationsrechtlicher Sanierungsverträge aus Gründen der Rechtssicherheit, insbesondere aber auch zur Akzeptanzförderung aus verwaltungspraktischer Sicht prinzipiell zu begrüßen.

3. Der Entwurf der Unabhängigen Sachverständigenkommission zum UGB AT/BT

In dem Vorschlag der Unabhängigigen Sachverständigenkommission zum Umweltgesetzbuch (UGB - KomE) befasst sich das 11. Kapitel mit dem Schutz der Gewässer als Bestandteil des Naturhaushalts und des Wassers als nutzbares Gut, wobei die §§ 355 - 418 UGB-KomE im Aufbau und bei der Einbindung in den Kontext des Umweltgesetzbuches weitgehend dem sogenannten Professorenentwurf folgen.[508]

Der 5. Abschnitt des 11. Kapitels enthält spezielle Regelungen für die Bewirtschaftung des Grundwassers. Als vorrangiges Bewirtschaftungsziel wird gem. § 389 Abs. I UGB-KomE vorgeschlagen, dass die Förderung von Grundwasser langfristig nicht über die Erneuerungsrate hinausgehen darf. Damit wird der Grundsatz der Nachhaltigkeit der Grundwassernutzung deutlich betont. Desweiteren legt § 389 Abs.I UGB-KomE einen Vorrang der künftigen öffentlichen Wasserversorgung aus dem Grundwasser vor anderen Grundwasserbenutzungen fest. Nach der gegenwärtigen, schwerpunktmäßig durch das Wasserhaushaltsgesetz geprägten Rechtslage wird vorrangig ein von der konkreten Nutzung unabhängiger Grundwasserschutz bezweckt,[509] der auch nicht durch Grenzwerte relativiert wird, die der Gesetzgeber unter Berücksichtigung eines bestimmten Verwendungszwecks festgesetzt hat.[510]

---

508 Kloepfer Umweltrecht, § 13, Rdnr. 277
509 Vgl. Sieder/Zeitler/Dahme Wasserrecht Bd. I aaO., WHG, § 43, Rdnr. 3
510 Vgl. BVerwG NVwZ 1990, 474 ff., 475

Es bleibt jedoch festzuhalten, dass die geltenden wasserrechtlichen Normen trotz der strengen Maßstäbe - insbesondere in § 34 WHG - zumindest in Teilbereichen zum Schutz des Grundwassers nicht ausreichen.[511]
Dies wird nicht nur hinsichtlich behördlicher Vollzugsdefizite im Zusammenhang mit der landwirtschaftlichen Nutzung und dem extensiven Einsatz von Pflanzenschutz- und Düngemitteln deutlich, sondern insbesondere auch bei Grundwasserkontaminationen, die auf Altlasten oder sonstige Bodenverunreinigungen zurückzuführen sind. Hier wirkt es sich besonders aus, dass eine spezielle und umfassende Eingriffsgrundlage zur Durchsetzung wasserrechtlicher Sanierungsmaßnahmen im Wasserrecht des Bundes - und fast ausnahmslos auch im Wasserrecht der Länder - fehlt und weitgehend auf die allgemeinen Vorschriften des Polizei- und Ordnungsrechts zurückgegriffen werden muss.[512]

Hinzu kommt, dass die Praxis der Landesbehörden bei der Gefahrenermittlung und der Festlegung von Sanierungsschwellen und Sanierungszielwerten als sehr uneinheitlich bezeichnet werden muss, und es - nach wie vor - zahlreiche Erlasse und Listen mit unterschiedlichen Eingriffswerten gibt.[513]

Zur Lösung dieser Probleme sehen sowohl der Professorenentwurf in den §§ 257ff. UGB-ProfE als auch der Entwurf der Unabhängigen Sachverständigenkommission spezialgesetzliche Sanierungsregelungen und eine Konkretisierung der dabei zu beachtenden Ziele durch Rechtsverordnung vor.
Während der Professorenentwurf gem. § 257 Abs. II S.2 UGB-ProfE - "ist früher nutzbares Grundwasser verunreinigt, sollen Sanierungsmaßnahmen eingeleitet werden, soweit dies mit angemessenem Aufwand möglich ist" - nur ein ausdrückliches Sanierungsgebot enthält, jedoch weitgehend offenlässt, mit welchen Instrumenten die Grundwassersanierung umgesetzt werden soll und wie die Abstimmung einer damit zusammenhängenden Bodensanierung aussehen könnte, ist gem. §§ 347 ff.

---

[511] Vgl. UGB-KomE, Begr. S. 1118 m.w.Nw.
[512] Vgl. UGB-KomE, Begr. S. 1119 m.w.Nw., Czychowski Kommentar zum WHG aaO., § 21, Rdnr. 34
[513] UGB-KomE, Begr. S. 1119 m.w.Nw.

UGB-KomE eine Verbindung der Instrumente zur Boden- und Gewässersanierung vorgesehen.[514]

Gem. § 390 UGB-KomE erhalten die Länder den Regelungsauftrag, entsprechende Instrumente für die Sanierung von Grundwasser zu schaffen, das nicht durch Bodenbelastungen verursacht wurde oder dessen Sanierung nicht zusammen mit einer Bodensanierung durchgeführt wird.

Gem. § 389 Abs. II UGB-KomE sollen durch Rechtsverordnung

1. die Stoffe bestimmt werden, die den Zweck des 11. Kapitels in besonderer Weise beeinträchtigen, wenn sie ins Grundwasser gelangen,
2. Werte für die Stoffe nach Nr. 1 bestimmt werden, bei deren Überschreitung unter Berücksichtigung der bisherigen oder beabsichtigten Nutzung des verunreinigten Grundwasservorkommens Sanierungsmaßnahmen durchzuführen sind,
3. Werte für die Stoffe nach Nr. 1 zu bestimmen, die unter Berücksichtigung der bisherigen oder beabsichtigten Nutzung des zu sanierenden Grundwasservorkommens nach Abschluss der Sanierung dauernd unterschritten sein müssen, sowie
4. Werte für die Stoffe nach Nr. 1 zu bestimmen, die in gereinigtem Wasser, das dem Grundwasser wieder zugeführt werden soll, nicht überschritten werden dürfen.

Gem. § 389 Abs. II S. 2 UGB-KomE bleiben weitergehende Bestimmungen der Länder über die Sanierung von verunreinigtem Grundwasser unberührt.

Die Regelung des § 389 Abs. II S. 1 UGB-KomE ermächtigt den Verordnungsgeber, insbesondere die Rahmenbedingungen für die Grundwassersanierung näher zu konkretisieren. Im Hinblick auf die Vielzahl unterschiedlicher Listen und verschiedener Sanierungsvorgaben, die zudem höchst unterschiedliche wirtschaftliche Auswirkungen auf den Sanierungspflichtigen haben, erscheint die Schaffung einheitlicher Sanierungsvorgaben für alle wasser- und bodengefährdenden Stoffe dringend geboten. Erst einheitliche Prüf-, Maßnahmen- und Sanierungszielwerte würden eine effektivere Erfolgskontrolle der Sanierung erlauben und die Berechenbarkeit des Sanierungsrisikos erhöhen. [515] Zudem erscheint es sinnvoll, insbesondere die Anforderungen an die Sanierungszielwerte bundeseinheitlich zu definieren, um da-

---

[514] UGB-KomE, Begr. S. 1121

durch auch möglichen regionalen Besonderheiten noch hinreichend Rechnung tragen zu können.[516]

Die Möglichkeit, bei der Festlegung von Eingriffswerten und Sanierungszielen nach der Nutzung und Nutzbarkeit des Gewässers zu differenzieren, darf jedoch nicht als Relativierung des in § 389 Abs. I UGB-KomE verankerten Zieles einer absoluten Reinhaltung des Grundwassers oder als Billigung von Verschmutzungen angesehen werden.[517] Ausschlaggebend ist vielmehr, dass sich bei der Durchführung von Sanierungsmaßnahmen in der Praxis gezeigt hat, dass eine vollständige Dekontamination bzw. Sanierung häufig weder technisch möglich, noch finanziell tragbar ist. Zudem bestehen in einer Vielzahl von Fällen Grundbelastungen des Grundwassers, die dem konkret Sanierungspflichtigen nicht zugerechnet werden können.

Im Gegensatz zu § 6 Abs. I S. 4 UGB-ProfE, § 268 UGB-ProfE enthält der Kommissionsentwurf jedoch keine spezielle wasserrechtliche Ermächtigungsgrundlage zum Abschluss von Sanierungsverträgen, insbesondere keine dem § 6 Abs. I S. 3 UGB-ProfE vergleichbare Subsidiaritätsklausel.

Als Begründung wird angeführt, dass durch die Regelungen des Professorenentwurfs die für den Vollzug zuständigen Behörden insbesondere im Bereich der nicht sanktionsbewehrten, kooperativen Maßnahmen in unzuträglicher Weise ihrer Verhandlungsmacht beraubt werden, da ihr Gegenüber mit dem Einsatz einseitig hoheitlicher Maßnahmen nicht mehr jederzeit zu rechnen braucht.[518]

Nach der Konzeption des UGB-KomE soll deshalb die Anwendung kooperativer Instrumente - was insbesondere aus der Sicht der Vollzugsbehörden und einer effektiven Sanierungspraxis zu begrüßen ist - nicht mehr mit einem rechtlichen Imperativ verbunden sein.[519] § 7 Abs. II UGB-KomE begründet demzufolge nur noch die grundsätzliche Zulässigkeit von Absprachen als behördliche Handlungsform.

---

[515] Vgl. Vierhaus NJW 1998, 1262 ff., 1264, 1265
[516] Vgl. Vierhaus NJW 1998, 1262 ff., 1265
[517] UGB-KomE, Begr. S. 1122
[518] Vgl. UGB.KomE, Begr. S. 460
[519] UGB-KomE, Begr. S. 460

Gem. § 7 Abs. II UGB-KomE sollen die Behörden bei Maßnahmen auf Grund der umweltrechtlichen Vorschriften prüfen, ob die Zwecke des Umweltgesetzbuches - und damit auch die Zwecke des Bodenschutz- und Wasserrechts - in gleicher Weise durch Vereinbarungen mit den Betroffenen erreicht werden können.

Ungeachtet der Tatsache, dass die rechtliche Zulässigkeit bestimmter - insbesondere der rechtlich unverbindlichen - Kooperationsformen äußerst umstritten ist, ist die gem. § 7 Abs. II UGB-KomE normierte Verpflichtung, die im Rahmen behördlicher Ermessensbetätigung i.S.d. § 40 VwvfG prinzipiell besteht, bezüglich des Abschlusses wasserrechtlicher Sanierungsverträge mit der gesetzlichen Wertung der §§ 54 S. 2, 40 VwVfG in vollem Umfang vereinbar.

4. Das Landeswassergesetz Nordrhein-Westfalen

Die Landeswassergesetze, die aufgrund der Landeskompetenz nach Art. 70 Abs. I GG erlassen wurden, haben sich im Laufe der Zeit immer mehr von einer einheitlichen Basis entfernt und unterschiedliche Entwicklungen genommen.

Der Schwerpunkt der landesgesetzlichen Regelungen liegt - neben einer Konkretisierung der Vorgaben aus dem WHG - insbesondere in den Regelungen des Vollzugs. Einige der Landeswassergesetze verfügen bereits seit Jahren über wasserpolizeiliche Generalklauseln für Anordnungen zum Schutz des Wasserhaushalts, die Rechtsgrundlage für Untersagungsverfügungen, Gefahrerforschungseingriffe oder Sanierungsverfügungen sind.[520]

Im Landeswassergesetz NW ist eine solche ausdrückliche Ermächtigung bislang nicht enthalten.[521] § 138 LWG NW ermöglicht lediglich die Anwendung der allgemeinen Vorschriften des Polizei- und Ordnungsrechts.[522] Gem. § 138 LWG NW sind die Wasserbehörden i.S.d. § 136 LWG NW - dies betrifft hinsichtlich des praktischen

---

520 Vgl. Schink DVBl 1986, 161 ff., 164 m.w.Nw.
521 Vgl. Czychowski Kommentar zum WHG, § 21, Rdnr. 34 m.w.Nw.
522 Vgl. Bückmann aaO., Rdnr. 3.2.2, S. 70, 71 m.w.Nw., Czychowski Kommentar zum WHG, § 21, Rdnr. 34 m.w.Nw., Hoppe/Beckmann aaO., § 15, Rdnr. 32, 33, § 21, Rdnr. 17

Vollzugs insbesondere die Kreise und kreisfreien Städte als untere Wasserbehörden - Sonderordnungsbehörden. Die ihnen nach dem WHG und LWG obliegenden Aufgaben gelten als solche der Gefahrenabwehr. Ihre Befugnisse zur Gefahrenabwehr auf Grund allgemeinen Ordnungsrechts bleiben unberührt. Demzufolge können sich die nach dem Landeswassergesetz NW zuständigen Behörden als Sonderordnungsbehörden im Rahmen ihrer Befugnisse gem. §§ 14 ff. OBG NW i.V.m. § 138 LWG NW auf die ordnungsbehördliche Generalklausel stützen, um im Einzelfall bestehende Gefahren für die öffentliche Sicherheit oder Ordnung abzuwehren.[523]

Von einer Verletzung der öffentlichen Sicherheit ist regelmäßig auszugehen, wenn Gewässer ohne erforderliche Gestattung nach den Vorschriften des WHG i.V.m. dem LWG NW benutzt werden, bzw. der Gemeingebrauch an Gewässern überschritten wird, wenn ein Gewässer über den Rahmen einer Gestattung, insbesondere entgegen der mit der Erlaubnis verbundenen Nebenbestimmungen genutzt wird, wenn gegen wasserrechtliche Ver- und Gebote wie z.B. §§ 26, 34 WHG, § 42 LWG NW verstoßen wird und wenn das Wohl der Allgemeinheit, insbesondere die Trinkwasserversorgung als Bestandteil einer ordnungsgemäßen Wasserwirtschaft[524] gefährdet ist.[525]

Wie bereits dargelegt, ist wegen der kaum zu überschätzenden Bedeutung eines geordneten Wasserhaushalts für das Wohl der Allgemeinheit das gegen Verschlechterungen besonders empfindliche Grundwasser in besonderem Maße geschützt.[526]

Ausgehend vom allgemein im Ordnungsrecht geltenden Grundsatz, dass an die Wahrscheinlichkeit eines Schadenseintritts umso geringere Anforderungen zu stellen sind, je höherwertiger das im Einzelfall gefährdete Rechtsgut ist,[527] sind im Zusammenhang mit Grundwassergefährdungen nur geringe Anforderungen zu stel-

---

523 Vgl. Hoppe/Beckmann aaO., § 15, Rdnr. 33, § 21, Rdnr. 17, Ketteler/Kippels Umweltrecht, S. 123 Kloepfer Umweltrecht, § 13, Rdnr. 168 m.w.Nw.
524 Vgl. BVerwG DVBl. 1974, 297 ff.
525 Vgl. Ketteler/Kippels Umweltrecht, S. 123
526 Vgl. BVerfG NJW 1982, 745 ff., 751
527 Vgl. BVerwG NJW 1970, 1890 ff., 1892

len.[528] Wasserbehördliche Maßnahmen sind bereits dann möglich, wenn die Möglichkeit eines entsprechenden Schadenseintritts nach den Umständen des konkreten Falles im Rahmen einer auf sachlich vertretbaren Feststellungen beruhenden Prognose nicht von der Hand zu weisen ist.[529] Es genügt, wenn bei einer Gefahrenbeurteilung durch die zuständigen Wasserbehörden eine auch noch so wenig naheliegende Wahrscheinlichkeit einer Beeinträchtigung des Grundwassers besteht.[530]

Zu berücksichtigen ist in diesem Zusammenhang, dass die Maßnahmen, die auf die ordnungsbehördliche Generalklausel gem. §§ 14 ff. OBG NW gestützt werden, den allgemeinen Prinzipien des Verwaltungsrechts entsprechen müssen.
Dies gilt in besonderem Maße für die Beachtung der Verhältnismäßigkeit, den Grundsatz der primären Inanspruchnahme des Störers und hinsichtlich der ordnungsgemäßen Betätigung des Entschließungs- und Auswahlermessens. Es kann insbesondere zweifelhaft sein, wann eine Maßnahme über das zur Gefahrenabwehr Erforderliche hinausgeht und nicht mehr von der allgemeinen ordnungsrechtlichen Ermächtigung gedeckt ist.
Anordnungen zur Grundwassersanierung müssen also der bisherigen Praxis entsprechend - hinsichtlich ihrer inhaltlichen Ausgestaltung, d.h. hinsichtlich des "Wie" und, soweit die speziellen Ermächtigungen des Bundes-Bodenschutzgesetzes nicht anwendbar sind, auch hinsichtlich des "Ob" des Einschreitens - auf etwaige einschlägige Ermächtigungen in den Landeswassergesetzen oder auf die polizeiliche Generalklausel gestützt werden.[531]

Das LWG NW enthält in seiner derzeitigen Fassung weder eine spezialgesetzliche Emächtigungsgrundlage zum Erlass von Sanierungsverfügungen noch für den Abschluss wasserrechtlicher Sanierungsverträge.

---

[528] Vgl. Schink DVBl 1986, 161 ff., 165
[529] Vgl. Schink DVBl 1986, 161 ff., 165 m.w.Nw.
[530] Vgl. Czychowski Kommentar zum WHG, § 26, Rdnr. 28, 29 m.w.Nw., Schink DVBl 1986, 161 ff., 165
[531] Vgl. Vierhaus NJW 1998, 1262 ff., 1264 m.w.Nw.

5. Das Bundesbodenschutzgesetz i.V.m. der Bundesbodenschutz- und Altlastenverordnung

Das Gesetz zum Schutz des Bodens vor schädlichen Bodenveränderungen und zur Sanierung von Altlasten (Bundes-Bodenschutzgesetz)[532] i.V.m. der Bundes-Bodenschutz- und Altlastenverordnung[533] schafft erstmals bundesweit einheitliche Regelungen zum Schutz des Umweltmediums Boden.[534]
Ziel des Bundes-Bodenschutzgesetzes (BBodSchG) ist gem. § 1 S. 1 BBodSchG, die Bodenfunktionen nachhaltig zu sichern oder wiederherzustellen.

§ 1 S. 2 BBodSchG normiert als Handlungsziele:
1. die Abwehr schädlicher Bodenveränderungen,
2. die Sanierung von Boden und Altlasten sowie hierdurch verursachte Gewässerverunreinigungen und
3. die Vorsorge gegen nachhaltige Einwirkungen auf den Boden.

Eine Besonderheit des Bundes-Bodenschutzgesetzes, das aus Sicht der Sanierungspraxis als richtungsweisender Harmonisierungsversuch des Gesetzgebers grundsätzlich zu begrüßen ist, liegt in der ausdrücklichen gesetzlichen Ermächtigung zum Abschluss von Sanierungsverträgen, sofern es sich um Altlasten i.S.d. Bundes-Bodenschutzgesetzes handelt und die weiteren Voraussetzungen des § 13 BBodSchG i.V.m. der BBodSchV vorliegen.
Altlasten im Sinne des Gesetzes sind entsprechend der Legaldefinition des § 2 Abs. V Nr. 1, 2 BBodSchG
1. stillgelegte Abfallbeseitigungsanlagen sowie sonstige Grundstücke, auf denen Abfälle behandelt, gelagert oder abgelagert worden sind (Altablagerungen), und

---

532 BBodSchG v. 17.03.1998, BGBl. I S. 502
533 BBodSchV v. 12.07.1999, BGBl. I S. 1554
534 Kobes NVwZ 1998, 786 ff., 786, Holzwarth in Holzwarth/Radtke/Hilger Kommentar zum BBodSchG, Einführung Rdnr. 24 ff.

2. Grundstücke stillgelegter Anlagen und sonstige Grundstücke, auf denen mit umweltgefährdenden Stoffen umgegangen worden ist, ausgenommen Anlagen, deren Stillegung einer Genehmigung nach dem Atomgesetz bedarf (Altstandorte),

durch die schädliche Bodenveränderungen oder sonstige Gefahren für den einzelnen oder die Allgemeinheit hervorgerufen werden.

Schädliche Bodenveränderungen werden gem. § 2 Abs. III BBodSchG als Beeinträchtigungen der Bodenfunktionen definiert, die geeignet sind, Gefahren, erhebliche Nachteile, erhebliche Belästigungen für den einzelnen oder die Allgemeinheit herbeizuführen. Der Begriff der schädlichen Bodenveränderungen stellt den "Kernbegriff" des Bodenschutzrechts dar und geht weit über den Begriff der Altlast und den Begriff der Bodenkontamination hinaus.
In einer ersten Stufe muss zunächst festgestellt werden, ob eine Beeinträchtigung der in § 2 Abs. II BBodSchG genannten Bodenfunktionen überhaupt vorliegt.[535] In diesem Zusammenhang ist zu berücksichtigen, dass eine Beeinträchtigung der Bodenfunktionen nicht nur durch Stoffeintrag, sondern auch durch Bodenversiegelung, Bodenverdichtung oder Bodenerosion erfolgen kann.
Regelmäßig wird von einer Überschreitung der Gefahren- bzw. Erheblichkeitsschwelle nur dann auszugehen sein, wenn die Bodenfunktionen dauerhaft bzw. nachhaltig gestört werden und eine gewisse Intensität vorhanden ist. Diese Wertung ergibt sich auch gem. § 3 BBodSchV. Die in § 4 BBodSchV i.V.m. Anhang 2 enthaltenen Prüf- und Maßnahmewerte ermöglichen zudem gem. §§ 3 Abs. IV, 4 Abs. II BBodSchV eine Konkretisierung der Gefahren- bzw. Erheblichkeitsschwellen im Falle einer Unter- bzw. Überschreitung der spezifischen Werte.
Danach muss in einer weiteren Stufe geprüft werden, ob die Beeinträchtigung der Bodenfunktionen geeignet ist, Gefahren, erhebliche Nachteile oder Belästigungen für Schutzgüter des einzelnen oder der Allgemeinheit hervorzurufen.[536]

---

[535] Radtke in Holzwarth/Radtke/Hilger BBodSchG, § 2, Rdnr. 26

a) Der Sanierungsvertrag i.S.d. § 13 Abs. IV BBodSchG

Soweit sich der Altlastenverdacht bestätigt hat, kann der Sanierungspflichtige zur Durchführung der Sanierung gem. § 13 Abs. IV BBodSchG - unter den Voraussetzungen gem. § 13 Abs. I BBodSchG - mit dem Sanierungsplan den Entwurf eines Sanierungsvertrages vorlegen, der auch die Einbeziehung Dritter vorsehen kann. Durch diese Regelung bewirkt das Bodenschutzrecht eine erhebliche rechtliche Aufwertung des Verwaltungsvertrages - d.h. eines bereits in der Vergangenheit bewährten Sanierungsinstrumentes - im Zusammenhang mit der Sanierung von Altlasten. [537]

Der Gesetzgeber hat durch diese Regelung bestimmt, dass der verwaltungsrechtliche Vertrag nicht nur eine geeignete Handlungsform i.S.d. § 54 S. 2 VwVfG, sondern auch ein in besonderem Maße sachgerechtes Instrument zur rechtlichen Absicherung der im Sanierungsplan vorgesehenen Sanierungsschritte ist.[538]

Ob diese Regelung bereits als legislative Vorsteuerung für die Ermessensausübung der Behörde im Hinblick auf die von ihr zu treffende Entscheidung bezüglich der Handlungsform bezeichnet werden kann,[539] erscheint jedoch zweifelhaft.

Gem. § 54 S. 2 VwVfG i.V.m. § 40 VwVfG besteht - wie bereits dargelegt - grundsätzlich im Rahmen einer ordnungsgemäßen bzw. ermessensfehlerfreien Ermessensbetätigung Wahlfreiheit hinsichtlich der zu wählenden Handlungsform. Das Verwaltungsverfahrensgesetz hat weder den Verwaltungsvertrag noch den Verwaltungsakt als generell vorzugswürdig erachtet. Die zuständige Behörde hat die im konkreten Einzelfall - aus ihrer Sicht - geeignete Form nach pflichtgemäßem Ermessen zu wählen. Auch eine legislative Vorsteuerung, die nur das "Ob" des Vertrages, nicht aber dessen inhaltliche Ausgestaltung betrifft,[540] stellt eine mit den verwaltungsverfahrensrechtlichen Grundprinzipien nicht ohne weiteres vereinbare Einschränkung behördlicher Ermessensbetätigung dar.

---

[536] Radtke in Holzwarth/Radtke/Hilger BBodSchG, § 2, Rdnr. 26
[537] Vgl. Kobes NVwZ 1998, 786 ff., 794, Vierhaus NJW 1998, 1262 ff., 1268
[538] Radtke in Holzwarth/Radtke/Hilger Kommentar zum BBodSchG, § 13, Rdnr. 14
[539] Vgl. Radtke in Holzwarth/Radtke/Hilger Kommentar zum BBodSchG, § 13, Rdnr. 14
[540] Vgl. Radtke in Holzwarth/Radtke/Hilger Kommentar zum BBodSchG, § 18, Rdnr. 12

Zudem sprechen die Systematik und der Wortlaut des § 13 BBodSchG gegen die Annahme einer legislativen Vorsteuerung. § 13 Abs. I - III BBodSchG, der zunächst ausdrücklich nur den Sanierungsplan betrifft und in Zusammenhang mit dem Pflichtenkatalog des § 4 BBodSchG steht, ist als "Soll-Vorschrift" ausgestaltet. Demgegenüber wurde § 13 Abs. IV BBodSchG hinsichtlich des Sanierungsvertrages lediglich als "Kann-Vorschrift" konzipiert. Diese Wertung des Gesetzgebers spricht ebenfalls gegen die Annahme einer legislativen Vorsteuerung.

Der gem. § 13 Abs. IV BBodSchG ausdrücklich benannte Sanierungsvertrag soll eine behördliche Sanierungsverfügung entbehrlich machen und dem Sanierungspflichtigen die Möglichkeit eröffnen, die Ausführung der Sanierung entsprechend seiner individuellen Leistungsfähigkeit zu konzipieren.[541] Die Umsetzung von Sanierungsplänen kann somit entweder über behördliche Anordnungen - durch Verwaltungsverfügung - oder im Wege des Sanierungsvertrages erfolgen.
Der Vertragsentwurf kann gem. § 13 Abs. IV BBodSchG auch die Einbeziehung Dritter, z.B. von Nachbarn oder dem Grundstückseigentümer vorsehen.[542]

Gem. § 13 Abs. III BBodSchG sind die betroffenen Personen i.S.d. § 12 BBodSchG ohnehin frühzeitig, in geeigneter Weise und unaufgefordert über die geplanten Maßnahmen zu informieren. Ziel dieser Regelung ist es zunächst, den Kreis der betroffenen Personen über den Inhalt des Sanierungsplans zu unterrichten. Durch die frühzeitige aktive Einbindung soll den Betroffenen zudem die Möglichkeit eröffnet werden, auf die Sanierungsplanung selbst Einfluss zu nehmen, die Entscheidungsqualität zu erhöhen, eine breitere Vertrauensgrundlage zu schaffen und die Durchführung der Sanierungsmaßnahmen zu erleichtern.[543]
Zu informieren sind gem. § 12 BBodSchG die Grundstückseigentümer, etwaige Nutzungsberechtigte und die Nachbarschaft, soweit sie betroffen i.S.d. Norm sind. Be-

[541] Vgl. Vierhaus NJW 1998, 1262 ff., 1268
[542] Vgl. Wächter NJW 1997, S. 2073 ff., 2074, Radtke in Holzwarth/Radtke/Hilger Kommentar zum BBodSchG, § 13, Rdnr. 16, Vierhaus NJW 1998, 1262 ff., 1268
[543] Vgl. Radtke in Holzwarth/Radtke/Hilger Kommentar zum BBodSchG, § 13, Rdnr. 12 unter Hinweis auf die amtliche Begründung BR-Drucks. 702/96, S. 130

troffen ist - nach der amtlichen Begründung[544] - jeder, der durch die durchzuführende Maßnahme in seinen Schutzgütern berührt sein kann.

Das Erfordernis der Einbeziehung und Mitwirkung der potentiellen Betroffenen muss auch vor dem Hintergrund der erforderlichen Zustimmung Dritter zum Sanierungsvertrag i.S.d. § 58 Abs. I VwVfG beurteilt werden.[545]

Die gem. § 13 Abs. IV BBodSchG eröffnete Möglichkeit der Einbeziehung Dritter in den Sanierungsvertrag stellt insofern keine abschließende Regelung dar.

Die Behörde hat im Rahmen des Sanierungsverfahrens insbesondere darauf zu achten, dass die Anforderungen gem. § 4 Abs. III BBodSchG eingehalten werden.[546] Dies gilt auch hinsichtlich der inhaltlichen Ausgestaltung des Sanierungsvertrages.[547]

b) Bodenschutzrecht und Grundwassersanierung

Strittig ist, ob und in welchem Umfang die §§ 10 ff.BBodSchG, § 13 Abs. IV BBodSchG auch auf die Grundwassersanierung Anwendung finden.

Der Wortlaut der § 1 S. 2 BBodSchG, § 4 Abs. III BBodSchG scheint zunächst auch für Grundwassersanierungen einschlägig zu sein. Gem. § 1 S. 1 BBodSchG ist der Zweck des Gesetzes, die Funktion des Bodens zu sichern und wiederherzustellen. Hierzu sind gem. § 1 S. 2 BBodSchG schädliche Bodenveränderungen abzuwehren, den Boden und Altlasten sowie hierdurch verursachte Grundwasserverunreinigungen zu sanieren. Gem. § 4 Abs. III BBodSchG sind der Verursacher einer schädlichen Bodenveränderung oder Altlast sowie dessen Gesamtrechtsnachfolger, der Grundstückseigentümer und der Inhaber der tatsächlichen Gewalt über ein Grundstück verpflichtet, den Boden und Altlasten sowie durch schädliche Bodenveränderungen oder Altlasten verursachte Verunreinigungen von Gewässern so zu sanieren,

[544] Vgl. BR-Drucks. 702/96, 127 ff.
[545] Vgl. Vierhaus NJW 1998, 1262 ff., 1268, 1269
[546] Vgl. Kobes NVwZ 1998, 786 ff., 794
[547] Vgl. Vierhaus NJW 1998, 1262 ff., 1268

dass dauerhaft keine Gefahren, erhebliche Nachteile oder erhebliche Belästigungen für den einzelnen oder die Allgemeinheit bestehen.
Der Wortlaut der § 1 S. 2 BBodSchG, § 4 Abs. III BBodSchG steht jedoch in einem vermeintlichen Widerspruch zu § 2 Abs. I BBodSchG, wonach das Grundwasser ausdrücklich vom Boden - Begriff ausgenommen ist.

ba) Die Abgrenzung der Begriffe Boden und Grundwasser

Unter Boden versteht das Gesetz gem. § 2 Abs. I BBodSchG die obere Schicht der Erdkruste, soweit sie Träger bestimmter Bodenfunktionen ist, einschließlich der flüssigen Bestandteile (Bodenlösung) und der gasförmigen Bestandteile (Bodenluft). Das BBodSchG i.V.m. der BBodSchV bezieht das Sickerwasser ausdrücklich in den Anwendungsbereich des Bodenschutzrechts mit ein.[548]
Demgegenüber werden das Grundwasser und die Gewässerbetten gem. § 2 Abs. I BBodSchG ausdrücklich vom Bodenbegriff ausgenommen.[549] Damit wird die bestehende Rechtslage perpetuiert, da sie diese Böden nicht in den Schutzbereich des Bodenschutzrechts einbezieht.[550] Das Gewässerbett - der Gewässerboden - bildet vielmehr mit dem Wasser tatsächlich und rechtlich eine Einheit i.S.d. § 1 Abs. I Nr. 1 WHG,[551] so dass neben dem Schutz des Wassers auch der Schutz von Gewässerbetten durch das Wasserrecht gewährleistet ist.[552]

Eine hiervon abweichende Definition des Bodenbegriffs sehen der Professorenentwurf, der Entwurf der Unabhängigen Sachverständigenkommision zum Umweltgesetzbuch sowie einige landesrechtliche Regelungen vor, bezüglich derer jedoch eine Anpassung an das geltende Bundes-Bodenschutzrecht vorzunehmen ist.

---

[548] Vgl. Vorreyer/Jedlitschka Bodenschutz 1999, 96 ff., 96
[549] Radtke in Holzwarth/Radtke/Hilger Kommentar zum BBodSchG, § 2, Rdnr. 5, Peine DVBl 1998, 157 ff., 159, Vierhaus NJW 1998, 1262 ff., 1263
[550] Vgl. Peine DVBl. 1998, 157 ff., 159
[551] Vgl. Peine DVBl. 1998, 157 ff. 159
[552] Vgl. Radtke in Holzwarth/Radtke/Hilger Kommentar zum BBodSchG, § 2 Rdnr. 8

Gem. § 284 Abs. I UGB-ProfE gehören zum Boden nicht nur die obersten Schichten der festen Erdkruste sondern auch der Grund fließender und stehender Gewässer sowie grundwasserführender Schichten, soweit sie durch menschliche Aktivitäten beeinflusst werden können. Gem. § 327 UGB-KomE ist Boden im Sinne des Gesetzes die oberen überbauten und nicht überbauten Schichten der Erdkruste einschließlich seiner gasförmigen und flüssigen Bestandteile (Bodenluft, Bodenlösungen) sowie der Grund fließender und stehender Gewässer. Das Grundwasser wird auch nach der Definition des § 327 UGB-KomE nicht vom Bodenbegriff umfasst.
Zur Klarstellung wird allerdings der Grund fließender und stehender Gewässer (Gewässerbett) in den Bodenbegriff einbezogen, da es nicht zweifelsfrei ist, ob und gegebenenfalls bis in welche Tiefe die Beseitigung von Verunreinigungen des Grundes von Gewässern unter das Regime des Wasserrechts fällt.[553]
Eine derartig extensive Bodendefintion dürfte in der Praxis jedoch eher zu weiteren Unschärfen bei der Abgrenzung von Bodenschutzrecht und Gewässerschutzrecht führen und erscheint daher im Ergebnis jedenfalls nicht vorzugswürdig.
Die Ausgrenzung des Grundwassers und der Gewässerbetten aus der Definition des Bodens i.S.d. BBodSchG ist vielmehr aus systematischen Gründen zweckmäßig und zumindest im Hinblick auf die Herausnahme des Grundwassers auch verfassungsrechtlich geboten.[554] Durch die Herausnahme des Grundwassers aus der Bodendefinition werden Abgrenzungsprobleme zum Bodenrecht vermieden und verfassungsrechtliche Erfordernisse beachtet. Dies gilt insbesondere hinsichtlich der Gesetzgebungskompetenz des Bundes.
Es war zunächst umstritten, ob dem Bund im Bereich der Gefahrenabwehr überhaupt eine umfassende Gesetzgebungskompetenz für das Bodenschutzrecht zusteht. Nach überwiegender Ansicht beruhen die Regelungen des Bodenschutzrechts auf der Inanspruchnahme der konkurrierenden Gesetzgebungsbefugnis des Bundes gem. Art. 74 Abs. I Nr. 18 GG.[555] Diese Auffassung ist zutreffend, da zum Boden-

---

[553] Vgl. UGB-KomE 1998, Begründung, Zu § 327, 981 ff., 982
[554] Radtke in Holzwarth/Radtke/Hilger Kommentar zum BBodSchG, § 2, Rdnr.8
[555] Vgl. Brandt DÖV 1996, 675 ff., 676, 677, 683, Breuer DVBL 1994, 890 ff., 897, Holzwarth in Holzwarth/Radtke/Hilger Kommentar zum BbodSchG, Einführung, Rdnr. 42, Papier JZ 1994, 810 ff., 811, Rid/Petersen NVwZ 1994, 844 ff., 845, einschränkend insoweit Oerder NJW 1994, 2181 ff.,

recht alle Vorschriften zählen, die unmittelbar den Grund und Boden betreffen, das heißt, die rechtlichen Beziehungen des Menschen zum Grund und Boden regeln.[556] Da das Bundes-Bodenschutzgesetz auch Regelungen zur Grundwassersanierung enthält, bestehen zumindest insoweit rechtliche Bedenken, als der Bund hinsichtlich des Wasserrechts nur begrenzte rahmenrechtliche Befugnisse i.S.d. Art. 75 Abs. I Nr. 4 GG besitzt.[557] Demzufolge wäre eine umfassende Regelung des Gewässerschutzes im Rahmen des Bodenschutzrechts nicht nur systemwidrig, sondern auch verfassungsrechtlich unzulässig.

bb) Die Anwendbarkeit der Normen des BBodSchG auf Grundwassersanierungen

Der Umgang mit Schadstoffen im Grundwasser und damit die Maßstäbe für die Gewässersanierung, d.h. insbesondere die bei der Sanierung von Gewässern zu erfüllenden Anforderungen bestimmen sich auch nach der Systematik und dem Regelungsinhalt des Bundesbodenschutzgesetzes ausschließlich nach den Normen des Wasserrechts.[558] Dies gilt auch für den Schutz der Gewässerböden.[559]
Auch gem. § 3 BBodSchG, der den Anwendungsbereich des Bundes-Bodenschutzgesetzes und dessen Verhältnis zu anderen Umweltgesetzen regelt, ergibt sich keine Subsidiarität des Bodenschutzrechts gegenüber dem Wasserrecht. Die deklaratorischen Normen § 4 Abs. IV S. 3 BBodSchG und § 7 S. 6 BBodSchG belegen, dass das Grundwasser, also die gesättigte Zone, im Anwendungsbereich des Wasserrechts verbleibt,[560] was auch vor dem Hintergrund der insoweit grundle-

---

218, v. Buch NVwZ 1998, 822 ff., 823 mit a.A., der eine Gesetzgebungskompetenz des Bundes gem. Art. 74 Abs. I Nr. 18 GG ablehnt und die Gesetzgebungskompetenz gem. Art. 75 Abs. I Nr. 3 GG herleitet

556 Vgl. BVerfGE 3, 407 ff., 424, 34, 139 ff., 144, BVerfG NJW 1987, 2995 ff.

557 Vgl. Radtke in Holzwarth/Radtke/Hilger Kommentar zum BBodSchG, § 2, Rdnr. 8, Reichert NVwZ 1998, 17 ff., 19 m.w.Nw.

558 Hilger in Holzwarth/Radtke/Hilger Kommentar zum BBodSchG, § 4, Rdnr. 117 ff., Kobes NVwZ 1998, 786 ff., 788, Vorreyer/Jedlitschka Bodenschutz 1999, 96 ff., 96

559 Kobes NVwZ 1998, 786 ff., 788, Peine DVBL 1998, 157 ff., 159

560 Vierhaus NJW 1998, 1262 ff., 1264

genden Nassauskiesungsentscheidung[561] als konsequent erscheint. Das Wasserhaushaltsgesetz unterstellt das ober- und unterirdische Wasser einer vom Grundeigentum losgelösten Benutzungsordnung und ordnet es der Allgemeinheit zu.[562] So wie die Befugnisse des Grundstückseigentümers an den Grundstücksgrenzen aufhören, endet seine Rechtsstellung in der Tiefe grundsätzlich dort, wo er mit dem Grundwasser in Berührung kommt.[563]

Für bloße Grundwasserverunreinigungen besteht daher keine Zustandsverantwortlichkeit, weil der Zugriff auf das Grundwasser nicht vom Grundeigentum erfasst ist. [564]

Daher kommt Vierhaus zu dem Schluss, dem Gesetzgeber sei in § 4 Abs. III S. 1 BBodSchG ein Versehen unterlaufen, da er den Grundeigentümer auch verpflichte, "Verunreinigungen von Gewässern" zu sanieren und damit die Zustandsverantwortlichkeit des Grundstückseigentümers auch auf das Grundwasser ausdehne.[565] Da sich die Polizeipflichtigkeit des Grundstückseigentümers grundsätzlich nicht auf das Grundwasser erstrecke, komme insoweit eine Zustandsverantwortlichkeit auch nicht in Betracht.[566] Hier ist zu berücksichtigen, dass diese Argumentation allenfalls dann zutrifft, wenn eine Grundwasserverunreinigung unter einem Grundstück festgestellt wird, ohne dass die Kontamination von diesem Grundstück ausgegangen ist.[567] Aus der vom Grundeigentum getrennten öffentlich-rechtlichen Ordnung, der das Grundwasser unterliegt, wird weiter gefolgert, dass Anordnungen zur Grundwassersanierung wie bisher ausschließlich auf die einschlägigen Ermächtigungsgrundlagen in den Landeswassergesetzen - zum Teil in Verbindung mit der polizeilichen Generalklausel oder dem jeweiligen Landesbodenschutzgesetz - gestützt werden müssen. [568] Die Regelungen des Bundesbodenschutzgesetzes wären demzufolge auf Grundwassersanierungen nicht anwendbar, so dass es nach dieser Auffassung zu-

---

[561] Vgl. BVerfGE 58, 300 ff., 328
[562] Vgl. BVerfGE 58, 300 ff., 328
[563] Czychowski WHG, § 1a, Rdnr. 28 ff.
[564] Vgl. Knopp aaO., Rdnr. 41 a m.w.Nw.
[565] Vgl. Vierhaus NJW 1998, 1262 ff., 1266
[566] Vgl. Vierhaus NJW 1998, 1262 ff., 1266
[567] Vgl. UGB-KomE 1998, Begründung Zu § 390, S. 1123 m.w.Nw.
[568] Vgl. Vierhaus NJW 1998, 1262 ff., 1264 m.w.Nw.

mindest als missverständlich erscheint, dass § 1 S. 2 BBodSchG als ausdrückliches Handlungsziel auch die Gewässersanierung in den Regelungsbereich des Bodenschutzrechts einbezieht.[569]

An diesen vermeintlichen Widerspruch knüpft die mittlerweile wohl vorherrschende Auffassung an, nach der das Bundes-Bodenschutzgesetz - in seiner Funktion als Leit- und Spezialgesetz - die alleinige Rechtsgrundlage für die Gefahrenermittlung und für die Gefahrenabwehr der durch schädliche Bodenveränderungen oder Altlasten verursachten Verunreinigungen darstellt.[570]
Begründet wird diese Auffassung damit, dass von schädlichen Bodenveränderungen und Altlasten häufig Gefahren für Gewässer, insbesondere für das Grundwasser ausgehen. Sofern eine solche Gewässerverunreinigung vorliegt, kann sich folgerichtig die Sanierung nicht auf den Boden oder die Altlast beschränken, es muss vielmehr das verunreinigte Gewässer, das quasi einen von der Bodenverunreinigung nicht zu trennenden "Folgeschaden" darstellt, mit einbezogen werden.[571] Die Ermächtigung des Bundesbodenschutzgesetzes führt somit nicht zu einem Systembruch, sie entspricht in diesem Regelungspunkt vielmehr den Erfordernissen einer ganzheitlichen naturwissenschaftlichen Betrachtungsweise, da sie die Ermächtigung ausdrücklich auf die von einer Altlast oder sonstigen schädlichen Bodenveränderungen ausgehenden Grundwasserverunreinigungen einschränkt. Anknüpfungspunkt der Haftung bzw. der Störerverantwortlichkeit ist somit das kontaminierte Grundstück, von dem infolge von Stoffeintrag Gefahren für das Grundwasser ausgehen. Für den ordnungsgemäßen Zustand des Grundstücks ist jedoch prinzipiell dessen Eigentümer verantwortlich. Bei Grundwasserverunreinigungen durch den über dem Grundwasser liegenden Boden besteht die Verantwortlichkeit des Grundstückseigentümers demnach fort.[572] Die Regelung des BBodSchG ist im Ergebnis rechtlich nicht zu beanstanden.

---

[569] Vgl. Kobes NVwZ 1998, 786 ff., 788

[570] Vgl. Holzwarth in Holzwarth/Radtke/Hilger Kommentar zum BBodSchG, Einführung, Rdnr. 54, Sanden IWS-Schriftenreihe Bd. 27, Grundwassersanierung 1996, 7 ff., 12 ff.

[571] Vgl. Hilger in Holzwarth/Radtke/Hilger Kommentar zum BBodSchG, § 4, Rdnr. 117

[572] Vgl. Knopp aaO., Rdnr. 41 a

bc) Die Differenzierung nach dem "Ob" und dem "Wie" der Grundwassersanierung

Geregelt wird gem. § 4 Abs. III BBodSchG lediglich die grundsätzliche Pflicht zur Gewässersanierung, also das "Ob" der Sanierung, nicht jedoch die im Einzelfall bestehenden Anforderungen, also das "Wie" der Sanierung.[573]

In diesem Zusammenhang ist weiter zu berücksichtigen, dass die Bundes-Bodenschutz- und Altlastenverordnung in Anhang 2 - Maßnahmen-, Prüf- und Vorsorgewerte - spezifische Prüfwerte i.S.d § 8 Abs. I Nr. 1 BBodschG zur Beurteilung des Wirkungspfades Boden - Grundwasser enthält. Diese Prüfwerte - das sind die Werte, bei deren Überschreitung unter Berücksichtigung der Bodennutzung eine einzelfallbezogene Prüfung durchzuführen und festzustellen ist, ob eine schädliche Bodenveränderung oder Altlast vorliegt - gelten für den Übergangsbereich von der ungesättigten zur wassergesättigten Bodenzone als dem maßgeblichen Ort der Beurteilung.

Sofern diese Prüfwerte überschritten werden, sind weitere Untersuchungen durchzuführen, zur Klärung, inwieweit eine Gefahr für das Grundwasser besteht.[574]

Liegen der Gehalt oder die Konzentration eines Schadstoffs unterhalb des jeweiligen Prüfwertes, ist insoweit der Verdacht einer schädlichen Bodenveränderung oder Altlast ausgeräumt.[575]

Die Prüfwerte für den Pfad Boden - Grundwasser sind auf die Prognose der Qualität des Sickerwassers am Übergang zur gesättigten Zone anzuwenden,[576] wobei das Sickerwasser selbst nach dem BBodSchG i.v.m. der BBodSchV nicht zum Grundwasser zählt.[577] Durch die Prüfwerte werden zwar nicht formell, wohl aber indirekt Qualitätsstandards für das Grundwasser eingeführt, denn bei der Beurteilung des

---

[573] Vgl. BT-Drucks. 13/6701, S. 18

[574] Vgl. Vorreyer/Jedlitschka Bodenschutz 1999, 96 ff., 96

[575] Vgl. Vorreyer/Jedlitschka Bodenschutz 1999, 96 ff., 96, Informationen zur neuen Bundes-Bodenschutz- und Altlastenverordnung, Umwelt (BMU) 1999, Nr. 7-8 Sonderteil, S. 4

[576] Vgl. Informationen zur neuen Bundes-Bodenschutz- und Altlastenverordnung, Umwelt (BMU) 1999, Nr. 7-8 Sonderteil, S. 4

[577] Vgl. Vorreyer/Jedlitschka Bodenschutz 1999, 96 ff., 96

Sickerwassers dürfen weder die Schadstofffrachten noch die flächenhafte Ausdehnung einer Bodenbelastung berücksichtigt werden.[578]
Diese im BBodSchG i.V.m. der BBodSchV vorgenommene Trennung der an verschiedene Wirkungspfade gekoppelten und eher medialen Sichtweise verhindert jedoch letztlich eine Zusammenführung verschiedener Wirkungspfade. Eine pfadübergreifende Bewertung ist daher nach wie vor nicht möglich.

Als besonders problematisch erscheint es zudem, dass bei einem Überschreiten der Prüfwerte der Boden aufwendigen Untersuchungen unterzogen wird, während das Grundwasser der verwaltungsmäßigen Buchhaltung insofern quasi zum Opfer fällt,[579] als gem. § 4 Abs. VII BBodSchV auf die Prüfung der Verhältnismäßigkeit von Untersuchungs- und Sanierungsmaßnahmen sowie auf die wasserrechtlichen Vorschriften verwiesen wird.
In diesem Zusammenhang sei angemerkt, dass die Sickerwasserprognose und die diesbezüglichen Anforderungen an die Probenahme und Analytik als eine fachlich nicht unumstrittene Methode gelten.[580] Komplexe Sickerwasseruntersuchungen und der Einsatz von Stofftransportmodellen sind für zahlreiche Routinemaßnahmen auf Verdachtsflächen auch zu aufwendig und im Ergebnis unverhältnismäßig.[581]
Es wäre durchaus hilfreich gewesen, eine ganzheitliche naturwissenschaftliche Betrachtungsweise in die Gesetzessystematik einzubinden. Hilfreich wäre es daher auch, wenn für den Wirkungspfad Boden - Grundwasser weitere Konkretisierungen für die Untersuchung, Bewertung und auch Sanierung von schädlichen Bodenveränderungen oder Grundwasserschäden vorgenommen würden.[582] Dies betrifft insbesondere auch die Festlegung von Sanierungszielwerten, obwohl deren strikte Anwendung in der Sanierungspraxis oftmals unsachgemäß und unverhältnismäßig ist.[583]

---

[578] Vgl. Vorreyer/Jedlitschka Bodenschutz 1999, 96 ff., 96, 97
[579] Vgl. Meines Bodenschutz 1999, 102 ff., 102
[580] Vgl. Meines Bodenschutz 1999, 102 ff., 102, Wöstmann/Kiel altlasten spektrum 1999, 137 ff., 141
[581] Vgl. Wöstmann/Kiel altlasten spektrum, 1999, 137 ff., 142
[582] Vgl. Vorreyer/Jedlitschka Bodenschutz 1999, 96 ff., 97
[583] Vgl. Wöstmann/Kiel altlasten spektrum 1999, 137 ff., 142

Grenz- und Zielwertkonzeptionen beinhalten das Risiko einer dem Einzelfall oftmals nicht gerecht werdenden Bewertung. In vielen Fällen werden die schematischen Grenzwertkonzeptionen der komplexen Sanierungsproblematik auch tatsächlich nicht gerecht. Dennoch ist die Vorgabe von bundeseinheitlichen Grenzwerten und - gegebenenfalls auch - von Sanierungszielwerten sowie eine Konkretisierung der Anforderungen aus Gründen der Rechtssicherheit und Praktikabilität durchaus zu befürworten,[584] sofern sie eine verlässliche Handhabung ermöglichen.

Für eine einheitliche Normierung generalisierender Untersuchungs- und Bewertungsverfahren sprechen zudem Gesichtspunkte erhöhter Transparenz und Effizienz der Verwaltungsentscheidungen sowie die Gewährleistung einer größeren Gleichbehandlung.[585]

Die inzwischen fast unübersehbar gewordene Zahl von DIN- und Regelwerken, technischen Anleitungen, Richtlinien, Beurteilungshandhaben, Grenzwertlisten, Verordnungen und Umweltstandards mit Referenz-, Orientierungs-, Unbedenklichkeits-, Handlungs-, Toleranz-, Schwellen- und Grenzwerten hat bislang weder zu einer einheitlichen und verlässlichen Bewertungspraxis, noch zu mehr Rechtssicherheit geführt.[586] Die Grenzwertkonzeption des BBodSchG i.V.m. der BBodSchV stellt jedenfalls - trotz der bestehenden Optimierungsmöglichkeiten - einen großen Schritt in die richtige Richtung dar.

Die bei der Sanierung von Gewässern zu stellenden Anforderungen sind gem. § 4 Abs. IV, S. 3 BBodSchG weiterhin im Einzelfall aus dem Wasserrecht herzuleiten.[587] Die Sanierung und deren Umfang sowie die für das Gewässer festzulegenden Sanierungsziele sind auf der Grundlage des Wasserrechts zu beurteilen.[588]

---

[584] Vgl. Peine DVBl 1989, 157 ff., 161

[585] Vgl. Papier JZ 1994, 810 ff., 819 m.w.Nw.

[586] Vgl. Paßlick DVBl 1992, 674 ff., 676, Peine DVBl 1998, 157 ff., 161 m.w.Nw., Vierhaus NJW 1998, 1262 ff., 1264

[587] Hilger in Holzwarth/Radtke/Hilger Kommentar zum BBodSchG, § 4, Rdnr. 118, Vorreyer /Jedlitschka Bodenschutz 1999, 96 ff., 96

[588] Holzwarth in Holzwarth/Radtke/Hilger Kommentar zum BBodSchG, Einführung, Rdnr. 54, Sanden IWS-Schriftenreihe Bd. 27, Grundwassersanierung 1996, 7 ff., 14

Gegen die Auffassung, die das Bundes-Bodenschutzgesetz auch auf Gewässersanierungen anwendet, sofern diese durch Bodenkontaminationen verursacht werden, spricht jedoch, dass es nach einer funktionalen Betrachtungsweise zur Vermeidung von Abgrenzungsproblemen geboten ist, das Grundwasser und die subhydrischen Böden prinzipiell aus dem Anwendungsbereich des Bodenschutzrechts herauszunehmen und insgesamt - wie bisher - den Regelungen des Wasserrechts zu unterstellen.

Desweiteren führt die Anwendung bodenschutzrechtlicher Normen auf das Wasserrecht zu unterschiedlichen rechtlichen Konstellationen. Sofern es sich um Gewässerkontaminationen handelt, die infolge einer Bodenkontamination oder Altlast entstanden sind, regelt sich das "Ob" der Sanierung nach den Normen des Bodenschutzrechts, das "Wie" weiterhin nach den Vorschriften des Wasserrechts. Sofern die Gewässerverunreinigung aus einer komplexen Altlast resultiert, ermächtigt § 13 BBodSchG ausdrücklich - i.S. eines benannten Verwaltungsvertrages - zum Abschluss von Sanierungsverträgen.

Resultiert die Gewässerverunreinigung nicht aus einer Altlast, oder liegen die spezifischen Voraussetzungen des § 13 Abs. I BBodSchG nicht vor, so ist § 13 BBodSchG nicht anwendbar. Dies hat zur Folge, dass ein etwaiger Sanierungsvertrag - dann als unbenannter Vertrag - ausschließlich auf die §§ 54 ff. VwVfG gestützt werden muss.

Entsteht eine Gewässerkontamination nicht infolge einer schädlichen Bodenveränderung, insbesondere einer Bodenkontamination oder Altlast, so findet das Bodenschutzrecht gar keine Anwendung und etwaige Sanierungsverfügungen bzw. Sanierungsverträge müssen ausschließlich hinsichtlich des "Ob" und des "Wie" auf die Vorschriften des Wasserrechts, des allgemeinen Polizei- und Ordnungsrechts sowie auf die §§ 54 ff. VwVfG gestützt werden.

Trotz der bestehenden Bedenken erscheint die Einbeziehung der Pflichten zur Gefahrenabwehr gem. § 4 BBodSchG auch auf die Sanierung von Gewässerverunreinigungen, soweit sie auf boden- und altlastenspezifischen Kontaminationen beruhen, als rechtlich zulässig und sachgerecht. Da die im Bundes-Bodenschutzgesetz enthaltenen wasserrechtlichen Normen nur das "Ob" der Sanierung und die spezielle Rechtsgrundlage betreffen, die bei der Sanierung von Gewässern im Einzelfall zu erfüllenden Anforderungen sich jedoch weiterhin nach den Vorschriften des Wasserrechts bestimmen, liegt kein Verstoß gegen die Rahmengesetzgebungskompetenz des Bundes gem. Art. 75 Abs. I Nr. 4 GG vor. In diesem Zusammenhang ist zu beachten, dass auch Rahmenvorschriften in Ausnahmefällen gem. Art. 75 Abs. II GG in Einzelheiten gehende und unmittelbar gegenüber dem Bürger geltende Regelungen enthalten dürfen. Zudem sind die im Bodenschutzrecht verankerten Regelungen - insoweit besteht ohnehin eine Annexkompetenz des Bundes - für eine sachgerechte Sanierung der auf Bodenkontaminationen beruhenden Grundwasserverunreinigungen zwingend erforderlich, da andernfalls - anstelle einer begrüßenswerten bundeseinheitlichen Regelung - neben dem Bundes-Bodenschutzgesetz i.V.m. der BBodSchV zusätzlich auch auf die heterogenen landesrechtlichen Bestimmungen zurückgegriffen werden müsste.[589]

Das Bundes-Bodenschutzgesetz enthält somit bundeseinheitliche Bodenschutzpflichten und Rechtsgrundlagen für Anordnungen zur Abwehr schädlicher Bodenveränderungen und zur Sanierung von Altlasten einschließlich daraus resultierender Gewässerverunreinigungen.

Die im BBodSchG i.V.m. der BBodSchV getroffenen Regelungen zur Grundwassersanierung sind verfassungsrechtlich unbedenklich, da die Anforderungen für die durch schädliche Bodenveränderungen oder Altlasten verursachten Grundwasserverunreinigungen nach wie vor ausschließlich dem Wasserrecht zu entnehmen sind. [590]

---

[589] Vgl. BT-Drs. 13/6701, S. 18

[590] Vgl. Sanden IWS-Schriftenreihe Bd. 27, Grundwassersanierung 1996, 7 ff., 15, UGB-KomE 1998, Begründung, Zu §§ 347, 348 UGB-KomE, S. 1030 ff., § 347 Abs. I, III UGB-KomE stellt eine dem § 4 Abs. III, IV BBodSchG durchaus vergleichbare Regelung dar

bd) Die Anwendbarkeit des § 13 Abs. IV BBodSchG auf Grundwassersanierungen

Sofern es sich um Gewässerverunreinigungen im Zusammenhang mit einer Altlast i.S.d. BBodSchG handelt, sind demzufolge auch die ergänzenden Vorschriften der §§ 11 ff. BBodSchG anwendbar.
Dies bedeutet, dass die spezialgesetzliche Ermächtigung zum Abschluss von Sanierungsverträgen gem. § 13 Abs. IV BBodSchG konsequenterweise insoweit ebenfalls gelten muss. Diese Auffassung wird durch die Regelung des § 15 Abs. II BBodSchG gestützt, nach der die zuständige Behörde von den gem. § 4 Abs. III, V, VI BBodSchG Verpflichteten auch Wasseruntersuchungen sowie die Einrichtung und den Betrieb von Messstellen verlangen kann.

Als Maßnahmen zur Sanierung i.S.d. Bodenschutzrechts, die auch im Rahmen eines Sanierungsvertrages gem. § 13 Abs. IV BBodSchG i.V. §§ 54 ff. VwVfG vereinbart werden können, kommen gem. § 2 Abs. VII BBodSchG
1. Maßnahmen zur Beseitigung oder Verminderung der Schadstoffe - i.S.d. § 2 Nr. 6 BBodSchV – (Dekontaminationsmaßnahmen),
2. Maßnahmen, die eine Ausbreitung der Schadstoffe langfristig verhindern oder vermindern, ohne die Schadstoffe zu beseitigen (Sicherungsmaßnahmen) und
3. Maßnahmen zur Beseitigung oder Verminderung schädlicher Veränderungen der physikalischen, chemischen oder biologischen Beschaffenheit des Bodens in Betracht.

Die in § 2 Abs. VIII BBodSchG genannten Schutz- und Beschränkungsmaßnahmen zählen nicht zu den Sanierungsmaßnahmen. Ihnen kommt gem. § 4 Abs. III S. 2 BBodSchG nur subsidiäre Bedeutung zu. Dennoch können auch sie Gegenstand sanierungsvertraglicher Regelungen sein.

Die Prüfung der Sanierungsnotwendigkeit, die Festlegung der Sanierungsprioritäten sowie der konkreten Sanierungsmaßnahmen ist stets eine Einzelfallentscheidung, die auf den Ergebnissen der Untersuchung und deren Bewertung aufbaut. Ziel jeder Sanierung muss dabei stets sein, Gesundheitsgefahren zu vermeiden, stark ökotoxikologische Wirkungen und sonstige massive Umweltbeeinträchtigungen abzuwehren, wertvolle Schutzgüter in ihrem Bestand zu sichern und ihre Funktionen wieder herzustellen sowie Nutzungen wieder zu ermöglichen.[591]

Aus den im BBodSchG i.V.m. der BBodSchV enthaltenen Vorgaben zur Sanierungsuntersuchung, Sanierungsplanung und Sanierungsausführung lassen sich zudem die Grundstrukturen eines Sanierungsvertrages herleiten. Im Rahmen der mehrphasigen Sanierungsuntersuchung, Planung und Ausführung wird neben der Darstellung der Ausgangslage und der Gefahrensituation regelmäßig die Darstellung der durchzuführenden Maßnahmen und der Nachweis ihrer schadstoff-, boden-, material- und standortspezifischen Eignung erfolgen. Vereinbarungen über die Überprüfung des sach- und fachgerechten Ausführung, die Wirksamkeit der Maßnahmen sowie die notwendigen Überwachungs- und Eigenkontrollmaßnahmen - unter Berücksichtigung möglicher Nachbesserungsregelungen - sind ebenfalls geboten. Erforderlich ist auch eine Darstellung des Zeit- und Kostenplans sowie die Feststellung der Auswirkungen der vorgesehenen Maßnahmen auf die Umwelt und auf etwaige betroffene Dritte.

6. Das Kreislaufwirtschafts- und Abfallgesetz des Bundes und das Abfall- und Altlastenrecht des Landes NW

Der Geltungsbereich des Gesetzes zur Förderung der Kreislaufwirtschaft und Sicherung der umweltverträglichen Beseitigung von Abfällen (KrW-/AbfG)[592] erstreckt sich gem. § 2 Abs. I KrW-/AbfG auf die Vermeidung - Nr. 1 -, Verwertung - Nr. 2 - und Beseitigung von Abfällen - Nr. 3 -.Abfälle im Sinne des Kreislaufwirtschafts- und Abfallgesetzes sind gem. § 3 Abs. I S. 1 KrW-/AbfG alle beweglichen Sachen, die

[591] Vgl. Vorreyer/Jedlitschka Bodenschutz 1999, 96 ff., 97, LAWA in Lühr (Hrsg.) IWS-Schriftenreihe Bd. 21, 1995 aaO., 71 ff., 79

[592] BGBl. I S. 2705, zuletzt geändert durch G v. 25.08.1998, BGBl. I S. 2455

unter die in Anhang I (Abfallgruppen Q 1 - Q 16) aufgeführten Gruppen fallen und deren sich ihr Besitzer - i.S.d. § 3 Abs. VI KrW-/AbfG - entledigt, entledigen will oder entledigen muss.[593]

a) Die Abgrenzung von Wasser- und Abfallrecht

Abgrenzungsprobleme grundsätzlicher Art zwischen konkurrierenden Geltungsansprüchen des Wasserhaushaltsgesetzes und des Kreislaufwirtschafts- und Abfallgesetzes ergeben sich insbesondere bei der Einleitung von - flüssigen - Stoffen in ein Gewässer.[594]

Gem. § 2 Abs. II Nr. 6 KrW-/AbfG gelten die abfallrechtlichen Vorschriften nicht für Stoffe, sobald diese in Gewässer oder Abwasseranlagen eingeleitet oder eingebracht werden. Mit dieser Regelung hat der Gesetzgeber die Kollision zwischen dem Abfallrecht und dem Wasserrecht dahingehend gelöst, dass das Einleiten bzw. Einbringen von Stoffen in Gewässer den wasserrechtlichen Bestimmungen unterliegt.[595]

Der Begriff des "Einbringens" bzw. "Einleitens" i.S.d. § 2 Abs. II Nr. 6 KrW-/AbfG korrespondiert mit dem Begriff des "Einbringens" bzw. "Einleitens" i.S.d. § 3 Abs. I Nr. 4, 4a, 5 WHG. Während das Einbringen nur feste Stoffe betrifft, bezieht sich der Begriff des Einleitens auf flüssige, schlammige und gasförmige Stoffe.[596] Das Einbringen bzw. Einleiten von Stoffen, d.h. deren Zuführung i.S.d. § 27 Abs. I Nr. 1 WHG, setzt - wie jede andere Form der Gewässerbenutzung i.S.d. § 3 WHG - ein nach der objektiven Eignung zweckgerichtetes, gewässerbezogenes Verhalten voraus.[597] Auch das Einleiten in das Grundwasser erfordert stets eine Handlung, die - objektiv - darauf

[593] Vgl. Petersen/Kracht DVBl. 1996, 1161 ff., 1162, Verstyl/Wendenburg NVwZ 1994, 833 ff., 835, NVwZ 1996, 937 ff., 938, Schink VerwArch Bd. 88, 1997, 230 ff. mit einer ausführlichen Darstellung des Abfallbegriffs i.S.d. Kreislaufwirtschafts- und Abfallgesetzes

[594] Vgl. Kloepfer Umweltrecht, § 13, Rdnr. 60 m.w.Nw.

[595] Vgl. BT-Drs. 10/2885, S. 14, Kloepfer Umweltrecht, § 13, Rdnr. 60

[596] Czychowski WHG, § 3, Rdnr. 25, 32, Storm aaO., Rdnr. 491, 495

[597] Czychowski WHG, § 3, Rdnr. 25, 32 m.w.Nw., 46, Storm aaO., Rdnr. 495

gerichtet ist, dass die dem Boden zugeführten Stoffe in das Grundwasser gelangen.[598]

Ob die Begriffe des "Einbringens" und "Einleitens" in § 2 Abs. II Nr. 6 KrW-/AbfG und § 3 Abs. I Nr. 4, 4a, 5 WHG jedoch vollständig deckungsgleich sind, erscheint wegen der unterschiedlichen Zielrichtung der Gesetze zumindest zweifelhaft. § 3 WHG stellt eine Legaldefinition des wasserrechtlichen Benutzungsbegriffs dar, dem eine gewässerbezogene Zweckgebundenheit immanent ist, während § 2 Abs. II Nr. 6 KrW-/AbfG den Geltungsbereich des Abfallrechts konkretisiert, das heißt, einer Abgrenzung von Abfall- und Wasserrecht dient.

Dieser Problematik trägt der Entwurf der Unabhängigen Sachverständigenkommission zum UGB in § 728 Abs. II Nr. 4 UGB-KomE i.V.m. § 727 Abs. I UGB-KomE dadurch Rechnung, dass er vom Anwendungsbereich der abfallrechtlichen Bestimmungen die Abfälle ausgrenzt, die in Gewässer oder Abwasseranlagen eingeleitet oder eingebracht werden. § 728 Abs. II Nr. 4 UGB-KomE übernimmt zwar den Regelungsgehalt des § 2 Abs. II Nr. 6 KrW-/AbfG, verzichtet jedoch auf das dort neueingeführte "sobald", da diese Formulierung - nach Ansicht der Sachverständigenkommission - eher zu weiterer Verwirrung als zur Klarstellung beitrug.[599] Einer solchen Einschätzung kann kaum widersprochen werden.

Unstreitig gilt von dem Zeitpunkt an, in dem eingeleitet oder eingebracht wird, Wasserrecht, bis zu diesem Zeitpunkt gilt das Kreislaufwirtschafts- und Abfallrecht,[600] wobei es für die Abgrenzung ohne Bedeutung ist, ob die Stoffe rechtmäßig oder rechtswidrig eingeleitet werden.[601]

Das Landesabfallgesetz NW enthält in den §§ 28 ff. LAbfG NW zudem spezielle Vorschriften zur Gefährdungsabschätzung, Sanierung und Überwachung von Altlasten und in § 31 LAbfG NW eine Spezialermächtigung, es enthält jedoch - wie das Kreislaufwirtschafts- und Abfallgesetz - im Ergebnis keine spezialgesetzliche Er-

---

[598] Czychowski WHG, § 3, Rdnr. 46
[599] Vgl. UGB-KomE 1998, Zu § 728 UGB-KomE, Begründung S. 1566
[600] Fritsch Das neue Kreislaufwirtschafts- und Abfallrecht, 2. Teil, B, III, 11, Rdnr. 206, S. 61
[601] Fritsch Das neue Kreislaufwirtschafts- und Abfallrecht, 2. Teil, B, III, 11, Rdnr. 206, S. 61 m.w.Nw. unter Hinweis auf BT-Drs. 10/5656, S. 55

mächtigung zum Abschluss subordinationsrechtlicher Verträge, die sich auch auf die Sanierung bereits kontaminierten Grundwassers beziehen.

b) Die Abgrenzung von Bodenschutz- und Abfallrecht

Sofern das BBodSchG Regelungen zur Altlastensanierung enthält, die in Widerspruch zu den landesrechtlichen Bestimmungen stehen, kommt es i.S.d. Art. 31 GG maßgeblich auf den Regelungsinhalt der bundesrechtlichen Vorschriften an. Im Anschluss an das BBodSchG bedarf es ohnehin einer Harmonisierung und Anpassung der landesrechtlichen Altlastenregelungen an das Bundesrecht.[602]

Da Grundwasserverunreingungen zudem regelmäßig in engem Zusammenhang mit Bodenkontaminationen stehen, ist auch eine Abgrenzung der subsidiären bodenschutzrechtlichen Bestimmungen von spezielleren abfallrechtlichen Normen erforderlich, sofern diese auf den Boden bezogene Regelungen enthalten. Von besonderer Bedeutung ist in diesem Zusammenhang die Subsidiaritätsregelung gem. § 3 Abs. I Nr. 2 BBodSchG hinsichtlich der Stilllegung von Deponien, von denen ebenfalls - verursacht durch Sickerwasser - in hohem Maße Gefahren für das Grundwasser ausgehen können.

Die § 3 Abs. I Nr. 2 BBodSchG, § 2 Abs. V Nr. 1, 2 BBodSchG korrespondieren mit den § 27 Abs. I S. 1KrW-/AbfG, § 29 Abs. I S. 3 Nr. 2 KrW-/AbfG, § 36 Abs.II S. 2 KrW-/AbfG i.V.m. § 3 Abs. V Nr. 1 BImSchG.

Sofern der Verdacht besteht, dass von einer stillgelegten Deponie nach § 36 Abs. I KrW-/AbfG schädliche Bodenveränderungen oder sonstige Gefahren für den einzelnen oder die Allgemeinheit ausgehen, so finden für die Erfassung, Untersuchung, Bewertung sowie für die Sanierung die Vorschriften des Bundes-Bodenschutzgesetzes Anwendung.

---

[602] Vgl. Kobes NVwZ 1998, 786 ff., 787

Der Begriff der Deponie wird gem. § 29 Abs. I S. 3 Nr. 2 KrW-/AbfG definiert. Danach sind Deponien Abfallbeseitigungsanlagen zur Endablagerung von Abfällen.[603] Von einer Stillegung der Deponie spricht man, wenn der Inhaber der Deponie diese nicht mehr betreiben will und objektive Kriterien darauf hindeuten, dass der Betrieb auch tatsächlich eingestellt wird.[604] Das Kriterium der Stillegung dient der Abgrenzung der gesetzlichen Geltungsbereiche und verhindert eine Überschneidung zwischen den verfahrensrechtlichen Vorschriften des Abfallbeseitigungsrechts und Immissionsschutzrechts einerseits und denen des Altlastenrechts nach Maßgabe der §§ 11 ff. BBodSchG andererseits.[605]

7. Zwischenergebnis

Mit Ausnahme des § 13 Abs. IV BBodSchG enthalten die geltenden Normen des Wasserrechts und Abfallrechts in NW - im Gegesatz zu den Vorschlägen des UGB-ProfE und UGB-KomE - keine spezialgesetzlichen Ermächtigungen zum Abschluss verwaltungsrechtlicher Sanierungsverträge.

II. Der wasserrechtliche Sanierungsvertrag als unbenannter Verwaltungsvertrag i.S.d. §§ 54 ff. VwVfG

Sofern spezialgesetzliche Ermächtigungen zum Abschluss wasserrechtlicher Sanierungsverträge nicht gegeben sind, bedarf es zur Prüfung der Zulässigkeit der Handlungsform zunächst eines Rückgriffs auf die allgemeinen Regelungen der Verwaltungsverfahrensgesetze des Bundes und der Länder gem. §§ 54 ff. VwVfG.

---

[603] Fritsch aaO., Rdnr. 581
[604] Fritsch aaO., Rdnr. 636 m.w.Nw.
[605] Vgl. Radtke in Holzwarth/Radtke/Hilger BBodSchG, § 2, Rdnr. 33 ff., 37, 43 ff.

In diesem Zusammenhang ist stets zu berücksichtigen, dass das Verwaltungshandeln durch Verwaltungsvertrag i.S.d. §§ 54 ff. VwVfG Ausübung, zugleich aber auch Begrenzung der Ausübung öffentlicher Gewalt i.S.von Art. 19 Abs. IV GG ist, denn ohne oder gegen den Willen der vertragschließenden Beteiligten kommt kein Verwaltungsvertrag zustande.[606] Eine derartige Mitwirkungsbefugnis des Bürgers bei der Ausübung öffentlicher Gewalt wirft zwangsläufig Fragen nach der Zulässigkeit der Handlungsform und des Vertragsinhalts auf. Dies gilt insbesondere hinsichtlich der Zulässigkeit gesetzesinkongruenter Vereinbarungen.

Bei der Beurteilung der umstrittenen Frage, ob und inwieweit der in Art. 20 Abs. III GG verankerte Grundsatz der Gesetzmäßigkeit der Verwaltung für den Abschluss von Verwaltungsverträgen gilt, ist zwischen der Handlungsform - 1. Stufe, Vertragsformverbote - und dem Inhalt des konkreten Verwaltungsvertrages - 2. Stufe, Vertragsinhaltsverbote - zu unterscheiden. Die Ausführungen dieses Abschnitts behandeln die Zulässigkeit der Handlungsform, d.h. sie betreffen die 1. Stufe.

1. Der Grundsatz der Gesetzmäßigkeit der Verwaltung

Gem. Art. 20 Abs. III GG ist die Verwaltung an Recht und Gesetz gebunden. Der Grundsatz der Gesetzmäßigkeit der Verwaltung besteht aus den Komponenten des Vorrangs des Gesetzes und des Vorbehalts des Gesetzes.
Kraft des Vorrangs des Gesetzes gehen staatliche Akte, die in den Formen der Gesetzgebung erlassen werden, allen übrigen staatlichen Akten vor. Soweit gesetzliche Regelungen bestehen, sind alle staatliche Gewalten an diese gebunden,[607] d.h. das Vorrangprinzip drückt die generelle Bindung der Verwaltung an die bestehenden Gesetze aus.[608] Die Verwaltung darf danach keine Maßnahmen treffen, die gegen

[606] Vgl. Stelkens/Bonk/Sachs VwVfG, § 54, Rdnr. 3 m.w.Nw.
[607] Vgl. Hesse aaO., Rdnr. 200
[608] Henneke in Knack VwVfG, Vor § 54, Rdnr. 7.2.1, Vor § 35, Rdnr. 7.2.1, Maurer Allgemeines Verwaltungsrecht, § 6, Rdnr. 2

ein bestehendes Gesetz verstoßen, wobei der Gesetzesvorrang uneingeschränkt und unbedingt für den gesamten Bereich der Verwaltung gilt.[609] Dies ergibt sich bereits aus der Verbindlichkeit der geltenden Gesetze und wird durch Art. 20 Abs. III GG bestätigt.[610]

Das Prinzip des Vorbehalts des Gesetzes, das in Art. 20 Abs. III GG nicht ausdrücklich normiert ist, geht darüber hinaus[611] und besagt, dass bestimmte hoheitliche Maßnahmen nur durch oder aufgrund eines - formellen - Gesetzes erfolgen dürfen[612] bzw. einer ausreichend bestimmten gesetzlichen Grundlage bedürfen.[613]
Der - allgemeine - Vorbehalt des Gesetzes ist ein Vorbehalt der Entscheidung grundlegender, einer Normierung zugänglicher Fragen durch den Gesetzgeber.[614] Zu diesen gehört die Entscheidung über die Zulässigkeit belastender und dadurch die Handlungsfreiheit einschränkender Staatsakte, also von Eingriffen in "Freiheit und Eigentum" im Sinne der traditionellen Deutung.[615]
Daneben wird der Vorbehalt des Gesetzes auch auf wesentliche Entscheidungen ausgedehnt bzw. durch die sogenannte "Wesentlichkeitstheorie" erweitert.[616] Die vom Bundesverfassungsgericht entwickelte Wesentlichkeitstheorie[617] fordert, dass das Parlament alle von der Verfassung offengelassenen bedeutsamen Fragen des Gemeinwesens in Gesetzesform zu regeln oder doch wenigstens deren Entscheidung durch die Exekutive mit Hilfe hinreichend präziser Ermächtigungen vorzuprogrammieren hat.[618]
Die Exekutive verfügt, soweit der Vorbehalt des Gesetzes reicht, über keine originären Regelungsbefugnisse, wobei es nicht prinzipiell ausgeschlossen ist, dass der

---

609 Henneke in Knack VwVfG, Vor § 54, Rdnr. 7.2.1, Vor § 35, Rdnr. 7.2.1, Maurer Allgemeines Verwaltungsrecht, § 6, Rdnr. 2
610 Maurer Allgemeines Verwaltungsrecht, § 6, Rdnr. 2
611 Henneke in Knack VwVfG, Vor § 35, Rdnr. 7.2.1
612 Henneke in Knack VwVfG, Vor § 54, Rdnr. 7.2.2, Vor § 35, Rdnr. 7.2.2. m.w.Nw.
613 Vgl. Jarass in Jarass/Pieroth GG, Art. 20, Rdnr. 28 a, Maurer Allgemeines Verwaltungsrecht, § 6, Rdnr. 3
614 Vgl. Hesse aaO., Rdnr. 508
615 Vgl. Hesse aaO., Rdnr. 508
616 Vgl. Jarass in Jarass/Pieroth GG, Art. 20, Rdnr. 46 m.w.Nw.
617 Vgl. BVerfGE 34, 192 ff., 40, 237 ff., 248, 249, 49, 89 ff., 126, 127, 57, 295 ff., 320 ff., 58, 257 ff., 268 ff., 61, ,260 ff.,275

Gesetzgeber die in seinen Kompetenzbereich fallenden Rechtssetzungsbefugnisse auf die Exekutive übertragt.[619]

Die Reichweite des sog. Parlamentsvorbehaltes erschließt sich nicht unmittelbar aus der Verfassung selbst, sie ist vielmehr im konkreten Fall unter Berücksichtigung der besonderen Umstände des Sachverhaltes und der betroffenen Rechtspositionen auszuloten.[620] Von besonderer Bedeutung sind in diesem Zusammenhang die in den Grundrechten enthaltenen objektiven Wertentscheidungen, nach denen sich bemisst, was als wesentlich im Sinne der Wesentlichkeitstheorie bezeichnet werden kann.[621] Das Kriterium der Wesentlichkeit stellt dabei nicht auf das Wesen der Sache bzw. die Natur der Sache ab, sondern darauf, wie bedeutend, gewichtig, grundlegend, einschneidend oder intensiv eine Regelung für die Allgemeinheit und den Bürger ist.[622] Entscheidungen sind immer dann "wesentlich", wenn sie die Grundrechte beschränken oder kollidierende Grundrechte gegeneinander abgrenzen, d.h. "wesentlich" im grundrechtsrelevanten Bereich bedeutet in der Regel "wesentlich für die Verwirklichung der Grundrechte".[623] Zu berücksichtigen ist demzufolge die Bedeutung der zu regelnden Materie für den Einzelnen und das Gemeinwesen,[624] wobei es hinsichtlich der überragenden Bedeutung eines umfassenden und nachhaltigen Grundwasserschutzes mit dem Ziel der Bewahrung der natürlichen Lebensgrundlagen und der Aufrechterhaltung der Funktionsfähigkeit des Wasserhaushaltes sowie der Gesundheit des Menschen wohl kaum Zweifel geben kann.

Im Sinne der Wesentlichkeitstheorie bedarf es daher insbesondere im Umweltrecht entsprechender gesetzlicher Vorgaben, die auch die zur Zielerreichung bereitgestellten Handlungsformen bzw. Handlungsinstrumente umfassen.

---

[618] Henneke in Knack VwVfG, Vor § 35, Rdnr. 7.2.2
[619] Vgl. Henneke in Knack VwVfG, Vor § 35, Rdnr. 7.2.2
[620] BVerfGE 40, 237 ff., 249, 58, 257 ff., 274
[621] Vgl. BVerfGE 58, 257 ff., 268, 274 m.w.Nw.
[622] Vgl. Maurer Allgemeines Verwaltungsrecht, § 6, Rdnr. 11
[623] Vgl. BVerfGE 47, 46 ff., 79, 49, 89 ff., 126, 57, 295 ff., 320 ff.

2. Handlungsform und Vorbehalt des Gesetzes

Nach dem Prinzip des Vorbehalts des Gesetzes dürfen bestimmte hoheitliche Maßnahmen nur durch oder aufgrund eines Gesetzes erfolgen, sind einem Gesetz mithin vorbehalten. Das Vorbehaltsprinzip enthält sowohl eine verfahrensrechtliche, grundrechtssichernde als auch eine kompetenzrechtliche Aussage.[625]
Die §§ 54 ff. VwVfG - die Normen des VwVfG des Bundes und des Landes NW sind diesbezüglich kongruent - beinhalten u.a. generelle Regelungen zur Zulässigkeit von Verwaltungsverträgen und erkennen den Verwaltungsvertrag als allgemeine Handlungsform der Verwaltung ausdrücklich an.[626]
Dennoch ist zu berücksichtigen, dass die Schaffung des § 54 S. 1 VwVfG es nicht zum Ziel hatte, umstandslos und in der Breite die bisher einhelliger Meinung nach nur durch Einzelakt zu ordnenden Bereiche der Vertragsform zu eröffnen.[627]

Vor diesem Hintergrund ist umstritten, ob die §§ 54 ff. VwVfG eine verfassungsrechtlichen Anforderungen genügende Ausformung des Vorbehalts des Gesetzes darstellen. Desweiteren ist umstritten, ob der Gesetzesvorbehalt überhaupt für die Wahl der verwaltungsvertraglichen Handlungsform gilt.[628]

Grundsätzlich darf die Verwaltung die Handlungsform des Verwaltungsvertrages ohne spezialgesetzliche Ermächtigung wählen.[629] § 54 VwVfG enthält mit seiner "Kann-Regelung" eine doppelte gesetzliche Entscheidung, nämlich sowohl eine gesetzliche Ermächtigung im Sinne einer Zulässigkeitserklärung als Handlungsinstrument im Verwaltungsverfahrensrecht - auch ohne weitere spezialgesetzliche Ermächtigung - als auch eine Ermessensregelung i.S.d. § 40 VwVfG, sich nach sachgerechter Ab-

---

[624] Vgl. BVerfGE 57, 295 ff., 320
[625] Vgl. Henneke in Knack VwvfG, Vor § 54, Rdnr. 7.2.2
[626] Vgl. Maurer DVBL 1989 aaO., 798 ff., 801 m.w.Nw., Henneke in Knack VwVfG, Vor § 35, Rdnr. 7.1, Stelkens/Bonk/Sachs VwVfG, § 54, Rdnr. 1, 2, 90 ff.
[627] Vgl. Kunig DVBl. 1992, 1193 ff., 1196
[628] Vgl. Scherzberg JuS 1992, 205 ff., 208 m.w.Nw.

wägung im Einzelfall für einen Verwaltungsvertrag zu entscheiden.[630] Etwas anderes gilt nur, wenn die Wahl der Handlungsform von Verfassungs wegen eine spezialgesetzliche Rechtsgrundlage erfordert,[631] wie dies für die Begründung oder Feststellung einer Verpflichtung des Normadressaten durch Verwaltungsakt nach der wohl herrschenden Auffassung gefordert wird.[632] Der Gesetzgeber muss die der staatlichen Eingriffsmöglichkeit offenliegende Rechtssphäre grundsätzlich selbst abgrenzen, indem er Inhalt, Zweck und Ausmaß der Eingriffe festlegt.[633]

Wenn man davon ausgeht, dass nur konkrete Eingriffe in Freiheit und Eigentum einer gesetzlichen Grundlage bedürfen, stellt sich die Frage bei den §§ 54 ff. VwVfG nicht, da ein Verwaltungsvertrag in aller Regel nur durch und aufgrund eines - freiwilligen - Willenskonsens zustandekommt.[634] Da die rechtlich relevanten "Eingriffe" grundsätzlich mit dem Einverständnis des Bürgers erfolgen, bzw. von dessen Zustimmung gedeckt sind, liegt kein Verstoß gegen Art. 1 Abs. I GG, Art. 2 Abs. I GG vor.[635]

Im Gegensatz zum Verwaltungsakt kommt dem Verwaltungsvertrag als Handlungsform kein über den Inhalt der jeweiligen Vereinbarung hinausgehender Eingriffsgehalt zu.[636] Die durch den verwaltungsrechtlichen Vertrag entfalteten belastenden Wirkungen sind stets vom vertraglichen Bindungswillen der Parteien umfasst.[637] Legt man demgegenüber die erweiterte Formel des Bundesverfassungsgerichts zugrunde, nach der alle wesentlichen Entscheidungen im Staat - unabhängig vom Merkmal des Eingriffs - einer gesetzlichen Grundlage bedürfen und dem Parla-

---

629 Henneke in Knack VwVfG, Vor § 54, Rdnr. 7.1 m.w.Nw., Kunig DVBl. 1992, 1193 ff., 1196, vgl. Obermayer VwVfG, § 54, Rdnr. 66, Scherzberg JuS 1992, 205 ff., 208, Stelkens/Bonk/Sachs VwVfG, § 54, Rdnr. 90 ff., 92

630 Stelkens/Bonk/Sachs VwVfG, § 54, Rdnr. 14

631 Vgl. Scherzberg JuS 1992, 205 ff., 208, Henneke in Knack VwVfG, Vor § 54, Rdnr. 7.1 insoweit zustimmend

632 Vgl. BVerfGE 72, 265 ff., 266, Obermayer NJW 1987, 2642 ff., 2645, 2646

633 Vgl. Jarass in Jarass/Pieroth GG, Art. 20, Rdnr. 40 m.w.Nw.

634 Vgl. Stelkens/Bonk/Sachs VwVfG, § 54, Rdnr. 96

635 Vgl. Stelkens/Bonk/Sachs VwVfG, § 54, Rdnr. 96

636 Vgl. Scherzberg JuS 1992, 205 ff., 208

637 Vgl. Scherzberg JuS 1992, 205 ff., 208

mentsvorbehalt unterliegen,[638] so ist diesem Erfordernis durch die §§ 54 ff. VwVfG mit dem darin enthaltenen differenzierten System - auch und gerade zum Verwaltungsakt ersetzenden Vertrag - in einer hinreichend bestimmten Weise Rechnung getragen.[639] Zudem geht der Gesetzgeber selbst davon aus, mit der Aufnahme der §§ 54 ff. VwVfG in das Verwaltungsverfahrensgesetz die Frage nach einer gesetzlichen Ermächtigung eindeutig beantwortet zu haben.[640] Gem. § 54 VwVfG ergibt sich die grundsätzliche formale Zulässigkeit des Verwaltungsvertrages, ohne dass es im Einzelfall einer darüber hinausgehenden speziellen gesetzlichen Ermächtigung bedarf.[641] § 54 VwVfG verzichtet für die Zulässigkeit des Verwaltungsvertrages auf eine rechtsnormative Ermächtigung im jeweiligen Spezialgesetz und entscheidet sich für die grundsätzliche Zulässigkeit solcher Verträge - i.S.d. Zulassungstheorie - auch ohne spezialgesetzliche Ermächtigung, sofern nicht Rechtsvorschriften im einzelnen entgegenstehen.[642]

Es ist daher der daraus gefolgerten - wohl vorherrschenden - Auffassung zuzustimmen, für den Abschluss verwaltungsrechtlicher Verträge gelte demzufolge - bezüglich der Handlungsform - der Vorrang, nicht aber der Vorbehalt des Gesetzes.[643] Selbst wenn man den Grundsatz des Vorbehalts des Gesetzes für anwendbar erachtet, stellen die §§ 54 ff. VwVfG vielmehr eine - selbst im Sinne der sogenannten "normativen Theorie"[644] - hinreichende gesetzliche Ermächtigung zum Abschluss von Verwaltungsverträgen innerhalb des Anwendungsbereichs des Verwaltungsverfahrensgesetzes dar.[645] Die positivrechtliche Ausgestaltung die der Verwaltungs-

---

[638] Vgl. BVerfGE 40, 238 ff., 248 ff., 49, 126 ff., 83, 142 ff., 152, 90, 383 ff.
[639] Vgl. Stelkens/Bonk/Sachs VwVfG, § 54, Rdnr. 96
[640] Vgl. BT-Drucks. 7/910, Begr. S. 70
[641] Beckmann/Große-Hündfeld BB 1990, 1570 ff., 1571, Enders/Uwer BB 1995, 629ff., 636, Henneke in Knack VwVfG, § 54, Rdnr. 7.1, Kunig DVBl. 1992, 1193 ff., 1196, Maurer DVBL 1989, 798 ff., 801, Maurer Allgemeines Verwaltungsrecht, § 14, Rdnr. 26, Scherzberg JuS 1992, 205 ff., 208, Müllmann NVwZ 1994, 876 ff., 877
[642] Stelkens/Bonk/Sachs VwVfG, § 54, Rdnr. 92 m.w.Nw.
[643] Vgl. Correll DÖV 1998, 363 ff., 366 m.w.Nw., Maurer DVBl. 1989, 798 ff., 804, Müllmann NVwZ 1994, 876 ff., 877
[644] Vgl. OVG NW DÖV 1966, 798, Kassel DÖV 1966, 760
[645] Kopp VwVfG, § 54, Rdnr. 1, Vorbem. § 54, Rdnr. 8, Maurer DVBL 1989, 798 ff., 802

vertrag in den §§ 54 ff. VwVfG gefunden hat, genügt jedenfalls den Anforderungen des Vorbehalts des Gesetzes.[646]

Die Auffassung, die die Geltung des Gesetzesvorbehalts für die Wahl der verwaltungsvertraglichen Handlungsform generell verneint, geht davon aus, dass beim Abschluss von Verwaltungsverträgen die grundrechtssichernde Funktion des Gesetzesvorbehalts regelmäßig gar nicht betroffen ist, da es angesichts der einverständlichen Mitwirkung des am Vertrag beteiligten Grundrechtsträgers zumindest nicht in dem Maße zu Grundrechtseingriffen kommt, wie dies bei der Geltung des Vorbehaltsprinzips vorausgesetzt wird.[647]

Die vornehmlich dem individuellen Freiheitsschutz dienenden speziellen grundrechtlichen Eingriffsvorbehalte erfordern eine gesetzliche Regelung nur, wenn die vertragliche Bindung den Grundrechtsträger in seiner grundrechtlich geschützten Freiheit nachteilig betrifft.[648]

Der Abschluss und die inhaltliche Ausgestaltung von Verwaltungsverträgen stellt sich regelmäßig als Ausübung privatautonomer Gestaltungsrechte und damit als Freiheitsgebrauch dar.[649] Vom Verwaltungsvertrag geht nur der vom Bindungswillen der Parteien umfasste Eingriffsgehalt aus, d.h. die von einem verwaltungsrechtlichen Vertrag entfalteten belastenden Wirkungen entsprechen dem Bindungswillen der Parteien. Diese Konstellation ist nicht mit der Gefahr einer Beeinträchtigung grundrechtlicher Schutzbereiche in den Fällen einer einseitigen Setzung von Rechtsfolgen durch Verfügung vergleichbar.

Eine ähnliche Problematik besteht bei der Beurteilung der formalen Zulässigkeit von Verwaltungsverträgen in den Rechtsgebieten, auf die das Verwaltungsverfahrensgesetz - und damit die Ermächtigung des § 54 S. 1 VwVfG - keine Anwendung findet und die zudem keine ausdrücklichen spezialgesetzlichen Ermächtigungen enthalten.

---

[646] Vgl. Correll DÖV 1998, 363 ff., 365, Kopp VwVfG, § 54, Rdnr. 1, Vorbem. § 54, Rdnr. 8, Kunig DVBl 1992, 1193 ff., 1197 ff., Stelkens/Bonk/Sachs VwVfG, § 54, Rdnr 90, 108

[647] Vgl. Hennke in Knack VwVfG, Vor. § 54, Rdnr. 7.2.2 unter Hinweis auf BVerwGE 42, 335

[648] Vgl. Scherzberg JuS 1992, 205 ff., 211 ff.

[649] Vgl. Maurer DVBl 1989, 798 ff., 800 ff.

Unabhängig davon, ob man den Gesetzesvorbehalt unmittelbar aus Art. 20 Abs. III GG,[650] aus dem Verfassungsgewohnheitsrecht,[651] aus dem Rechtsstaatsprinzip i.V.m. dessen grundgesetzlichen Ausformungen[652] oder aus den Grundrechten i.V.m. Art. 20 Abs. III GG[653] herleitet, bedarf es grundsätzlich - zumindest bei wesentlichen Eingriffen in Freiheit und Eigentum -[654] einer ausdrücklichen gesetzlichen Ermächtigungsgrundlage.

Nach der Auffassung des Bundesverwaltungsgerichts steht das aus Art. 20 Abs. III GG i.V.m. den Grundrechten ableitbare Erfordernis einer gesetzlichen Grundlage für Eingriffe in Freiheit und Eigentum der Zulässigkeit von Verwaltungsverträgen nicht entgegen, da es sich angesichts der einverständlichen Mitwirkung der am Vertrag Beteiligten gar nicht um Eingriffe i.S.d. Art. 20 Abs. III GG handele.[655]
Es darf jedoch nicht übersehen werden, dass der Ansicht, der Verwaltungsvertrag ergehe einvernehmlich und die Einwilligung des Betroffenen mache das Vorliegen einer gesetzlichen Ermächtigungsgrundlage daher entbehrlich,[656] entgegengehalten werden kann, sie berücksichtige nicht in hinreichendem Maße die konkrete Situation des Betroffenen sowie die Abhängigkeit, die sich bei subordinationsrechtlichen Verträgen regelmäßig aus dem Über-Unterordnungsverhältnis ergibt.
Der Abschluss von Verwaltungsverträgen im Subordinationsverhältnis kommt in der Praxis oftmals nur unter dem massiven Eindruck einer ansonsten drohenden Ordnungsverfügung zustande. Von einem wirklichen Einverständnis oder von Freiwilligkeit auf Seiten des Betroffenen kann daher im Rahmen eines Über-Unterordnungsverhältnisses nur bedingt gesprochen werden. Der Grundgedanke des "volenti non fit iniuria", der prinzipiell auch im Verwaltungsrecht gilt,[657] kann mangels der erforderlichen Freiwilligkeit in einer Vielzahl von Fällen auch nicht ohne

---

[650] Vgl. BVerfGE 40, 237 ff., 248, BVerwGE 72, 265 ff., 266
[651] Herzog in Maunz/Dürig Kommentar zum GG, Bd II aaO., Art. 20, Rdnr. 79, Anm. 32
[652] Vgl. Jarass in Jarass/Pieroth GG, Art. 20 , Rdnr. 29 m.w.Nw., Jarass NVwZ 1984, 473 ff., 475
[653] Vgl. BVerfGE 49, 89 ff., 126, 67, 157 ff., 172, 78, 179 ff., 197
[654] Vgl. BVerfGE 49, 89 ff., 126, 61, 260 ff., 275, 77, 170 ff., 230
[655] Vgl. BVerwGE 23, 213 ff., 216, 42, 331 ff., 335,
[656] Vgl. Correll DÖV 1998, 363 ff., 366
[657] Vgl. Sachs VerwArch. Bd. 76, 1985, S. 398 ff., 404 ff.

weiteres auf den Abschluss subordinationsrechtlicher Verwaltungsverträge übertragen werden. Jedenfalls dann, wenn ein etwaiger Grundrechtsverzicht erst unter ganz erheblichem staatlichen Druck erfolgt ist, können verwaltungsvertragliche Regelungen nicht mehr als "freiwillig" im eigentlichen Sinn des Wortes bezeichnet werden .[658] Der Betroffene stimmt der vertraglichen Lösung regelmäßig eher "nolens volens" zu, da die Handlungsform des Vertrages es ihm immerhin noch ermöglicht, auch eigene wirtschaftliche und rechtliche Interessen im Wege des Konsens zu wahren. Scherzberg nimmt daher einen grundrechtlich zulässigen Freiheitsgebrauch auch nur in den Fällen an, in denen das betroffene Grundrecht einer selbst auferlegten Beeinträchtigung nicht entgegensteht und nach den konkreten Umständen auch keine Beeinträchtigung der Entscheidungsfreiheit des Bürgers vorliegt.[659]
Eine derartige Beeinträchtigung kann bei einem deutlichen Verhandlungsübergewicht der Behörde oder in den Fällen vorliegen, in denen die Behörde für den Fall des Scheiterns der Vertragsverhandlungen die einseitige Durchsetzung mittels Verwaltungsakt androht.[660] Bei Vorliegen eines solchen "faktischen Kontrahierungszwangs" erscheint die Forderung nach einer spezialgesetzlichen Ermächtigung insbesondere in den von den §§ 54 ff. VwVfG nicht erfaßten Fällen als zumindest nicht abwegig.[661]
Die Auffassung, der Gesetzesvorbehalt betreffe nur den Inhalt, nicht aber die Form des Verwaltungshandelns und der Abschluss verwaltungsrechtlicher Verfahren durch Vertrag sei daher stets zulässig,[662] dürfte - zumindest in den Fällen, in denen § 54 S. 1 VwVfG keine Anwendung findet - allenfalls vor dem Hintergrund der praktischen Notwendigkeit noch uneingeschränkt vertretbar sein.
Da beim Abschluss subordinationsrechtlicher Sanierungsverträge die Normen des Verwaltungsverfahrensgesetzes jedoch Anwendung finden, kann im Ergebnis der Auffassung gefolgt werden, die die §§ 54 ff. VwVfG als eine den verfassungsrechtlichen Anforderungen genügende Ausformung des Vorbehalts des Gesetzes erach-

---

[658] Vgl. Fluck/Schmitt VerwArch. Bd. 89, 1998, 220 ff., 236, Murswiek JZ 1988, 985 ff., 987 ff.
[659] Vgl. Scherzberg JuS 1992, 205 ff., 211 ff.
[660] Vgl. Scherzberg JuS 1992, 205 ff., 211 ff.
[661] Vgl. Scherzberg JuS 1992, 205 ff., 211 ff.
[662] Vgl. Correll DÖV 1998, 363 ff., 366

tet.[663] Dies gilt gleichermaßen für die sogenannten "freiwilligen" und "unfreiwilligen" Verträge mit der öffentlichen Hand. Selbst dann, wenn der "Angebotsdruck" der öffentliche Hand im konkreten Einzelfall so groß ist, dass dem Betroffenen keine echte Alternative zum Abschluss des Vertrages bleibt, kommt der Verwaltungsvertrag nur durch einen entsprechenden Willenskonsens zustande. Darauf kommt es maßgeblich an. Eine andere Wertung würde zu einer Vermischung der Unterschiede von Vertrag und einseitig-hoheitlichem Verwaltungshandeln führen.

Sofern die Verwaltung einen unverhältnismäßigen Druck ausübt, führen die §§ 59, 62 VwVfG i.V.m. den Normen des BGB in entsprechender Anwendung zu angemessenen Lösungen, ohne dass die Strukturen des Verwaltungsvertrages aufgelöst werden. [664]Auch der betroffene Bürger, der sich dem Verwaltungsvertrag quasi "unterwirft", ist durch die §§ 54 ff. VwVfG hinreichend geschützt.

Der Abschluss wasserrechtlicher Sanierungsvereinbarungen ist somit - sofern keine benannten Sanierungsverträge vorliegen -bereits gem. §§ 54 ff. VwVfG grundsätzlich zulässig.

Nicht das Fehlen einer über § 54 S. 1 VwVfG hinausgehenden spezialgesetzlichen Ermächtigung, sondern lediglich ein besonderes Vertragsformverbot kann demnach dem Abschluss eines subordinationsrechtlichen Verwaltungsvertrages entgegenstehen.[665]

3. Handlungsform und Vorrang des Gesetzes

Die generelle Zulässigkeit der Handlungsform des wasserrechtlichen Sanierungsvertrages gilt jedoch gem. § 54 S. 1 VwVfG nur insoweit, als dem Vertrag keine Rechtsvorschriften entgegenstehen.

---

[663] Vgl. Kopp VwVfG, § 54, Rdnr. 1
[664] Vgl. Stelkens/Bonk/Sachs VwVfG, § 54, Rdnr. 32
[665] Vgl. Scherzberg JuS 1992, 205 ff., 208

Zwar finden sich im Umweltrecht - dies gilt auch für das Wasserrecht - keine ausdrücklichen Vertragsformverbote, solche könnten sich aber gegebenenfalls im Wege der Auslegung erschließen lassen.[666]

a) Das Vertragsformverbot

Um ein Vertragsformverbot für einen subordinationsrechtlichen Vertrag annehmen zu können, müssen besondere Anhaltspunkte im Gesetz gegeben sein, insbesondere muss sich aus den Regelungen eindeutig ergeben, dass ausschließlich der Verwaltungsakt und nicht der subordinationsrechtliche Verwaltungsvertrag als Parallelinstitut zum Verwaltungsakt in Frage kommt.

Bei der Annahme, in einem gesetzlichen Regelungsbereich sei der Abschluss von Verwaltungsverträgen ausgeschlossen, ist daher Vorsicht geboten. Der Gesetzgeber geht zwar häufig von dem Verwaltungsakt als typischer Handlungsform der Verwaltung aus, daraus lässt sich jedoch noch nicht ein gesetzliches Verbot des Verwaltungsvertrages herleiten.[667]

Einer Differenzierung danach, ob ein Gesetz vor oder nach Erlass des Verwaltungsverfahrensgesetzes bestimmte, dass die Verwaltung durch Bescheid bzw. Verfügung zu handeln habe,[668] bedarf es nicht, da auch nach dem Erlass des Verwaltungsverfahrensgesetzes der Gesetzgeber - dies gilt insbesondere für den Bereich der klassischen Eingriffsverwaltung - davon ausgeht, dass die Verwaltung ihre Ziele grundsätzlich auch durch einseitiges Handeln erreichen kann. Daraus bereits ein "Indiz" für ein Vertragsformverbot herzuleiten steht im Widerspruch zum Regelungsinhalt des § 54 S. 2 VwVfG, der einen Austausch des einseitigen Handelns durch kooperative, konsensuale Handlungsformen gerade ermöglichen will. Es müssen demzufolge zusätzliche Kriterien aus der gesetzlichen Regelung kraft Auslegung ermittelt

[666] Vgl. Kloepfer Umweltrecht, § 5, Rdnr. 196
[667] Vgl. Beckmann/Große-Hündfeld BB 1990, 1570 ff., 1571
[668] Vgl. Erichsen/Martens, Allgemeines Verwaltungsrecht, § 27 II

werden,[669] die den Rückschluss erlauben, dass der Gesetzgeber ausschließlich zu einem einseitigen Handeln ermächtigen wolle. Allein die Bereitstellung einer anderen Handlungsform, insbesondere derjenigen des Verwaltungsaktes, genügt dafür nach allgemeiner Auffassung nicht.[670] Sieht ein Rechtssatz ein Vorgehen der Verwaltung durch "Bescheid" oder "Verfügung" vor, wird damit im allgemeinen nur an die überkommene Form des Verwaltungshandelns angeknüpft.[671] Der Gesetzgeber verwendet solche Begriffe häufig nur beiläufig, ohne dass sich dem eine bewusste Entscheidung gegen den Verwaltungsvertrag entnehmen ließe.[672] Etwas anderes gilt nur, wenn der Zweck der Vorschriften, d.h. der Zweck der jeweiligen Norm konkret einer vertraglichen Regelung bzw. einer Mitwirkung Privater an der Setzung von Rechtsfolgen entgegensteht.[673]

Dies bedeutet, dass auch im Bereich der Eingriffsverwaltung kein generelles Vertragsformverbot besteht.[674]

Die gegenwärtige Entwicklung des Umweltrechts und die zunehmende gesetzliche Bedeutung kooperativer, konsensualer Handlungsformen zur Durchsetzung umweltschutzrechtlicher Bestimmungen lassen vielmehr den Schluss zu, dass dem Einsatz formaler, rechtsverbindlicher normvollziehender Absprachen nur ganz ausnahmsweise Handlungsformverbote entgegenstehen sollen.

b) Ordnungsrecht und verwaltungsvertragliches Handeln

Die Annahme eines solchen Vertragsformverbotes könnte jedoch für die Vorschriften des allgemeinen Polizei- und Ordnungsrechts gelten. Die zuständigen Behörden handeln, wie bereits dargelegt, gem. § 138 LWG NW i.V.m. §§ 12 ff. OBG NW als Sonderordnungsbehörden und greifen zur Durchsetzung wasserrechtlicher Bestim-

---

[669] Vgl. Meyer/Borgs VwVfG, § 54, Rdnr. 70 m.w.Nw., Scherzberg JuS 1992, 205 ff., 208
[670] Vgl. Scherzberg JuS 1992, 205 ff., 208 m.w.Nw.
[671] Vgl. Scherzberg JuS 1992, 205 ff., 208, Obermayer VwVfG, § 54, Rdnr. 67 m.w.Nw.
[672] Vgl. Obermayer VwVfG, § 54, Rdnr. 67
[673] Vgl. Kunig DVBl. 1992, 1193 ff., 1196, Scherzberg JuS 1992, 205 ff., 208 m.w.Nw.

mungen regelmäßig auch auf die Vorschriften des allgemeinen Polizei- und Ordnungsrechts zurück.

Nach einer sehr restriktiven Auffassung sind u.a. Verwaltungsverträge, die die Kernbereiche des Polizei- und Sicherheitsrechts betreffen im Sinne des § 54 S. 1 VwVfG unzulässig.[675] Danach könnten sämtliche Bestimmungen, in denen ordnungsbehördliche Verfügungen geregelt werden, einer verwaltungsvertraglichen Regelung entgegenstehende Vorschriften darstellen.[676]

Dies gilt insbesondere im Hinblick auf § 20 OBG NW. Gem. § 20 Abs. I OBG NW werden Anordnungen der Ordnungsbehörden durch die von bestimmten Personen oder einem bestimmten Personenkreis ein Handeln, Dulden oder Unterlassen verlangt oder die Versagung, Einschränkung oder Zurücknahme einer rechtlich vorgesehenen ordnungsbehördlichen Erlaubnis oder Bewilligung ausgesprochen wird, durch schriftliche Ordnungsverfügung erlassen. Dies gilt gem. § 12 OBG NW i.V.m. § 138 LWG NW auch für das Handeln von Sonderordnungsbehörden, sofern nicht durch Gesetz oder Verordnung Abweichendes bestimmt ist.

§ 20 OBG NW verpflichtet die Behörde, in den Fällen, in denen sie durch Ordnungsverfügung tätig wird, die gesetzlich festgelegte Form einzuhalten.

Verwaltungsverträge über Maßnahmen zur Gefahrenabwehr bzw. vertragliche Sanierungsabsprachen im Rahmen des ordnungsbehördlichen Ermessens werden durch diese allein die Form der Ordnungsverfügung betreffende Regelung nicht berührt.[677]

Aus der Tatsache, dass der Gesetzgeber in § 20 OBG NW den Begriff Ordnungsverfügung ausdrücklich verwendet, kann noch nicht auf ein Handlungsformverbot geschlossen werden. Die Benennung als Verfügung dürfte mit der damaligen Vorstellung des Gesetzgebers vom Regelfall verwaltungsbehördlichen Handelns zusammenhängen, nicht aber als bewusste Entscheidung gegen den Verwaltungsver-

---

[674] Vgl. Scherzberg JuS 1992, 205 ff., 208 m.w.Nw., Spieth IWS-Schriftenreihe Bd. 27, Grundwassersanierung 1996, 38 ff., 44, Stelkens/Bonk/Sachs VwVfG, § 54, Rdnr. 106 m.w.Nw.
[675] Vgl. Kopp VwVfG, § 54, Rdnr. 27 m.w.Nw.
[676] Vgl. Kloepfer Umweltrecht, § 5, Rdnr. 196
[677] Vgl. BVerwG NVwZ 1990, 665 ff., 667, OVG NW E 16, 12, Müllmann in NVwZ 1994, 876 ff., 877

trag als Handlungsinstrument zu werten sein.[678] § 20 OBG NW stellt lediglich eine die typische Handlungsform der Verwaltung betreffende Schriftformregelung dar, mit der keineswegs eine verwaltungsvertragliche Gestaltung im Bereich der Gefahrenabwehr ausgeschlossen werden sollte.[679]
Bei Ermessensentscheidungen, bei denen das Gesetz der Verwaltung die Entscheidung überlässt, ob und in welcher Weise sie bei Vorliegen eines bestimmten Sachverhaltes reagieren will, bzw. ob sie überhaupt die im Gesetz vorgesehene Rechtsfolge herbeiführen will, räumt der Gesetzgeber der Zweckmäßigkeit im Einzelfall den Vorrang ein und überlässt der Verwaltungsbehörde im Rahmen der Zweckmäßigkeitserwägungen regelmäßig auch die Wahl des Verwaltungshandelns.[680]
Der Abschluss von Verwaltungsverträgen ist insbesondere dann zweckmäßig, wenn die von den Ordnungsbehörden durchzusetzenden Regelungen entsprechend den Besonderheiten des Einzelfalles durch Anpassung an seine individuellen Verhältnisse im Interesse aller Beteiligten im Rahmen einer unmittelbar verbindlich fixierten verwaltungsrechtlichen Vereinbarung getroffen werden können.[681]

Weder aus den wasserrechtlichen sowie den sonstigen spezialgesetzlichen Vorschriften noch aus den Normen des allgemeinen Polizei- und Ordnungsrechts lassen sich unmittelbar oder mittelbar - im Wege der Gesetzesauslegung - Vertragsformverbote herleiten. Auch die Polizei- und Ordnungsbehörden - und deren spezielle Ausprägung in Form von Wasser- und Bodenschutzbehörden - sind unter Beachtung der Grenzen ihres Ermessens berechtigt, Verwaltungsverträge zu schließen.[682]

---

[678] Vgl. Obermayer VwVfG, § 54, Rdnr. 102 m.w.Nw.
[679] Vgl. Beckmann/Große-Hündfeld, BB 1990, 1570 ff., 1572 m.w.Nw.
[680] Vgl. Beckmann/Große-Hündfeld BB 1990, 1570 ff., 1572
[681] Vgl. OVG Münster v. 21.06.1960, E 16, S. 12 ff., 16
[682] Vgl. Spieth IWS-Schriftenreihe Bd. 27, Grundwassersanierung 1996, 38 ff., 44 m.w.Nw., Stelkens/Bonk/Sachs VwVfG, § 54, Rdnr. 106 m.w.Nw.

c) Wahlfreiheit und Ermessensreduktion

Sofern das verwaltungsvertragliche Handeln nicht ausgeschlossen ist, steht die Wahl der Handlungsform - wie bereits vorab dargelegt - gem. § 40 VwVfG im Ermessen der Behörde.[683] Das Verwaltungsverfahrensgesetz sieht Verwaltungsakt und Verwaltungsvertrag als prinzipiell austauschbare, funktional gleichwertige und rechtssystematisch gleichberechtigte Handlungsformen an.[684] Der Verwaltung kommt somit eine Wahlfreiheit der Handlungsform nach pflichtgemäßem Ermessen zu.[685] Dem in § 10 S. 2 VwVfG zum Ausdruck gebrachten Grundprinzip des Verfahrensrechts entsprechend, muss für die Wahl der Handlungsform maßgeblich sein, welches Instrument eine einfache, zweckmäßige und zügige, insbesondere effektive Lösung der Verwaltungsaufgabe ermöglicht.[686]

Nach wie vor umstritten ist, unter welchen Voraussetzungen eine Ermessensreduktion der Verwaltung eintreten kann. Fraglich ist dabei insbesondere, ob das verfassungsrechtliche Übermaßverbot insoweit einen geeigneten Maßstab zur Auswahl der Handlungsform bereitstellt.

Die Auffassungen, die aus dem Übermaßverbot einen prinzipiellen Vorrang des verwaltungsrechtlichen Vertrages herleiten wollen, sofern die vertragliche Einigung den Erlass eines Verwaltungsaktes entbehrlich macht, also der Betroffene bereit ist, eine ihm andernfalls einseitig - hoheitlich auferlegte Verpflichtung vertraglich zu übernehmen,[687] verkennen, dass der Erlass von Verwaltungsakten nicht als "ultima ratio" der Handlungsformen, sondern der subordinationsrechtliche Verwaltungsvertrag vielmehr als Parallelinstitut zum Verwaltungsakt zu werten ist.

---

[683] Vgl. Kunig DVBl. 1992, 1193 ff., 1196, Maurer DVBl. 1989, 798 ff., 805, Scherzberg JuS 1992, 205 ff., 209

[684] Vgl. Henneke in Knack VwVfG, Vor § 54, Rdnr. 8.2

[685] Vgl. Kunig DVBl 1992, 1193 ff., 1196, Maurer DVBl 1989, 798 ff., 805, Oldiges NJW 1984, 1927 ff., 1932, Scherzberg JuS 1992, 205 ff., 209

[686] Vgl. Henneke in Knack VwVfG, Vor. § 54, Rdnr. 8.2.1 m.w.Nw.

[687] Vgl. Krebs DÖV 1989, 969 ff., 974, Di Fabio DVBl. 1990, 338 ff., 345 ff insoweit einschränkend

Die Handlungsfähigkeit der Sonderordnungsbehörden hinsichtlich der Formenwahl darf keineswegs so eingeschränkt werden, dass die Verwaltungen z.B. vor Erlass einer Sanierungsverfügung grundsätzlich verpflichtet sind, vorab die Möglichkeiten einer verwaltungsvertraglichen Einigung mit dem Störer zu prüfen und zur Vermeidung einseitig - hoheitlichen Handelns zunächst in Vertragsverhandlungen mit dem Sanierungspflichtigen zu treten.

Der Gesetzgeber hat ein ausdifferenziertes System von Beteiligungsformen geschaffen, das von der einseitigen Aufgabenwahrnehmung des Staates über die ausdrückliche Regelung der Befugnisse zu konsensualem Handeln, die Anordnung der Subsidiarität einseitigen Gesetzesvollzugs bis hin zur Kooperation von Bürger und Staat reicht.[688] Dieses Regelungsgefüge würde unterlaufen, müsste die Vollzugsbehörde auch in den gesetzlich nicht vorgeschriebenen Fällen die weitestgehende, mit der jeweils wahrzunehmenden Aufgabe noch vereinbare Bürgerbeteiligung anstreben.[689]
Unabhängig von der Frage, inwieweit eine Reduzierung des Verfahrensermessens eintritt, erscheint es kaum vorstellbar, dass das Ermessen der Verwaltung so sehr schrumpft, dass im konkreten Fall nur noch der Verwaltungsvertrag zulässig ist.[690] Das Ermessen der Behörde kann sich eher aus Gründen der Effektivität und Flexibilität auf den Ausschluss der Vertragsform reduzieren, kaum jedoch auf ihre Wahl.[691] Ein Anspruch des Bürgers auf die Wahl der Handlungsform ist angesichts der behördlichen Entscheidungsprärogative praktisch auszuschließen.[692]

---

[688] Scherzberg JuS 1992, 205 ff., 209
[689] Vgl. Scherzberg JuS 1992, 205 ff., 209
[690] Vgl. Henneke in Knack VwVfG, Vor § 54, Rdnr. 8.2.1, Hill NVwZ 1985, 449 ff., 452 ff., Kunig DVBl 1992, 1193 ff., 1196, Maurer DVBl 1989, 798 ff., 805
[691] Vgl. Kunig DVBl. 1992, 1193 ff., 1196 m.w.Nw.
[692] Vgl. Kunig DVBl 1992, 1193 ff., 1196

Der Bürger kann zwar den Abschluss eines Sanierungsvertrages verhindern, nicht aber den Sanierungsvertrag erzwingen, falls sich die Behörde für den Erlass einer Sanierungsverfügung entschieden hat.[693]

[693] Vgl. Maurer DVBl 1989, 798 ff., 805

F. Die formelle und materielle Zulässigkeit des wasserrechtlichen Sanierungsvertrages

Von der Frage nach der Zulässigkeit der Handlungsform ist die Frage nach den formellen Voraussetzungen sowie nach dem rechtlich zulässigen Regelungsinhalt des subordinationsrechtlichen Sanierungsvertrages zu trennen.

Bei der Prüfung der Zulässigkeit der Handlungsform geht es - wie bereits dargestellt - darum, festzustellen, ob das Verwaltungshandeln durch Verwaltungsvertrag überhaupt in Betracht kommen kann, oder ob es im konkreten Fall unzulässig ist.
Aus der Zulassung der Vertragsform darf nicht auf eine völlige Gestaltungsfreiheit bezüglich des Inhalts verwaltungsrechtlicher Verträge geschlosen werden. Eine Vertragsgestaltungsfreiheit wie im Zivilrecht mit der dort bestehenden Privatautonomie und den weitgehend dispositiven Rechten besteht im öffentlichen Recht nicht, da die Verwaltung an die zwingenden Normen der öffentlich-rechtlichen Rechtsordnung gebunden ist und hiervon grundsätzlich auch durch die Wahl der Vertragsform nicht abweichen darf.[694]

Die Zulässigkeit des Vertragsinhalts ist für den jeweiligen Verwaltungsvertrag im Einzelfall zu beantworten.

Ob der Verwaltungsvertrag wirksam ist, hängt ferner davon ab, ob die subjektiven Anforderungen an die Verfahrensbeteiligten und die objektiven Voraussetzungen für die Anerkennung durch das Verwaltungsverfahrensgesetz nach Maßgabe der in den §§ 54 ff. VwVfG enthaltenen Regelungen gegeben sind.[695]

---

[694] Vgl. Stelkens/Bonk/Sachs VwVfG, § 54, Rdnr. 108
[695] Stelkens/Bonk/Sachs VwVfG, § 54, Rdnr. 109

I. Die formelle Rechtmäßigkeit des subordinationsrechtlichen Sanierungsvertrages, insbesondere die Schriftform i.S.d. § 57 VwVfG und die Zustimmung von Dritten und Behörden gem. § 58 VwVfG

Hinsichtlich des Zustandekommens eines subordinationsrechtlichen Sanierungsvertrages bestehen gegenüber den sonstigen verwaltungsrechtlichen Verträgen keine Besonderheiten und regelmäßig auch keine spezifischen Probleme.
Der subordinationsrechtliche Sanierungsvertrag kommt, entsprechend dem privatrechtlichen Vertrag, gem. § 62 S. 2 VwVfG i.V.m. §§ 145 ff. BGB in entsprechender Anwendung, durch mindestens zwei wirksame, kongruente zugangsbedürftige Willenserklärungen - Angebot und Annahme - zustande. Erforderlich ist ein vom Erklärungsbewusstsein getragener Bindungswille der beteiligungs- und handlungsfähigen Vertragsparteien.[696]

1. Die Schriftform des Sanierungsvertrages i.S.d. § 57 VwVfG

Der Verwaltungsvertrag ist zudem stets unter Beachtung der Schriftform i.S.d. § 57 VwVfG zu schließen. Strittig ist jedoch, welche Anforderungen an das Merkmal der Schriftform von Verwaltungsverträgen zu stellen sind.
Gem. § 57 VwVfG sind verwaltungsrechtliche Verträge schriftlich zu schließen, soweit nicht durch Rechtsvorschrift eine andere Form vorgeschrieben ist. Es gelten somit für den Abschluss von Sanierungsverträgen strengere Anforderungen als beim Erlass von Verwaltungsakten. Diese können gem. § 37 Abs. II VwVfG grundsätzlich formfrei ergehen. Für den Erlass von Sanierungsverfügungen ist jedoch gem. § 20 Abs. I S. 1 OBG NW, § 12 OBG NW Schriftform i.S.d. § 37 Abs. III VwVfG erforderlich.

---

[696] Vgl. Stelkens/Bonk/Sachs VwVfG, § 54, Rdnr. 28, 29 m.w.Nw.

§ 57 VwVfG gilt allgemein für verwaltungsrechtliche Verträge im Anwendungsbereich des Verwaltungsverfahrensgesetzes und zwar unabhängig davon, ob es sich um koordinationsrechtliche oder subordinationsrechtliche Verträge handelt.[697] Die Regelung des § 57 VwVfG sagt jedoch nichts darüber aus, was unter Schriftform im Sinne der Norm zu verstehen ist. Dies hat zur Folge, dass die Anforderungen, die an die Wahrung der Schriftform zu stellen sind, in Rechtsprechung und Literatur uneinheitlich beurteilt werden.

a) Die Schriftform i.S.d. § 37 Abs. III VwVfG

Einen Anhaltspunkt dafür, was unter Schriftform i.S.d. § 57 VwVfG zu verstehen ist, könnte § 37 Abs. III VwVfG geben. Gem. § 37 Abs. III VwVfG muss ein schriftlicher Verwaltungsakt die erlassende Behörde erkennen lassen und die Unterschrift oder Namenswiedergabe des Behördenleiters, seines Vertreters oder seines Beauftragten enthalten. Diese Norm stellt für schriftlich erlassene Verwaltungsakte lediglich bestimmte Mindesterfordernisse auf.[698] Der Schriftform i.S.d. § 37 Abs. III VwVfG genügt daher z.B. auch ein Telegramm, Fernschreiben, Telefax oder Telebrief, nicht dagegen eine bloße Fotokopie, sofern sie ausdrücklich als solche gekennzeichnet ist.[699] Zulässig sind und der Schriftform i.S.d. Norm genügen auch - schriftliche - Verweisungen im Verwaltungsakt auf bestehende Pläne, Diagramme und auf bestimmte vorausgegangene Anträge, Schreiben oder auch schriftlich den Beteiligten gegenüber ergangene Veraltungsakte.[700]

§ 37 Abs. III, IV VwVfG enthält somit ein weites, speziell auf Verwaltungsakte bezogenes Schriftformerfordernis.

---

[697] Vgl. Kopp VwVfG, § 57, Rdnr. 1, Henneke in Knack VwVfG, § 57, Rdnr. 2, Obermayer VwVfG, § 57, Rdnr. 3 ff., Stelkens/Bonk/Sachs VwVfG, § 57, Rdnr. 9, 10

[698] Vgl. Henneke in Knack VwVfG, § 37, Rdnr. 5, Kopp VwVfG, § 37, Rdnr. 25

[699] Henneke in Knack VwVfG, § 37, Rdnr. 5.3 m.w.Nw., Kopp VwVfG, § 37, Rdnr. 25

[700] Kopp VwVfG, § 37, Rdnr. 25

b) Die Schriftform i.S.d. § 126 BGB

Demgegenüber stellt die Regelung des § 126 BGB strengere Anforderungen an die Schriftform. Gem. § 126 Abs. I BGB muss die Urkunde von dem Aussteller eigenhändig durch Namensunterschrift oder mittels notariell beglaubigten Handzeichens unterzeichnet werden, sofern durch Gesetz schriftliche Form vorgeschrieben ist. Bei einem Vertrage muss gem. § 126 Abs. II S. 1 BGB die Unterzeichnung der Parteien auf derselben Urkunde erfolgen,[701] wobei es gem. § 126 Abs. II S. 2 BGB genügt, dass jede Partei die für die andere Partei bestimmte Urkunde unterzeichnet, wenn über den Vertrag mehrere gleichlautende Urkunden aufgenommen wurden.
Da das Gesetz in § 57 VwVfG nicht im einzelnen bestimmt, was unter dem schriftlichen Abschluss eines verwaltungsrechtlichen Vertrages zu verstehen ist, und § 37 Abs. III VwVfG ausdrücklich nur die Anforderungen an einen schriftlichen Verwaltungsakt als einseitig - hoheitliche Maßnahme festlegt, muss weiter berücksichtigt werden, dass § 62 S. 2 VwVfG ergänzend die entsprechende Geltung der Vorschriften des BGB anordnet.[702] Gem. § 62 S. 1 VwVfG gelten - soweit sich aus den §§ 54 - 61 VwVfG nichts Abweichendes ergibt - die übrigen Vorschriften des Verwaltungsverfahrensgesetzes. Ergänzend gelten gem. § 62 S. 2 VwVfG die Vorschriften des Bürgerlichen Gesetzbuches entsprechend.

Zu berücksichtigen ist zunächst, dass die entsprechende Anwendung privatrechtlicher Bestimmungen im öffentlichen Recht nicht in jedem Fall deren wortwörtliche Übernahme bedeutet. Die analoge Anwendung privatrechtlicher Normen im Verwaltungsrecht lässt es vielmehr zu und fordert, den Grundgedanken der Norm zu übernehmen und ihn unter Beachtung der Besonderheiten des öffentlichen Rechts so zu modifizieren, dass er der Interessenlage im öffentlichen Recht entspricht.[703]

---

[701] Obermayer VwVfG, § 57, Rdnr. 15
[702] Vgl. OVG Lüneburg NJW 1992, 1404 ff., 1405, VGH Mannheim NVwZ-RR 1990, 225, OVG Lüneburg NJW 1998, 2921 ff., 2921
[703] Vgl. BVerwGE 36, 108 ff., 113, OVG Lüneburg NJW 1992, 1404 ff., 1405

ba) Das Erfordernis eigenhändiger Unterzeichnung i.S.d. § 126 Abs. I BGB

Dies gilt zunächst für das Erfordernis einer eigenhändigen Unterzeichnung i.S.d. § 126 Abs. I BGB in entsprechender Anwendung. Hier ist ergänzend zu §§ 57, 62 VwVfG, § 126 BGB analog die Regelung des § 37 Abs. III VwVfG heranzuziehen, der Unterschrift und Namenswiedergabe gleichstellt, so dass im Bereich der öffentlichen Verwaltung ein in Maschinenschrift wiedergegebener Name, der mit einem Beglaubigungsvermerk versehen ist, als ausreichend erachtet wird.[704]
Dennoch stellt die eigenhändige Unterzeichnung im Regelfall das geeignete Mittel dar, um sicherzustellen, dass es sich bei dem Schriftstück nicht nur um einen Entwurf oder einen bloßen Vermerk bzw. eine Protokollnotiz handelt, sondern dass diese Erklärung mit Wissen und Wollen und unter voller Verantwortung des Berechtigten abgegeben worden ist.[705] Dies gilt umsomehr beim Abschluss subordinationsrechtlicher Verwaltungsverträge, bei denen die vollständige eigenhändige Unterzeichnung der Vertragsparteien in Zweifelsfällen als Indiz für deren Rechtsbindungswillen gewertet werden kann. Da insbesondere im Sanierungsrecht Absprachen ohne Rechtsbindungswillen sowie sonstige informale Handlungsformen weit verbreitet sind, kommt der vollständigen eigenhändigen Unterzeichnung der Parteien diesbezüglich eine besondere Indizwirkung zu.

bb) Der Grundsatz der Urkundeneinheit i.S.d. § 126 Abs. II BGB

Ob der Grundsatz der Urkundeneinheit i.S.d. § 126 Abs. II BGB entsprechend auf subordinationsrechtliche Verträge anzuwenden ist, ist jedoch äußerst umstritten.

---

[704] Vgl. BVerwGE 58, 359 ff., 367, BverwGE 81, 32 ff, 34, 39, auch NJW 1991, 1193
[705] Vgl. Henneke in Knack VwVfG, § 57, Rdnr. 2.3

(1) Die unterschiedlichen Ansichten zur Anwendbarkeit des Grundsatzes der Urkundeneinheit auf subordinationsrechtliche Verwaltungsverträge

Nach der wohl überwiegenden Auffassung bedeutet Schriftform i.S.d. § 57 VwVfG, dass der Vertragstext entsprechend § 126 Abs. II BGB i.V.m. § 62 S.2 VwVfG in eine einzige einheitliche Urkunde aufgenommen werden und von allen Vertragspartnern - bzw. ihren Vertretern oder Bevollmächtigten - unterschrieben bzw. mit Handzeichen versehen werden muss.[706] Dies gilt auch für den Abschluss von Sanierungsverträgen. Die abweichende Ansicht geht demgegenüber davon aus, dass Schriftform i.S.d. § 57 VwVfG das Merkmal der Urkundeneinheit nicht bedingt.[707]
Subordinationsrechtliche Sanierungsverträge könnten nach dieser Auffassung auch durch getrennte, nicht übereinstimmende Schreiben formwirksam geschlossen werden,[708] insbesondere durch einseitige schriftliche Bestätigung, durch übereinstimmenden Briefwechsel oder durch Unterschrift der Vertragsbeteiligten auf der eigenen Angebots- bzw. Annahmeerklärung.
Begründet wird dieses extensive Schriftformverständnis damit, dass § 126 Abs. II BGB keinen allgemeinen Rechtsgrundsatz enthalte, der im öffentlichen Recht ohne weiteres Anwendung finde und hinsichtlich des Verwaltungsverfahrensrechts auch nicht analogiefähig sei.[709]
Aus diesem Grund sei auch der Grundsatz der Urkundeneinheit im Geltungsbereich des Verwaltungsverfahrensgesetzes nicht zu fordern.[710] Zudem werde durch die Annahme eines weiten Schriftformverständnisses sowohl dem Grundgedanken des

---

[706] OVG Lüneburg NVwZ 1992, 587, NJW 1992, 1404 ff., 1405, NJW 1998, 2921 ff., 2921, VGH Mannheim NVwZ-RR 1990, 225, Achternberg JA 1979, 356 ff., 359, Beyer aaO., S 123, Fehr/Nolte VIZ 1997, 321 ff., 323, Fluck Die Verwaltung (Bd 22) 1989, 185 ff., 202, Kopp VwVfG, § 57, Rdnr. 6, 6a, Obermayer VwVfG, § 57, Rdnr. 10 ff., 15, Rosenbach NWVBl. 1997, 326 ff., 326

[707] Henneke in Knack VwVfG, § 57, Rdnr. 2.4, Siegmund in Brandt/Sachs aaO., D I, Rdnr. 210, Stelkens/Bonk/Sachs VwVfG, § 57, Rdnr. 19 ff., Weihrauch VerwArch 1991, 543 ff., 550 ff.

[708] Bulling DÖV 1989, 271 ff., 280 ff.
der insoweit einerseits das durch bloßen Schriftwechsel zustandegekommene Agreement in der rechtlichen Behandlung dem Verwaltungsvertrag gleichstellt, andererseits aber Agreement und Verwaltungsvertrag hinsichtlich der Rechtsverbindlichkeit deutlich unterscheidet,
Henneke in Knack VwVfG, § 57, Rdnr. 2.4, Stelkens/Bonk/Sachs VwVfG, § 57, Rdnr. 19 ff.

[709] Henneke in Knack VwVfG, § 57, Rdnr. 2.3, 2.4 m.w.Nw., § 62, Rdnr. 3

[710] Henneke in Knack VwVfG, 3 57, Rdnr. 2.4, Stelkens/Bonk/Sachs VwVfG, § 57, Rdnr. 19 ff.

§ 126 BGB unter Berücksichtigung der Besonderheiten des öffentlichen Rechts, als auch dem Sinn und Zweck der Schriftform unter Beachtung der besonderen Verhältnisse des Verwaltungsverfahrensrechts sowie den Anforderungen der Praxis Rechnung getragen. Das Merkmal der Urkundeneinheit sei insbesondere nicht erforderlich, um die Beweis-, Sicherungs- und Warnfunktion der Schriftform i.S.d. § 57 VwVfG zu erfüllen.[711]

Unter Berücksichtigung der sich aus den § 37 Abs. III VwVfG und § 59 Abs. II Nr. 1 VwVfG i.V.m. § 44 Nr. 1 VwVfG ergebenden Rechtsgedanken wird nach dieser Auffassung die Schriftform nach § 57 VwVfG gewahrt, wenn der materielle Inhalt schriftlich - nicht unbedingt in einem Schriftstück - niedergelegt und aus dem oder den Schriftstücken die vertragsschließende Behörde, der Vertragspartner und die Unterschriften erkennbar sind.[712]

Nach der von Weihrauch vertretenen Auffassung lassen sich die inhaltlichen Anforderungen, die an die Schriftform des verwaltungsrechtlichen Vertrages zu stellen sind, bereits durch Auslegung des § 57 VwVfG ermitteln.[713] Eine ergänzende Anwendung des § 126 BGB ist nach dieser Ansicht weder notwendig noch zulässig, da mit dem Normzweck des § 57 VwVfG auch solche Schriftformen vereinbar sind, die ein minderes Maß an Warn- und Beweisfunktion erreichen und die der Effektivitätssteigerung der öffentlichen Verwaltung durch weitgehende Entbürokratisierung des Vertragsschlusses dienen.[714]

(2) Die Auseinandersetzung mit den unterschiedlichen Ansichten

Gegen die Auffassungen, die den Grundsatz der Urkundeneinheit ablehnen und die Schriftform i.S.d. § 57 VwVfG weit auslegen, spricht, dass inbesondere die Beweis-

[711] Henneke in Knack VwVfG, § 57, Rdnr. 2.4
[712] Henneke in Knack VwVfG, § 57, Rdnr. 2.4
[713] Weihrauch VerwArch 1991, 543 ff., 550 ff., zustimmend Henneke in Knack VwVfG, § 57, Rdnr. 2.4
[714] Vgl. Weihrauch VerwArch 1991, 543 ff., 564

und Sicherungsfunktion der Schriftform im Hinblick auf die zunehmende Vielfalt formaler und informaler Handlungsformen der Verwaltung bzw. der Verwaltungsabsprachen nur dann in erforderlichem Umfang sichergestellt werden kann, wenn die Einheitlichkeit der Urkunde gewahrt wird, wobei die Urkunde regelmäßig das gesamte formbedürftige Rechtsgeschäft enthalten muss.[715] Ein Briefwechsel oder ein sonstiger Austausch einseitiger Erklärungen reicht - entgegen anderer Ansicht - daher beim Abschluss von Sanierungsverträgen nicht aus.[716]

In den Fällen, in denen das Gesetz Schriftform vorsieht, sollen die Vertragsparteien mit den besonderen Anforderungen des § 126 Abs. II BGB wegen der Tragweite bestimmter Verträge veranlasst werden, den Vertragsinhalt sorgfältig zu prüfen und den Vertragsschluss nicht zu übereilen.[717]

Zudem sollen durch die Schriftform der Vertrag und sein Inhalt eindeutig festgelegt werden.[718] Die abgestuften Anforderungen der gewillkürten Schriftform i.S.d. § 127 BGB - nach der im Zweifel auch ein Briefwechsel ausreichend wäre - und der gesetzlichen Schriftform i.S.d. § 126 Abs. II BGB schließen es aus, die geringeren Anforderungen der gewillkürten Schriftform für subordinationsrechtliche Verwaltungsverträge genügen zu lassen.[719]

Auch § 37 Abs. II VwVfG kann nicht zur Begründung eines "weiten" Schriftformerfordernisses herangezogen werden. Die Formvorschriften des § 37 Abs. II VwVfG beziehen sich auf einseitig - hoheitliches Handeln, nicht auf mehrseitige Handlungsformen. Der Grundsatz der Urkundeneinheit gilt auch im Privatrecht gem. § 126 Abs. II S. 1 BGB nur für vertragliche Regelungen. Für die Form einseitiger Verfügungen der Behörde stellt sich gar nicht die Frage, ob ein Briefwechsel die beiderseitigen Unterschriften auf einer Urkunde ersetzen kann.[720]

---

[715] Vgl. Palandt BGB, § 126, Rdnr. 1, 2a zur Geltung des § 126 BGB gem. §§ 62, 57 VwVfG für öffentlich-rechtliche Verträge, Kopp VwVfG, § 57, Rdnr. 6 m.w.Nw.

[716] Vgl. Palandt BGB, § 126, Rdnr. 5, Kopp VwVfG, § 57, Rdnr. 6, OVG Lüneburg NJW 1992, 1404 ff., NJW 1998, 2921 ff.

[717] Vgl. OVG Lüneburg NJW 1992, 1404 ff., 1405

[718] Vgl. OVG Lüneburg NJW 1992, 1404 ff., 1405

[719] Vgl. OVG Lüneburg NJW 1992, 1404 ff., 1405

[720] vgl. OVG Lüneburg NJW 1992, 1404 ff., 1405

Die Auffassungen, die das Gebot der Verfahrenseffizienz in den Vordergrund rükken,[721] verkennen, dass insbesondere die Schriftform i.S.d. § 126 BGB ein eindeutiges und objektiv nachprüfbares Indiz für den vertraglichen - und nicht nur faktischen - Bindungswillen der Parteien ist.

Aus Gründen der Rechtssicherheit kann bei komplexen und regelmäßig mit hohen Kosten und Risiken verbundenen umweltrechtlichen Sanierungsverträgen keinesfalls auf das Merkmal der Urkundeneinheit verzichtet werden, da die Beachtung dieser spezifischen Form die Möglichkeit eröffnet, die willensmäßige Übereinstimmung über den Abschluss einer rechtsverbindlichen Sanierungsvereinbarung bereits anhand äußerer Kriterien nachweisen zu können. Selbst die Auffassungen, die § 57 VwVfG weit interpretieren, konzedieren, dass der Grundsatz der Urkundeneinheit zur Verstärkung der Warnfunktion und zur Beweissicherung bezüglich der Abschluss- und Inhaltsklarheit auch auf verwaltungsrechtliche Verträge angewendet werden kann,[722] bzw. dass sich der Nachweis der willensmäßigen Übereinstimmung der Vertragspartner leichter durch Wahrung der Urkundeneinheit führen lasse.[723] Die Schriftform hat gem. § 57 VwVfG vor allem Warn- und Beweisfunktion. Dieser Warneffekt ist auch über Jahrzehnte gewachsen und daher im allgemeinen Bewusstsein verankert.[724]

Soweit die Schlagworte Entbürokratisierung, Steigerung der Verfahrenseffizienz und Einsatz neuer Informationstechnologie wieder einmal herhalten müssen, um Formerfordernisse wie die Schriftform zu lockern,[725] ist nicht ersichtlich, weshalb eine sich an der Urkundeneinheit orientierende Handhabung des verwaltungsrechtlichen Vertrages der Verfahrenseffizienz entgegenstehen bzw. sogar in vielen Fällen geeignet sein soll, einen sinnvollen Vertragsschluss zu verhindern.[726]

---

[721] Vgl. Weihrauch VerwArch 1991, 543 ff., Henneke in Knack VwVfG, § 57, Rdnr. 2.4
[722] Weihrauch VerwArch 1991, 543 ff., 560
[723] Vgl. Stelkens/Bonk/Sachs VwVfG, § 57, Rdnr. 19 ff.
[724] Vgl. Rosenbach NWVBl. 1997, 326 ff., 326
[725] Vgl. Weihrauch VerwArch 1991, 543 ff., 563, 564 unter Bezugnahme auf Bulling DÖV 1989, 277 ff. und dessen Ausführungen zum Bedürfnis der Verwaltungspraxis sowie der betroffenen Bürger nach effizientem und weitgehend unbürokratischem kooperativem Verwaltungshandeln
[726] Vgl. so aber Weihrauch VerwArch 1991, 543 ff.

Die Ausarbeitung eines verwaltungsrechtlichen Vertrages - dies gilt in besonderem Maße für die rechtlich und technisch äußerst komplexen Sanierungsverträge - bedarf im konkreten Fall ohnehin einer umfassenden Erörterung und Klärung der Sach- und Rechtslage zur Schaffung einer rechtlich und tatsächlich gesicherten Verhandlungsbasis. Hinzu kommt eine äußerst zeitintensive und flexible Verhandlungsführung der zuständigen Behörde mit den Sanierungspflichtigen, etwaigen Dritten sowie den Sanierungsunternehmen, so dass es im Ergebnis unter Effizienz- bzw. Beschleunigungsaspekten wohl kaum noch darauf ankommen kann, ob die Parteien den Grundsatz der Urkundeneinheit wahren oder nicht. Zudem eröffnet § 126 Abs. II BGB in entsprechender Anwendung ausdrücklich die Möglichkeit, bei Aufnahme mehrerer gleichlautender Urkunden, diese wechselseitig zu unterzeichnen.[727]
Auch der zunehmende Einsatz digitaler Kommunikationsformen bzw. digitaler Dokumente führt nicht zwangsläufig zu einer Neuinterpretation des § 126 Abs. II BGB. Es ist Rosenbach zuzustimmen, der zunächst eine Anpassung des § 126 BGB an die neuen elektronischen Möglichkeiten durch den Gesetzgeber fordert, um anschließend die Formerfordernisse im Bereich des Verwaltungsvertrages darauf abzustellen bzw. eine Anpassung der verwaltungsvertraglichen Bestimmungen vorzunehmen.[728]
Im Ergebnis trägt jedenfalls der für alle Beteiligten unzweifelhafte Inhalt eines Vertrages einschließlich des Bewusstseins, eine einvernehmliche Regelung getroffen zu haben, in der Folgezeit mehr zur Verfahrenseffizienz bei, als der Verzicht auf die Notwendigkeit einer einheitlichen Urkunde.[729]

Sofern die Entscheidung des Bundesverwaltungsgerichts zum Schriftformerfordernis i.S.d. § 57 VwVfG bei öffentlich - rechtlichen Verträgen, die lediglich eine einseitige Verpflichtung des Bürgers gegenüber der Verwaltung zum Gegenstand haben,[730] zur Begründung einer weiten Schriftformregelung herangezogen wird, bleibt anzumer-

---

[727] Kopp VwVfG, § 57, Rdnr. 9
[728] Vgl. Rosenbach NWVBl. 1997, 326 ff., 327
[729] Vgl. OVG Lüneburg NJW 1998, 2921 ff., 2922
[730] Vgl. BVerwG DVBl 1995, 675 ff., 676, auch NJW 1995, 1104 ff., 1105

ken, dass das Bundesverwaltungsgericht die Frage, ob Urkundeneinheit erforderlich ist, um den Anforderungen des § 57 VwVfG zu genügen, in seiner Entscheidung ausdrücklich offengelassen hat.[731]

Der Abschluss von Sanierungsverträgen, die regelmäßig Austausch- oder Vergleichscharakter haben bzw. Elemente eines Austausch- oder Vergleichsvertrages aufweisen, entspricht in keiner Weise den Besonderheiten des konkreten Einzelfalles, den das Bundesverwaltungsgericht zu entscheiden hatte. Auch das Bundesverwaltungsgericht hält den Zweck der Schriftform - insbesondere die Warn- und Beweisfunktion - für den wesentlichen Maßstab. Einer derartig intensiven Auseinandersetzung des Bundesverwaltungsgerichts mit dem Problem der Urkundeneinheit hätte es gar nicht bedurft, wenn das Bundesverwaltungsgericht die Schriftform i.S.d. § 57 VwVfG prinzipiell weit auslegen würde bzw. die Anwendbarkeit des § 126 Abs. II BGB analog ablehnen würde. Davon kann nach dem Inhalt der Urteilsbegründung jedoch nicht ausgegangen werden.

(3) Die sonstigen Formerfordernisse gem. § 37 Abs. III VwVfG

Als weitere Formerfordernisse muss die Urkunde des Sanierungsvertrages nach allgemeinen Rechtsgrundsätzen - neben dem Erfordernis der Urkundeneinheit - gem. § 37 Abs. III VwVfG die Vertragsparteien bezeichnen[732] und erkennen lassen, welche Behörde den Vertrag abgeschlossen hat.[733]

Nicht erforderlich, wenn auch zweckmäßig, ist die Angabe von Ort und Datum des Vertragsschlusses sowie die juristische Person, der die Behörde angehört bzw. zuzurechnen ist.[734]

---

[731] Vgl. OVG Lüneburg NJW 1998, 2911 ff., 2921, BVerwG DVBl 1995, 675 ff., 676
[732] Kopp VwVfG, § 57, Rdnr. 7
[733] Kopp VwVfG, § 57, Rdnr. 7 m.w.Nw.
[734] Kopp VwVfG, § 57, Rdnr. 8, Weihrauch VerwArch 1991, 543 ff., 559, 560 m.w.Nw.

(4) Die Schriftform i.S.d. § 57 VwVfG als Mindestformerfordernis

Streitig ist ebenfalls, ob § 57 VwVfG - unter bestimmten Voraussetzungen - Abweichungen von der Schriftform, insbesondere eine weniger strenge Form zulässt. Aufgrund des Vorbehalts in § 57 VwvfG kann durch Rechtsvorschriften statt der Schriftform auch eine andere Form vorgeschrieben werden. Gedacht ist in § 57 VwVfG offenbar an weitergehende strengere Formen, insbesondere an die notarielle Beurkundung, so dass Schriftform i.S.d. § 57 VwVfG, § 62 VwVfG i.V.m. § 126 BGB in entsprechender Anwendung für den Abschluss subordinationsrechtlicher Sanierungsverträge nach der gegenwärtigen Gesetzeslage als Mindestform anzusehen ist.[735]
Zu berücksichtigen ist desweiteren, dass sich das Schriftformerfordernis auf die Sanierungsabrede in vollem Umfang, einschließlich etwaiger Nebenabreden und Ergänzungen bezieht. Mündliche Vertragsabsprachen, die nicht in die Vertragsurkunde aufgenommen worden sind, gelten daher allenfalls dann, wenn sie aufgrund einer ergänzenden Vertragsauslegung als vom schriftlichen Vertragsinhalt umfasst betrachtet werden können.[736]

c) Zwischenergebnis

Nach der gegenwärtigen Rechtslage gilt für den Abschluss von Sanierungsverträgen Schriftform gem. § 57 VwVfG. Gem. § 62 VwVfG finden die § 37 Abs. III VwVfG i.V.m. § 126 BGB entsprechende Anwendung. Der Vertragstext ist grundsätzlich in einer einzigen, einheitlichen Urkunde aufzunehmen und von allen Vertragsparteien bzw. ihren Vertretern oder Bevollmächtigten zu unterschreiben bzw. mit Handzeichen zu versehen.

---

[735] Vgl. Kopp VwVfG, § 57, Rdnr. 11 m.w.Nw., Stelkens/Bonk/Sachs VwVfG, § 57, Rdnr. 22, a.A. Henneke in Knack VwVfG, § 57, Rdnr. 3, Maurer DVBl 1989, 798 ff., 803 ff.
[736] Vgl. Henneke in Knack VwVfG, § 54, Rdnr. 2.6

2. Die Zustimmung von Dritten und Behörden gem. § 58 VwVfG

Ein weiteres Problem, das sich den Vertragsparteien beim Abschluss subordinationsrechtlicher Verträge stellt, ist die gem. § 58 VwVfG erforderliche Zustimmung von Dritten und Behörden.

Insbesondere bei projektbezogenen Absprachen bzw. Verträgen ergeben sich Risiken zu Lasten Dritter durch eine Reduktion multipolarer Interessenbeziehungen zugunsten bipolarer Aushandlung und Konsensbildung.[737] Schon der Erlass von Verwaltungsakten mit Drittwirkung wirft eine Reihe von Schwierigkeiten auf, die sich beim subordinationsrechtlichen Verwaltungsvertrag mit Drittwirkung regelmäßig noch potenzieren,[738] zumal von der schriftlichen Zustimmung des Dritten gem. § 58 Abs. I VwVfG die Wirksamkeit des Verwaltungsvertrages abhängt.[739]

Gleiches gilt für die gem. § 58 Abs. II VwVfG erforderliche Mitwirkung der Behörde.

§ 58 Abs. I VwVfG gilt grundsätzlich für alle Verwaltungsverträge, § 58 Abs. II VwVfG nur für subordinationsrechtliche Verträge.[740] Für den Abschluss subordinationsrechtlicher Sanierungsverträge gelten demzufolge beide Absätze des § 58 VwVfG.

a) Der Begriff der Zustimmung i.S.d. § 58 VwVfG

§ 58 VwVfG statuiert als Wirksamkeitsvoraussetzung verwaltungsrechtlicher Verträge die Zustimmung von privaten Dritten oder Behörden, soweit deren Rechtskreis berührt ist.[741]

Gem. § 62 S. 2 VwVfG finden die §§ 182 ff. BGB entsprechende Anwendung. Gem. § 183 S. 1 BGB, § 184 Abs. I BGB in entsprechender Anwendung ist zwischen der vorherigen Zustimmung zum Verwaltungsvertrag, der Einwilligung, und der nach-

---

[737] Vgl. Schröder NVwZ 1998, 1011 ff., 1012

[738] Maurer DVBl 1989, 798 ff., 803

[739] Vgl. Erichsen Jura 1994, 47 ff., 48

[740] Vgl. Henneke in Knack VwvfG, § 58, Rdnr. 2

[741] Erichsen Jura 1994, 47 ff., 48

träglichen Zustimmung, der Genehmigung, zu unterscheiden. Entgegen dem Wortlaut der Norm "wird erst wirksam" ist in Übereinstimmung mit § 184 BGB davon auszugehen, dass Einwilligung und Genehmigung sich auf den Zeitpunkt des Vertragsschlusses beziehen. Fehlt die Zustimmung des Dritten ist der Verwaltungsvertrag zunächst schwebend unwirksam,[742] wird die Zustimmung erteilt, ist der Vertrag als von Anfang an wirksam zu behandeln.[743] Bis zur Entscheidung sind die Vertragspartner nach den allgemeinen Grundsätzen von Treu und Glauben an ihre Vertragserklärungen gebunden.[744] Ihnen obliegt im Rahmen ihrer Einwirkungsmöglichkeit die Verpflichtung, darauf hinzuwirken, dass die erforderliche Zustimmung entweder erteilt oder aber versagt wird.[745] Dies gilt in besonderem Maße für die am Vertrag beteiligte Behörde, die mehr als ihr Vertragspartner wissen muss, welche Rechte Dritter betroffen sein können.[746] Sofern die Zustimmung endgültig verweigert wird, ist der Verwaltungsvertrag von Anbeginn an unwirksam.[747]
Im Gegensatz zu § 182 Abs. II BGB, der insoweit nicht entsprechend anwendbar ist, fordert § 58 Abs. I VwVfG ausdrücklich Schriftform.

Zunächst ist zweifelhaft, wann eine Zustimmung Dritter zum Vertrag überhaupt erforderlich ist.[748] § 58 Abs. I VwVfG verlangt die Zustimmung eines Dritten, sofern der Verwaltungsvertrag in dessen Rechte eingreift.[749]
Ob Rechte Dritter durch die konkreten vertraglichen Regelungen beeinträchtigt werden, ist bei Vertragsschluss mitunter nicht leicht erkennbar.[750] Verwaltungsverträge können daher mit einem nicht unerheblichen Unsicherheitsfaktor belastet sein, da

---

742 Vgl. OVG Münster NVwZ 1984, 524 ff., Kopp VwVfG, § 58, Rdnr. 6
743 Kopp VwVfG, § 58, Rdnr. 6, vgl. Palandt BGB, § 184, Rdnr. 1, Henneke in Knack VwVfG, § 58, Rdnr. 3 a.A., Rechtswirksamkeit erst mit Zustimmung, keine Rückwirkung auf den Zeitpunkt des Vertragsschlusses
744 Henneke in Knack VwVfG, § 58, Rdnr. 3, Kopp VwVfG, § 58, Rdnr. 7, Meyer/Borgs VwVfG, § 58, Rdnr. 32, Obermayer VwVfG, § 58, Rdnr. 13, Stelkens/Bonk/Sachs VwVfG, § 58, Rdnr. 10
745 Henneke in Knack VwVfG, § 58, Rdnr. 3
746 Vgl. Henneke in Knack VwVfG, § 58, Rdnr. 3
747 Erichsen Jura 1994, 47 ff., 48
748 Vgl. Maurer DVBl 1989, 798 ff., 803
749 Vgl. Erichsen Jura 1994, 47 ff., 48
750 Henneke in Knack VwVfG, § 58, Rdnr. 4.2

der Bestand des Vertrages über längere Zeit hindurch im Zweifel sein kann.[751]

b) Der Begriff des Dritten und des Eingriffs i.S.d. § 58 VwVfG

Dritter i.S.d. § 58 Abs. I VwVfG ist jedes beteiligungsfähige Privatrechtssubjekt, das nicht Vertragspartei ist.[752]
Ein Eingriff in die Rechte eines Dritten liegt dann vor, wenn der Rechtsbestand des Dritten durch den Vertragsschluss verschlechtert, vermindert oder beeinträchtigt wird,[753] also dann, wenn der rechtliche status quo ante des Dritten in einen status quo ante minus verwandelt wird.[754] Dabei setzt der Eingriff in die Rechte eines Dritten i.S.d. Norm keinen bewussten und gewollten Akt voraus, sondern liegt auch dann vor, wenn er unbeabsichtigt erfolgt.[755] Das wird bei jeder Rechtsbeeinträchtigung in Betracht kommen, durch die jemand von der Staatsgewalt mit einem Nachteil belastet wird, der nicht in der verfassungsmäßigen Ordnung begründet ist.[756]
In der Regel erfordert der Eingriff ein aktives Handeln, wobei eine Verpflichtung zum Unterlassen eines an sich gebotenen Handelns ihm jedoch gleichzustellen sein kann.[757]

ba) Weitere Ordnungspflichtige als Dritte i.S.d. Norm

Als Dritte, in deren Rechte durch einen Sanierungsvertrag eingegriffen werden könnte, kommen zunächst weitere Ordnungspflichtige in Betracht.
Ein Eingriff i.S.d. § 58 Abs. I VwVfG in die Rechte weiterer Ordnungspflichtiger könnte im Rahmen sanierungsvertraglicher Regelungen demnach dann vorliegen,

---

[751] Vgl, Henneke in Knack VwVfG, § 58, Rdnr. 4.2
[752] Stelkens/Bonk/Sachs VwVfG, § 58, Rdnr. 12
[753] Vgl. BVerwGE 66, 184 ff., 186
[754] Vgl. BVerwG NJW 1983, 2044 ff.
[755] Vgl. BVerwG NJW 1983, 2044 ff.
[756] Stelkens/Bonk/Sachs VwVfG, § 58, Rdnr. 13 m.w.Nw.

wenn die verbleibenden Störer, die nicht in die vertragliche Regelung einbezogen wurden, infolge spezieller sanierungsvertraglicher Regelungen zugunsten eines bestimmten Störers befürchten müssen, auch weiterhin ergänzend in Anspruch genommen werden zu können. Diese Problematik stellt sich regelmäßig dann, wenn z.B. im Rahmen eines Sanierungsvertrages ein Verhaltensstörer aus seiner Verantwortlichkeit entlassen wird,[758] bzw. wenn in einem Sanierungsvertrag unter bestimmten Voraussetzungen - etwa nach Erreichen eines vertraglich vereinbarten Sanierungserfolges - der Verzicht auf eine weitere ordnungsbehördliche Inanspruchnahme ausdrücklich enthalten ist.[759] In diesen Fällen scheidet die Vertragspartei regelmäßig für eine künftige weitergehende Inanspruchnahme aus. Dies hat zur Folge, dass die Behörde gegebenenfalls andere in Betracht kommende Störer zur Sanierung heranziehen wird. Damit steigt auch die Wahrscheinlichkeit der Inanspruchnahme eines Dritten.

Dritte in diesem Sinne können sowohl der Zustandsstörer, d.h. der Inhaber der tatsächlichen Gewalt, als auch insbesondere weitere Verhaltensstörer sein.[760]

bb) Sonstige Dritte i.S.d. Norm

Neben weiteren Ordnungspflichtigen kommen als Dritte, in deren Rechte durch verwaltungsvertragliche Regelungen eingegriffen werden kann, diejenigen in Betracht, die vor den von Boden- und Grundwasserkontaminationen ausgehenden Gefahren - unter besonderer Berücksichtigung des jeweiligen Wirkungspfades - geschützt werden sollen.

Hier zeigt sich die spezifische Problematik der "Drittbetroffenheit" bei Grundwasserkontaminationen und deren Sanierung. Im Gegensatz zu den schädlichen Boden-

---

[757] Vgl. Stelkens/Bonk/Sachs VwVfG, § 58, Rdnr. 14

[758] Vgl. Beckmann/Große-Hündfeld BB 1990, 1570 ff., 1572

[759] Vgl. Spieth IWS-Schriftenreihe Bd. 27, Grundwassersanierung 1996, 38 ff., 45

[760] Vgl. Beckmann/Große-Hündfeld BB 1990, 1570 ff., 1572

veränderungen mit räumlich eingrenzbaren Gefahrenherden erfolgt bei Grundwasserkontaminationen regelmäßig ein Transport der Schadstoffe über größere Entfernungen. Die Wirkungspfade einer Bodenkontamination und einer Grundwasserkontamination sind höchst unterschiedlicher Natur. Bei den von Grundwasserkontaminationen betroffenen Dritten handelt es sich nicht nur um die unmittelbaren Nachbarn des Grundstücks, von dem der Stoffeintrag ins Grundwasser ausgeht, um etwaige Grundstücksnutzer oder sonstige Dritte, die Zugang zur kontaminierten Fläche haben können, der Kreis der potentiell Betroffenen ist im Einzelfall kaum eingrenzbar. Dies gilt insbesondere dann, wenn als Schutzgut der öffentliche Wasserhaushalt und speziell die Trinkwasserversorgung betroffen ist. Sofern die Schadstoffe bereits in den Bereich einer Trinkwasserversorgungsanlage gelangt sind bzw. gelangen können und die öffentliche Trinkwasserversorgung gefährden, werden neben der Gefahrenabwehr an der Schadensquelle regelmäßig auch entsprechende Maßnahmen im Bereich der Trinkwassergewinnungsanlage erforderlich sein.
Es hängt somit - unabhängig vom Inhalt des Besorgnisgrundsatzes - maßgeblich von der konkreten Nutzung des Grundwassers, dem jeweiligen Einwirkungsbereich, den Wirkungspfaden und den Expositionsbedingungen ab, wie weit der Kreis der potentiell Betroffenen zu ziehen ist, und inwieweit durch geeignete Sanierungsmaßnahmen der Kreis der potentiell betroffenen Dritten im Einzelfall eingegrenzt werden kann. Auf die Wertung des § 12 BBodSchG kann daher bei Gewässerkontaminationen nicht ohne weiteres als Konkretisierungsmaßstab zurückgegriffen werden.

c) Die Differenzierung zwischen Verpflichtungs- und Verfügungsverträgen

Nach einer insbesondere von Beckmann und Große-Hündfeld vertretenen Auffassung bedarf es beim Abschluss subordinationsrechtlicher Sanierungsverträge jedoch weder der Zustimmung weiterer denkbarer Ordnungspflichtiger noch der zu schützenden Dritten.[761] Begründet wird diese Auffassung damit, dass der Verwaltungs-

[761] Vgl. Beckmann/Große-Hündfeld BB 1990, 1570 ff., 1572

vertrag nur dann der Zustimmung eines Dritten bedarf, wenn bereits durch die vertragliche Regelung selbst in die Rechte des Dritten eingegriffen wird.[762] Eine solche Beeinträchtigung liegt stets dann vor, wenn der Vertrag unmittelbar eine Rechtsänderung herbeiführt, wenn also ein drittbelastender Verfügungsvertrag vorliegt.[763]

Ob die Zustimmungsregelung des § 58 Abs. I VwVfG auch für Verpflichtungsverträge gilt, ist streitig.
Sofern man sich der Auffassung anschließt, die diejenigen Verträge, in denen sich die Verwaltung lediglich zu einer Vorgehensweise verpflichtet, die ihrerseits zu Eingriffen in die Rechte Dritter führen kann, generell von der Zustimmungspflicht ausnimmt,[764] so scheidet beim Abschluss von Sanierungsverträgen das Zustimmungserfordernis regelmäßig schon deshalb aus, weil es sich bei diesem Vertragstyp normalerweise um einen Verpflichtungsvertrag handelt.[765] Diese Auffassung ist zwar aus sanierungspraktischer Sicht zu begrüßen, sie findet im Gesetz jedoch keine hinreichende Stütze. Das Verwaltungsverfahrensgesetz kennt die Unterscheidung zwischen Verpflichtungs- und Verfügungsverträgen nicht.[766] Es geht aber, wie § 58 VwVfG zeigt, davon aus, dass es Verträge zu Lasten Dritter nicht geben soll.[767]
Der wirksame Verpflichtungsvertrag individualisiert und konkretisiert - ebenso wie ein Verwaltungsakt - die Rechtslage[768] und begründet Leistungsrechte und Leistungspflichten, die sich gegebenenfalls auf die Rechte Dritter auswirken können. Mithin bedürfen nach h.M. Verpflichtungsverträge, durch die eine Verpflichtung zum Eingriff in Rechte Dritter begründet wird, der Zustimmung.[769]

Spieth IWS-Schriftenreihe Bd. 27, Grundwassersanierung 1996, 38 ff., 45 mit zumindest teilweiser Zustimmung bezüglich vertraglicher Vereinbarungen, die das Freiwerden eines Störers beinhalten

[762] Vgl. Beckmann/Große-Hündfeld BB 1990, 1570 ff., 1572

[763] Vgl. Erichsen Jura 1994, 47 ff., 48

[764] Vgl. Beckmann/Große-Hündfeld BB 1990, 1570 ff., 1572 m.w.Nw., Bullinger DÖV 1977, 812 ff., 816, Knuth JuS 1986, 524 ff.

[765] Vgl. Beckmann/Große-Hündfeld BB 1990, 1570 ff., 1572

[766] Henneke in Knack VwVfG, § 58, Rdnr. 4.3

[767] Henneke in Knack VwVfG, § 58, Rdnr. 4.3, Kopp VwVfG, § 58, Rdnr. 1

[768] Vgl. Erichsen Jura 1994, 47 ff., 48 m.w.Nw.

[769] Erichsen Jura 1994, 47 ff., 48 m.w.Nw., Henneke in Knack VwVfG, § 58, Rdnr. 4.3 m.w.Nw., Kopp VwVfG, § 58, Rdnr. 10 m.w.Nw., Stelkens/Bonk/Sachs VwVfG, § 58, Rdnr. 12, vgl. BVerwG NJW 1988, 662 ff., 663, OVG Münster NVwZ 1988, 370 ff., 371

Dies gilt auch im Hinblick auf das Schutzbedürfnis der Behörde, hinsichtlich vertraglicher Verpflichtungen, die sie wegen entgegenstehender Rechte Dritter nicht erfüllen könnte.[770]

Die Einbeziehung von Verpflichtungsverträgen in den Regelungsbereich des § 58 Abs. I VwVfG stellt sich jedoch aus sanierungsrechtlicher Sicht regelmäßig nicht als "Vertragshindernis" dar. Gem. § 12 BBodSchG sind die sonstigen betroffenen Nutzungsberechtigten und die betroffene Nachbarschaft von der bevorstehenden Durchführung der geplanten Altlastensanierungsmaßnahmen zu informieren. Die Information der Betroffenen, die gem. § 13 Abs. III, IV BBodSchG auch für vertraglich vereinbarte Untersuchungs- und Sanierungsmaßnahmen gilt, dient der frühzeitigen Beseitigung von Informationsdefiziten und gibt den Betroffenen die Möglichkeit, Bedenken und Anregungen vorzubringen.
Indem § 13 Abs. III BBodSchG auf den Prozess der Sanierungsplanung abstellt, wird deutlich, dass es nicht nur darum geht, den betroffenen Personenkreis über die Sanierungsplanung als Ergebnis zu unterrichten, sondern darum, auf die Sanierungsplanung selbst Einfluss nehmen zu können.[771]

Die vom Gesetzgeber normierte Pflicht zur Information der Betroffenen und der damit bezweckten Einbeziehung Dritter in den Prozess der Sanierungsplanung, kann auch zur Einholung einer etwa erforderlichen Zustimmung genutzt werden.

Zudem scheint eine Rechtsbeeinträchtigung Dritter beim Abschluss von Sanierungsverträgen eher zweifelhaft. Die Gefahr eines Vertrages zu Lasten Dritter besteht grundsätzlich nicht, wenn der Inhalt des Sanierungsvertrages sich im Rahmen des rechtlich Zulässigen bewegt. So besteht z.B. kein Rechtsanspruch eines Ordnungspflichtigen, dass zunächst ein anderer Pflichtiger in Anspruch genommen wird. Es ist Aufgabe der Sonderordnungsbehörde im Rahmen ordnungsgemäßer Ermessens-

[770] Vgl. Henneke in Knack VwVfG, § 58, Rdnr. 4.3 m.w.Nw.
[771] Vgl. Radtke in Holzwarth/Radtke/Hilger BBodSchG, § 13, Rdnr. 12

betätigung den effektivsten Weg der Gefahrenabwehr zu wählen.[772] Dies betrifft insbesondere die Störerauswahl, die Wahl der Mittel und den Umfang der Heranziehung. Nur in den Fällen, in denen der Inhalt des Sanierungsvertrages unter Verletzung bzw. Missachtung geltenden Rechts ausgehandelt wird, dürfte eine Rechtsverletzung Dritter möglich sein. In diesem Zusammenhang ist zu berücksichtigen, dass derartige Sanierungsverträge unter den Voraussetzungen des § 59 VwVfG ohnehin nichtig sind und somit auch keinerlei Rechtswirkungen gegenüber Dritten entfalten.
Es ist Beckmann und Große-Hündfeld zuzustimmen, dass auch ein Eingriff in Rechte Dritter, die gegen die Auswirkungen der Kontamination geschützt werden sollen, durch den Sanierungsvertrag im Regelfall nicht ersichtlich ist. Selbst dann, wenn nach Durchführung der vertraglich vereinbarten, jedoch nicht hinreichenden Sanierungsmaßnahmen noch immer Gefahren bestehen, muss entweder einer der Störer, oder, sofern kein weiterer Störer greifbar ist, die öffentliche Hand selbst die Gefahrenbeseitigung durchführen.[773]

Von Bedeutung ist auch, dass der Grundwasserschutz, dem bei der Sanierung von Bodenkontaminationen und Gewässerverunreinigungen ein Hauptaugenmerk gilt, in aller Regel dem Wohl der Allgemeinheit dient und nicht unmittelbar drittschützend ist.[774] Der Drittschutz im öffentlichen Wasserrecht war bis zur neueren Rechtsprechung des Bundesverwaltungsgerichts[775] nur sehr eingeschränkt entwickelt. Auch die Programmnorm des § 1 a Abs. I WHG vermittelt allenfalls mittelbar über die Interpretation anderer Normen, die die Vermeidung nachteiliger Wirkungen für andere bzw. einen Ausgleich kollidierender Interessen von Gewässerbenutzern bezwecken, sowie über das Gebot der Rücksichtnahme im Wasserrecht in Einzelfällen Drittschutz.[776] Drittschutz kommt insbesondere gegenüber den Erlaubnisformen in Betracht. Danach steht dem Betroffenen ein öffentlich-rechtlicher Abwehranspruch je-

[772] Vgl. Beckmann/Große-Hündfeld BB 1990, 1570 ff., 1572
[773] Vgl. Beckmann/Große-Hündfeld BB 1990, 1570 ff., 1573
[774] Vgl. Beckmann/Große-Hündfeld BB 1990, 1570 ff., 1573
[775] Vgl. BVerwGE 78, 40 ff., 43 ff. m.w.Nw.
[776] Vgl. BVerwGE 78, 40 ff., 43 ff.

denfalls dann zu, wenn durch eine Erlaubnis oder deren Ausnutzung die vorgegebene wasserwirtschaftliche Situation nachhaltig verändert und der Dritte dadurch schwer und unerträglich getroffen wird.[777] Zudem ist beim Abschluss von Sanierungsverträgen zu berücksichtigen, dass mit der Sanierungsvereinbarung häufig eine - allein mit einseitig-hoheitlichen Mitteln und dem Ordnungsrecht nicht zu erzielende - Sanierungsregelung möglich wird, die letztlich auch den Interessen Dritter dient.[778]

Hinzu kommt, dass die Behörde im Rahmen des Sanierungsvertrages auch keine vertragliche Regelung über das Vorliegen oder Nichtvorliegen einer Gefahr für die öffentliche Sicherheit oder Ordnung abschließt.[779] Der Sanierungsvertrag betrifft insoweit nicht prinzipiell die zukünftigen Möglichkeiten der Gefahrenabwehr und schränkt diese nicht unzulässigerweise ein, er betrifft vielmehr die "haftungsrechtliche" Seite und fördert eine effektive Gefahrenabwehr. Daher wird es beim Abschluss wasserrechtlicher Sanierungsverträge, die sich im Rahmen des rechtlich Zulässigen bewegen, regelmäßig nicht zu einem Verstoß gegen § 58 VwVfG kommen.

d) Die Zustimmung anderer Behörden gem. § 58 Abs. II VwVfG

§ 58 Abs. II VwVfG ordnet zur Wahrung der gesetzlichen Kompetenzordnung die Mitwirkung anderer Behörden in der vorgeschriebenen Form an, wenn und soweit bei Erlaß eines Verwaltungsaktes mit entsprechendem Inhalt nach einer Rechtsvorschrift die Genehmigung, Zustimmung oder das Einvernehmen dieser anderen Behörde erforderlich gewesen wäre.[780]

---

[777] Vgl. BVerwGE 36, 248 ff., 41, 58 ff.
[778] Vgl. Beckmann/Große-Hündfeld BB 1990, 1570 ff., 1573
[779] Vgl. Götz JuS 1970, 1 ff., 6
[780] Vgl. BVerwGE NJW 1988, 662 ff., 663, Henneke in Knack VwVfG, § 58, Rdnr. 5 Müllmann NVwZ 1994, 876 ff., 878

Da das Gesetz ausdrücklich die Zustimmung, Genehmigung und das Einvernehmen aufführt und keinen allgemeinen Ausdruck für ein Mitwirkungsrecht gewählt hat, fallen andere Ausdrücke - entgegen anderer Auffassung[781] - auch dann nicht unter § 58 VwVfG, wenn die nach außen hin in Erscheinung tretende Behörde in ihrer Willensbildung nicht freigestellt werden soll, sondern von der Entscheidung einer anderen Stelle abhängig ist.[782] Diese enge Auslegung der Norm ist aus Gründen der Rechtssicherheit geboten und gilt auch bei einer Verletzung minderer Beteiligungsrechte einer anderen Behörde.[783]
Die Rechtsvorschriften, die eine Zustimmung, eine Genehmigung oder das Einvernehmen einer anderen Behörde vorsehen, ergeben sich insbesondere aus den Normen des Baurechts, des Flurbereinigungsrechts und aus dem Fernstraßenrecht.

Von den Fällen des § 58 Abs. II VwVfG zu unterscheiden, sind die Fälle, in denen die Zuständigkeit für eine bestimmte Entscheidung bei einer anderen Behörde liegt, bzw. auf diese übergeht, da es sich dann nicht mehr um eine Frage der Mitwirkung i.S.d. Norm handelt.[784]

II. Die materielle Rechtmäßigkeit des wasserrechtlichen Sanierungsvertrages

Die Frage, was in einem subordinationsrechtlichen Sanierungsvertrag inhaltlich zulässig geregelt werden darf, ist äußerst umstritten.[785] Kontrovers diskutiert werden insbesondere die Grenzen der materiellen Gestaltungsfreiheit der Vertragsparteien. Für die inhaltliche Ausgestaltung des verwaltungsrechtlichen Vertrages stellt sich in besonderem Maße das Problem einer Kollision zwischen privatautonomer Willensbetätigung der Vertragsparteien einerseits und der strikten Gesetzesbindung der Vollzugsbehörden andererseits. In diesem Zusammenhang ist zu berücksichtigen,

---

[781] Vgl. Stelkens/Bonk/Sachs VwVfG, § 58, Rdnr. 27
[782] Vgl. Henneke in Knack VwVfG, § 58, Rdnr. 6, Kopp VwVfG, § 58, Rdnr. 19
[783] Vgl. Henneke in Knack VwVfG, § 58, Rdnr. 6
[784] Vgl. Henneke in Knack VwVfG, § 58, Rdnr. 9
[785] Vgl. Henneke in Knack VwVfG, § 54, Rdnr. 7

dass die Verwaltung nach dem Grundsatz der Gesetzmäßigkeit der Verwaltung, insbesondere nach dem Vorrangprinzip, keine Regelungen treffen darf, die einem Gesetz widersprechen,[786] d.h. die Behörde darf im Rahmen des Sanierungsvertrages nichts Gesetzeswidriges vereinbaren.[787]

Aufgrund der umfassenden Bindung dieses Grundsatzes haben sich in besonderem Maße die subordinationsrechtlichen Verwaltungsverträge an diesem Maßstab auszurichten. Unter Berücksichtigung der Zweiseitigkeit des Verwaltungsvertrages müssen etwaige Gestaltungsspielräume der Vertragsparteien unter dieser Prämisse bewertet werden.[788]

Die Fassung des § 54 VwVfG - "soweit Rechtsvorschriften nicht entgegenstehen" - wiederholt im Interesse der Klarstellung den Grundsatz der Gesetzmäßigkeit der Verwaltung und macht hinsichtlich der inhaltlichen Beschränkung - im Sinne eines Regelungsinhaltsverbots[789] - deutlich, dass die Zulässigkeit der Vertragsform keine Ermächtigung bedeutet, vom Recht abzuweichen, der Vertragsinhalt voll im Rahmen dessen Geltung dem Vorbehalt und dem Vorrang des Gesetzes unterliegt.[790]

Dies bedeutet, dass insbesondere im Über-Unterordnungsverhältnis die Vertragsform keine Lockerung der Bindung der Behörden an Recht und Gesetz gegenüber dem Handeln durch Verwaltungsakt nach sich zieht.[791]

1. Der Inhalt des Verwaltungsvertrages bei normativer Bindung der Verwaltung

Sofern die Verwaltung normativ gebunden ist, räumt das Recht der Verwaltung materiell keine zusätzlichen Handlungsalternativen ein.[792] Die zuständige Behörde kann sich zwar - sofern kein Vertragsformverbot besteht - zulässigerweise der Handlungsform des Verwaltungsvertrages bedienen, es handelt sich jedoch um bloße Normvollziehungsverträge, in denen letztlich nur das "vereinbart" werden darf, was

[786] Vgl. Correll DÖV 1998, S. 363 ff., 368 m.w.Nw.
[787] Vgl. Spieth IWS-Schriftenreihe Bd. 27, Grundwassersanierung 1996, 38 ff., 45
[788] Vgl. Correll DÖV 1998, S. 363 ff., 368
[789] Vgl. Henneke in Knack VwVfG, § 54, Rdnr. 7.1
[790] Vgl. Kopp VwVfG, § 54, Rdnr. 24
[791] Meyer/Borgs VwVfG, § 54, Rdnr. 72, Henneke in Knack VwVfG, § 54, Rdnr. 7.1.

ohnehin gesetzlich festgelegt ist.[793] Derartige Normvollziehungsverträge erscheinen i.d.R. wenig sinnvoll, sie können sich jedoch bei der Regelung von komplexen Sachverhalten und von Leistungs- und Lieferungsverhältnissen mit gegenseitigen Rechten und Pflichten durchaus als zweckmäßig erweisen.[794] Dies gilt insbesondere dann, wenn mit der Wahl der konsensualen Handlungsform zum Beispiel eine Akzeptanzerhöhung in der Person des Betroffenen erreicht werden kann.[795]

a) Zulässigkeit einer normabweichenden vertraglichen Regelung

Eine Aufweichung oder flexible Anpassung von zwingenden gesetzlichen Regelungen wird dadurch nicht ermöglicht.[796] Eine andere Auffassung zum Abschluss gesetzesabweichender Regelungen vertritt Bleckmann. Dieser erachtet eine Normabweichung dann noch für zulässig, wenn eine verhältnismäßig geringfügige Beeinträchtigung der gesetzlich vorgesehenen Aufgabenerfüllung durch die mit der höheren Akzeptanz der vertraglichen Regelung und der Gegenleistung des Bürgers verbundenen Vorteile aufgewogen werden kann oder wenn dies zur Erreichung eines bei der Normsetzung nicht berücksichtigten privaten oder öffentlichen Interesses erforderlich ist.[797]

Für die Auffassung Bleckmanns spricht, dass eine äußerst maßvolle, sehr restriktiv zu handhabende Möglichkeit der normabweichenden verwaltungsvertraglichen Regelung im Einzelfall den Einsatz konsensualer, rechtsverbindlicher Handlungsformen fördern und den Bedürfnisses der Verwaltungspraxis durchaus entgegenkommen würde. Desweiteren könnte durch die Möglichkeit einer eingeschränkten Normabweichung im Einzelfall ein Ausweichen auf informale Handlungsformen entbehrlich gemacht werden.

---

[792] Vgl. Henneke in Knack VwVfG, Vor § 54, Rdnr. 7.2.1.1
[793] Vgl. Henneke in Knack VwVfG, Vor § 54, Rdnr. 7.2.1.1, Maurer Allgemeines Verwaltungsrecht, § 14, Rdnr. 31
[794] Vgl. Maurer Allgemeines Verwaltungsrecht, § 14, Rdnr. 31
[795] Vgl. Henneke in Knack VwVfG, Vor § 54, Rdnr. 7.2.1.1
[796] Vgl. Henneke in Knack VwVfG, Vor § 54, Rdnr. 7.2.1.1 m.w.Nw.

Gegen die Auffassung Bleckmanns spricht, dass es grundsätzlich dem Gesetzgeber obliegt, abschließend darüber zu entscheiden, welche öffentlichen oder privaten Interessen die Verwaltungstätigkeit steuern und unter welchen Voraussetzungen sie in eine normativ nicht vollständig vorgeprägte Abwägungsentscheidung eingestellt werden dürfen.[798] Zudem ist es das Charakteristikum einer normativ gebundenen Verwaltungsentscheidung, dass der Verwaltung insoweit regelmäßig keine eigene Beurteilungskompetenz zukommt.[799] Selbst ein Abweichen in Einzelfällen birgt bereits die Gefahr einer Verwaltungspraxis, die den Erfordernissen des Gleichheitsgrundsatzes nicht mehr hinreichend Rechnung trägt.

Insbesondere dann wenn der Verwaltungsvertrag - wie beim Abschluss von Sanierungsverträgen - auf eine Rechtsgestaltung im Außenverhältnis gerichtet ist, steht die Änderung des geltenden Rechts im Wege eines Verwaltungsvertrages nicht zur Disposition der Vertragspartner.[800] Dies ergibt sich aus dem zwingenden Charakter des öffentlichen Rechts hinsichtlich der Bindung von Form und Inhalt behördlicher Maßnahmen mit Außenwirkung.[801]

b) Der Verwaltungsvertrag als Verwaltungsaktssurrogat

Aus der Definition in § 54 S. 2 VwVfG könnte desweiteren geschlossen werden, der subordinationsrechtliche Vertrag sei nur als Verwaltungsaktssurrogat im strengen Sinne erlaubt, also nur zulässig, wenn ein Verwaltungsakt gleichen Inhalts erlassen werden dürfte, und nur in der Form erlaubt, daß der Verwaltungsvertrag den zu ersetzenden Verwaltungsakt quasi als "vertragliche Verfügung" bzw. als Pflichtenübernahme des "Adressaten" enthält.[802]

---

[797] Vgl. Bleckmann NVwZ 1990, 601 ff., 604 ff.
[798] Vgl. Henneke in Knack VwVfG, Vor § 54, Rdnr. 7.2.1.1 unter Hinweis auf BVerwGE 42, 8 ff., 14 ff.
[799] Vgl. Scherzberg JuS 1992, 210 ff.
[800] Vgl. Obermayer VwVfG, § 54, Rdnr. 105
[801] Vgl. Obermayer VwVfG, § 54, Rdnr. 105 m.w.Nw.
[802] Vgl. Meyer/Borgs VwvfG, § 54, Rdnr. 45

Ein derartig restriktives Vertragsverständnis würde die Handlungsform des Verwaltungsvertrages aushöhlen und die §§ 54 ff. VwVfG im Ergebnis nahezu überflüssig machen. Der Abschluss subordinationsrechtlicher Sanierungsverträge muss den Parteien - im Rahmen des rechtlich Vertretbaren - gestatten, Regelungen zu treffen, die den Besonderheiten des Einzelfalles hinreichend Rechnung tragen und flexible Lösungen atypischer Probleme ermöglichen.

2. Der Verwaltungsvertrag ohne normative Bindung der Verwaltung

Die durch Sanierungsvertrag ausschöpfbaren Spielräume ergeben sich stets dort, wo inhaltliche Gestaltungsmöglichkeiten bereits gesetzlich verankert bzw. vorgeschrieben sind. So sind Gesetze oftmals unbestimmt und daher interpretationsbedürftig, oder sie räumen den Vollzugsbehörden ausdrücklich ein Ermessen ein.[803] Dies gilt insbesondere für den Bereich der Ermessensverwaltung, bei dispositiven Regelungen und bei der Ausfüllung unbestimmter Rechtsbegriffe.[804]
Zu den Entscheidungsspielräumen bei den gesetzlichen Tatbeständen kommt das Ermessen der Verwaltung bei der Verfahrensgestaltung und beim Vollzug hinzu.[805] Insbesondere die durch die Ermesseneinräumung gewährte Befugnis zu differenzierendem Handeln kann gerade auch über Vereinbarungen mit dem Betroffenen realisiert werden.[806] So entscheidet z.B. die Verwaltung nach pflichtgemäßem Ermessen, ob, wann, gegen wen und mit welchen Mitteln eine gesetzliche Verpflichtung zu vollstrecken ist, in welchem Umfang ein Sachverhalt ermittelt werden muss und welche Methoden für die Sachverhaltsermittlung im konkreten Sanierungsfall angewendet werden sollen.[807] Dies ist für die Genauigkeit von Messergebnissen und damit für die Rechtsfolgen von erheblicher Bedeutung. In Abhängigkeit von Art und

---

[803] Vgl. Brohm DVBl 1994, 137 ff., 138
[804] Vgl. Correll DÖV 1998, 362 ff., 368, Henneke in Knack VwVfG, Vor § 54, Rdnr. 7.2.1.2, Maurer Allgemeines Verwaltungsrecht, § 14, Rdnr. 32
[805] Vgl. Brohm DVBl 1994, 137 ff., 138
[806] Vgl. Maurer Allgemeines Verwaltungsrecht, § 14, Rdnr. 32
[807] Vgl. Brohm DVBl 1994, 137 ff., 138

Umfang der Probenahme, der Genauigkeit der Analyse unter Berücksichtigung einheitlicher und damit vergleichbarer Qualitätsstandards und der stoffspezifischen Kenntnisse können höchst unterschiedliche Ergebnisse gewonnen werden, die wiederum zu unterschiedlichen Beurteilungen des jeweiligen Sachverhaltes führen können. Es gibt somit eine Vielzahl von Ansatzpunkten, um die verschiedensten Verhandlungsergebnisse wirksam werden zu lassen.[808] Die verwaltungsvertragliche Handlungsform bietet sich umso mehr an, als bei der Ermessensbetätigung die Interessen des Einzelnen zu berücksichtigen sind.[809] Der Verwaltungsvertrag erweitert insoweit das Gestaltungsspektrum der Verwaltung und ermöglicht bei komplexen und schwierigen Sachverhalten und Rechtslagen in besonderer Weise durch Ausloten der Handlungsalternativen ein Austarieren der unterschiedlichsten Interessen durch wechselseitige Zugeständnisse im Rahmen der jeweiligen Spielräume und Verknüpfung der verschiedenen, sich oft gegenüberstehenden Gesichtspunkte.[810]
Das Opportunitätsprinzip räumt der Verwaltung jedoch keine unbegrenzte Entscheidungsfreiheit ein und dispensiert nicht von der Beachtung normativer Vorgaben.[811] Auch dann, wenn die Verwaltung über einen Ermessensspielraum verfügt, darf sie nicht einfach das einvernehmlich für opportun Gehaltene vertraglich fixieren, sondern nur das, was sich als Ergebnis eines rechtmäßigen Gebrauch des Ermessens darstellt.[812]
Der Abschluss von Sanierungsverträgen und damit die Herbeiführung einvernehmlicher Regelungen unter strikter Beachtung der normativen Vorgaben dient gleichermaßen den Interessen des Verpflichteten, als auch der Behörde. Der Verpflichtete ist daran interessiert, Sicherheit über den Umfang seiner ordnungsrechtlichen Verantwortung und die konkret zur Sanierung erforderlichen Maßnahmen zu erlangen.[813] Der Vertragsschluss macht aus der Sicht des Betroffenen nur dann Sinn, wenn er Sanierungsmöglichkeiten vereinbaren kann, die sich für ihn als persönlich

---

[808] Vgl. Brohm DVBl 1994, 137 ff., 138
[809] Maurer Allgemeines Verwaltungsrecht, § 14, Rdnr. 32
[810] Vgl. Henneke DÖV 1997, 768 ff. 777 unter Hinweis auf Maurer DVBl 1989, 798 ff., 806
[811] Scherzberg JuS 1992, 205 ff., 210 ff.
[812] Vgl. Kunig DVBl 1992, 1193 ff., 1197 ff.

und wirtschaftlich tragfähig erweisen und die etwaigen betrieblichen Erfordernissen hinreichend Rechnung tragen. Die Einbeziehung von Kostenaspekten dürfte von ausschlaggebender Bedeutung sein. Zudem wird der Betroffene daran interessiert sein, in relativ kurzer Zeit - auch ohne Einschaltung der Gerichte - Rechtssicherheit zu erlangen, die Haftungsrisiken zu begrenzen und eine ganzheitliche und damit abschließende vertragliche Regelung zu erzielen.[814] Insbesondere das Sanierungsrisiko wird durch die vertragliche Fixierung konkreter Sanierungsziele, abgestimmter Sanierungskonzepte und tragfähiger Kostenregelungen für die Sanierungspflichtigen überschaubar und kalkulierbar.[815] Auch die Möglichkeit einer Einbindung anderer Behörden, Dritter und weiterer Sanierungspflichtiger sowie die rechtzeitige Hinzuziehung der Versicherungsgesellschaften bietet den Vertragsparteien ein hohes Maß an Rechts- und Investitionssicherheit.[816]

Die zuständige Behörde hat insbesondere bei komplexen Sachverhalten ein Interesse daran, die erforderliche Sanierung auf einvernehmlicher tatsächlicher und rechtlicher Basis durchführen zu lassen. Bei einem rein ordnungsrechtlichen, einseitig hoheitlichen Vorgehen, liegt die Beweislast - z.B. hinsichtlich der Störerverantwortlichkeit - regelmäßig bei der Behörde, so daß etwaige Zweifel in ihre Risikosphäre fallen würden.[817] Desweiteren ist die Behörde ohnehin in vielen Fällen von Anfang an auf eine enge Zusammenarbeit mit dem Betroffenen und den zu beauftragenden Fachbetrieben angewiesen, um das spätere Prozessrisiko so gering wie möglich zu halten. Hinzu kommt, dass gerade Probleme komplexer und großflächiger Grundwasserverunreinigungen mit schwierigen hydrogeologischen Verhältnissen und diffusen Vorbelastungen durch ein einseitiges hoheitliches Vorgehen oftmals kaum sachgerecht gelöst werden können.[818]

---

813 Vgl. Radtke in Holzwarth/Radtke/Hilger BBodSchG, § 13, Rdnr. 15, Beckmann/Große-Hündfeld BB 1990, 1570 ff., 1574

814 Vgl. Müllmann NVwZ 1994, 876 ff., 878, Spieth IWS-Schriftenreihe Bd. 27, Grundwassersanierung 1996, 38 ff., 40 ff.

815 Vgl. Bantz/Görtz IWS-Schriftenreihe Bd. 27, Grundwassersanierung 1996, 48 ff., 60, 61, Spieth IWS-Schriftenreihe Bd. 27, Grundwassersanierung 1996, 38 ff., 40, 41

816 Vgl. Spieth IWS-Schriftenreihe Bd. 27, Grundwassersanierung 1996, 38 ff., 41

817 Vgl. OVG Hamburg BB 1990, 662 ff., 663

3. Konkrete Regelungsinhalte und Gestaltungsspielräume des Sanierungsvertrages

Wie bereits dargelegt, darf aus der Zulassung der Vertragsform nicht auf eine unbeschränkte Gestaltungsfreiheit bei der Vereinbarung des Vertragsinhalts geschlossen werden. Die Behörde darf in den Bindungen der §§ 54 ff. VwVfG, durch die das Prinzip der Gesetzmäßigkeit der Verwaltung einfachgesetzlich konkretisiert wird, unter Beachtung des Gleichbehandlungsgebots und der Verhältnismäßigkeit vor allem in atypischen oder sonst geeigneten Fällen, auch bei komplexen und schwierigen Sachverhalten und Rechtslagen Verwaltungsverträge schließen, soweit sie normative Spielräume hat.[819] Bei der inhaltlichen Ausgestaltung subordinationsrechtlicher Sanierungsverträge ist zu berücksichtigen, dass es sich um Verträge handelt, deren Regelungsziel der Vollzug umweltrechtlicher und ordnungsrechtlicher Bestimmungen ist. Der Sanierungsvertrag verfügt somit über eine polizei- und ordnungsrechtliche "Grundstruktur". Dies betrifft - auf der ersten Regelungsstufe - die Frage des Einschreitens oder Nichteinschreitens, auf der zweiten Stufe die Frage der Störerauswahl bzw. die Wahl der richtigen Vertragspartei und auf der dritten Stufe die Frage der Mittelauswahl.

a) Vereinbarungen über ein "Nichteinschreiten" der Behörde

aa) Die Geltung des Opportunitätsprinzips

Da im Wasserrecht und Bodenschutzrecht ebenso wie im allgemeinen Polizei- und Ordnungsrecht das Opportunitätsprinzip gilt,[820] entscheidet die zuständige Behörde

---

[818] Vgl. Spieth IWS-Schriftenreihe Bd. 27, Grundwassersanierung 1996, 38 ff., 42
[819] Vgl. Stelkens/Bonk/Sachs VwVfG, § 54, Rdnr. 90, 101, 108 m.w.Nw.
[820] Vgl. Czychowski WHG, § 21, Rdnr. 42 m.w.Nw.

über ihr Einschreiten grundsätzlich nach pflichtgemäßem Ermesen.[821] Wenn sich die zuständige Behörde bereits in konkreten Vertragsverhandlungen mit dem Verantwortlichen befindet, bzw. die Behörde an den oder die potentiellen Störer herangetreten ist, hat sie ihr Entschließungsermessen betätigt und sich zu einem Einschreiten entschlossen. Die Behörde hat zu diesem Zeitpunkt - gestützt auf die ordnungsbehördliche Generalklausel gem. § 14 OBG NW [822] - bereits geprüft, ob ein Einschreiten nach Lage aller in Betracht kommender Umstände vom Standpunkt des öffentlichen Interesses, der Billigkeit und der Zweckmäßigkeit aus geboten ist.[823] Nur dann, wenn die Behörde nach pflichtgemäßer Prüfung zu der Überzeugung kommt, dass dies nicht der Fall ist, so sieht sie von einem Einschreiten ab. Dies gilt insbesondere bei nur geringfügigen oder rein formellen Verstößen.[824]

Bereits aus diesem Grunde erscheint es nicht unbedenklich, die Frage des "Nichteinschreitens" zum Gegenstand des Sanierungsvertrages zu machen. Hat sich die Behörde ermessensfehlerfrei zum Nichteinschreiten entschlossen, so stellt sich die Frage nach der Wahl der Handlungsform, der Störerauswahl und der Auswahl des richtigen Mittels nicht mehr. Hat sich demgegenüber die Behörde ermessensfehlerfrei zu einem Einschreiten entschlossen, so begegneten einer ausdrücklichen vertraglichen Regelung, die ein "Nichteinschreiten" bzw. eine behördliche Duldung zum Gegenstand hat, im Falle einer "freiwilligen" Übernahme bestehender Sanierungspflichten durch die Vertragspartei der Behörde erheblichen Bedenken. Selbst wenn man den Ordnungsbehörden nicht pauschal das Recht abspricht, auf ihre Eingriffsbefugnisse zu verzichten,[825] so dürfte ein derartiger Verzicht jedenfalls dann unzulässig sein, wenn sich die Behörde unbefristet und unbedingt ihrer Eingriffsmöglichkeiten begibt. Dies gilt insbesondere auch in den Fällen, in denen eine zuverlässige Gefahrenabschätzung noch gar nicht möglich ist.[826] Desweiteren er-

[821] Vgl. Waechter VerwArch Bd. 88, 1997, 317 ff.
[822] Vgl. Czychowski WHG, § 21, Rdnr. 34 m.w.Nw. insbesondere auch zur Rspr. des OVG Münster
[823] Vgl. Drews/Wacke/Vogel/Martens aaO., § 24, Rdnr. 1
[824] Vgl. Drews/Wacke/Vogel/Martens aaO., § 24, Rdnr. 1 m.w.Nw.
[825] Vgl. Kothe VerwArch Bd. 88, 1997, 456 ff., 485
[826] Vgl. Beckmann/Große-Hündfeld BB 1990, 1570 ff., 1573

scheint es zweifelhaft, wenn die Parteien eine vertragliche Regelung über das Vorliegen einer Gefahr für die öffentliche Sicherheit oder Ordnung schaffen, bzw. wenn sie im Rahmen eines Verwaltungsvertrages eine Vereinbarung über die Frage treffen, ob sich eine bestimmte Situation überhaupt als eine Gefahr für die öffentliche Sicherheit oder Ordnung darstellt.[827]

ab) Opportunitätsprinzip und Dispositionsbefugnis der Behörde

Die Ordnungsbehörden haben zwar aufgrund des Opportunitätsprinzips ein Ermessen hinsichtlich der Frage, ob sie überhaupt gegen eine Störung der öffentlichen Sicherheit oder Ordnung einschreiten,[828] dies gilt jedoch nur dann, wenn die Behörde durch etwaige Verzichtserklärungen nicht über die ihr vom Gesetzgeber verliehene Kompetenz zur Gefahrenabwehr disponiert. Im Rahmen von Sanierungsverträgen ist daher ein nur befristeter oder nur bedingter Verzicht auf behördliche Eingriffe nicht ungewöhnlich.[829] Dieser stellt sich im Ergebnis nicht als unzulässiger Verzicht, sondern als noch zulässiger Gebrauch der Kompetenz zur Gefahrenabwehr dar.[830]

ac) Die Bedeutung des Art. 20 a GG und die Reduktion des Entschließungsermessens

In diesem Zusammenhang ist jedoch stets zu berücksichtigen, dass insbesondere im Hinblick auf die Wertigkeit des Schutzgutes Grundwasser in einer Vielzahl von Fällen eine Reduktion des Entschließungsermessens der zuständigen Behörde gegeben sein wird. In derartigen Fällen wird auch ein befristeter oder bedingter Verzicht

---

[827] Vgl. Beckmann/Große-Hündfeld BB 1990, 1570 ff., 1573 m.w.Nw., Stelkens/Bonk/Sachs VwVfG, § 54, Rdnr. 106 m.w.Nw. insbesondere zu OVG Münster OVGE 16, 12 ff.und OVG Lüneburg OVGE 16, 471 ff.

[828] Vgl. VG Köln NVwZ 1994, 927 ff., 930

[829] Vgl. Kothe VerwArch Bd. 88, 1997, 456 ff., 485 m.w.Nw.

[830] Vgl. VG Köln NVwZ 1994, 927 ff., 930, Ossenbühl NVwZ 1995, 547 ff., 548

als unzulässig erachtet werden müssen. Der gesetzliche Zweck bzw. das Ziel der wasserrechtlichen Bestimmungen steht - hinsichtlich der prinzipiellen Aufgabenerfüllung - nicht zur Disposition der Behörde.[831] Die Verpflichtung des Art. 20 a GG zum Schutz der natürlichen Lebensgrundlagen enthält eine bindende verfassungsrechtliche Zielsetzung und einen bindenden Auftrag.[832] Dieser verpflichtet den Staat nicht nur dazu, Eingriffe in die Umwelt zu unterlassen, er hat darüber hinaus Maßnahmen zur Erhaltung und Wiederherstellung der natürlichen Umwelt zu ergreifen.[833] Der Staat hat insbesondere Eingriffen von Privatpersonen entgegenzutreten und darf derartige Eingriffe nicht fördern.[834]
Die Exekutive ist verpflichtet, den Gehalt des Art. 20 a GG bei der Auslegung von Gesetzen und bei der Ausübung von Ermessenstatbeständen zu beachten.[835] Vor dem Hintergrund des Art. 20 a GG sollten demzufolge aktive Duldungen der Behörde sowie Vereinbarungen, in denen ausdrücklich auf ein Einschreiten verzichtet wird, eher restriktiv gehandhabt werden. Bei einem Nichteinschreiten der Behörde ist desweiteren zu berücksichtigen, dass einer Duldung im Einzelfall sogar eine quasi-legalisierende Wirkung in bezug auf das behördlicherseits zunächst hingenommene Verhaltens des Störers zukommen kann.[836] Dies kann insbesondere bei noch aktiven Betrieben von erheblicher Bedeutung sein.

Bei der Frage, ob die Behörde zum Einschreiten verpflichtet ist, dürfen Ausmaß und Schwere der Störung oder Gefährdung nicht außer Acht gelassen werden.[837] Eine Pflicht zum Einschreiten kann sich daraus ergeben, dass jede andere Entscheidung der Behörde ermessensfehlerhaft wäre, d.h. eine sogenannte "Schrumpfung" des Ermessens "auf Null" vorliegt.[838] Dies wird - wie bereits dargelegt - bei einer nicht

---

[831] Vgl. Waechter VerwArch Bd. 88, 1997, 298 ff., 303, 304
[832] Vgl. Jarass in Jarass/Pieroth GG, Art. 20 a, Rdnr. 1, 8
[833] Jarass in Jarass/Pieroth GG, Art. 20 a, Rdnr. 3 m.w.Nw.
[834] Jarass in Jarass/Pieroth GG, Art. 20 a GG, Rdnr. 3 m.w.Nw.
[835] Jarass in Jarass/Pieroth GG, Art. 20 a GG, Rdnr. 3 m.w.Nw.
[836] Vgl. Kothe VerwArch Bd. 88, 1997, 456 ff., 480 m.w.Nw.
[837] Vgl. BVerwGE 11, 97 ff. m.w.Nw.
[838] Vgl. Czychowski WHG, § 21, Rdnr. 43 m.w.Nw.

nur geringfügigen Beeinträchtigung des Wohls der Allgemeinheit regelmäßig zu bejahen sein.[839]

ad) Systematik und Bedeutung der Grenzwertkonzeption desBBodSchG i.V.m. der BBodSchV für den Pfad Boden –Grundwasser

In diesem Zusammenhang ist zu berücksichtigen, dass das BBodSchG i.V.m. der BBodSchV gem. § 8 Abs. I Nr. 1, 2 BBodSchV Prüfwerte und Maßnahmenwerte enthält, die ebenfalls nicht zur Disposition der Parteien stehen. Obwohl die inhaltlichen Anforderungen, die an eine Grundwassersanierung zu stellen sind, dem Wasserrecht und nicht dem Bodenschutzrecht zu entnehmen sind, werden Teilbereiche des Gewässerschutzes auch inhaltlich vom BBodSchG erfaßt.[840] Soweit der Boden aufgrund seiner Filter-, Puffer- und Stoffumwandlungseigenschaften auch Funktionen zum Schutz der Gewässer erfüllt, dies gilt insbesondere im Hinblick auf das Grundwasser, kann die Schwelle, ab der diese Bodenfunktionen in Gefahren begründender Weise beeinträchtigt werden, durch das BBodSchG i.V.m. der BBodSchV definiert werden.[841] Dies gilt in besonderem Maße für die bodenbezogenen Prüfwerte zum Schutz des Grundwassers. Die Prüfwerte für den Pfad Boden- Grundwasser sind auf die Prognose der Qualität des Sickerwassers am Übergang zur gesättigten Zone anzuwenden.[842] Die Systematik, die das BBodSchG i.V.m. der BBodSchV enthält, entspricht in den wesentliche Punkten auch der Systematik bzw. der gängigen Vorgehensweise bei der Grundwassersanierung, so dass ein Transfer insoweit möglich erscheint.

---

[839] Vgl. Czychowski WHG, § 21, Rdnr. 43
[840] Vgl. Hilger in Holzwarth/Radtke/Hilger BBodSchG, § 4, Rdnr. 141
[841] Vgl. Hilger in Holzwarth/Radtke/Hilger BBodSchG, § 4, Rdnr. 141
[842] Vgl. Informationen zur neuen BBodSchV, Umwelt (BMU) 1999 aaO., Nr. 7-8, Sonderteil S. 4

ae) Die Systematik des § 9 BBodSchG

Gem. § 9 Abs. I BBodSchG soll die zuständige Behörde zunächst geeignete Maßnahmen zur Ermittlung des Sachverhalts treffen, sofern ihr Anhaltspunkte für eine schädliche Bodenveränderung oder Altlast vorliegen.

Derartige Anhaltspunkte liegen insbesondere dann vor, wenn auf Grundstücken über einen längeren Zeitraum oder in erheblicher Menge mit Schadstoffen umgegangen wurde und darüber hinaus die tatsächliche Betriebs-, Bewirtschaftungs- und Verfahrensweise oder Störungen des bestimmungsmäßigen Betriebes den Eintrag solcher Stoffe in den Boden vermuten lassen. Dies gilt auch für nicht sachgerecht behandelte, gelagerte oder abgelagerte Abfälle.[843]

Liegt der Gehalt oder die Konzentration eines Schadstoffes unterhalb des jeweiligen Prüfwertes, so ist insoweit der Verdacht einer schädlichen Bodenveränderung oder Altlast ausgeräumt. Werden die Prüfwerte überschritten, so soll die zuständige Behörde gem. § 9 Abs. I S. 2 BBodSchG die notwendigen Maßnahmen treffen, um festzustellen, ob im konkreten Einzelfall eine schädliche Bodenveränderung oder Altlast vorliegt.

Sofern ein hinreichender Verdacht besteht, kann die zuständige Behörde gem. § 9 Abs. II BBodSchG anordnen, dass die gem. § 4 BBodschG genannten Personen die notwendigen Untersuchungen zur Gefährdungsabschätzung durchzuführen haben.

§ 9 BBodSchG differenziert somit zwischen den Pflichten zur Ermittlung des Sachverhalts i.S.d. § 24 VwVfG, § 9 Abs. I BBodSchG, die die zuständige Behörde betreffen und den weitergehenden Pflichten zur Gefahrenerforschung, die gem. § 9 Abs. II BBodSchG auch den Pflichtigen auferlegt werden können.[844]

---

[843] Vgl. Informationen zur neuen BBodSchV, Umwelt (BMU) 1999 aaO:, Nr. 7-8, Sonderteil S. 3

[844] Vgl. Czychowski WHG, § 21, Rdnr. 41, 51 a m.w.Nw.
mit einer Darstellung der höchst unterschiedlichen Auffassungen n Literatur und Recht-sprechung der Obergerichte zu Art und Ausmaß der Sachverhaltsermittlung, der Pflicht zur weitergehenden Gefahrerforschung und zur Gefahrenabwehr sowie der daraus resultierenden Pflichten der Störer und der Behörde, insbesondere zu den Kostentragungspflichten

Gem. § 9 BBodSchG ergibt sich somit eine gestaffelte Vorgehensweise nach orientierender Untersuchung und Detailuntersuchung, die der bisherigen Sanierungspraxis auch durchaus entspricht.

Sofern im Rahmen der einzelfallbezogenen Bewertung der Untersuchungsergebnisse eine Überschreitung der Maßnahmenwerte festgestellt wird, ist in der Regel vom Vorliegen einer schädlichen Bodenveränderung oder Altlast auszugehen und es besteht Handlungsbedarf. Die Indizwirkung der Maßnahmenwerte ist als wesentlich höher einzustufen, als die der Prüfwerte. Dennoch ist es möglich, den Gefahrenverdacht im Einzelfall durch konkrete Befunde zu entkräften.

af) Systematik und Bedeutung der wasserrechtlichen Orientierungswerte

Vergleichbare Prüf- und Maßnahmenwerte enthalten für die Bewertung des Grundwassers u.a. die LAWA-Empfehlungen für die Erkundung, Bewertung und Behandlung von Grundwasserschäden. Bei der Sanierung von Grundwasserkontaminationen sind auch nach Inkrafttreten des BBodSchG i.V.m. der BBodSchV die Anforderungen und Maßstäbe der Grundwassersanierung dem Wasserrecht zu entnehmen.[845]

Allgemein verbindliche, stoffbezogene Grenzwerte für die Bewertung von Grundwasserschäden und Grundwassergefährdungspotentialen existieren nicht. Jeder Grundwasserschadensfall ist demzufolge individuell zu bewerten, da insbesondere die örtlichen geologischen, bodenkundlichen und gewässerkundlichen Gegebenheiten das Sanierungsbedürfnis und den Sanierungsumfang entscheidend beeinflussen.[846] Deshalb müssen die zuständigen Behörden einen entsprechenden Ermessensspielraum behalten.[847]

Die LAWA-Empfehlungen führen sogenannte Orientierungswerte für Prüf- und Maßnahmenschwellenwerte ein, die ohne rechtliche Verbindlichkeit die Beurteilung er-

---

845 Vgl. Sanden IWS-Schriftenreihe Bd. 27, Grundwassersanierung 1996, 7 ff., 14
846 Vgl. Jedlitschka IWS-Schriftenreihe Bd. 27, Grundwassersanierung 1996 aaO., 26 ff., 30
847 Vgl. Jedlitschka IWS-Schriftenreihe Bd. 27, Grundwassersanierung 1996, 26 ff., 30

leichtern sollen.[848] Bei den grundwasserbezogenen Prüfwerten gilt, dass bei deren Unterschreitung der Gefahrenverdacht in der Regel als ausgeräumt gilt. Weitergehende Maßnahmen sind somit normalerweise nicht erforderlich. Bei einer Überschreitung der Prüfwerte ist zunächst eine weitere Sachverhaltsermittlung geboten. Werden Maßnahmenschwellenwerte überschritten, so sind in der Regel weitere Maßnahmen, wie z.B. eine Grundwassersanierung erforderlich.[849]
Der Begriff Orientierungswert i.S.d. LAWA-Empfehlungen enthält neben den Prüf- und Maßnahmenschwellenwerten auch noch sogenannte Referenz- oder Hintergrundwerte. Diese Orientierungswerte geben den geogenen Hintergrund einschließlich der ubiquitären Belastung an. Die LAWA-Empfehlungen, die bereits Eingang in zahlreiche landesrechtliche Leitfaden und Listen gefunden haben[850], beziehen sich auf den Pfad Boden-Grundwasser bzw. auf das Grundwasser selbst. Sofern der Pfad Boden-Grundwasser betroffen ist, findet die gewünschte Verzahnung von Bodenschutzrecht, d.h. von den Vorschriften des BBodSchG i.V.m. der BBodSchV und den Bestimmungen des Wasserrechts statt.

Trotz der - nach wie vor - bestehenden Bedenken gegen eine allzu schematische Anwendung von Grenzwertlisten spielen derartige Listen bzw. die darin enthaltenen Werte in der Praxis eine nicht zu unterschätzende Rolle. Ihnen kommt jedenfalls in der praktischen Arbeit der Behörden eine gewisse Indizwirkung bei der Ausfüllung des Gefahrenbegriffs zu.[851]
Selbst die sogenannte "Hollandliste", die für den räumlichen Geltungsbereich der Niederlande erstellt wurde und der auf dem Gebiet der Bundesrepublik Deutschland unmittelbar keinerlei Rechtsverbindlichkeit zukommt, erfreut sich bis heute in der Praxis großer Beliebtheit,[852] obwohl die in der Liste enthaltenen Werte nicht ohne weiteres auf andere örtliche Gegebenheiten übertragen werden können.

---

[848] Vgl. Jedlitschka IWS-Schriftenreihe Bd. 27, Grundwassersanierung 1996, 26 ff., 30
[849] Vgl. Jedlitschka IWS-Schriftenreihe Bd. 23, Grundwassersanierung 1995, 73 ff., 74
[850] Vgl. Jedlitschka IWS-Schriftenreihe Bd. 27, Grundwassersanierung 1996, 26 ff., 30 m.w.Nw.
[851] Vgl. BVerwG NJW 1988, 2396 ff., 2397 ff.
[852] Vgl. Habel IWS-Schriftenreihe Bd. 27, Grundwassersanierung 1996, 63 ff., 64, 67, 68

Da das Grundwasser nach h.M. flächendeckend zu schützen und möglichst in seiner natürlichen Beschaffenheit zu erhalten ist, und der strenge Besorgnisgrundsatz des § 34 WHG einen umfassenden Grundwasserschutz fordert, lässt sich unter Berücksichtigung der vorhergehenden Ausführungen feststellen, dass zumindest bei einem Überschreiten der Maßnahmenschwellenwerte die zuständige Behörde im Regelfall zu einem Einschreiten verpflichtet sein wird. Dies gilt sowohl für den Pfad Boden-Grundwasser als auch für das Grundwasser selbst.
Im Rahmen des Grundwasserschutzes wird sich daher das Entschließungsermessen der Behörde i.S.d. § 14 OBG NW, gegebenfalls i.V.m. § 10 BBodSchG, bei Vorliegen einer Gefahr regelmäßig auf das "Einschreiten" reduzieren.

Prüf- und Maßnahmenwerte bzw. deren Über- oder Unterschreitung stehen nicht zur Disposition der Vertragsparteien. Sie sind insbesondere nicht im Rahmen von Sanierungsverträgen "verhandelbar" oder "aushandelbar". Ergeben die Untersuchungen des Bodens bzw. des Grundwassers und deren Bewertung eine im konkreten Fall bestehende Gefahr für das Grundwasser, insbesondere für die öffentliche Wasserversorgung, so ist ein Einschreiten geboten und steht nicht zur Disposition der Parteien.
Nur dann, wenn Alternativen zulässigen Handelns oder Unterlassens gegeben sind, kann die Verwaltung sich vertraglich auf eine dieser Alternativen festlegen.[853] Eine vertragliche Verpflichtung zu einer zeitlich begrenzten Hinnahme und Nichtreaktion kann die Verwaltung nur eingehen, wenn das Unterlassen des Einschreitens auf einer ermessensfehlerfreien Entscheidung beruht.[854] Diese Voraussetzung gilt auch für eine Duldung rechtswidriger Lagen. Nur das Ergebnis einer ermessensfehlerfreien Entscheidung bzgl. der Duldung oder bzgl. des Nichteinschreitens kann vertraglich fixiert und vorab zum Gegenstand von Vertragsverhandlungen und Austauschprozessen gemacht werden.[855]

[853] Vgl. Kunig DVBl 1992, 1193 ff., 1197 m.w.Nw.
[854] Kunig DVBl 1992, 1193 ff., 1197
[855] Vgl. Kunig DVBl 1992, 1193 ff., 1197 m.w.Nw.

Sofern die Ermessensbetätigung prinzipiell ein Einschreiten gebietet, kann sich der Vertragsinhalt nur noch auf die Störerauswahl bzw. auf die Wahl der Vertragspartei, auf die Auswahl der Sanierungsmaßnahmen und deren zeitliche Staffelung sowie auf die Festlegung der Sanierungsziele beziehen.

b) Die Wahl des Vertragspartners, Sonderprobleme der Störerauswahl und Rangfolge der Inanspruchnahme

Vertragspartner eines Sanierungsvertrages können Behörden und sonstige Beteiligungsfähige i.S.d. § 11 Nr. 1, 2 VwVfG sein.[856] Beteiligte i.S.d. § 13 Abs. I Nr. 3 VwVfG sind diejenigen, mit denen die Behörde einen öffentlich-rechtlichen Vertrag schließen will oder geschlossen hat.

ba) Der Beginn der Beteiligtenstellung

Strittig ist, wann die Beteiligtenstellung gem. § 13 Abs. I Nr. 3 VwVfG beginnt. Nach wohl h.M. ist die ernsthafte Absicht der Behörde erforderlich, im Rahmen eines konkreten Verwaltungsverfahrens i.S.d. § 9 VwVfG, mit einem konkreten Vertragspartner einen konkreten Verwaltungsvertrag zu schließen.[857] Bloße Überlegungen der Behörde genügen insofern nicht.[858] Nach anderer Ansicht kommt es nicht primär auf den Willen der Behörde an, sondern allein auf die Eröffnung entsprechender Vertragsverhandlungen durch die Behörde.[859]

---

[856] Vgl. Obermayer VwVfG, § 54, Rdnr. 34
[857] Vgl. Clausen in Knack VwVfG, § 13, Rdnr. 3.3 m.w.Nw., Stelkens/Bonk/Sachs VwVfG, § 13, Rdnr. 24
[858] Clausen in Knack VwVfG, § 13, Rdnr. 3.3
[859] Vgl. Kopp VwVfG, § 13, Rdnr. 16

Desweiteren wird der Zeitpunkt als maßgebend erachtet, zu dem sich die Behörde und der Vertragspartner über den Vertragsabschluss einig sind oder zumindest über die Einleitung eines Vertragsverfahrens.[860]

Zu folgen ist der Auffassung, die auf die Eröffnung entsprechender Vertragsverhandlungen abstellt. Obwohl der Wortlaut des § 13 Abs. I Nr. 3 VwVfG - "schließen will" - eine extensive Anwendung der Norm durchaus nahelegt, kann es aus Gründen der Rechtssicherheit und der gem. § 9 VwVfG vorausgesetzten Wirkung nach außen nicht schon auf die bloße Absicht der zuständigen Behörde ankommen. Maßgeblich ist vielmehr eine entsprechende offizielle Mitteilung an den in Aussicht genommenen Vertragspartner.[861]

Von den subordinationsrechtlichen Verträgen i.S.d. § 54 S. 2 VwVfG werden in erster Linie Verträge zwischen der für den Erlass des Verwaltungsaktes örtlich und sachlich zuständigen Behörde und dem potentiellen Adressaten erfasst.[862]

bb) Die Auswahl des Vertragspartners

Problematisch kann jedoch im Einzelfall die Auswahl des "richtigen" Vertragspartners sein. Im Gegensatz zum Abschluss privatrechtlicher Verträge unterliegt die zuständige Behörde beim Abschluss subordinationsrechtlicher Verträge wesentlich engeren rechtlichen Restriktionen. Nach privatrechtlichem Verständnis bedeutet Vertragsfreiheit die Freiheit des einzelnen, seine Lebensverhältnisse durch Vertrag eigenverantwortlich zu gestalten.[863] Die Vertragsfreiheit als Haupterscheinungsform der Privatautonomie umfasst die Abschlussfreiheit und die Freiheit der inhaltlichen

---

[860] Vgl. Obermayer VwVfG, § 13, Rdnr. 18
[861] Vgl. Kopp VwVfG, § 13, Rdnr. 12 ff., 16, BVerwG NVwZ 1987, 224 ff., 224 zur Einleitung des Anhörungsverfahrens mit Absendung des, Anhörungsschreibens
[862] Vgl. Stelkens/Bonk/Sachs VwVfG, § 54, Rdnr. 61
[863] Vgl. Palandt BGB, Einf. vor § 145, Rdnr. 3

Gestaltung.[864] Begrifflich versteht man unter der Abschlussfreiheit das Recht eines jeden möglichen Vertragspartners, frei zu entscheiden, ob er überhaupt einen - sachlich zulässigen - Vertrag schließen will.[865] Nach privatrechtlichem Verständnis umfasst die Abschlussfreiheit regelmäßig auch die freie Wahl des Vertragspartners.[866] Eine solche kommt jedoch beim Abschluss subordinationsrechtlicher Verwaltungsverträge wegen der gesetzlichen Bestimmungen der jeweils zuständigen Behörde, bzw. hinsichtlich der jeweils betroffenen Rechtsträger nicht in Betracht.[867]
Der zuständigen Behörde ist im Rahmen der Störerauswahl zwar prinzipiell ein weites Ermessen eröffnet,[868] d.h. sofern mehrere Störer in Betracht kommen, stellt sich für die Behörde die Frage der Inanspruchnahme eines oder mehrerer Störer als Ermessensfrage.[869]
Die Ermessensausübung i.S.d. § 40 VwVfG hat im Hinblick auf die Störerauswahl und damit auf die Wahl des potentiellen Vertragspartners von dem Gebot einer effktiven, schnellen und optimalen Gefahrenbeseitigung auszugehen.[870] Maßgebend sind auch beim Abschluss von Sanierungsverträgen die Verhältnisse des jeweiligen Einzelfalles.
Als Merkmale, die von der Behörde bei der Störerauswahl im Rahmen der Ermessenserwägungen besonders in Rechnung zu stellen sind, sind z.B. ein möglichst einfaches und endgültiges Erreichen des gewünschten Erfolges, die örtliche Schadensnähe, der Anteil an der Verursachung, die persönliche und sachliche Leistungsfähigkeit, das Ausmaß des Verschuldens, der Umfang der rechtlichen und tatsächlichen Einwirkungsmöglichkeiten, von der Behörde gegebenenfalls zu beachtende bürgerlich-rechtliche Beziehungen der Beteiligten, der Grad von Nachteilen für den Störer, die zeitliche Priorität, die Rechtsgrundlage und das Ausmaß einer

---

[864] Vgl. Palandt BGB, Einf. vor § 145, Rdnr. 3
[865] Vgl. Obermayer VwVfG, § 54, Rdnr. 34
[866] Vgl. Obermayer VwVfG, § 54, Rdnr. 39
[867] Vgl. Obermayer VwVfG, § 54, Rdnr. 39
[868] Vgl. Spieth IWS-Schriftenreihe Bd. 27, Grundwassersanierung 1996, 38 ff., 45
[869] Vgl. Knopp BB 1989, 1425 ff., 1426 ff. m.w.Nw., Schink DVBl 1986, 161 ff., 168 m.w.Nw.
[870] Vgl. Knopp aaO., S. 43

verfestigten Rechtsposition sowie der Vorrang wettbewerbsschonender Eingriffe.[871] Darüber hinaus hat die Behörde insbesondere das verfassungsrechtlich verankerte Übermaßverbot sowie den Gleichbehandlungsgrundsatz zu beachten.[872]
Zur Gefahrenbeseitigung können von der zuständigen Behörde alle Störer, auch als Gesamtschuldner, mehrere oder nur ein Störer herangezogen werden.[873]

bc) Der Kreis der Sanierungspfllichtigen gem. § 4 BBodSchG

Im Zusammenhang mit der Sanierung schädlicher Bodenveränderungen oder Altlasten sowie dadurch verursachter Gewässerverunreinigungen regelt § 4 Abs. III BBodSchG den Kreis der Sanierungspflichtigen ausdrücklich. Im Gegensatz zu § 4 Abs. I, II BBodSchG, welche die Verantwortlichen präventiv zur Vermeidung bzw. Abwehr drohender schädlicher Bodenveränderungen verpflichten, regelt § 4 Abs. III BBodSchG die Anforderungen, die zu erfüllen sind, wenn schädliche Bodenveränderungen oder Altlasten bereits bestehen.[874]
Im Sinne der polizeirechtlichen Terminologie geht es hier einerseits um die Beseitigung einer schon eingetretenen Störung und andererseits um die Abwehr der Gefahren, die von dieser Störung für noch nicht geschädigte Rechtsgüter ausgehen.[875]
Die Sanierungspflicht umfasst gem. § 4 Abs. III BBodSchG nicht nur den Boden als zu sanierendes Umweltmedium sondern insbesondere auch das Grundwasser, sofern dessen Verunreinigung durch eine schädliche Bodenveränderung oder Altlast verursacht wurde. Die konkreten Anforderungen, die an die Grundwassersanierung zu stellen sind, sind weiterhin aus dem Wasserrecht herzuleiten.[876]

---

[871] Vgl. Hoppe/Beckmann aaO., § 15, Rdnr. 62, 36 ff., Kothe VerwArch Bd. 88, 1997, 456 ff., 490, 491 m.w.Nw., Schink DVBl 1986, 161 ff., 168 m.w.Nw.
[872] Vgl. Hoppe/Beckmann aaO., § 15, Rdnr. 37
[873] Vgl. Knopp aaO., S. 46 m.w.Nw., Schink DVBl 1986, 161 ff., 168
[874] Hilger in Holzwarth/Radtke/Hilger BBodSchG, § 4, Rdnr. 87
[875] Hilger in Holzwarth/Radtke/Hilger BBodSchG, § 4, Rdnr. 87
[876] Vgl. BT-Drucks. 13/6701, S. 17, 18, Hilger in Holzwarth/Radtke/Hilger BBodSchG, § 4, Rdnr. 118, Vierhaus NJW 1998, 1262 ff., 1264

In Anknüpfung an das traditionelle Polizei- und Ordnungsrecht sind gem. § 4 Abs. III BBodSchG der Verursacher einer schädlichen Bodenveränderung oder Altlast, d.h. der Verhaltensstörer i.S.d. § 17 OBG NW, sowie der Grundstückseigentümer und der Inhaber der tatsächlichen Gewalt über ein Grundstück als sogenannte Zustandsstörer i.S.d. § 18 Abs. I, II OBG NW zur Sanierung verpflichtet.
Ein Erbbauberechtigter steht dem Eigentümer nicht gleich, er kann jedoch als Zustandsstörer in Anspruch genommen werden, wenn er Inhaber der tatsächlichen Gewalt über ein Grundstück ist.[877]

Sofern es um die Sanierung von Grundwasser geht, das nicht den Tatbestand des § 4 Abs. III BBodSchG erfüllt, besteht die Verantwortlichkeit des Grundstückseigentümers nur für den Grund und Boden, nicht jedoch für das Grundwasser.[878] Nur dann, wenn sich die vom Boden ausgehende Gefahr oder Störung i.S.d. § 4 Abs. III BBodSchG auf das Grundwasser erstreckt, ist der Grundstückseigentümer auch zu Maßnahmen an diesem heranzuziehen.[879] Eine Heranziehung des Grundstückseigentümers zur Grundwassersanierung in den nicht von § 4 Abs. III BBodSchG erfassten Fällen wäre somit ermessensfehlerhaft. Diese Wertung gilt auch für den Abschluss wasserrechtlicher Sanierungsverträge.
Der Kreis der Ordnungspflichtigen wird jedoch gem. § 4 Abs. III BBodSchG über den Kreis der bislang nach Landesrecht bzw. nach allgemeinem Polizei- und Ordnungsrecht Verantwortlichen erweitert.[880] Zur Sanierung sind ferner verpflichtet der Gesamtrechtsnachfolger des Verhaltensstörers,[881] der ehemalige Zustandsstörer, der sein Eigentum an dem Grundstück aufgegeben oder auf einen Dritten übertragen hat und derjenige, der aus handelsrechtlichem oder gesellschaftsrechtlichem Rechtsgrund für den gegenwärtigen Zustandsstörer einzustehen hat.[882]

---

[877] Vgl. Hilger in Holzwarth/Radtke/Hilger BBodSchG, § 4, Rdnr. 85 m.w.Nw.
[878] Vgl. Czychowski WHG, § 21, Rdnr. 48 m.w.Nw.
[879] Vgl. Czychowski WHG, § 21, Rdnr. 48 m.w.Nw.
[880] Vgl. Knopp/Albrecht BB 1998, 1853 ff., 1854
[881] Vgl. Schlabach/Siemon NVwZ 1992, 143 ff.
[882] Vgl. Kobes NVwZ 1998, 786 ff., 790, Vierhaus NJW 1998, 1262 ff., 1265 ff.

Die Störerhaftung desjenigen, der das Eigentum i.S.d. §§ 928, 959 BGB aufgibt, entspricht der Regelung des § 18 Abs. III OBG NW. Der Fortbestand der Haftung im Falle einer Dereliktion ist sachlich geboten, um eine unbillige Befreiung von der Zustandsverantwortung zu verhindern.[883]

Daneben überträgt § 4 Abs. VI BBodSchG die durch § 4 Abs.III BBodSchG begründete Sanierungspflicht auch auf den früheren Eigentümer eines Grundstücks, sofern er sein Eigentum nach dem 01.03.1999 übertragen hat und die schädliche Bodenveränderung oder Altlast hierbei kannte oder kennen musste. Diese Regelung erweitert die bisherige Rechtslage zur Zustandsverantwortung des Eigentümers. Die Verantwortung des Eigentümers erlischt - mit Ausnahme der Dereliktion - grundsätzlich mit dem Verlust des Eigentums. Die Zustandshaftung des bisherigen Grundstückseigentümers endete mit der Eintragung des neuen Eigentümers im Grundbuch.[884]

Die Regelung des § 4 Abs. VI BBodSchG schreibt die Verantwortlichkeit des früheren Eigentümers nunmehr über diesen Zeitpunkt hinaus fort. Maßgeblicher Stichtag ist der 01.03.1999. Nur dann, wenn das Eigentum nach dem Zeitpunkt des Inkrafttretens der Vorschrift übertragen wurde, greift - zur Verhinderung einer unzulässigen echten Rückwirkung der Norm - die Haftungsregelung des § 4 Abs. VI BBodSchG. § 4 Abs. VI S. 2 BBodSchG enthält daneben noch eine Privilegierung des bisherigen Eigentümers, der beim Erwerb des Grundstücks selbst darauf vertraut hat, dass schädliche Bodenveränderungen oder Altlasten nicht vorhanden sind, und dessen Vertrauen unter Berücksichtigung der Umstände des Einzelfalles schutzwürdig ist. Im Gegensatz zu § 4 Abs. III S. 4 BBodSchG setzt § 4 Abs. VI BBodSchG eine Übertragung des Eigentums auf einen anderen voraus. Die Auffassung Hilgers[885], der Wortlaut der Vorschrift sei an den Wortlaut des § 929 S. 1 BGB angelehnt und an die Überschrift vor den §§ 939 ff. BGB, erscheint zumindest missverständlich. Da

---

[883] Vgl. Hilger in Holzwarth/Radtke/Hilger BBodSchG, § 4, Rdnr. 95, Vierhaus NJW 1998, 1262 ff., 1266, VGH Mannheim NJW 1997, 3259 ff., 3259

[884] Vgl. Hilger in Holzwarth/Radtke/Hilger BBodSchG, § 4, Rdnr. 112 m.w.Nw. aus der Rspr., Vierhaus NJW 1998, 1262 ff., 1266 m.w.Nw.

[885] Vgl. Hilger in Holzwarth/Radtke/Hilger BBodSchG, § 4, Rdnr. 111

sich § 4 Abs. VI BBodSchG ausdrücklich nur auf die Übertragung des Eigentums an einem Grundstück bezieht, dürfte die zivilrechtliche Parallele eher in den §§ 925 ff., 873 BGB zu finden sein. Desweiteren ist die Auffassung Hilgers, § 4 Abs. VI BBodSchG setze eine vertragliche Eigentumsübertragung voraus, zumindest diskussionswürdig. § 4 Abs. VI BBodSchG spricht nur von einer Übertragung des Eigentums an einem Grundstück.

Neben der rechtsgeschäftlichen Eigentumsübertragung gem. §§ 873, 925 BGB existieren insbesondere in den neuen Bundesländern spezifische Regelungen, wie z.B. die Art. 21, 22 Einigungsvertrag i.V.m. den Normen des Vermögenszuordnungsgesetzes, die eine Grundbuchberichtigung sowie eine Klärung der Eigentumsfragen ehemals volkseigener Grundstücke zum Gegenstand haben.
Da es seit dem 03.10.1990 kein Volkseigentum mehr gibt, die Klärung der offenen Eigentumsfragen jedoch über den 01.03.1999 weiterhin Bestand hat, stellt sich - insbesondere im Hinblick auf den Zustand zahlreicher Liegenschaften in den neuen Bundesländern und den damit verbundenen erheblichen Sanierungskosten, die regelmäßig von der öffentlichen Hand zu tragen sind - die durchaus berechtigte Frage, wie z.B. eine von der ursprünglichen Gesetzeslage i.S.d Art. 21, 22 EV abweichende, einvernehmliche "Eigentumsverschiebung" zwischen den Prätendenten im Rahmen eines solchen spezialgesetzlichen Verwaltungsverfahrens zu bewerten ist. Dies gilt insbesondere dann, wenn das Verfahren der Vermögenszuordnung dazu genutzt wird, um im Wege eines Anspruchsverzichts bzw. im Wege einer verwaltungsvertraglichen Regelung eine einvernehmliche Eigentumsfeststellung durch die zuständige Behörde zu ermöglichen. Der Bescheid der zuständigen Behörde ist an das Ergebnis dieser Einigung gebunden, sofern nicht gegen Rechte Dritter verstoßen wird. Der Feststellung der Behörde kommt somit regelmäßig nur deklaratorische Wirkung zu.
Eine Einbeziehung auch derartiger "Eigentumsverschiebungen" in den Anwendungsbereich des § 4 Abs. VI BBodSchG dürfte in der Praxis erhebliche Auswirkun-

gen haben, da eine Vielzahl dieser Liegenschaften aufgrund der vorhergehenden Nutzung stark kontaminiert ist.
Ähnlich wie § 4 Abs. III S. 4 BBodSchG bezüglich der Dereliktion soll auch § 4 Abs. VI BBodSchG die Fälle erfassen, in denen nach Auffassung des Gesetzgebers eine Haftungsbefreiung des Zustandsstörers durch die Übertragung des Eigentums an einem belasteten Grundstück nicht gerechtfertigt ist.[886] Um den Grundstücksverkehr durch die fortdauernde Haftung des früheren Eigentümers nicht übermäßig zu belasten, sieht § 4 Abs. VI S. 2 BBodSchG – bei Vorliegen der in S.1 genannten Voraussetzungen – eine Haftungsbefreiung für denjenigen vor, der selbst in gutem Glauben ein kontaminiertes Grundstück erworben hat.[887] Die Systematik der Haftungsfortwirkung sowie die Tatbestandsvoraussetzungen der Privilegierung knüpfen an den jeweiligen, konkreten Übertragungs- bzw. Erwerbsvorgang an. Dieser Einzelfallbeurteilung entspricht die normale, d.h. die rechtsgeschäftliche Eigentumsübertragung. Der Eigentumsübergang i.S. d. Art. 21, 22 EV i.V.m. den Normen des Vermögenszuordnungsrechts erfolgte in den neuen Bundesländern jedoch kraft Gesetzes zum 03.10.1990 und betraf eine nahezu unüberschaubare Anzahl von Grundstücken. Der Erwerber hatte somit zum maßgeblichen Stichtag weder eine konkrete Vorstellung von der genauen Anzahl der Objekte noch von etwa vorhandenen Kontaminationen. Eine solche Konstellation wird nicht von dem Regelungsgehalt des § 4 Abs. VI BBodSchG erfasst. Im Ergebnis wird man daher davon ausgehen müssen, dass § 4 Abs. VI BBodSchG als eine Norm zu qualifizieren ist, die - unabhängig von den Besonderheiten des Wiedervereinigungsrechts - ausschließlich die rechtsgeschäftliche Eigentumsübertragung i.S.d. §§ 873, 925 BGB erfassen soll. § 4 Abs. VI BBodSchG ist somit eher restriktiv auszulegen.

Sofern die Grundwasserverunreinigung nicht infolge einer Bodenkontamination entstanden ist, bzw. die Regelung des § 4 Abs. III BBodSchG insoweit nicht greift, scheidet aus den genannten Gründen auch eine Heranziehung des früheren Eigen-

[886] Vgl. Hilger in Holzwarth/Radtke/Hilger BBodSchG, § 4, Rdnr. 113
[887] Vgl. Hilger in Holzwarth/Radtke/Hilger BBodSchG, § 4, Rdnr. 113

tümers aus, da insoweit eine Zustandsverantwortlichkeit hinsichtlich des Grundwassers nicht entstanden ist und demzufolge auch nicht perpetuiert werden kann.

bd) Störerauswahl und Rangfolge der Inanspruchnahme

Strittig ist zudem, ob hinsichtlich der Störerauswahl gem. § 4 Abs. III BBodSchG eine Rangfolge vorgegeben ist, die die zuständige Behörde dann auch beim Abschluss subordinationsrechtlicher Sanierungsverträge zu beachten hätte.
Die Regelung des Gesetzesentwurfs legt diesen Schluss durchaus nahe.[888] Danach bestimmt die in § 4 Abs. III BBodschG festgelegte Reihenfolge der Verantwortlichen auch die Rangfolge der Verpflichtung.[889]
Nach der wohl h.M. sieht § 4 Abs. III BBodSchG eine solche normative Vorgabe der Reihenfolge im Rahmen der Störerauswahl nicht vor.[890]An welchen von mehreren Störern sich die Behörde wendet steht in ihrem pflichtgemäßen Ermessen.[891] Den zuständigen Behörden steht auch in den von § 4 Abs. III BBodSchG erfaßten Fällen ein Auswahlermessen zu, bei dessen Ausübung Gesichtspunkte einer effektiven Gefahrenabwehr vorrangig sind.[892]

Auch ein gesetzliches Rangverhältnis zwischen der Inanspruchnahme des Handlungs- und des Zustandsstörers gibt es nach h.M nicht.[893] Beurteilt sich die Effektivität der Beseitigung gleichwertig, so wird jedoch die Auffassung vertreten, dass dann der Verhaltensstörer im allgemeinen vor dem Zustandsstörer heranzuziehen

---

[888] Vgl. BT-Drucks. 13/6701, 35
[889] Vgl. BT-Drucks. 13/6701, 35, Eilers/Geisler BB 1998, 2411 ff., 2413
[890] Vgl. Hilger in Holzwarth/Radtke/Hilger BBodSchG, § 4, Rdnr. 93
[891] Vgl. OVG Münster NVwZ 1997, 800 ff., 806, OVG Lüneburg NJW 1998, 97 ff., 98, NVwZ 1990, 786 ff., 787 m.w.Nw., Czychowski WHG, § 21, Rdnr. 48 m.w.Nw. aus der Rspr.
[892] Vgl. Hilger in Holzwarth/Radtke/Hilger BBodSchG, § 4, Rdnr. 93 m.w.Nw., allgemein zur Störerauswahl auch Oerder DVBl 1992, 691 ff., 692 m.w.Nw., Schwerdtner NVwZ 1992 141 ff., 142 m.w.Nw., Seibert DVBl 1992, 664 ff., 673 m.w.Nw., Paßlick DVBl 1992, 674 ff., 678 m.w.Nw.
[893] Vgl Czychowski WHG, § 21, Rdnr. 48 m.w.Nw. aus der Rspr., Schmidt-Jortzig DÖV 1991, 758 ff.

ist.[894] Dies gilt jedoch nicht bei Illiquidität, Unauffindbarkeit oder schwieriger Ermittlung des Verhaltensstörers.[895]

Ob dann, wenn mehrere Personen nacheinander oder unabhängig voneinander zu einer Grundwasserverunreinigung beigetragen haben, der Handlungsbeitrag genau festgestellt sein muss, ist bei einseitig hoheitlichem Vorgehen als noch offen zu bezeichnen.[896]

Insbesondere bei multikausalen Grundwasserschäden sowie bei Problemen im Rahmen der Störerauswahl entfaltet der subordinationsrechtliche Sanierungsgsvertrag - dies gilt insbesondere für den Vergleichsvertrag – daher seine Wirkung. Die Behörde kann im Rahmen eines Sanierungsvertrages eine umfassende Verantwortlichkeitsregelung treffen und einzelne, mehrere oder sämtliche Störer in die Sanierungs- und Kostenregelung als Vertragsparteien einbeziehen. Die Störerproblematik des allgemeinen Polizei- und Ordnungsrechts kann insbesondere in den Fällen, die einer Vergleichsregelung zugänglich sind, im Wege des Sanierungsvertrages deutlich entschärft werden. Radtke stellt daher zutreffend fest, dass es auch im Interesse der Behörde ist, mittels eines Sanierungsvertrages das Beweislastrisiko sowie sonstige Risiken, die aus der Störerproblematik resultieren, weitestgehend zu minimieren.[897]

be) Der interne Lastenausgleich gem. § 24 Abs. III BBodSchG, §§ 421, 426 BGB in entsprechender Anwendung

In den Sanierungsvertrag kann auch eine Regelung des finanziellen Ausgleichs mehrerer Störer aufgenommen werden.

[894] Vgl. Bay VGH DVBl 1986, 1283 ff., 1285, 1286
[895] Vgl. Czychowski WHG, § 21, Rdnr. 48, Paßlick DVBl 1992, 674 ff., 678
[896] Vgl. Czychowski WHG, § 21, Rdnr. 48 m.w.Nw.
[897] Vgl. Radtke in Holzwarth/Radtke/Hilger BBodSchG, § 13, Rdnr. 15

§ 24 Abs. III BBodSchG stellt dies nunmehr ausdrücklich klar und eröffnet den Verpflichteten gem. § 24 Abs. II S. 2 BBodSchG die Möglichkeit einer spezifischen vertraglichen Vereinbarung. Der Ausgleichsanspruch setzt gem. § 24 Abs. II S. 1 BBodSchG keine behördliche Anordnung voraus. Er entsteht auch dann, wenn ein verwaltungsrechtlicher Sanierungsvertrag erfüllt wird.[898] In diesen Fällen ist es zweckmäßig, den internen Lastenausgleich vor dem Hintergrund des § 426 Abs. I BGB in entsprechender Anwendung ohnehin unter Einbeziehung sämtlicher Ausgleichspflichtiger ausdrücklich vertraglich zu regeln.
Ob der einseitig in Anspruch genommene Störer von den sonstigen Störern im Innenverhältnis nach dem Rechtsgedanken des bürgerlich-rechtlichen Gesamtschuldnerausgleichs i.S.d. §§ 421, 426 BGB oder nach den bürgerlich-rechtlichen Regeln der Geschäftsführung ohne Auftrag i.S.d. §§ 677, 683, 670 BGB Ausgleich verlangen kann, ist ansonsten strittig.[899]
Während der BGH in seiner Rechtsprechung bislang dazu tendierte, einen Ausgleichsanspruch i.S.d. § 426 BGB nicht auf das Verhältnis zwischen mehreren polizeipflichtigen Störern zu übertragen,[900] wurde die entsprechende Anwendbarkeit des § 683 BGB durchaus bejaht.[901] Demgegenüber hält die wohl h.M in der Literatur die Gesamtschuldregeln grundsätzlich für entsprechend anwendbar.[902] Dieser Auffassung hat sich auch der Gesetzgeber in § 24 BBodSchG sowie in etlichen landesrechtlichen Regelungen angeschlossen.
Die vertraglichen Regelungen, die einen internen Lastenausgleich zum Gegenstand haben, sind zudem von der Dispositionsbefugnis der sanierungspflichtigen Parteien umfasst. Gegen eine umfassende Kostenregelung sowie die Regelung des internen Lastenausgleichs im Rahmen subordinationsrechtlicher Sanierungsverträge bestehen demzufolge keine Bedenken.

[898] Vgl. Hilger in Holzwarth/Radtke/Hilger BBodSchG, § 24, Rdnr. 3
[899] Vgl. Hoppe/Beckmann aaO., § 15, Rdnr. 64 m.w.Nw.
[900] Vgl. BGH NJW 1981, 2457 ff., 2458, VHG München NJW 1993, 81 ff., 81, a.A.
[901] Vgl. BGH NJW 1987, 187 ff., 188, Palandt BGB, § 426, Rdnr. 3 ff.
[902] Vgl. Hoppe/Beckmann aaO., § 15, Rdnr. 64 m.w.Nw., Palandt BGB, § 426, Rdnr. 3 ff.

c) Vertragliche Regelungen über Sanierungsziele, Sanierungsmaßnahmen und deren zeitliche Staffelung

Neben der Wahl der richtigen Vertragspartei und der vertraglichen Kostenregelung kommt der Regelung der Sanierungsmaßnahmen eine entscheidende Bedeutung zu. Der Verpflichtete hat ein erhebliches Interesse, den Umfang seiner Verantwortlichkeit sowie Art und Ausmaß der Sanierungsmaßnahmen vertraglich festzulegen. Er hat insbesondere das Ziel, kostengünstige Sanierungsmaßnahmen zu vereinbaren.[903]

ca) Die Mindestziele der Sanierung

Die Mindestziele einer Sanierung von Grundwasserschäden müssen nach Auffassung des Umweltrates die weitestgehende Vermeidung von Gesundheitsgefahren, die Abwehr stark ökotoxischer Wirkungen und sonstiger massiver Umweltbeeinträchtigungen, die Ermöglichung der Nutzung und die Sicherung wertvoller Schutzgüter in ihrem Bestand sowie die Wiederherstellung ihrer Funktion sein.[904]
Bei der Festlegung der Sanierungszielwerte kommt es dabei darauf an, die Gefahrenschwelle zu unterschreiten, eine Abwägung zwischen technisch geeigneten Verfahren unter dem Aspekt der größtmöglichen Gefahrenabwehr und der Wirtschaftlichkeit zu treffen sowie auf die Umweltverträglichkeit der Sanierungsmaßnahme.[905]

---

903 Vgl. Radtke in Holzwarth/Radtke/Hilger BBodSchG, § 13, Rdnr. 15
904 Vgl. Sondermann IWS-Schriftenreihe Bd. 23, Grundwassersanierung 1995, 27 ff., 36 unter Hinweis auf das Sondergutachten des Rates von Sachverständigen für Umweltfragen, Altlasten II, IWS-Schriftenreihe Bd. 21, Lühr (Hrsg.), Altlastenbehandlung, 9 ff., 14
905 Vgl. Sondermann IWS-Schriftenreihe Bd. 23, Grundwassersanierung 1995, 27 ff., 36 m.w.Nw.

cb) Der Grundsatz der Verhältnismäßigkeit und seine Teilgebote der Geeignetheit, Erforderlichkeit und Angemessenheit

Auch bei der Auswahl der vertraglich festzulegenden Sanierungsmaßnahmen ist der Grundsatz der Verhältnismäßigkeit i.S.d. § 15 OBG NW hinreichend zu beachten, da der Verwaltung gem. § 16 OBG NW ausdrücklich ein entsprechendes Ermessen eingeräumt ist.[906]

Der Grundsatz der Verhältnismäßigkeit besteht nach h.M. aus drei Teilgeboten.[907] Die Teilgebote sind das Gebot der Geeignetheit, das Gebot der Erforderlichkeit und das Gebot der Angemessenheit bzw. der Verhältnismäßigkeit i.e. Sinne.[908]

Das Gebot der Geeignetheit verlangt den Einsatz solcher Mittel, mit deren Hilfe der gewünschte Erfolg gefördert werden kann, wobei das benutzte Mittel nicht das geeignetste oder das bestmögliche Mittel sein muss.[909] Es genügt, wenn das Mittel einen Beitrag zur Zielerreichung liefert. Insbesondere im Rahmen von Sanierungsverfahren mit Pilotcharakter stellt sich die Eignung spezifischer Sanierungstechniken bzw. deren Wirkungsgrad häufig erst im Laufe des Wirkbetriebs heraus. Sofern die Vertragsparteien ein derartiges Risiko - insbesondere bei der Anwendung alternativer oder noch wenig erprobter Sanierungsmaßnahmen - bewusst eingehen, sollte der Sanierungsvertrag zur Absicherung der Behörde und des Sanierungspflichtigen jedenfalls Ausstiegs- oder Nachbesserungsklauseln sowie spezielle Kostenregelungen enthalten.

Desweiteren darf das Ziel der staatlichen Maßnahme nicht durch ein anderes, gleich wirksames Mittel erreicht werden können, das das betreffende Grundrecht nicht oder weniger fühlbar einschränkt.[910] Generell darf eine Maßnahme i.S.d. Gebots der Erforderlichkeit nicht über das zur Verfolgung ihres Zwecks notwendige Maß hinausgehen.[911]

---

[906] Vgl. BVerfGE 69, 161 ff., 169
[907] Vgl. BVerwGE 67, 157 ff, 173
[908] Vgl. Czychowski WHG, § 21, Rdnr. 48, Jarass in Jarass/Pieroth GG, Art. 20, Rdnr. 58 ff.
[909] Vgl. Jarass in Jarass/Pieroth GG, Art. 20, Rdnr. 59
[910] Vgl. Jarass in Jarass/Pieroth GG, Art. 20, Rdnr. 59
[911] Vgl. Jarass in Jarass/Pieroth GG, Art. 20, Rdnr. 60

Gem. § 15 Abs. II OBG NW ist eine Maßnahme zudem nur solange zulässig, bis ihr Zweck erreicht ist oder sich zeigt, dass er nicht erreicht werden kann. Dem Sanierungspflichtigen ist vor dem Hintergrund des § 21 Abs. I S. 2 OBG NW auch im Rahmen von Sanierungsverträgen zu gestatten, auf ein Ersatzmittel zurückzugreifen, sofern dieses Mittel ebenso wirksam wie das vertraglich vereinbarte Mittel ist und die Allgemeinheit nicht stärker beeinträchtigt wird. Für derartige Fälle kann eine Anpassungsklausel bzw. eine sanierungsvertragliche Nachbesserungsklausel vereinbart werden. Grundsätzlich steht es den Vertragsparteien frei, auf freiwilliger Basis Maßnahmen zu vereinbaren, die über eine bloße Gefahrenabwehr hinausgehen, d.h. dem Störer im Rahmen einer einseitig-hoheitlichen Inanspruchnahme gegebenenfalls nicht mehr hätten auferlegt werden dürfen.[912] Es kann jedoch aus der Sicht der Vertragsparteien z.B. im Hinblick auf die weitere Nutzung oder Verwertung einer Liegenschaft durchaus sinnvoll sein, im Einzelfall auch umfassende Rekultivierungsmaßnahmen durchzuführen. Der Grundsatz der Verhältnismäßigkeit der Mittel steht einer derartigen freiwilligen Vereinbarung und Übernahme einer solchen Pflicht nicht entgegen. Dies gilt auch für die Verpflichtung zur Übernahme weiterer Gutachterkosten durch den Sanierungspflichtigen sowie - gegebenenfalls auch - zur Bestellung von Sicherheiten.[913] Wesentlich ist, dass der Grundsatz der Verhältnismäßigkeit nicht verletzt wird, insbesondere die vereinbarten Maßnahmen insgesamt nicht zu einer unangemessenen Beeinträchtigung des Sanierungspflichtigen führen.

Das sogenannte Übermaßverbot ist verletzt, wenn der Eingriff für den Betroffenen zu einem Nachteil führt, der gem. § 15 Abs. II OBG NW zu dem erstrebten Erfolg erkennbar außer Verhältnis steht. Die Festlegung der Sanierungsziele und die vereinbarten Sanierungsmaßnahmen müssen auch im Rahmen von Sanierungsverträgen mit dem Grundsatz der Verhältnismäßigkeit vereinbar sein, sie können jedoch über die gesetzlichen Anforderungen hinausgehen.[914]

Dem Verhältnismäßigkeitsgrundsatz wird insbesondere durch den Abschluss zeitlich gestaffelter Sanierungsverträge mit zeitlich gestaffelten Sanierungszielwerten Rech-

---

[912] Vgl. Radtke in Holzwarth/Radtke/Hilger BBodschG, § 13, Rdnr. 15
[913] Vgl. Müllmann NVwZ 1994, 876 ff., 877
[914] Vgl. BVerwGE 84, 236 ff., 240

nung getragen,[915] da sich der Erfolg der Sanierungsmaßnahmen bei einer Grundwassersanierung in Form der verbleibenden Verunreinigungen häufig erst zum Abschluss einer Teilmaßnahme oder der Gesamtmaßnahme beurteilen lässt.

Die erforderlichen Maßnahmen müssen i.S.d. § 37 VwVfG, § 21 Abs. I OBG NW, § 29 Abs. I S. 1 OBG NW zudem inhaltlich bestimmt, d.h. so konkret wie möglich beschrieben sein, wobei die Bestimmtheitsanforderungen, die § 37 VwVfG an eine Ordnungsverfügung stellt, im Rahmen des Sanierungsvertrages nicht erfüllt sein müssen.[916]

cc) Die Festlegung von Sanierungsprioritäten

Im Rahmen des Sanierungsvertrages sollen auch die Sanierungsprioritäten angegeben werden. Bei bereits eingetretenen Grundwasserschäden ist zu berücksichtigen, dass eine Wiederherstellung des natürlichen, nahezu unbelasteten Zustandes weder rechtlich noch faktisch das erstrebenswerte Ziel sein kann. In der Regel ist die deutliche Unterschreitung des Maßnahmenschwellenwertes anzustreben.[917]

cd) Der Grundsatz der nutzungsbezogenen Sanierung i.S.d. Bundesbodenschutzgesetzes

Mit der Aufnahme des Kriteriums der Nutzungsbezogenheit in den Bodenschutz ist die Diskussion um die Reichweite der zur Sanierung des Grundwassers zu erfüllenden Anforderungen neu entbrannt.

Gem. § 4 Abs. IV S. 1 BBodSchG ist bei der Erfüllung der boden- und altlastenbezogenen Pflichten nach § 4 Abs. I - III BBodSchG die planungsrechtlich zulässige Nut-

---

[915] Vgl. Bantz/Görtz IWS-Schriftenreihe Bd. 27, Grundwassersanierung 1996, 48 ff., 56, 60

[916] Vgl. Müllmann NVwZ 1994, 876 ff., 877

[917] Vgl. Jedlitschka IWS-Schriftenreihe Bd. 27, Grundwassersanierung 1996, 26 ff., 34, Knopp IWS-Schriftenreihe Bd. 23, Grundwassersanierung 1995, 23 ff., 26

zung des Grundstücks und das sich daraus ergebende Schutzbedürfnis zu beachten.

Die Nutzung des Grundstücks i.S.d. § 4 Abs. IV BBodSchG findet gem. § 9 Abs. I S. 3 BBodSchG bereits im Rahmen der Untersuchung und Bewertung, d.h. im Rahmen der Sachverhaltsermittlung bzw. Gefährdungsabschätzung Berücksichtigung. Die nutzungsbezogene Gefahrenbeurteilung und Gefahrenabwehr ist aus Sicht der Flächensanierung zu begrüßen. Da die von einer Liegenschaft ausgehenden Gefahren nutzungsabhängig sind, setzen auch geeignete Gegenmaßnahmen grundsätzlich einen entsprechenden Nutzungsbezug voraus.[918] Die in Abhängigkeit von der planungsrechtlich zulässigen Nutzung abgestuften Anforderungen an die Bodensanierung sind zudem wegen des Grundsatzes der Verhältnismäßigkeit geboten, da von den Sanierungspflichtigen keine Maßnahmen verlangt werden dürfen, die über das hinausgehen, was zur weiteren Nutzung der Fläche erforderlich ist.[919]

Soweit die öffentliche Hand zur Sanierung verpflichtet ist, dient die Regelung darüber hinaus dem effektiven Einsatz der begrenzten öffentlichen Mittel.[920]

Da § 4 Abs. III BBodSchG die Sanierungspflicht auch auf Gewässer ausdehnt, sofern sie durch schädliche Bodenveränderungen oder Altlasten verursacht worden sind, liegt es nahe, den "Nutzungsgedanken" des § 4 Abs IV BBodSchG auch auf die Grundwassersanierung anzuwenden.

ce) Die generelle Schutzwürdigkeit des Grundwassers

Es ist jedoch strittig, ob neben dem unmittelbar zum Gebrauch oder Verbrauch bestimmten Grundwasser das Grundwasser generell vor Verunreinigungen geschützt

---

918 Vgl. Hilger in Holzwarth/Radtke/Hilger BBodSchG, § 4, Rdnr. 134, Vierhaus NJW 1998, 1262 ff., 1266

919 Vgl. Hilger in Holzwarth/Radtke/Hilger BBodSchG, § 4, Rdnr. 135, Vierhaus NJW 1998, 1262 ff., 1266

920 Vgl. Hilger in Hoolzwarth/Radtke/Hilger BBodSchG, § 4, Rdnr. 135

werden muss.[921] Nach h.M. gehört der Grundwasserschutz generell zu den Rechtsgütern der Allgemeinheit[922] und ist demzufolge über den Schutz des konkret der öffentlichen Wasserversorgung dienenden Wassers vor schädlichen Verunreinigungen oder sonstigen nachteiligen Veränderungen seiner Eigenschaften zu schützen.[923]

Die materielle Grundentscheidung des Gesetzgebers für einen umfassenden Gewässerschutz folgt insbesondere aus den §§ 1 a Abs. I, 6, 26 und 34 WHG.

Eines konkreten Bewirtschaftungskonzeptes bedarf es daher weder zur Bestimmung des Gefahrenbegriffs noch zur Bestimmung der Schutzwürdigkeit des Rechtsgutes Grundwasser.

cf) Grundwassersanierung, abgestufte Schutzwürdigkeit des Grundwassers und Bewirtschaftungskonzepte

Der Auffassung Salzwedels, auch bei der Einstufung der Schutzwürdigkeit des Grundwasservorkommens komme es auf das Verhandlungsergebnis der Parteien an,[924] kann so nicht zugestimmt werden. Desweiteren begegnen der von Salzwedel vertretenen Auffassung Bedenken, die absolut gesetzten Sanierungsvorgaben für sauberes Grundwasser stellten die Gültigkeit der immer wichtiger werdenden öffentlich-rechtlichen Sanierungsverträge in Frage.[925]

---

921 Vgl. Salzwedel IWS-Schriftenreihe Bd. 21, Lühr (Hrsg.), Altlastenbehandlung 1995, 27 ff., 36 ff., Salzwedel IWS-Schriftenreihe Bd. 23, Grundwassersanierung 1995, 17 ff., 20, Salzwedel IWS-Schriftenreihe Bd. 27, Grundwassersanierung 1996, 19 ff., 20 ff., Schmidt DVBl 1998, 1271 ff, 1275 unter Bezugnahme auf Salzwedel zum Bewirtschaftungskonzept der Wasserbehörden und zur tatsächlich ausgeübten Benutzung als Grundlage der Sanierung, a.A. die h.M., Hilger in Holzwarth/Radtke/Hilger BBodSchG § 4, Rdnr. 144 m.w.Nw., Jedlitschka IWS-Schriftenreihe Bd. 27, Grundwassersanierung 1996, 26 ff., 27, Knopp IWS-Schriftenreihe Bd. 23, Grundwassersanierung 1995, 23 ff., 25, LAWA IWS-Schriftenreihe Bd. 21, Lühr (Hrsg.), Altlastenbehandlung 1995, 71 ff., 74, 75 ff. m.w.Nw., Sondermann IWS-Schriftenreihe Bd. 23, Grundwassersanierung 1995, 27 ff., 31

922 Vgl. BVerwG DÖV 1974, 207 ff., 208 ff., NVwZ 1989, 1061 ff., 1062

923 Vgl Hilger in Holzwarth/Radtke/Hilger BBodSchG, § 4, Rdnr. 144 m.w.Nw.

924 Vgl. DVBl 1998, Schmidt zu Salzwedel 1271 ff., 1275

925 Vgl. Salzwedel IWS-Schriftenreihe Bd. 27, Grundwassersanierung 1996, 19 ff. 23

Zutreffend ist, dass eine Grundwassersanierung "nach Liste" in einer Vielzahl von Fällen zu unverhältnismäßigen und den Bedingungen des konkreten Falles nicht angemessenen Ergebnissen führen kann. Aus diesem Grund ergibt sich bei der Vereinbarung von Sanierungszielen und Sanierungszielwerten - nach der gegenwärtigen Rechtslage - stets ein gewisser Spielraum, da jeder Grundwasserschadensfall individuell zu bewerten ist.[926] Bereits gegenwärtig werden bei der Festlegung von Sanierungsprioritäten und der Bestimmung der Sanierungsmaßnahmen neben Umfang und Art der Belastung, der Gefahr einer Ausbreitung der Kontamination, dem Abbauverhalten von Schadstoffen, die derzeitige und künftige Nutzung der Schutzgüter, die generelle Belastung der Umwelt und die erreichbare Wirkung der Sanierungsmaßnahmen sowie deren Kosten berücksichtigt.[927]
Bei der Festlegung von Sanierungsprioritäten wird an dem Grundsatz festgehalten, dass Grundwasserschäden prinzipiell zu sanieren sind.[928]

Eine Einteilung in Grundwasserzonen mit abgestufter Schutzwürdigkeit mag zwar aus wirtschaftlichen Erwägungen sinnvoll erscheinen, es dürfte jedoch unter Berücksichtigung der sich immer deutlicher abzeichnenden globalen Umweltprobleme nicht die zukunftsweisende Lösung darstellen. Zudem könnte eine derartige Vorgehensweise zu einer - zwar nicht gewollten, aber faktisch eintretenden - kontinuierlichen Absenkung des Grundwasserschutzniveaus führen. Es besteht insbesondere die Gefahr, dass ein Mindestschutz für nicht genutzte Grundwasservorkommen unter diesen Voraussetzungen nicht mehr zu gewährleisten ist.[929]
Wie bereits dargestellt ist das Grundwasser flächendeckend zu schützen und prinzipiell in seiner natürlichen Beschaffenheit zu erhalten. Diese Wertung entspricht auch den Forderungen des europäischen Grundwasseraktionsprogramms sowie den Empfehlungen des 60. Deutschen Juristentages.[930] Der in § 34 WHG festgelegte

---

926 Vgl. Jedlitschka IWS-Schriftenreihe Bd. 27, Grundwassersanierung 1996, 26 ff., 30
927 Vgl. Hilger in Holzwarth/Radtke/Hilger BBodSchG, § 4, Rdnr. 14, LAWA-Empfehlungen
928 Vgl. Jedlitschka IWS-Schriftenreihe Bd. 27, Grundwassersanierung 1996, 26 ff., 32
929 Vgl. Jedlitschka IWS-Schriftenreihe Bd. 27, Grundwassersanierung 1996, 26 ff., 29
930 Vgl. Ergebnisse des EG-Seminars Grundwasser von 1991 in Den Haag sowie den Beschluss des 60. Deutschen Juristentages, nach dessen Inhalt Bewirtschaftungskonzepte nicht bei der Gefähr-

strenge Besorgnisgrundsatz gilt generell für das Grundwasser [931] und steht jeder Art von ökologischen Opfergebieten bzw. Opferstrecken bei der Grundwassersanierung entgegen. Dem flächendeckenden Grundwasserschutz trägt auch die Gesetzgebung Rechnung, indem sie in den §§ 1 a, 6, 19 g, 26 und 34 WHG und in den darauf beruhenden Landeswassergesetzen sowie in § 324 StGB die materiellen Grundentscheidungen für einen umfassenden Grundwasserschutz getroffen hat.[932]
Bewirtschaftungskonzepte sind somit im Ergebnis nicht bei der Gefährdung des Grundwassers, sondern im Rahmen der Verhältnismäßigkeit, insbesondere im Rahmen des Übermaßverbotes zu berücksichtigen.[933]

Die Forderung nach einem qualitativen Bewirtschaftungskonzept für die Sanierung von Grundwasserschäden ist gegenwärtig weder mit den Bestimmungen des WHG noch mit dem allgemeinen Polizei- und Ordnungsrecht vereinbar.[934]
Ein derartiges Bewirtschaftskonzept im Zusammenhang mit der Grundwassersanierung ist auch nicht erforderlich, da die Beachtung des Verhältnismäßigkeitsgrundsatzes und die pflichtgemäße Ermessensbetätigung der zuständigen Behörde im Einzelfall bereits hinreichende Möglichkeiten zur Begrenzung des Sanierungsumfangs bietet. Auch die Einführung eines Konzeptes mit unterschiedlichen Prioritätszonen unter Berücksichtigung wasserwirtschaftlicher Kriterien stellt einen gangbaren und gesetzeskonformen Lösungsansatz dar.[935]
Es ist zudem davon auszugehen, dass die unterschiedlichen Auffassungen, die zu dieser Problematik vertreten werden, wegen der Berücksichtigung der technischen Machbarkeit und der bestehenden wirtschaftlichen Zwänge im Rahmen der Verhält-

---

dung des Schutzgutes Grundwasser, sondern im Rahmen der Verhältnismäßigkeit zu berücksichtigen sind, Verhandlungen des 60. Deutschen Juristentages Münster 1994, Bd. II/1 Sitzungsb., L 7 ff., Sondermann IWS-Schriftenreihe Bd. 23, Grundwassersanierung 1995, 27 ff., 31,Jauck IWS-Schriftenreihe Bd. 23, Grundwassersanierung 1995, 7 ff., 10, 11
931 Vgl. BVerfGE 93, 319 ff.,349 ff., Czychowski WHG, § 34, Rdnr. 2 ff. m.w.Nw.
932 Vgl. Jedlitschka IWS-Schriftenreihe Bd. 27, Grundwassersanierung 1996, 26 ff., 26 m.w.Nw.
933 Vgl. Czychowski WHG, § 34, Rdnr. 2 m.w.Nw., § 4, Rdnr. 56
934 Vgl. Jedlitschka IWS-Schriftenreihe Bd. 27, Grundwassersanierung 1996, 26 ff., 36
935 Vgl. Jedlitschka IWS-Schriftenreihe Bd. 27, Grundwassersanierung 1996, 26 ff., 33

nismäßigkeitsprüfung der Wasserbehörden zu durchaus vergleichbaren Ergebnissen kommen können.[936]

Den Vertragsparteien steht bei der Vereinbarung von Sanierungsmaßnahmen, bei der Festlegung von Sanierungszielen und deren zeitlicher Staffelung ein ausreichender Spielraum zur Verfügung, der den Interessen der zuständigen Behörde und den Interessen des Sanierungspflichtigen gleichermaßen Rechnung trägt, ohne die verfassungsrechtlich gebotenen und einfachgesetzlichen Vorgaben zu unterlaufen oder auszuhöhlen.

Der subordinationsrechtliche Sanierungsvertrag darf im Ergebnis von dem Betroffenen jedoch weder offensichtlich unverhältnismäßige Sanierungsmaßnahmen verlangen, dies gilt insbesondere für sogenannte "Luxussanierungen", noch den Betroffenen - bei Unsicherheiten über seinen Verursachungsanteil - vollständig von der Haftung freistellen,[937] bzw. eine Sanierung mit der Konsequenz weitreichender grundwasserrechtlicher "Opferstrecken" aushandeln.

cg) Die Risikobegrenzung durch Freistellung des Sanierungspflichtigen von einer weitergehenden Inanspruchnahme durch die Behörde

Desweiteren ist es für den Sanierungspflichtigen von Bedeutung, nach Durchführung der Maßnahmen von einer weiteren Inanspruchnahme durch die Behörde freigestellt zu werden. Die Frage der Freistellung einer Vertragspartei von einer weitergehenden Inanspruchnahme ist strikt von der Frage des prinzipiellen Verzichts einer Inanspruchnahme bzw. von der Frage des Nichteinschreitens zu trennen. Die Freistellung von einer weitergehenden Inanspruchnahme betrifft insbesondere die Fälle, in denen das vertraglich vereinbarte Sanierungsziel erreicht wurde bzw. die Fälle, in denen die vertraglich vereinbarten Sanierungsmaßnahmen vollständig durchgeführt

[936] Vgl. Sanden IWS-Schriftenreihe Bd. 27, Grundwassersanierung 1996, 7 ff., 16, 17

wurden. In derartigen Fällen ist die vertragliche Freistellung eines Störers von einer weitergehenden Inanspruchnahme als zulässig zu erachten,[938] da es sich lediglich um die Ausübung des den Ordnungsbehörden eingeräumten Eingriffs- und Auswahlermessens handelt.[939] Eine derartige Risikobegrenzung ist zudem aus praktischer Sicht geboten, da andernfalls der Sanierungspflichtige regelmäßig von einer vertraglichen Regelung der Sanierung absehen würde.

Eine verwaltungsvertragliche Freistellung des Sanierungspflichtigen von weiteren Maßnahmen ist ohnehin nur zulässig, wenn die Notwendigkeit weitergehender Maßnahmen nach dem gegenwärtigen Kenntnisstand nahezu ausgeschlossen ist.

III. Die speziellen Voraussetzungen des subordinationsrechtlichen Sanierungsvertrages als Vergleichsvertrag i.S.d. § 55 VwVfG und als Austauschvertrag i.S.d. § 56 VwVfG

Der subordinationsrechtliche Verwaltungsvertrag zur Grundwassersanierung im Sinne des § 54 S. 2 VwVfG unterliegt - wie sich aus dem Umkehrschluss zu § 55 VwvfG ergibt - noch verhältnismäßig engen rechtlichen Bindungen, sofern nicht die Voraussetzungen eines Vergleichsvertrages vorliegen.

1. Die Voraussetzungen des Vergleichsvertrages i.S.d. § 55 VwVfG

Da dem Abschluss wasserrechtlicher Sanierungsverträge grundsätzlich keine Rechtsvorschriften entgegenstehen, bemisst sich die inhaltliche Zulässigkeit eines

---

[937] Vgl. Müllmann NVwZ 1994, 876 ff., 877

[938] Vgl. Beckmann/Große-Hündfeld BB 1990, 1570 ff., 1573, Müllmann NVwZ 1994, 876 ff., 878, Spieth IWS-Schriftenreihe Bd. 27, Grundwassersanierung 1996, 38 ff., 45 m.w.Nw.

[939] Vgl. Ossenbühl NVwZ 1995, 547 ff., 549 ff.

Vergleichsvertrages im Einzelfall danach, ob die besonderen Anforderungen des § 55 VwVfG eingehalten wurden.[940]

§ 55 VwVfG befasst sich mit der materiellen Gestaltung des Vertrages[941] und enthält insofern Einschränkungen für den Abschluss von Vergleichsverträgen. Gem. § 55 VwVfG kann durch einen subordinationsrechtlichen Vergleichsvertrag eine bei verständiger Würdigung des Sachverhalts oder der Rechtslage bestehende Ungewissheit durch gegenseitiges Nachgeben beseitigt werden, wenn die Behörde den Abschluss des Vergleichs zur Beseitigung der Ungewissheit nach pflichtgemäßem Ermessen für zweckmäßig hält.

a) Die Ungewissheit über den Sachverhalt oder die Rechtslage

Der subordinationsrechtliche Vergleichsvertrag setzt zunächst eine Ungewissheit über den Sachverhalt oder die Rechtslage voraus.

Eine Ungewissheit im Sinne der Norm in tatsächlicher Hinsicht ist dann anzunehmen, wenn Tatsachen oder Beweisergebnisse unbekannt sind und die an sich gem. § 24 VwVfG erforderliche Klärung voraussichtlich in angemessener Zeit oder zu im Verhältnis zur Bedeutung der Sache angemessenen Kosten nicht möglich ist bzw. wäre.[942]

Eine Ungewissheit in rechtlicher Hinsicht ist insbesondere dann gegeben, wenn die Anwendbarkeit oder Auslegung der möglichen entscheidungserheblichen Rechtsnormen zweifelhaft ist und eine eindeutige höchstrichterliche Rechtsprechung dazu noch fehlt, insbesondere auch wenn Gewohnheitsrecht, älteres oder ausländisches oder sonst fremdes Recht anzuwenden ist und die in Betracht kommenden Normen

---

[940] Vgl. Müllmann NVwZ 1994, 876 ff., 877 allgemein zum umweltrechtlichen Vergleichsvertrag

[941] Henneke in Knack VwvfG, § 55, Rdnr. 2

[942] Vgl. Kopp VwVfG, § 55, Rdnr. 10 m.w.Nw., Siegmund in Brandt/Sachs aaO., D I, Rdnr. 194 m.w.Nw.

nur schwer feststellbar sind.[943] Insoweit genügt das normale Verfahrens- oder Prozessrisiko nicht zur Annahme einer ungewissen Rechtslage.[944]
Die Ungewissheit der Sach- oder Rechtslage und das Nachgeben müssen sich zudem auf denselben Punkt beziehen.[945] Es besteht das Erfordernis der Konnexität zwischen Ungewissheit und Nachgeben.[946] Nicht erforderlich ist eine objektive Ungewissheit, ungewiss im Sinne der Norm ist auch das, was nur die Parteien nicht wissen.[947]
Hinsichtlich der vertragsschließenden Behörde sind zumindest durchschnittlich zu erwartende Sach- und Rechtskenntkisse zugrunde zu legen,[948] wobei nicht nur die Kenntnisse des Sachbearbeiters, sondern das Wissen der Behörde insgesamt zu berücksichtigen ist.[949]

Die Ungewissheit muß sich auf Umstände beziehen, die für die Sachentscheidung wesentlich sind, ohne dass sie mit angemessenen Mitteln und in angemessener Zeit voraussichtlich behoben werden kann.[950]

Fälle von Grundwasserverunreinigungen weisen - insbesondere dann, wenn sie durch Altlasten oder sonstige Bodenkontaminationen verursacht werden - typischerweise eine Vielzahl tatsächlicher und gegebenenfalls auch rechtlicher Ungewissheiten auf. Die Ungewissheiten erstrecken sich regelmäßig auf den Umfang der Gefährdung, auf den bzw. die Verursacher und auf das Maß der Inanspruchnahme der Verantwortlichen.[951]
Zudem ist in der Sanierungspraxis festzustellen, dass der Kenntnisstand der einzelnen an den Sanierungsvorhaben beteiligten Behörden als außerordentlich hetero-

[943] Henneke in Knack VwVfG, § 55, Rdnr. 5, Meyer/Borgs VwVfG, § 55, Rdnr. 12, Kopp VwVfG, § 55, Rdnr. 10 m.w.Nw., Tiedemann DÖV 1996, 594 ff., 595 ff.
[944] Henneke in Knack VwVfG, § 55, Rdnr. 5, Kopp VwVfG, § 55, Rdnr. 10, VGH München NVwZ 1989, 167 ff., 169
[945] Vgl. BVerwGE 49, 364, 84, 157 ff., 165
[946] Vgl. Kopp VwVfG, § 55, Rdnr. 5 m.w.Nw.
[947] Vgl. Henneke in Knack VwVfG, § 55, Rdnr. 9
[948] Henneke in Knack VwVfG, § 55, Rdnr. 9
[949] Kopp VwVfG, § 55, Rdnr. 9a m.w.Nw., VGH München NVwZ 1989, 167 ff., 168
[950] BVerwGE 17, 87 ff., 93

gen bezeichnet werden kann.[952] Einerseits verfügen die Behörden über umfangreiche Detailkenntnisse, andererseits nur über sehr vage Vorstellungen hinsichtlich des Umgangs mit wassergefährdenden Stoffen bzw. der von bestimmten Stoffen ausgehenden Gefährdungspotentiale.[953] Als besonders problematisch stellt sich aus Sicht der Betroffenen dar, dass die Behörden häufig Pauschalforderungen hinsichtlich vorzunehmender Untersuchungs- und Sanierungsmaßnahmen formulieren, ohne sich der Höhe der Kosten und der dadurch verursachten finanziellen Belastung wirklich bewusst zu sein.

Eine grundsätzlich zu begrüßende Einschränkung der Möglichkeit, von den Betroffenen sogenannte "Luxussanierungen" zu fordern, ergibt sich aus der Abhängigkeit der durchzuführenden Sanierungsmaßnahmen von der konkreten gegenwärtigen und zukünftigen Nutzung des Bodens.

Desweiteren bleiben die Betroffenen mit den behördlichen Anforderungen in einer Vielzahl von Fällen sich selbst überlassen. Auch die Einschaltung von Gutachtern und anerkannten Sanierungsfachleuten führt nicht zwingend zu einer eindeutigen Bewertung der individuellen Situation. Dies gilt insbesondere dann, wenn es sich nicht um Standardfragestellungen sondern um atypische Problemfälle handelt, für deren Lösung es noch kein in der Praxis erprobtes und als geeignet anerkanntes Instrumentarium gibt. Nicht nur hinsichtlich der Bewertung des konkreten Sachverhalts und der Gefährdungsabschätzung bestehen Ungewissheiten, diese erstrecken sich regelmäßig auch auf die Beurteilung der Eignung von Sicherungs-, Dekontaminations- oder weitergehenden Rekultivierungsmaßnahmen sowie auf die Definition der konkreten Schutz- und Sanierungsziele.

---

[951] Vgl. Pape NJW 1994, 409 ff., 411, Müllmann NVwZ 1994, 876 ff., 877

[952] Vgl. Forschungsvorhaben: Erfassung und Sanierung der Belastung von Böden und Wässern durch Holzschutzmittel, Teilvorhaben I, 1995, S. 72, Rdnr. 23

[953] Vgl. Forschungsvorhaben Teilvorhaben I, 1995, S. 72, Rdnr. 23

Umstritten ist, ob die erforderliche Ungewissheit bei allen Vertragspartnern bestehen muss. Nach einer Auffassung genügt es nicht, dass die Ungewissheit über den Sachverhalt oder die Rechtslage nur bei einer Vertragspartei besteht.[954] Die abweichende Auffassung lässt hingegen zur Anwendbarkeit des § 55 VwVfG die Ungewissheit zumindest auf Seiten der Behörde genügen.[955]
Sinn und Zweck des § 55 VwVfG ist es, eine bestehende Ungewissheit rechtlicher oder tatsächlicher Natur durch gegenseitiges Nachgeben zu überbrücken. Dies setzt voraus, dass alle Vertragspartner Zweifel haben und sich der daraus resultierenden Ungewissheit bewußt sind. Sie müssen zudem den Willen haben, diese Ungewissheit im Vergleichswege zu überwinden.[956]

§ 55 VwVfG kann zwar so verstanden werden, dass die Behörde grundsätzlich befugt ist, eine Regelung durch Vergleich anzustreben oder einem Vergleich zuzustimmen, wenn sie den Vergleichsabschluss bei sachlicher, verständiger Würdigung der Schwierigkeiten einer Aufklärung des Sachverhalts oder der Klärung einer unsicheren Rechtslage für vertretbar und zweckmäßig hält,[957] dies bedeutet jedoch nicht, dass die Ungewissheit im Sinne der Norm nur auf Seiten der Behörde bestehen muss. Dem Tatbestandsmerkmal der Gegenseitigkeit des Nachgebens zur Beseitigung der bestehenden Ungewissheit lässt sich vielmehr entnehmen, dass die Norm eine Ungewissheit sowohl der zuständigen Behörde als auch des anderen Vertragsteils voraussetzt. Sofern die Ungewissheit nur auf Seiten der Behörde besteht, während der andere Teil über gesicherte Erkenntnisse hinsichtlich der Sach- oder Rechtslage verfügt, so obliegt es gem. § 62 S.1 VwVfG, § 24 VwVfG der Behörde sich diese Erkenntnisse ebenfalls zu verschaffen. Andernfalls bestünde die Gefahr einer Aushöhlung des Untersuchungsgrundsatzes. Es ist daher im Ergebnis der Auffassung zu folgen, die das Bestehen einer Ungewissheit auf Seiten aller Vertragsparteien fordert.

---

[954] Vgl. BVerwG NJW 1975, 1751, Henneke in Knack VwVfG, § 55, Rdnr. 4, Obermayer VwVfG, § 55, Rdnr. 7, Stelkens/Bonk/Sachs VwVfG, § 55, Rdnr. 16
[955] Vgl. Kopp VwVfG, § 55, Rdnr. 5, Meyer/Borgs VwVfG, § 55, ,Rdnr. 9
[956] Vgl. BVerwG NJW 1975, 1751, Obermayer VwVfG, § 55, Rdnr. 7
[957] Vgl. Kopp VwVfG, § 55, Rdnr. 7

b) Die Gegenseitigkeit des Nachgebens

Gegenseitiges Nachgeben ist begriffliche Voraussetzung des Vergleichs[958] und nach allgemeinem Sprachgebrauch zu verstehen. Ein Nachgeben im Sinne des § 55 VwVfG liegt bei jedem Abrücken von dem im Verfahren günstigstenfalls zu erreichenden Ergebnis aus Sicht der jeweiligen Partei vor.[959]
Gegenseitigkeit bedeutet, dass der eine Teil dem anderen Vertragsteil im Hinblick auf das Nachgeben der anderen Seite Zugeständnisse irgendwelcher Art macht, mögen sie auch noch so geringfügig sein.[960] Eine Gleichwertigkeit der Zugeständnisse wir dabei nicht vorausgesetzt.[961] Das gegenseitige Nachgeben muss sich jedoch auf die Punkte beziehen, hinsichtlich derer die Ungewissheit besteht.[962] Fehlt es an einer Gegenseitigkeit des Nachgebens, d.h. gibt nur einer Partei nach, so liegt kein Vergleich im Sinne der Norm vor.[963]

c) Das Ziel des Vergleichsvertrages und die pflichtgemäße Ermessensausübung

Gem. § 55 VwVfG muß der Abschluss des Vergleichs das Ziel haben, die bestehende Ungewissheit zu beseitigen. Es ist nicht erforderlich, daß der Vergleich sämtliche zwischen den Parteien bestehende Meinungsverschiedenheiten ausräumt. Es kommt vielmehr darauf an, dass durch den Vergleich der Streit zwischen den Parteien beendet wird.[964]

Eine weitere Voraussetzung des Vergleichsvertrages ist, dass die Behörde den Vergleichsabschluss nach pflichtgemäßem Ermessen, das die Feststellungslast und die

---

958 Vgl. Siegmund in Brandt/Sachs aaO., D I, Rdnr. 198
959 Kopp VwVfG, § 55, Rdnr. 16
960 Henneke in Knack VwVfG, § 55, Rdnr. 6
961 Henneke in Knack VwVfG, § 55, Rdnr. 6, Siegmund in Brandt/Sachs aaO., D I, Rdnr. 198 m.w.Nw.
962 Vgl. BVerwGE 49, 359 ff., 364, 365
963 Kopp VwVfG, § 55, Rdnr. 15
964 Kopp VwVfG, § 55, Rdnr. 8

Bindung an den Untersuchungsgrundsatz berücksichtigt, für zweckmäßig hält.[965] In diesem Zusammenhang ist von erheblicher praktischer Relevanz, dass die Behörde nicht alle Möglichkeiten einer Aufklärung ausgeschöpft haben muss oder dass die bestehenden Zweifel tatsächlich nicht behebbar sind.[966]

Die Behörde ist gem. § 24 VwVfG vor Abschluss des Vergleichsvertrages verpflichtet, den Sachverhalt - soweit dies möglich ist - von Amts wegen zu ermitteln, die materielle Wahrheit zu erforschen und alle entscheidungserheblichen Tatsachen festzustellen,[967] wobei der Umfang der Ermittlungspflicht vom konkreten Einzelfall abhängt.[968] Es genügt, dass die Behörde zu der - angesichts der besonderen Umstände des Falles - vertretbaren Auffassung gelangt, dass eine umfassende Aufklärung der Sach- oder Rechtslage nicht ohne erhebliche Schwierigkeiten möglich sein werde und sich nach pflichtgemäßem Ermessen unter Abwägung des Für und Wider, insbesondere auch der Kosten und Erfolgsaussichten einer weitergehenden Sachverhaltsaufklärung sowie der Aussichten, eine Lösung zu finden, die nicht von vorneherein Rechtsbehelfsverfahren heraufbeschwört, für den Abschluss eines Vergleichsvertrages entscheidet.[969]

Bei der Ausübung des pflichtgemäßen Ermessens ist zu berücksichtigen, dass die Ermächtigung des § 55 VwVfG, einen Vergleich zu schließen, um eine bestehende rechtliche oder tatsächliche Ungewissheit einvernehmlich zu überbrücken, eine Einschränkung des Untersuchungsgrundsatzes darstellt.[970]

Die Forderung, dass im Hinblick auf den Untersuchungsgrundsatz alle möglichen Maßnahmen ausgeschöpft sein müssen,[971] erscheint jedoch unter Berücksichtigung des Normzwecks als zu weitgehend. § 55 VwVfG soll als Ausdruck rationeller Verwaltung gewährleisten, dass der Aufwand für die Klärung der Ungewissheit nicht

[965] Henneke in Knack VwVfG, § 55, Rdnr. 8
[966] Kopp VwVfG, § 55, Rdnr. 10a
[967] Henneke in Knack VwVfG, § 55, Rdnr. 7
[968] Henneke in Knack VwVfG, § 55, Rdnr. 7
[969] Degenhart NVwZ 1982, 71 ff., 73, Kopp VwVfG, § 55, Rdnr. 10a
[970] Henneke in Knack VwvfG, § 55, Rdnr. 7
[971] Vgl. Henneke in Knack VwVfG, § 55, Rdnr. 4

außer Verhältnis zu der Bedeutung des zwischen der Behörde und dem anderen Teil strittigen Sachverhalts stehen soll.[972]

Hier ist vor dem Hintergrund der Besonderheiten des Wasserrechts und des Bodenschutzrechts zu berücksichtigen, dass insbesondere bei Grundwasserschädigungen infolge von Bodenkontaminationen bzw. bei altlastenrechtlichen Fallkonstellationen eine umfassende Sachverhaltsaufklärung wegen des enormen technischen und zeitlichen Aufwandes regelmäßig zu erheblichen Kosten führt, ohne dass eine vollständige Klärung der bestehenden Ungewissheiten sichergestellt ist.
Es würde dem Normzweck des § 55 VwVfG zuwiderlaufen, in den Fällen der Grundwassersanierung - auch im Hinblick auf die überragende Bedeutung des Schutzgutes und die Möglichkeiten einer Ausbreitung der Kontamination - erst alle möglichen Maßnahmen zur Sachverhaltsaufklärung ausschöpfen zu müssen. Beim Abschluss des verwaltungsrechtlichen Vergleichsvertrages steht gerade nicht die vollständige Sachverhaltsaufklärung im Vordergrund. Es geht vielmehr darum, bestehende Ungewissheiten durch gegenseitiges Nachgeben einvernehmlich zu beseitigen und insbesondere unnötige Verzögerungen - im Interesse der Parteien und der zu schützenden Rechtsgüter - zu vermeiden.
§ 55 VwVfG ermächtigt daher die Behörde im Einvernehmen mit dem Vertragspartner von einer vollständigen Klärung des Sachverhalts oder - in Ausnahmefällen - auch von einer umfassenden Klärung der Rechtslage abzusehen und statt dessen eine Regelung durch Vergleich zu treffen.[973] Dieser Ermächtigung kommt im Wasserrecht wegen der Wertigkeit des Schutzgutes Grundwasser eine besondere praktische Bedeutung zu.

Mit dem Normzweck nicht mehr vereinbar ist es jedoch, eine Ungewissheit nur zu fingieren, um damit den Weg für eine vertragliche Regelung zu eröffnen. Dies gilt insbesondere auch für die leichtfertige Annahme einer rechtlichen Ungewissheit.[974]

---

[972] Henneke in Knack VwVfG, § 55, Rdnr. 7
[973] Kopp VwVfG, § 55, Rdnr. 9
[974] Henneke in Knack VwVfG, § 55, Rdnr. 4

Eine zu extensive Anwendung des verwaltungsrechtlichen Vergleichsvertages ist mit rechtsstaatlichen Grundsätzen und den Anforderungen eines ordnungsgemäßen Verwaltungsverfahrens nicht mehr vereinbar. Diese Wertung ergibt sich auch aus der Nichtigkeitsregelung gem. § 59 Abs. II Nr. 3 VwVfG.

2. Die Voraussetzungen des Austauschvertrages i.S.d. § 56 VwVfG

Gem. § 56 Abs. I S. 1 VwVfG kann ein subordinationsrechtlicher Verwaltungsvertrag, in dem sich der Vertragspartner der Behörde zu einer Gegenleistung verpflichtet, geschlossen werden, wenn die Gegenleistung für einen bestimmten Zweck im Vertrag vereinbart wird und der Behörde zur Erfüllung ihrer öffentlichen Aufgaben dient. § 56 Abs. I S. 2 VwVfG erfordert zudem, dass die Gegenleistung den gesamten Umständen nach angemessen ist und im sachlichen Zusammenhang mit der vertraglichen Leistung der Behörde steht.[975]

Fraglich ist zunächst, ob der Abschluss eines "normalen" Sanierungsvertrages, in dem sich der Sanierungspflichtige zur Durchführung bestimmter Sanierungsmaßnahmen auf eigene Kosten verpflichtet, überhaupt einen Austauschvertrag i.S.d. Norm darstellt.

a) Der Begriff des Austauschvertrages i.S.d. § 56 VwVfG

Der Begriff des Austauschvertrages i.S.d. § 56 VwVfG darf nicht einengend i.S.d. §§ 320 ff. BGB nur als besonderer Fall des gegenseitigen Vertrages verstanden werden.[976] Sein Anwendungsbereich geht vielmehr darüber hinaus und ist in einem besonderen öffentlich-rechtlichen Sinne zu verstehen, mit dem spezielle öffentlich-

[975] Vgl. Siegmund in Brandt/Sachs aaO., D I, Rdnr. 3
[976] Vgl. Stelkens/Bonk/Sachs VwVfG, § 56, Rdnr. 16

rechtliche Austauschlagen durch Vertrag geregelt werden können.[977] Dabei muss es sich nicht notwendig um ein echtes Synallagma im Sinne eines do-ut-des von Leistung und Gegenleistung handeln.[978] Möglich ist auch, dass durch die Gegenleistung überhaupt erst die Voraussetzung geschaffen wird, dass die Behörde die Leistung rechtmäßig erbringen darf.[979]

b) Die Sanierungsleistung als Gegenleistung i.S.d. § 56 VwVfG

Vor dem Hintergrund des Vergleichsvertrages vertreten Beckmann und Große-Hündfeld die Auffassung, die in der Sanierungsvereinbarung vertraglich geregelte Sanierung stelle die Gegenleistung für eine mögliche Entlassung aus der Verantwortlichkeit dar.[980] Diese Gegenleistung werde für einen bestimmten Zweck, nämlich für die Sanierung einer Kontamination und damit im Sinne einer vorbeugenden und vorsorgenden Beseitigung von in der Zukunft möglicherweise drohenden Umweltgefahren bestimmt.[981]

Dieser Auffassung begegnen Bedenken. Selbst wenn man unter einem Austauschvertrag i.S.d. § 56 VwVfG nicht nur die Verträge versteht, in denen die Leistungen der Vertragspartner i.S. eines "do ut des" funktionell miteinander verbunden sind, sondern alle gegenseitigen Verträge einbezieht, insbesondere auch diejenigen, die ausdrücklich nur eine Verpflichtung des Bürgers gegenüber einem Träger öffentlicher Verwaltung enthalten - sogenannte "hinkende Austauschverträge" -,[982] so stellt sich dennoch die Frage, ob die vertragliche Übernahme der Sanierungspflichten nicht ausschließlich der Abwehr einer ansonsten drohenden Sanierungsverfügung dient und somit bereits begrifflich keine Gegenleistung i.S.d. Norm darstellt.

---

[977] Vgl. Stelkens/Bonk/Sachs VwVfG, § 56, Rdnr. 16 m.w.Nw.
[978] Obermayer VwVfG, § 56, Rdnr. 3
[979] Obermayer VwVfG, § 56, Rdnr. 3
[980] Vgl. Beckmann/Große-Hündfeld BB 1990, 1570 ff., 1573
[981] Vgl. Beckmann/Große-Hündfeld BB 1990, 1570 ff., 1573
[982] Vgl. Obermayer VwVfG, § 56, Rdnr. 3

Zu Recht weist Müllmann darauf hin, dass Austauschverhältnisse i.S. von § 56 VwVfG bei Sanierungsverträgen vor allem als Randbedingungen der eigentlichen Sanierungsverpflichtungen denkbar sind.[983]

Wenn sich der Sanierungspflichtige vertraglich zur Sanierungsdurchführung verpflichtet, erwartet er prinzipiell von der Behörde, dass sie über die vereinbarten Maßnahmen hinaus, keine weitergehenden Forderungen stellen wird und den Vertragspartner vertraglich von weiteren Inanspruchnahmen freistellt. Der Sanierungspflichtige hätte regelmäßig keinen Grund, die Risiken der Vollzugsbehörde durch den Abschluss eines Sanierungsvertrages zu minimieren, ohne selbst von einer Eingrenzung des Sanierungsrisikos zu profitieren.
Die äußere Grenze für derartige Freistellungen zieht § 55 VwVfG. Die Freistellung muss im Rahmen der nach pflichtgemäßem Ermessen vergleichsweise regelbaren tatsächlichen und rechtlichen Unsicherheiten des konkreten Falles bleiben.[984]
Austauschverhältnisse können jedoch dann entstehen, wenn die Verwaltung und der Sanierungspflichtige im Rahmen des eigentlichen Sanierungsvertrages sogenannte "Paketlösungen" vereinbaren, die die zukünftige Nutzung der sanierten Liegenschaft mitumfassen und insbesondere weitergehende Genehmigungen oder Planungsleistungen der Behörde beinhalten.

Im Rahmen von Sanierungsverträgen ist auch ein befristeter oder bedingter Verzicht auf behördliche Eingriffe nicht ungewöhnlich.[985] Dennoch stellt sich auch hier die Frage, ob der Verzicht auf eine Inanspruchnahme oder das "Nichteinschreiten" einer Behörde - unabhängig von der rechtlichen Zulässigkeit - eine Leistung der Behörde i.S.d. § 56 VwVfG bzw. ob die "freiwillige" Sanierung dann als deren Gegenleistung zu qualifizieren ist.

---

[983] Vgl. Müllmann NVwZ 1994, 876 ff., 877
[984] Vgl. Müllmann NVwZ 1994, 876 ff., 877
[985] Vgl. Kothe VerwArch 1998, 456 ff., 485 mit allgemeinen Ausführungen

Als Leistung eines Austauschvertrages kommen grundsätzlich alle Handlungen, Erklärungen oder sonstigen Verhaltensweisen mit rechtlichen oder tatsächlichen Auswirkungen in Betracht, die nach Einschätzung der Vertragspartner von materiellem oder immateriellem Wert sind.[986] Während als Leistung des Vertragspartners der Behörde, d.h. als Gegenleistung i.S.d. Norm, vor allem die Zahlung eines Geldbetrages oder die Vornahme einer Handlung in Betracht kommt, kommen als Leistungen der Behörde i.S.d. § 56 VwVfG vor allem der Erlass von Verwaltungsakten oder jede sonstige Verwaltungshandlung mit unmittelbaren oder mittelbaren Auswirkungen für einen konkreten Einzelfall in Betracht.[987] Auch eine Unterlassung kann - wie bereits dargestellt - als Leistung gewertet werden, desweiteren ein Versprechen, eine zulässige Belastung zu unterlassen,[988] nicht jedoch die bloße Bereitschaft, vom Erlass eines Verwaltungsaktes abzusehen und einen Vertrag abzuschließen.[989]
Da die Grenzen oftmals fließend sind, kommt dem Schutz des Betroffenen Bürgers in derartigen Grenzfällen eine besondere Bedeutung zu. Dieser Schutz wird auch durch die gesetzlichen Bestimmungen hinreichend gewährleistet. Zum einen sind die Austauschverträge nur zulässig, wenn die Gegenleistung des Bürgers für einen bestimmten Zweck vereinbart ist, der Erfüllung öffentlicher Aufgaben dient, angemessen ist und in einem sachlichen Zusammenhang - im Sinne eines Koppelungsverbots - mit der vertraglichen Leistung steht.[990] Diese Voraussetzungen gelten nicht nur für die "echten" Austauschverträge, sondern auch für die sogenannten "hinkenden" Austauschverträge.[991] Zum anderen schützt § 59 Abs. I, II Nr. 4 VwVfG den Betroffenen vor einem missbräuchlichen Abschluss von Austauschverträgen.

Die Regelungen der §§ 56, 59 Abs. I, II Nr. 4 VwVfG i.V.m. den Vorschriften des BGB in entsprechender Anwendung stellen im Ergebnis sicher, dass auch beim Ab-

986 Vgl. Stelkens/Bonk/Sachs VwVfG, § 56, Rdnr. 22
987 Vgl. Stelkens/Bonk/Sachs VwVfG, § 56, Rdnr. 23
988 Vgl. Obermayer VwVfG, § 56, Rdnr. 6 m.w.Nw.
989 Vgl. BVerwG NJW 1975, 1751
990 Vgl. Maurer Allgemeines Verwaltungsrecht, § 14, Rdnr. 17
991 Vgl. Kopp VwVfG, § 56, Rdnr. 4 m.w.Nw.

schluss subordinationsrechtlicher Sanierungsverträge ein "Verkauf" von Hoheitsrechten unterbleibt.[992]

IV. Die Rechtsfolgen der Rechtswidrigkeit von Sanierungsverträgen

1. Die Nichtigkeitsgründe subordinationsrechtlicher Sanierungsverträge gem. § 59 VwVfG

Die Vorschrift des § 59 VwVfG regelt die Nichtigkeit verwaltungsrechtlicher Verträge abschließend.[993] Hinsichtlich der "Haltbarkeit" von Verwaltungsverträgen ist von besonderer Bedeutung, dass die Fehlerregelung des § 59 VwVfG als Fehlerfolge nur die Nichtigkeit des Verwaltungsvertrages normiert. Desweiteren ist von Bedeutung, dass die Nichtigkeit nicht bei jedem Rechtsverstoß eintritt, sondern nur dann, wenn ein in § 59 VwVfG aufgeführter Nichtigkeitsgrund gegeben ist.[994]

Gem. § 59 Abs. I VwVfG ist ein verwaltungsrechtlicher Vertrag nichtig, wenn sich die Nichtigkeit aus der entsprechenden Anwendung von Vorschriften des Bürgerlichen Gesetzbuches ergibt. § 59 Abs. I VwVfG gilt gem. § 1 Abs. I VwVfG vorbehaltlich inhaltsgleicher oder entgegenstehender Regelungen in anderen Rechtsvorschriften für alle verwaltungsrechtlichen Verträge im Anwendungsbereich des Verwaltungsverfahrensgesetzes,[995] d.h. gleichermaßen für subordinationsrechtliche wie koordinationsrechtliche Verträge.[996]

---

[992] Vgl. Kopp VwVfG, § 56, Rdnr. 16 m.w.Nw, § 59, Rdnr. 24

[993] Henneke in Knack VwVfG, § 59, Rdnr. 2, Kopp VwVfG, § 59, Rdnr. 1, 5, VGH München NVwZ 1990, 979 ff., 980 ff.

[994] Vgl. Maurer Allgemeines Verwaltungsrecht, § 14, Rdnr. 37

[995] Kopp VwVfG, § 59, Rdnr. 3, Henneke in Knack VwVfG, § 59, Rdnr. 2

[996] Vgl. Maurer Allgemeines Verwaltungsrecht, § 14, Rdnr. 37

§ 59 Abs. II VwVfG zählt für subordinationsrechtliche Verwaltungsverträge noch zusätzliche Nichtigkeitsgründe auf. Gem. § 59 II VwVfG ist ein Verwaltungsvertrag ferner nichtig, wenn
1. ein Verwaltungsakt mit entsprechendem Inhalt nichtig wäre,
2. ein Verwaltungsakt mit entsprechendem Inhalt nicht nur wegen eines Verfahrens- oder Formfehlers i.S.d. § 46 VwVfG rechtswidrig wäre und dies den Vertragsschließenden bekannt war,
3. die Voraussetzungen zum Abschluss eines Vergleichsvertrages nicht vorlagen und ein Verwaltungsakt mit entsprechendem Inhalt nicht nur wegen eines Verfahrens- oder Formfehlers i.S.d. § 46 VwVfG rechtswidrig wäre und
4. sich die Behörde eine nach § 56 VwVfG unzulässige Gegenleistung versprechen lässt.

a) Das Verhältnis der Nichtigkeitsgründe gem. § 59 Abs. I VwVfG zu denen des § 59 Abs. II VwVfG

Das Verhältnis der Nichtigkeitsgründe gem. § 59 Abs. I VwVfG zu denen des § 59 Abs. II VwVfG ist strittig. Nach einer Auffassung stellt § 59 Abs. II VWVfG eine Sonderregelung für subordinationsrechtliche Verwaltungsverträge dar, die insbesondere eine entsprechende Anwendung des § 134 BGB über § 59 Abs. I VwVfG ausschließt.[997] Begründet wird diese Auffassung damit, dass die auf einem Gesetzesverstoß fußende Nichtigkeit des Verwaltungsvertrages in § 59 II VwVfG, Nr. 1 und 2 VwVfG anders als in § 134 BGB und damit entsprechend den allgemeinen Regeln über das Verhältnis der leges speciales zu den leges generales abschließend geregelt sei.[998]

---

[997] Götz DÖV 1973, 298 ff., 299 ff., NJW 1976, 1425 ff., 1429, 1430, Maurer JuS 1976, 485 ff., 494, 495, vgl. aber auch Maurer Allgemeines Verwaltungsrecht aaO., § 14, Rdnr. 41 mit nunmehr a.A., Schleicher DÖV 1976, 550 ff., 554, vgl. auch die Amtl. Begr. S. 81

[998] Vgl. Bleckmann NVwZ 1990, 601 ff., 601

Folgte man dieser Ansicht, so wäre eine analoge Anwendung des § 134 BGB auf den subordinationsrechtlichen Sanierungsvertrag abzulehnen, da die Nichtigkeitsgründe des § 59 Abs. II VwVfG insofern als abschließende Regelung zu erachten wären.

Nach anderer Auffassung bemisst sich die Nichtigkeit subordinationsrechtlicher Verträge in den Fällen nach § 59 Abs. I VwVfG, in denen ein Mangel vorliegt, der den Vertrag insgesamt berührt, während die Nichtigkeit des Vertrages nach § 59 Abs. II VwVfG beurteilt wird, wenn es sich um die Frage der Rechtswidrigkeit von Leistung und Gegenleistung handelt.[999]

Eine derartige, durch § 59 VwVfG nicht gedeckte Differenzierung ist im Ergebnis ebenso abzulehnen, wie die Annahme eines Spezialitätsverhältnisses.[1000] Der Wortlaut des § 59 Abs. II VwVfG - "ein Vertrag im Sinne des § 54 S. 2 VwVfG ist ferner nichtig, wenn" - spricht eindeutig gegen eine lex specialis und für eine kumulative Anwendung der Regelungen. In den Fällen des subordinationsrechtlichen Vertrages kommen die Nichtigkeitsgründe des § 59 Abs. II VwVfG zusätzlich zu denen des § 59 I VwVfG hinzu.[1001]

Desweiteren trägt § 59 Abs. II VwVfG den Besonderheiten des subordinationsrechtlichen Vertrages dadurch Rechnung, dass die Nichtigkeitsgründe nicht auf eine bloße Parallelwertung i.S.d. § 59 II Nr. 1 VwVfG i.V.m. § 44 VwVfG - Nichtigkeit von Verwaltungsakten - reduziert werden, sondern daß der Katalog an Nichtigkeitsgründen über § 44 VwVfG hinausgehend gem. § 59 II Nr. 2 - 4 VwVfG wesentlich erweitert wird.

Die gem. § 59 VwVfG getroffene Nichtigkeitsregelung beruht auf dem Gedanken, einen Ausgleich zwischen dem Grundsatz unbedingter Vertragsbindung als Erfordernis der Rechtssicherheit in einem Rechtsstaat und den ebenfalls im Rechts-

---

[999] Obermayer VwVfG, § 59, Rdnr. 76 - 78

[1000] Vgl. Erichsen Jura 1994, 47 ff., 48 mit Anmerkungen zum Spezialitätsverhältnis

[1001] VGH Mannheim NVwZ 1991, 583 ff., 584 ff., Erichsen Jura 1994, 47 ff., 48, Kopp VwVfG, § 59, Rdnr. 13, Henneke in Knack VwVfG, § 59, Rdnr, 2, Schenke JuS 1977, 281 ff., 288 ff., Stelkens/Bonk/Sachs VwVfG, § 59, Rdnr. 14

staatsprinzip verankerten Erfordernissen der Gesetzmäßigkeit der Verwaltung zu schaffen.[1002]

b) Der Grundsatz unbedingter Vertragsbindung

Im Verwaltungsvertragsrecht gilt der Grundsatz, dass ein wegen Rechtswidrigkeit an sich unzulässiger Vertrag rechtswirksam ist, es sei denn, ein Nichtigkeitsgrund i.S.d. § 59 VwVfG liegt vor.[1003] Diese erhöhte Bindungswirkung verwaltungsrechtlicher Verträge hat zur Folge, dass ein Verlangen auf Aufhebung des Verwaltungsvertrages, Kündigung oder Rücktritt mit der Begründung, der Vertrag sei im Zeitpunkt des Abschlusses rechtswidrig gewesen, unzulässig ist.[1004]
Die in § 59 VwVfG - i.V.m. den Normen, auf die § 59 VwVfG verweist - aufgeführten Nichtigkeitsgründe stellen eine abschließende Regelung dar,[1005] eine Bindungsfreiheit vom Verwaltungsvertrag tritt - mangels einer Norm, die eine generelle Aufhebbarkeit rechtswidriger Verwaltungsverträge ermöglicht - nur in den Fällen des § 59 VwVfG oder ausnahmsweise gem. § 60 VwVfG ein.[1006] Sofern ein Vertrag mehrere Auslegungen zulässt, ist im Zweifel - nach dem Grundsatz der gesetzeskonformen Auslegung - die Auslegung als maßgeblich anzusehen, bei der der Verwaltungsvertrag nicht nichtig ist.[1007]

[1002] Kopp VwVfG, § 59, Rdnr. 1 m.w.Nw.
[1003] Vgl. Henneke in Knack VwVfG, § 59, Rdnr. 1.2, Maurer Allgemeines Verwaltungsrecht, § 14, Rdnr. 37
[1004] Kopp VwVfG, § 59, Rdnr. 1, Henneke in Knack VwVfG, § 59, Rdnr. 1, a.A. OVG Münster DVBl 1973, 696 ff., 697
[1005] VGH München NVwZ 1990, 979 ff., 980 ff., Kopp VwVfG, § 59, Rdnr. 1, 5, Henneke in Knack VwVfG, § 59, Rdnr. 2
[1006] Vgl. Henneke in Knack VwVfG, § 59, Rdnr. 1.1, Maurer Allgemeines Verwaltungsrecht, § 14, Rdnr. 37
[1007] OVG Münster NVwZ 1992, 988 ff., 989

ba) Die Vereinbarkeit der Fehlerregelung des § 59 VwVfG mit dem Grundgesetz, insbesondere mit rechtsstaatlichen Prinzipien

Inwieweit die durch § 59 VwVfG erfolgte Beschränkung der Nichtigkeitsgründe mit rechtsstaatlichen Prinzipien vereinbar ist, ist ebenfalls umstritten. Zum Teil wird die Auffassung vertreten, die gem. § 59 VwVfG festgelegte Verbindlichkeit rechtswidriger und nicht gem. § 59 VwVfG nichtiger Verträge verstoße gegen das Rechtsstaatsprinzip,[1008] gegen den Grundsatz der Gesetzmäßigkeit der Verwaltung, insbesondere gegen den Vorrang des Gesetzes,[1009] gegen das aus dem Gleichheitssatz abzuleitende Gebot der Systemgerechtigkeit[1010] oder im Falle rechtswidriger Belastungen gegen Art. 19 Abs. IV GG.[1011] Abgesehen davon, dass ohne eine entsprechende Entscheidung des Bundesverfassungsgerichts verfassungsrechtliche Bedenken die unmittelbare Rechtsgültigkeit und die Anwendbarkeit des § 59 VwVfG nicht beeinflussen, sind die Bedenken auch kaum geeignet, die Bestimmung in Frage zu stellen.[1012]

bb) Die Besonderheiten verwaltungsvertraglicher Regelungen, insbesondere das Merkmal der Freiwilligkeit und das Prinzip des volenti non fit iniuria

Bei der Beurteilung dieses Problems ist zunächst auf die Besonderheiten verwaltungsvertraglicher Regelungen einzugehen.
Die Auffassungen, die verfassungsrechtliche Bedenken äußern, differenzieren häufig nicht deutlich genug zwischen der Handlungsform des einseitig hoheitlichen Handelns durch Verwaltungsakt und der Handlungsform des Verwaltungsvertrages. Auch der Abschluss eines subordinationsrechtlichen Verwaltungsvertrages setzt - trotz seiner gem. § 54 S. 2 VwVfG zum Ausdruck kommenden Nähe zum Verwal-

---

1008 Vgl. Götz NJW 1976, 1425 ff., 1429 ff., Maurer JuS 1976, 485 ff., 493 ff.
1009 Vgl. Bleckmann NVwZ 1990, 601 ff., 605 ff.
1010 Vgl. Schilling VerwArch. Bd. 78, 1987, 45 ff., 64 ff.
1011 Götz NJW 1976, 425 ff., 429 ff., Renck NJW 1970, 737ff., 738 ff.
1012 Vgl. Henneke in Knack VwVfG, § 59, Rdnr. 1.1 m.w.Nw.

tungsakt - im Gegensatz zum einseitig hoheitlichen Handeln stets die übereinstimmenden, auf eine bestimmte Rechtsfolge gerichteten Willenserklärungen der Vertragsparteien voraus.
Selbst, wenn man mit guten Gründen davon ausgeht, dass insbesondere beim Abschluss subordinationsrechtlicher Verträge auf das Prinzip des "volenti non fit iniuria" regelmäß nicht ohne weiteres zurückgegriffen werden darf,[1013] ist nicht zu leugnen, dass der Betroffene am Zustandekommen des Vertrages maßgeblich beteiligt ist und ohne seine übereinstimmenden Willenserklärungen ein Verwaltungsvertrag überhaupt nicht zustandekommen kann.[1014] Die Tatsache, dass es an dem Merkmal einer umfassenden Freiwilligkeit in der Sanierungsungspraxis unter dem Druck einer ansonsten ergehenden Sanierungsverfügung häufig mangelt, steht dem nicht entgegen. Der Sanierungspflichtige, der sich von der verwaltungsvertraglichen Lösung regelmäßig auch eigene Vorteile verspricht, hat grundsätzlich die Möglichkeit, einen Vertragsabschluss abzulehnen und der zuständigen Behörde die Handlungsform des Verwaltungsaktes - mit den damit verbundenen Risiken - aufzubürden. Gleichzeitig erlangt er damit den umfassenden Rechtsschutz gegen einseitig hoheitliches Handeln. Zudem schützt die notwendige Schriftform i.S.d. § 57 VwVfG den Betroffenen vor einem übereilten, insbesondere unüberlegten Vertragsschluss.[1015]

Bei der inhaltlichen Ausgestaltung von Sanierungsverträgen darf auch nicht unerwähnt bleiben, dass den Betroffenen bei der Lösung komplexer Fallgestaltungen regelmäßig nicht nur sachkundige Sanierungsunternehmen, sondern auch spezialisierte Rechtsanwälte bzw. die eigene Rechtsabteilung des Unternehmens beratend zur Seite stehen, insbesondere dann, wenn es sich um zeit- und kostenintensive Maßnahmen handelt. Im Rahmen der Vorverhandlungen und der vertraglichen Aushandlungs- und Abstimmungsprozesse wird die Sach- und Rechtslage zudem von den Parteien umfassend erörtert und weitestgehend geklärt sowie - auf gemeinsamer Basis - ein tragfähiges, einvernehmliches Sanierungskonzept entwickelt.

[1013] Vgl. Bleckmann NVwZ 1990, 601 ff., 603
[1014] Vgl. Kopp VwVfG, § 59, Rdnr. 2, Henneke in Knack VwVfG, § 59, Rdnr. 1.1
[1015] Vgl. Henneke in Knack VwVfG, § 59, Rdnr. 1.1

Sofern sich der Sanierungspflichtige ausnahmsweise über den Inhalt des Sanierungsvertrages oder die vom Sanierungsvertrag ausgehenden Rechtsfolgen im Irrtum befand, ermöglicht ihm § 62 S. 2 VwVfG i.V.m. §§ 119 ff BGB in entsprechender Anwendung auch die Anfechtung des Vertrages. Soweit der Sanierungspflichtige beim Abschluss des Sanierungsvertrages und dessen inhaltlicher Ausgestaltung demgegenüber in voller Kenntnis handelte, dürfte eine besondere Schutzwürdigkeit regelmäßig nicht zu bejahen sein.[1016]

bc) § 59 VwVfG und der Vorrang des Gesetzes

Das Argument, die Nichtigkeitsregelung des § 59 VwVfG verstoße gegen den Vorrang des Gesetzes, da öffentlich-rechtliche Vorschriften im Regelfall nicht dispositiv, sondern zwingend seien und daher nicht über § 59 VwVfG abbedungen werden könnten, vermag ebenfalls nicht zu überzeugen.[1017] § 59 VwVfG eröffnet der Verwaltung nicht die Möglichkeit, Verwaltungsverträge mit rechtswidrigem Inhalt wirksam abzuschließen, die Norm regelt vielmehr, unter welchen Voraussetzungen ein Verwaltungsvertrag, der inhaltliche Rechtsmängel aufweist, nach dem Willen des Gesetzgebers als nichtig einzustufen ist. § 59 VwVfG regelt demzufolge ausschließlich den Bestandsschutz des nach außen hin einmal wirksam gewordenen Verwaltungshandelns.[1018] Der abgeschlossene Sanierungsvertrag wird trotz seiner Rechtswidrigkeit prinzipiell wirksam und bleibt es auch.[1019] In diesem Zusammenhang geht es nicht um ein gewolltes oder zumindest billigend inkaufgenommenes Abweichen bzw. Unterlaufen gesetzlicher Bestimmungen unter Anwendung der Vertragsform, es geht vielmehr um einen sachgerechten Ausgleich zwischen dem Grundsatz der Vertragsbindung - aus Gründen der Rechtssicherheit - und dem Vorrangprinzip.

[1016] Vgl. Frank DVBl 1977, 683 ff., 686 ff.
[1017] Vgl. Blankenagel VerwArch. 1985, 276 ff., 278, 279 m.w.Nw. für die a.A.
[1018] Vgl. Frank DVBl 1977, 683 ff., 686 ff.
[1019] Vgl. Henneke in Knack VwVfG, § 59, Rdnr. 1.1

bd) § 59 VwVfG und der Vorbehalt des Gesetzes

Sofern die abweichende Auffassung den Gesetzesvorbehalt zur Begründung ihrer verfassungsrechtlichen Bedenken bemüht,[1020] stehen dem insbesondere die in § 54 S. 2 VwVfG enthaltene hinreichende Ermächtigung zum Abschluss subordinationsrechtlicher Verwaltungsverträge, der Grundsatz des pacta sunt servanda sowie die - wenn auch im Einzelfall unterschiedlich stark ausgeprägte - Freiwilligkeit des Vertragsschlusses entgegen. Eines Rückgriffs auf die äußerst umstrittene Rechtsfigur des Grundrechtsverzichts oder des Grundsatzes des volenti non fit iniuria bedarf es daher in diesem Zusammenhang nicht mehr.
Zu berücksichtigen ist - wie bereits dargelegt - , dass dem Betroffenen gem. § 62 S. 2 VwVfG i.V.m. §§ 119 ff. BGB in entsprechender Anwendung unter bestimmten Voraussetzungen eine Anfechtungsmöglichkeit eröffnet wird. Die Anfechtung, die der Betroffene bei Verwaltungsverträgen gem. § 143 Abs. I, II BGB in entsprechender Anwendung dem Vertragspartner gegenüber erklären muss, führt gem. § 142 Abs. I BGB in entsprechender Anwendung - regelmäßig - zur rückwirkenden Nichtigkeit des angefochtenen Rechtsgeschäfts. Sofern der Betroffene jedoch in voller Kenntnis - d.h. mit Wissen und Wollen - handelte, ist er grundsätzlich auch nicht schutzwürdig.[1021]

be) § 59 VwVfG und das Rechtsstaatsprinzip

Der Regelungsinhalt des § 59 VwVfG führt desweiteren nicht zu einer Verletzung des Rechtsstaatsprinzips.[1022] Dem Einwand, § 59 VwVfG gehe in seiner Wirkung am Normalfall vorbei und ermögliche der Verwaltung tendenziell eine verfassungsrechtlich bedenkliche "Flucht ins Vertragsrecht" unter vertraglicher Aufhebung der Gebote

---

[1020] Vgl. Obermayer BayVBL 1977, 546 f., 550
[1021] Henneke in Knack VwVfG, § 59, Rdnr. 1.1 m.w.Nw.
[1022] Vgl. BVerwGE 55, 337 ff., 341

der Rechtsordnung,[1023] steht entgegen, dass beim Abschluss verwaltungsrechtlicher Verträge die Bindung der vollziehenden Gewalt an Recht und Gesetz i.S.d. Art. 20 Abs. III GG uneingeschränkt zu beachten ist.[1024] Lediglich die Regelung des § 55 VwvfG gewährt der Verwaltung ausnahmsweise - entsprechend dem Wesen des Vergleichs und wie sich aus § 59 Abs. I Nr. 3 VwVfG ergibt nur unter strikter Beachtung der Voraussetzungen der Norm - in gewissem Umfang eine Freistellung der zuständigen Behörde von der sonst auch für Verwaltungsverträge geltenden strengen Bindungen an die im Regelfall zu beachtenden Rechtsvorschriften.[1025]
Die Schlussfolgerung aus § 55 VwVfG, jenseits der Möglichkeit des Vergleichs sollten rechtswidrige verwaltungsrechtliche Verträge offensichtlich nicht möglich sein,[1026] begründet nicht die Verfassungswidrigkeit des § 59 VwVfG. Zunächst ermächtigt § 55 VwVfG sicherlich nicht zum Abschluss inhaltlich rechtsfehlerhafter Verwaltungsverträge. Die Norm dient vielmehr der Beseitigung rechtlicher oder tatsächlicher Ungewissheiten im Wege gegenseitigen Nachgebens. Sofern der Vergleichsvertrag nicht gegen die Tatbestandsvoraussetzungen des § 55 VwVfG verstößt, ist er nach dem Willen des Gesetzgebers grundsätzlich rechtlich zulässig. Sofern ein Vergleichsvertrag geschlossen wird, ohne dass die Tatbestandsvoraussetzungen vorliegen, ist der Vertrag als rechtswidrig, gegebenenfalls sogar als nichtig zu qualifizieren und jedenfalls nicht mehr durch § 55 VwVfG gedeckt.

bf) § 59 VwVfG und Art. 19 Abs. IV GG, insbesondere die Rechtsschutz- und Rechtsweggarantie

Eine Verletzung der Rechtsschutz- bzw. Rechtsweggarantie des Art. 19 Abs. IV GG liegt ebenfalls nicht vor. Zum einen erfolgt der Abschluss des Verwaltungsvertrages einvernehmlich, so dass es insoweit eines Rückgriffs auf Art. 19 Abs. IV GG, der als

---

[1023] Vgl. Blankenagel VerwArch. 1985, 276 ff., 280
[1024] Vgl. BVerwGE 42, 331 ff., 334 ff.
[1025] BVerwGE 84, 157 ff., 165, OVG Münster DVBL 1980, 765 ff., 767, Kopp VwVfG, § 55, Rdnr. 1 m.w.Nw.
[1026] Vgl. Blankenagel VerwArch. 1985, 276 ff., 280

Ergänzung und Ausgleich einseitiger staatlicher Regelungsbefugnisse konzipiert worden ist, mangels eines einseitigen Hoheitsaktes gar nicht bedarf.[1027] Zum anderen ist der sich aus Art. 19 Abs. IV GG i.V.m. den materiellen Grundrechten ergebende Anspruch auf effektiven Rechtsschutz nicht verletzt.[1028] Die Frage der Nichtigkeit eines Verwaltungsvertrages kann im Streitfall mit einer Feststellungsklage gem. § 43 VwGO geklärt werden,[1029] wobei der Kläger nicht auf die Gründe beschränkt ist, die seine eigenen Interessen zu stützen bestimmt sind.[1030]

Auch das Argument, der Staat eröffne sich durch die Wahl der Handlungsform die Möglichkeit, Rechtsschutzmöglichkeiten des Betroffenen zu umgehen, da die Regelung des § 59 VwVfG die Rechtswidrigkeit des verwaltungsrechtlichen Vertrages faktisch von der Überprüfung der Gerichte ausklammere,[1031] vermag nicht zu überzeugen. Hinsichtlich der Handlungsformen Verwaltungsakt und Verwaltungsvertrag stehen dem Betroffenen grundsätzlich unterschiedliche Rechtsschutzmöglichkeiten zur Verfügung. Hat der Betroffene Bedenken gegen die Rechtmäßigkeit des Vertragsinhalts, so wird er im Zweifel von vorneherein nicht am Zustandekommen eines für ihn ungünstigen Vertrages interessiert sein und eine entsprechende Willenserklärung gar nicht erst abgeben. Ist der Betroffene - trotz etwaiger rechtlicher Bedenken - mit der inhaltlichen Ausgestaltung des Verwaltungsvertrages einverstanden, so besteht aus Sicht des Betroffenen auch kein Bedürfnis, die einvernehmliche Regelung auf ihre Rechtmäßigkeit hin überprüfen zu lassen. Der Betroffene wird über den weiten Anwendungsbereich des § 59 VwVfG ohnehin bei schweren Rechtsmängeln durch die gesetzliche Nichtigkeitsfolge hinreichend geschützt.

Bei der Beurteilung verfassungsrechtlicher Bedenken ist weiterhin zu berücksichtigen, dass der Bestand rechtswidriger Verwaltungsverträge regelmäßig auf Rechtsverstöße geringerer Intensität beschränkt ist, da erhebliche Rechtsverletzungen - dies ergibt sich aus einer verfassungskonformen Auslegung der Norm - gem. § 59

[1027] Henneke in Knack VwVfG, § 59, Rdnr. 1.1
[1028] Vgl. BVerfGE 43, 34 ff., 43 ff., 49, 220 ff., 225 ff.
[1029] OVG Münster NVwZ 1984, 522 ff., 523 ff.
[1030] OVG Münster NVwZ 1984, 522 ff., 523 ff., a.A. vgl. Friehe DÖV 1980, 673 ff., 677
[1031] Blankenagel VerwArch. 1985, 276 ff.,281 m.w.Nw.

VwVfG die Nichtigkeit des Vertrages zur Folge haben.[1032] Dies gilt insbesondere für die Fälle einer sogenannten qualifizierten Rechtswidrigkeit des Vertrages gem. § 59 Abs. II Nr. 2, 3 VwVfG sowie für die Fälle, in denen sich die Behörde eine unzulässige Gegenleistung i.S.d. § 59 Abs. II Nr. 4 VwVfG versprechen lässt.

Insgesamt bleibt festzustellen, dass die Beschränkung der Nichtigkeitsgründe im Hinblick auf rechtsstaatliche Erfordernisse, insbesondere auch auf das Rechtsschutzbedürfnis des Bürgers, als nicht unbedenklich erscheint,[1033] die Bedenken jedoch im Ergebnis nicht genügen, um die verfassungsrechtliche Zulässigkeit der Norm in Frage zu stellen.[1034]
Insbesondere aufgrund der Tatsache, dass bei einem privatrechtlichen Vertragsschluß wegen der wechsel- bzw. mehrseitigen Vereinbarung zwischen den Parteien die materielle Richtigkeit regelmäßig unterstellt werden kann, erscheint es auch im Wege eines Transfers für verwaltungsrechtliche Verträge sachgerecht, dass die Maßstäbe für die Zulässigkeit derartiger Verträge weniger streng sind, und dass ein rechtswidriger Vertragsinhalt nicht notwendig zur Nichtigkeit des Vertrages führt.[1035]

c) Die Nichtigkeitsgründe gem. § 59 Abs. I VwVfG

Gem. § 59 Abs. I VwVfG ist ein verwaltungsrechtlicher Vertrag nichtig, wenn sich die Nichtigkeit aus der entsprechenden Anwendung von Vorschriften des Bürgerlichen Gesetzbuches ergibt. Prinzipiell gelten alle Gründe, die nach bürgerlichem Recht die Nichtigkeit eines Vertrages zur Folge haben, entsprechend auch für verwaltungsrechtliche Verträge[1036] und damit auch für subordinationsrechtliche Sanierungsverträge.

[1032] Vgl. BVerwGE 98, 58 ff., 63, Henneke in Knack VwVfG, § 59, Rdnr. 1.1
[1033] Vgl. Kopp VwVfG, § 59, Rdnr. 2 m.w.Nw.
[1034] Vgl. BVerwGE 55, 337 ff., 341, Kopp VwVfG, § 59, Rdnr. 2, Meyer/Borgs VwVfG, § 59, Rdnr. 1.1, Henneke in Knack VwVfG, § 59, Rdnr. 1.1, Stelkens/Bonk/Sachs VwVfG, § 59, Rdnr. 5
[1035] Schilling VerwArch. 1996, 191 ff., 194
[1036] Henneke in Knack VwVfG, § 59, Rdnr. 3, Kopp VwVfG, § 59, Rdnr. 6 m.w.Nw.

Aus dem generellen Verweis des § 59 Abs. I VwvfG ergibt sich, dass ein Verwaltungsvertrag nichtig ist, wenn ein Vertragspartner gem. §§ 105 ff. BGB in entsprechender Anwendung geschäftsunfähig bzw. handlungsunfähig ist, ein Fall der Mentalreservation, des Scheingeschäfts oder der mangelnden Ernsthaftigkeit i.S.d. §§ 116 ff. - 118 BGB vorliegt, oder wenn der Vertrag eine Formvorschrift i.S.d. § 125 BGB verletzt.[1037] Die praktische Bedeutung dieser Nichtigkeitsgründe dürfte - mit Ausnahme einer möglichen Verletzung des Schriftformerfordernises - beim Abschluss von Sanierungsverträgen als eher gering einzustufen sein.

ca) Die entsprechende Anwendung des § 138 BGB

Desweiteren ist ein Verwaltungsvertrag nichtig, der gem. § 138 BGB in entsprechender Anwendung gegen die guten Sitten verstößt.[1038] Der Verstoß kann sich dabei auf den Inhalt, den Zweck oder den Beweggrund beziehen oder in der Art des Zustandekommens des Vertrages liegen.[1039]

Da beim Abschluss von Sanierungsverträgen - wie bereits dargestellt wurde - in erheblichem Maße bargaining-power zur Zielerreichung eingesetzt wird, kann ein Machtmissbrauch auf Seiten der Behörde gegen die guten Sitten verstoßen[1040] und letztlich zur Nichtigkeit des Verwaltungsvertrages führen. Dies gilt insbesondere dann, wenn die Vollzugsbehörde ihre deutlich überwiegende Verhandlungsmacht einsetzt, um den Sanierungspflichtigen z.B. in rechtsstaatswidriger Art und Weise zum Abschluss eines ihn einseitig benachteiligenden Vergleichsvertrages zu drängen, bzw. um Leistungen mit dem Sanierungspflichtigen vertraglich zu "vereinbaren", die völlig außer Verhältnis zu den Erfordernissen der konkreten Sanierungssituation stehen. Obwohl es sicherlich zutrifft, dass verwaltungsrechtliche Verträge stärker als

---

[1037] Vgl. Henneke in Knack VwVfG, § 59, Rdnr. 3 m.w.Nw., Kopp VwVfG, § 59, Rdnr. 9 m.w.Nw., 12, Maurer Allgemeines Verwaltungsrecht, § 14, Rdnr. 39

[1038] Erichsen Jura 1994, 47 ff., 49, Maurer Allgemeines Verwaltungsrecht, § 14, Rdnr. 39,VGH Mannheim NuR 1997, 245 ff., 246

[1039] Henneke in Knack VwVfG, § 59, Rdnr. 3.2

[1040] Vgl. Henneke in Knack VwVfG, § 59, Rdnr. 3.2 allgemein zum Machtmissbrauch von Behörden

privatrechtliche Verträge dafür anfällig sind, dass eine Machtposition der Behörde ausgenutzt wird und als Folge davon die Vertragsfreiheit beeinträchtigt sein kann,[1041] ist stets zu berücksichtigen, dass der Grundsatz der Privatautonomie im Verwaltungsvertragsrecht allenfalls eine stark eingeschränkte Geltung für sich in Anspruch nehmen kann. Dies gilt in besonderem Maße für den Abschluss subordinationsrechtlicher Verwaltungsverträge. Dem Subordinationsverhältnis ist eine gesteigerte Machtposition der Behörde nahezu immanent, da diese grundsätzlich dazu in der Lage sein muss, Anordnungen auch ohne bzw. gegen den Willen des Betroffenen im Interesse des Gemeinwohls durchzusetzen. Der gezielte Einsatz einer ohnehin schon bestehenden "Vormachtstellung" der Behörde im Rahmen von Vertragsverhandlungen verstößt daher im Regelfall nicht gegen die Wertung des § 138 BGB. Da der Abschluss von Sanierungsverträgen stets unter Einsatz von Verhandlungsmacht und unter dem Eindruck einer ansonsten drohenden Sanierungsverfügung erfolgt, genügt zur Annahme der Sittenwidrigkeit nicht allein ein deutliches Kräfteungleichgewicht zwischen den Vertragsparteien. In diesem Zusammenhang ist zu berücksichtigen, dass Sittenwidrigkeit bedeutet, dass ein bestimmtes Handeln das Anstandsgefühl aller billig und gerecht Denkenden verletzt,[1042] wobei zur Beurteilung des Einzelfalles ein durchschnittlicher Maßstab anzuwenden ist.[1043]

Es muss zum Kräfteungleichgewicht die Ausnutzung einer Not- oder Zwangssituation der anderen Vertragspartei hinzukommen. Nur dann, wenn z.B. die Überlegenheit der Behörde dazu führt, dass die Freiheit der Willensentschließung des Betroffenen in unzumutbarer Weise eingeschränkt wird, kann ausnahmsweise von einem Verstoß gegen die guten Sitten ausgegangen werden.[1044]

[1041] Vgl. Henneke in Knack VwVfG, § 59, Rdnr. 3.2
[1042] Vgl. VG Berlin NVwZ 1988, 757 ff., 757, 758, Palandt BGB, § 138, Rdnr. 2 m.w.Nw.
[1043] Kopp VwVfG, § 44, Rdnr. 51 m.w.Nw., Palandt BGB, § 138, Rdnr. 2 m.w.Nw.
[1044] Vgl. Kopp VwVfG, § 59, Rdnr. 10 m.w.Nw.

cb) Die entsprechende Anwendung des § 306 BGB

Sofern ein Sanierungsvertrag auf eine unmögliche Leistung gerichtet ist, ergibt sich dessen Nichtigkeit gem. § 306 BGB in entsprechender Anwendung. In Betracht kommt nur eine anfängliche objektive Unmöglichkeit.[1045] Das anfängliche Unvermögen beeinträchtigt demgegenüber die Rechtswirksamkeit des Verwaltungsvertrages nicht.[1046] Für fehlendes Leistungsvermögen muss grundsätzlich jede Vertragspartei selbst einstehen.[1047] Gleiches gilt für die nachträgliche Unmöglichkeit und das nachträgliche Unvermögen. Diese führen ebenfalls nicht zur Nichtigkeit des Verwaltungsvertrages,[1048] da sie kein Fehlerproblem, sondern ein Erfüllungsproblem darstellen und demzufolge erst im Rahmen der Leistungsstörung aktuell werden.[1049]
Die objektive Unmöglichkeit kann in tatsächlicher oder rechtlicher Hinsicht gegeben sein. Für den subordinationsrechtlichen Vertrag ist der Fall der rechtlichen Unmöglichkeit nach § 59 Abs. II Nr. 1 VwVfG i.V.m. § 44 Abs. I VwVfG geregelt. Es stellt jedoch nicht jeder rechtswidrige Vertragsinhalt bereits eine Vereinbarung dar, die auf eine rechtlich unmögliche Leistung gerichtet ist. Abgrenzungsmaßstab ist auch insoweit § 44 Abs. I VwVfG. Nach der sogenannten Evidenztheorie kommt es auf die Schwere und Offenkundigkeit des Fehlers an.[1050] Besonders schwerwiegende Fehler i.S.d. Norm sind Fehler, die in einem so schwerwiegenden Widerspruch zur geltenden Rechtsordnung und den ihr zugrunde liegenden Wertvorstellungen der Gemeinschaft stehen, dass es unerträglich wäre, wenn der Verwaltungsakt die mit ihm intendierten Rechtswirkungen hätte.[1051]
Die bloße Rechtswidrigkeit einer vertraglich vereinbarten Leistung bewirkt demzufolge auch noch keine rechtliche Unmöglichkeit i.S.d. § 306 BGB.[1052] Allenfalls der allgemeine Verzicht der Behörde auf die Geltendmachung von Hoheitsrechten

---

[1045] Erichsen Jura 1994, 47 ff., 49, Maurer Allgemeines Verwaltungsrecht, § 14, Rdnr. 39
[1046] Maurer Allgemeines Verwaltungsrecht, § 14, Rdnr. 39
[1047] Henneke in Knack VwVfG, § 59, Rdnr. 3.3
[1048] Henneke in Knack VwVfG, § 59, Rdnr. 3.3
[1049] BVerwG DVBl. 1978, 610 ff., 613, Maurer Allgemeines Verwaltungsrecht, § 14, Rdnr. 39
[1050] Vgl. BVerwG NVwZ 1987, 230 ff., 230
[1051] Vgl. BVerwG NVwZ 1984, 578 ff., 579, NJW 1985, 2658 ff., 2659
[1052] Henneke in Knack VwWfG, § 59, Rdnr. 3.3

könnte zu einer Nichtigkeit des Vertrages gem. § 306 BGB in entsprechender Anwendung führen. Die vertragliche Vereinbarung, die Behörde werde im Einzelfall von ihren Befugnissen keinen oder nur einen bestimmten Gebrauch machen, ist dagegen selbst dann rechtlich nicht unmöglich, wenn dies nicht mit dem Recht übereinstimmt.[1053]

Eine tatsächliche Unmöglichkeit i.S.d. § 306 BGB könnte ausnahmsweise dann gegeben sein, wenn der Sanierungsvertrag eine Leistung zum Gegenstand hat, die nach dem gegenwärtigen Stand der Wissenschaft und Technik niemand erbringen kann, bzw. ein Sanierungsziel vertraglich vereinbart wurde, das mit den vorhandenen Sanierungsinstrumenten offensichtlich nicht zu realisieren ist. In diesem Zusammenhang ist zu berücksichtigen, dass in der Sanierungspraxis in einer Vielzahl von Fällen die ursprünglichen Sanierungsziele nicht vollständig erreicht werden können. Dies führt jedoch nicht zu einer Nichtigkeit i.S.d. § 306 BGB.

cc) Die entsprechende Anwendung des § 779 BGB

Bei Vergleichsverträgen i.S.d. § 55 VwVfG stellt auch der Irrtum der Beteiligten über die Vergleichsgrundlage entsprechend § 779 BGB einen Nichtigkeitsgrund dar.[1054] Die Nichtigkeit eines Vergleichsvertrages ist insbesondere dann gegeben, wenn der nach dem Inhalt des Vertrages als feststehend zugrunde gelegte Sachverhalt der Wirklichkeit nicht entspricht und der Streit oder die Ungewissheit bei Kenntnis der wahren Sachlage nicht entstanden wäre.[1055]

Da § 779 BGB ein gesetzlich geregelter Sonderfall des Fehlens der Geschäftsgrundlage ist, tritt die Unwirksamkeit des Vergleichs nicht ein, wenn die Parteien die Rechtsfolgen eines derartigen Falles ausdrücklich geregelt haben.[1056]

[1053] Vgl. Henneke in Knack VwVfG, § 59, Rdnr. 3.3
[1054] Kopp VwVfG, § 59, Rdnr. 12 m.w.Nw.
[1055] Vgl. Henneke in Knack VwVfG, § 59, Rdnr. 3.4 m.w.Nw., Ule/Laubinger aaO., § 68, Rdnr. 26, § 70, Rdnr. 29 m.w.Nw., Palandt BGB, § 779, Rdnr. 5
[1056] Palandt BGB, § 779, Rdnr. 5

Sofern sich der rechtliche oder tatsächliche Irrtum der Parteien auf einen Umstand bezieht, der vor dem Vergleich als streitig oder ungewiss angesehen wurde und den der Vergleich gerade zu einem gewissen machen wollte, tritt ebenfalls keine Unwirksamkeit gem. § 779 BGB ein.[1057] Gleiches gilt für die Fälle, in denen der Irrtum den Inhalt des Vergleichs selbst betrifft[1058] und in denen sich der Irrtum nicht auf streitausschließende Umstände bezog.[1059] Auch das Auffinden neuer Beweismittel für die Richtigkeit der einen oder der anderen Behauptung, welche die Ungewissheit oder den Streit verursacht haben, führt im allgemeinen nicht zur Unwirksamkeit des Vertrages, da die Parteien in der Regel nicht die Nichtexistenz der Beweismittel, sondern die Tatsache, dass ihnen kein Beweismittel zur Verfügung stand, als gegeben vorausgesetzt haben.[1060]

Bei der entsprechenden Anwendung des § 779 BGB ist zu berücksichtigen, dass diese Norm als zusätzliche Rechtsgrundlage für die Nichtigkeit von Vergleichsverträgen nach § 55 VwVfG anzusehen ist.[1061]

cd) Die entsprechende Anwendung des § 134 BGB

Streitig ist jedoch - nach wie vor - die Tragweite der in § 59 Abs. I VwVfG enthaltenen Verweisung auf die für die Wirksamkeit privatrechtlicher Rechtsgeschäfte geltenden Regelungen des BGB insbesondere hinsichtlich der Anwendbarkeit des § 134 BGB.[1062]

Abweichend von der Begründung des Regierungsentwurfs zum VwVfG[1063] hält die h.M die entsprechende Anwendung des § 134 BGB im Rahmen des § 59 Abs. I

[1057] Vgl. BGH NJW 1959, 2109 ff., 2110, Palandt BGB, § 779, Rdnr. 5

[1058] Palandt BGB, § 779, Rdnr. 5

[1059] Palandt BGB, § 779, Rdnr. 5

[1060] Palandt BGB, § 779, Rdnr. 5

[1061] BVerwG DVBl. 1974, 353 ff., 353, NVwZ 1991, 1096 ff., 1097, Henneke in Knack VwVfG, § 55, Rdnr. 10, Stelkens/Bonk/Sachs VwVfG, § 55, Rdnr. 60, Meyer-Hesemann DVBl. 1980, 869 ff., 872

[1062] Vgl. Bleckmann NVwZ 1990, 601 ff., 603 ff., Erichsen Jura 1994, 47 ff., 49, Scherzberg JuS 1992, 205 ff., 212

[1063] Vgl. Begr. EVwVfG 1973, BT-Drucks. 7/910, S. 81

VwVfG für geboten, sofern es sich um gesetzliche Verbote handelt, die die vorgesehene verwaltungsvertragliche Regelung wegen ihres Inhalts bzw. ihrer Handlungsform klar und unmissverständlich verbieten.[1064] Ein Verwaltungsvertrag ist demnach i.S.d. § 134 BGB nichtig, wenn er gegen ein gesetzliches Verbot verstößt. Es muss gerade das Ziel einer gesetzlichen Regelung sein, das von ihr angesprochene Verhalten zu untersagen.[1065]

Auch beim Abschluss und der inhaltlichen Ausgestaltung von Sanierungsverträgen ist zu berücksichtigen, dass nicht jede schlichte Gesetzesinkongruenz einen Verstoss gegen ein gesetzliches Verbot i.S.d. § 134 BGB darstellt.[1066] Nur ein qualifizierter Fall der Rechtswidrigkeit führt zur Nichtigkeit des Vertrages.[1067]

Diese Wertung wird auch durch die Systematik des § 59 Abs. II VwVfG gestützt. Die enumerative Aufzählung der zusätzlichen Nichtigkeitsgründe für subordinationsrechtliche Verträge gem. § 59 Abs. II VwVfG wäre nicht erforderlich, würde bereits jede Rechtsverletzung gem. § 59 Abs. I VwVfG i.V.m. § 134 BGB in entsprechender Anwendung zur Nichtigkeit des Verwaltungsvertrags führen.

Im Rahmen des § 134 BGB in entsprechender Anwendung wird demzufolge zwischen der einfachen Rechtswidrigkeit eines Sanierungsvertrages, die noch keine Nichtigkeitssanktion auslöst, und der qualifizierten, zur Nichtigkeit führenden Rechtswidrigkeit unterschieden.

Als maßgebende Kriterien werden der Wortlaut sowie der Sinn und Zweck der die Rechtswidrigkeit des Verwaltungsvertrages begründenden Rechtsnorm, die Erheblichkeit des Rechtsverstoßes sowie das im Einzelfall bestehende öffentliche Interes-

---

1064 Vgl. BVerwGE 98, 58 ff., 63, Bleckmann NVwZ 1990, 601 ff., 603 ff., Erichsen aaO., § 26, Rdnr. 24, 26, Erichsen Jura 1994, 47 ff., 50 m.w.Nw., Gusy DVBl. 1983, 1222 ff., 1227, Henneke in Knack VwVfG, § 59, Rdnr. 3.1, Kopp VwVfG, § 59, Rdnr. 7, Maurer Allgemeines Verwaltungsrecht, § 14, Rdnr. 41 ff. m.w.Nw., Scherzberg JuS 1992, 205 ff., 212 m.w.Nw., Stelkens/Bonk/Sachs VwVfG, § 59, Rdnr. 52, Ule/Laubinger aaO., § 70, Rdnr. 3 ff., a.A. zum Vertragsfomverbot Erichsen Jura 1994, 47 ff., 50 ff.m.w.Nw.

1065 Vgl. OVG Münster NVwZ 1984, 522 ff., 524

1066 Vgl. BVerwGE 98, 58 ff., 63, OVG Münster NVwZ 1992, 988 ff., 989

1067 Vgl. BVerwGE 98, 58 ff., 63, OVG Münster NVwZ 1992, 988 ff., 989, Maurer Allgemeines Verwaltungsrecht, § 14, Rdnr. 42, 43 m.w.Nw.

se an der Erhaltung der Rechtsordnung oder am Bestand des Vertrages genannt.[1068]

Die insgesamt eher allgemein gehaltenen Abgrenzungskriterien bedingen eine stark differenzierte Betrachtung des Einzelfalles und erfordern gegebenenfalls eine Abwägung der widerstreitenden Interessen.

Das gesetzliche Verbot i.S.d. § 134 BGB kann sich nur aus einer zwingenden Rechtsnorm - bzw. aus dem Sinn und Zweck sowie der Systematik der Norm - ergeben, also aus der Verfassung, einem Gesetz, einer Rechtsverordnung oder Sat zung.[1069]Zu den Verbotsgesetzen zählen nach h.M. auch die zwingenden Vorschriften des Europäischen Gemeinschaftsrechts.[1070] Verwaltungsvorschriften und allgemeine Rechtsgrundsätze stellen demgegenüber keine Verbotsgesetze dar.[1071]

ce) Die entsprechende Anwendung der §§ 119 ff. BGB

Der Verweis auf die Vorschriften des BGB erfasst ferner die erst im Wege einer Anfechtung gem. §§ 119 ff. BGB ausgelöste Nichtigkeit.[1072] Da die Anfechtung im Gegensatz zur Kündigung gem. § 60 VwVfG regelmäßig zur Folge hat, dass der Verwaltungsvertrag i.S.d. § 142 BGB als von Anfang an nichtig gilt, kann sie insoweit den sonstigen Nichtigkeitsgründen gem. § 59 Abs. I VwVfG gleichgestellt werden.

1068 Vgl. Maurer Allgemeines Verwaltungsrecht, § 14, Rdnr. 42

1069 Vgl. Bleckmann NVwZ 1990, 601 ff., 602 ff., Henneke in Knack VwVfG, § 59, Rdnr. 3.1.1 m.w.Nw., a.A. Kopp VwVfG, § 59, Rdnr. 7 m.w.Nw. auch für ungeschriebene Rechtsgrundsätze

1070 BVerwGE 70, 41 ff., 44, Ehlers DVBl. 1991, 605 ff., 613 ff., Maurer Allgemeines Verwaltungsrecht, § 14, Rdnr. 43 a m.w.Nw.

1071 Vgl. OVG Münster NVwZ 1984, 522 ff., 524, Henneke in Knack VwVfG, § 59, Rdnr. 3.1.1

d) Die Nichtigkeitsgründe gem. § 59 Abs. II VwVfG

Gem. § 59 Abs. II Nr. 1 - 4 VwVfG ist ein subordinationsrechtlicher Vertrag ferner nichtig, wenn gem. Nr. 1 ein Verwaltungsakt mit entsprechendem Inhalt nichtig wäre, gem. Nr. 2 ein Verwaltungsakt mit entsprechendem Inhalt rechtswidrig wäre, die Rechtswidrigkeit nicht auf einem Verfahrensfehler i.S.d. § 46 VwVfG beruht und beide Vertragspartner die Rechtswidrigkeit kannten, gem. Nr. 3 die spezifischen Voraussetzungen zum Abschluss eines Vergleichsvertrages nicht vorlagen und gem. Nr. 4 die Behörde sich eine nach § 56 VwVfG unzulässige Gegenleistung versprechen ließ.

Im Rahmen des § 59 Abs. II Nr. 1 VwVfG ist zu berücksichtigen, dass die in § 44 Abs. II VwVfG genannten Nichtigkeitsgründe sich zum Teil mit denen des § 59 Abs. I VwVfG i.V.m. den Nichtigkeitsregelungen des BGB überschneiden können.[1073]

Gem. § 59 Abs. II Nr. 2 VwVfG ist ausnahmsweise auch eine qualifizierte Rechtswidrigkeit des Vertrages Nichtigkeitsgrund. Diese Regelung will letztlich verhindern, dass die Vertragspartner durch bewusstes und gewolltes Zusammenwirken gesetzliche Vorschriften umgehen,[1074] und im Ergebnis durch die Kollusion einen rechtlich missbilligten Erfolg herbeiführen.

Auch beim Abschluss von Sanierungsverträgen besteht prinzipiell die Gefahr, dass über den Umweg einer verwaltungsvertraglichen Regelung auch Inhalte vereinbart werden, die eindeutig zu Lasten anderer Sanierungspflichtiger oder der Allgemeinheit gehen. Dies gilt insbesondere dann, wenn die Behörde sich auf sanierungsvertragliche Regelungen einlässt und dabei bewusst die ihr gesetzlich eingeräumten Beurteilungs- bzw. Ermessensspielräume verletzt oder ihre Dispositionsbefugnis überschreitet, nur um eine einvernehmliche Lösung des Sanierungsfalles zu ermöglichen.

[1072] Maurer Allgemeines Verwaltungsrecht, § 14, Rdnr. 40
[1073] Vgl. Erichsen Jura 1994, 47 ff., 49, 50, Henneke in Knack VwVfG, § 59, Rdnr. 3.3, 4
[1074] Vgl. Maurer Allgemeines Verwaltungsrecht, § 14, Rdnr. 38

Die Nichtigkeitsregelungen gem. § 59 Abs. II Nr. 3 und 4 VwVfG sollen sicherstellen, dass die besonderen Voraussetzungen des Vergleichs- und Austauschvertrages nicht sanktionslos übergangen werden,[1075] insbesondere ein Missbrauch der erleichterten Möglichkeit eines Vergleichsvertrages erschwert wird und ein "Verkauf" von Hoheitsrechten unterbleibt.[1076]

2) Folgen der Nichtigkeit eines Sanierungsvertrages

Der nichtige Sanierungsvertrag entfaltet keine Rechtswirkungen und begründet keine Leistungspflichten zwischen den Vertragsparteien.[1077] Sofern die Nichtigkeit nur einen Teil des Sanierungsvertrages betrifft, so ist er gem. § 59 Abs. III VwVfG im Ganzen nichtig, wenn nicht anzunehmen ist, dass er auch ohne den nichtigen Teil geschlossen worden wäre.[1078] Bei verwaltungsrechtlichen Verträgen führt die Teilnichtigkeit des Vertrages in der Regel zur Gesamtnichtigkeit.[1079]
Bei der Beurteilung der Frage, ob der Sanierungsvertrag auch ohne den nichtigen Teil abgeschlossen worden wäre, kommt es weniger auf die Auffassungen der Vertragsparteien oder auf deren hypothetischen Willen an, als vielmehr auf die Teilbarkeit und den Gesamtzusammenhang der verwaltungsvertraglichen Regelungen sowie auf den offensichtlichen Zweck des Sanierungsvertrages.[1080]

3) Die Rückgewähr erbrachter Leistungen und der Ausschluss der Rückgewähr

Da der nichtige Sanierungsvertrag keine Leistungspflichten begründet, d.h. der Vertrag keinen Rechtsgrund für die erbrachten Leistungen darstellt, sind die Leistun-

[1075] Vgl. Maurer Allgemeines Verwaltungsrecht, § 14, Rdnr. 38
[1076] Vgl. Erichsen Jura 1994, 47 ff., 49 m.w.Nw., Kopp VwVfG, § 59, Rdnr. 22 ff., 24 ff. m.w.Nw.
[1077] Vgl. Henneke in Knack VwVfG, § 59, Rdnr. 6
[1078] Vgl. Henneke in Knack VwVfG, § 59, Rdnr. 5, Kopp VwVfG, 3 59, Rdnr. 27 ff. m.w.Nw.
[1079] VGH Mannheim NVwZ 1991, 583 ff., 584 ff., Erichsen Jura 1994, 47 ff., 51, Henneke in Knack VwVfG, § 59, Rdnr. 5

gen - soweit dieses im Einzelfall nicht ausgeschlossen ist - einander prinzipiell zurückzugewähren. Rechtsgrundlage einer etwaigen Rückforderung ist das Rechtsinstitut des öffentlich-rechtlichen Erstattungsanspruchs, das die bereicherungsrechtlichen Vorschriften der §§ 812 ff. BGB verdrängt.[1081] Die §§ 812 ff. BGB finden auch gem. § 62 S. 2 VwVfG keine entsprechende Anwendung.[1082] Die Rückgewähr bereits erbrachter Leistungen kann sich jedoch als rechtsmissbräuchlich erweisen. Auch der öffentlich-rechtliche Erstattungsanspruch ist durch den Grundsatz von Treu und Glauben i.S.d. § 242 BGB begrenzt.[1083] Sofern der Betroffene zur Durchführung der vereinbarten Sanierungsleistungen auch im Wege einer rechtmäßigen Sanierungsverfügung herangezogen werden konnte, bzw. den ihm als Störer obliegenden Sanierungspflichten bereits nachgekommen ist, stellt die Geltendmachung von Rückforderungsansprüchen bzw. von Wertersatzansprüchen einen Rechtsmissbrauch dar.[1084]

Vor der Realisierung von Erstattungs- bzw. Rückforderungsansprüchen ist zu prüfen, ob und gegebenenfalls in welchem Umfang die Leistung aufgrund eines anderen Rechtsgrundes - z.B. aufgrund eines erneuten Sanierungsvertrages oder einer Sanierungsverfügung - verlangt werden kann.[1085] In diesem Zusammenhang ist stets zu berücksichtigen, dass der Sanierungspflichtige als Handlungsstörer die Umweltschädigung selbst verursacht oder mitverursacht hat, bzw. als Zustandsstörer dafür verantwortlich ist, das von der kontaminierten Sache keine Umweltgefahren für andere Schutzgüter ausgehen.

1080 Vgl. Erichsen Jura 1994, 47 ff., 51, Kopp VwVfG, § 59, Rdnr. 28
1081 Henneke in Knack VwVfG, § 59, Rdnr. 7, Kopp VwVfG, § 59, Rdnr. 29, Maurer Allgemeines Verwaltungsrecht, § 14, Rdnr. 46
1082 BVerwG NJW 1992, 1642 ff., 1643, VGH Mannheim NVwZ 1991, 583 ff., 584 ff., OVG Koblenz DVBl. 1992, 785 ff., 787
1083 Vgl. BVerwG NJW 1974, 2247 ff., 2248 ff.
1084 Vgl. BVerwG NJW 1974, 2247 ff., 2248 ff., OVG Münster NJW 1980, 2093
1085 Vgl. Henneke in Knack VwVfG, § 59, Rdnr. 7

Auch eine Konversion bzw. Umdeutung des nichtigen Sanierungsvertrages kann gem. § 62 S. 2 VwVfG i.V.m. § 140 BGB in entsprechender Anwendung im Einzelfall zulässig sein.[1086]

V. Die Abwicklung von Sanierungsverträgen insbesondere die Möglichkeit einer Vertragsanpassung bzw. Kündigung in besonderen Fällen gem. § 60 VwVfG sowie die Unterwerfung unter die sofortige Vollstreckung gem. § 61 VwVfG

Hinsichtlich der Abwicklung von subordinationsrechtlichen Sanierungsverträgen sind insbesondere die Möglichkeiten einer Vertragsanpassung sowie der Kündigung in besonderen Fällen i.S.d. § 60 VwVfG und die Unterwerfung unter die sofortige Vollstreckung gem. § 61 VwVfG von besonderer praktischer Relevanz.

1. Die Möglichkeit einer Vertragsanpassung subordinationsrechtlicher Sanierungsverträge und deren Kündigung in besonderen Fällen gem. § 60 VwVfG

Gem. § 60 Abs. I S. 1 VwVfG kann eine Vertragspartei eine Anpassung des Vertragsinhalts an die geänderten Verhältnisse verlangen oder, sofern eine Anpassung nicht möglich oder einer Vertragspartei nicht zuzumuten ist, den Vertrag kündigen. § 60 Abs. I S. 2 VwVfG gewährt der Behörde darüber hinaus ein außerordentliches Kündigungsrecht, dessen Ausübung nur im Notfall zur Verhütung oder Beseitigung schwerer Nachteile für das Gemeinwohl zulässig ist.[1087]

[1086] Vgl. Henneke in Knack VwVfG, § 59, Rdnr. 8
[1087] Maurer Allgemeines Verwaltungsrecht, § 14, Rdnr. 54

a) Anpassung und Kündigung gem. § 60 Abs. I S. 1 VwVfG

§ 60 Abs. I S. 1 vwVfG steht somit als gesetzliche Ausformung des Rechtsgedankens der clausula rebus sic stantibus sowie des Rechtsinstituts der Geschäftsgrundlage in einem Spannungsverhältnis zwischen dem Rechtsgrundsatz des pacta sunt servanda, das heißt dem Prinzip unbedingter Vertragsbindung, und dem Interesse der Parteien auf Vertragsanpassung bei einer grundlegenden Veränderung der bei Vertragsschluss vorliegenden Verhältnisse.[1088] § 60 VwVfG gilt für alle verwaltungsrechtlichen Verträge i.S.d. §§ 54 ff VwVfG, und zwar für beide Vertragspartner, also auch für die Behörde.[1089]

aa) Die wesentliche Änderung der Verhältnisse i.S.d. § 60 Abs. I VwVfG

Voraussetzung einer Anpassung subordinationsrechtlicher Sanierungsverträge ist zunächst, dass sich die Verhältnisse, die für die Festsetzung des Vertragsinhalts maßgebend gewesen sind, wesentlich geändert haben. Eine wesentliche Änderung der Verhältnisse i.S.d. § 60 Abs. I VwVfG ist - entsprechend den Grundsätzen zur Geschäftsgrundlage - dann anzunehmen, wenn Änderungen eingetreten sind, mit denen die Vertragspartner bei Vertragsschluss nicht gerechnet haben und die bei objektiver Betrachtung so erheblich sind, dass nicht angenommen werden kann, dass bei Kenntnis der Vertrag mit demselben Inhalt geschlossen worden wäre.[1090] Die Änderung der Verhältnisse ist nach objektiven Kriterien zu beurteilen,[1091] wobei sowohl tatsächliche als auch rechtliche Veränderungen in Betracht kommen.[1092]

1088 Vgl. Maurer Allgemeines Verwaltungsrecht, § 14, Rdnr. 54
1089 Vgl. Oppenländer/Dolde DVBl 1995, 638 ff., 641
1090 Vgl. BVerwG DVBl 1969, 796 ff., 798, DVBl 1991, 447, 448, OVG Münster DVBl 1975, 46 ff., 47, 48 ff., Kopp VwVfG, § 60, Rdnr. 7
1091 Lorenz DVBl 1997, 865 ff., 871
1092 Vgl. Henneke in Knack VwVfG, § 60, Rdnr. 3.2, 3.3

(1) Tatsächliche Änderungen i.S.d. Norm

Tatsächliche Änderungen sind solche im Bereich der tatsächlichen Voraussetzungen, von denen die Beteiligten ausgingen, wie zum Beispiel Änderungen des Preis- und Kostenniveaus, des Standes der Technik, der naturwissenschaftlichen oder medizinischen Erkenntnisse.[1093] Dies gilt auch für Änderungen, die eine Vertragspartei selbst herbeigeführt hat oder die ihr zuzurechnen sind.[1094]

(2) Rechtsänderungen i.S.d. Norm

Rechtsänderungen im Sinne der Norm und damit Anwendungsfälle des § 60 VwVfG können Änderungen der bisherigen ständigen Rechtsprechung infolge von Gesetzesänderungen oder Änderungen der Verwaltungspraxis sein, sofern sich daraus unmittelbar wesentliche Auswirkungen für die Durchführung des Vertrages erge ben.[1095] Ein Anwendungsfall des § 60 VwVfG kann auch vorliegen, wenn eine im Vertrag als feststehend angenommene Rechtsprechung aufgegeben oder wesentlich geändert wird,[1096] wenn durch eine Gesetzesänderung die Anspruchsgrundlagen so verändert werden, dass dem Vertrag die Grundlagen entzogen werden[1097] oder wenn das Gesetz auf dessen Grundlage ein öffentlich-rechtlicher Vertrag geschlossen wurde, für verfassungswidrig erklärt wurde.[1098]
Es muss sich jedoch stets um eine grundlegende Veränderung der Verhältnisse handeln, die zu einem mit Recht und Gerechtigkeit nicht zu vereinbarenden und damit der betroffenen Partei nach Treu und Glauben nicht zuzumutenden Ergebnis führen würde.[1099]

[1093] Kopp VwVfG, § 60, Rdnr. 8
[1094] Vgl. Meyer NJW 1977, 1705 ff., 1711, Scherer DÖV 1991, 1 ff., 6
[1095] Kopp VwVfG, § 60, Rdnr. 8 m.w. Nw.
[1096] Vgl. Henneke in Knack VwVfG, § 60, Rdnr. 33 m.w.Nw.
[1097] Stelkens/Bonk/Sachs VwVfG, § 60, Rdnr. 14
[1098] Vgl. Henneke in Knack VwVfG, § 60, Rdnr. 3.3 m.w.Nw., Kopp VwVfG, § 60, Rdnr. 8 m.w.Nw.
[1099] Vgl. BGH NJW 1974, 2263, BVerwG DVBl 1967, 619ff., 620, VGH Mannheim NVwZ 1996, 1230 ff., 1231

Eine Berufung auf die Geschäftsgrundlage ist daher nur in seltenen Ausnahmefällen zulässig, in denen ein Festhalten am Inhalt des Vertrages zu völlig untragbaren Ergebnissen führen würde.
§ 60 Abs. I VwVfG ist demzufolge äußerst restriktiv auszulegen, da eine zu extensive Handhabung des Rechtsinstitus der Geschäftsgrundlage - dies gilt insbesondere auch für die Anpassung und Kündigung von Sanierungsverträgen - zu einer in der vertraglichen Sanierungspraxis wenig wünschenswerten Aushöhlung des Grundsatzes der Vertragstreue führen und damit die mit der Handlungsform des Sanierungsvertrages normalerweise verbundene Rechtssicherheit und "Haltbarkeit" weitestgehend entwerten würde.

ab) Die Geschäftsgrundlage eines Sanierungsvertrages

Die Geschäftsgrundlage eines Sanierungsvertrages wird gebildet durch die nicht zum eigentlichen Vertragsinhalt erhobenen, bei Vertragsabschluss aber zutage getretenen gemeinsamen Vorstellungen beider Vertragsparteien oder die dem Geschäftsgegner erkennbaren und von ihm nicht beanstandeten Vorstellungen der einen Vertragspartei von dem Vorhandensein oder dem künftigen Eintritt gewisser Umstände, sofern der Geschäftswille der Parteien auf diesen Vorstellungen auf baut.[1100] Die Geschäftsgrundlage i.S.d. § 60 Abs. I VwVfG ist demzufolge vom Inhalt des Sanierungsvertrages streng zu unterscheiden. Die für den Abschluss des Sanierungsvertrages grundlegenden Umstände, die von den Vertragspartnern ausdrücklich oder stillschweigend zur gemeinsamen und wesentlichen Grundlage des Verwaltungsvertrages gemacht worden sind,[1101] dürfen nicht - gegebenenfalls im Wege

[1100] Vgl. BGHZ 25, 392 ff. , 40, 335 ff., 89, 231 ff., BGH NJW 1976 566 ff., 1984, 1746 ff., 1985, 314 ff. 1991, 1478 ff., OVG Münster NJW 1993, 2637, Henneke in Knack VwVfG, § 60, Rdnr. 4 m.w.Nw., Kopp VwVfG, § 60, Rdnr. 7 m.w.Nw., Palandt BGB, § 242, Rdnr.6 m.w.Nw. allgemein zum Begriff und Inhalt der Geschäftsgrundlage
[1101] Vgl. BVerwGE 25, 299 ff., 303

der Vertragsauslegung zu ermittelnder - Inhalt der vertraglichen Sanierungsabsprache sein, aber auch nicht bloßer Beweggrund geblieben sein.[1102]
Sofern der Sanierungsvertrag bereits nach seinem Inhalt spezielle Regeln für den Wegfall oder die Veränderung bestimmter Umstände enthält, ist für § 60 VwVfG kein Raum.[1103]
Beim Abschluss komplexer Sanierungsverträge sollten daher nicht nur die vertraglichen Pflichten der Vertragsparteien - dies betrifft insbesondere die Durchführung von Sanierungsmaßnahmen nach Art, Umfang und Dauer, die zu erreichenden Sanierungsziele, die Kostentragungspflichten, mögliche Freistellungen von weitergehenden Sanierungsmaßnahmen sowie etwaige Abhängigkeiten der Sanierungsmaßnahmen von der gegenwärtigen und zukünftigen Nutzung - in den Vertragstext aufgenommen werden, es empfiehlt sich zudem, in der sanierungsvertraglichen Regelung erkennbare Unsicherheitsfaktoren sowie mögliche Veränderungen tatsächlicher oder rechtlicher Verhältnisse zu fixieren.[1104]
Spieth schlägt daher mit zutreffender Begründung vor, die für den Vertragsabschluss maßgeblichen Gründe vorab in einer Präambel für die Zukunft festzuschreiben.[1105]
Da Sanierungsverträge im Regelfall langfristig angelegt sind, lässt sich anhand einer derartigen ausdrücklichen vertraglichen Regelung das Vertragsverständnis der Parteien auch noch Jahre nach Abschluss des Sanierungsvertrages nachvollziehen. Zudem lässt sich zu einem späteren Zeitpunkt oft nur anhand einer solchen Präambel abklären, ob die Voraussetzungen für eine Vertragsanpassung i.S.d. § 60 VwVfG vorliegen, oder ob ein aufgetretenes Risiko von den Parteien bei Vertragsschluss bewusst zu Lasten der einen oder anderen Vertragspartei in Kauf genommen wurde. Auch eine Auslegung des Vertrages ist bei auftretenden Unklarheiten oder vermeintlichen Widersprüchen unter Berücksichtigung des Inhalts der Präambel leichter möglich.

[1102] Vgl. Henneke in Knack VwVfG, § 60, Rdnr. 4, Stelkens/Bonk/Sachs VwVfG, § 60, Rdnr. 10
[1103] Vgl. BGH NJW 1983, 2034 ff., 2036, OVG Münster NVwZ 1991, 1106 ff., 1107
[1104] Vgl. Lorenz DVBl 1997, 865 ff., 866
[1105] Vgl. Spieth IWS-Schriftenreihe Bd. 27, Grundwassersanierung 1996, 38 ff., 46

In diesem Zusammenhang ist zu berücksichtigen, dass "billigerweise vorauszusehende Umstände" und Risiken sowie die Realisierung eines bei Vertragsschluss übernommenen Risikos ohnehin nicht den Anforderungen des § 60 Abs. I VwVfG genügen.[1106]

ac) Wegfall und Fehlen der Geschäftsgrundlage

Grundsätzlich ist eine Störung der Geschäftsgrundlage in zwei Arten möglich. Die Geschäftsgrundlage kann infolge nachträglicher Ereignisse wegfallen oder wesentlich erschüttert werden, sie kann aber auch von Anfang an fehlen.[1107]
Ob § 60 Abs. I S. 1 VwVfG sowohl für den Wegfall als auch für das Fehlen der Geschäftsgrundlage gilt, ist umstritten.
Henneke vertritt die Auffassung, § 60 Abs. I S. 1 VwVfG gelte nur für eine Änderung der Verhältnisse, die nach Abschluss des Verwaltungsvertrages eingetreten sind.[1108] Gründe, die vor Vertragsabschluss vorlagen, jedoch von den Parteien nicht erkannt oder berücksichtigt wurden, werden von § 60 VwVfG nicht erfasst.[1109]
Begründet wird diese Auffassung mit dem eindeutigen Wortlaut der Norm - "seit Abschluss des Vertrages" -, der eine Anwendung des § 60 VwVfG auf das Fehlen der Geschäftsgrundlage ausschließt.
Nach anderer Auffassung erstreckt sich der unmittelbare Anwendungsbereich des § 60 Abs. I S. 1 VwVfG auch auf das Fehlen der Geschäftsgrundlage,[1110] da Fehlen und Wegfall der Geschäftsgrundlage in rechtlicher Hinsicht prinzipiell gleich zu behandeln sind.[1111]
Da der insoweit eindeutige Wortlaut der Norm einer unmittelbaren Anwendung der Vorschrift entgegensteht, es sich jedoch um eine ausfüllungsbedürftige Lücke im

[1106] Vgl. Kopp VwVfG, § 60, Rdnr. 7 m.w.Nw. aus Literatur und Rspr.
[1107] Vgl. Palandt BGB, § 242, Rdnr. 6
[1108] Vgl. Henneke in Knack VwVfG, § 60, Rdnr. 5
[1109] Vgl. Henneke in Knack VwVfG, § 60, Rdnr. 5
[1110] Vgl. Stelkens/Bonk/Sachs VwVfG, § 60, Rdnr. 8 ff.
[1111] Vgl. Palandt BGB, § 242, Rdnr. 6 m.w.Nw.

Gesetz handelt,[1112] dürfte eine entsprechende Anwendung des § 60 Abs. I VwVfG auf das Fehlen der Geschäftsgrundlage bei Vertragsschluss als sachgerechter Lösungsansatz zu befürworten sein.[1113]

Die wesentliche Veränderung der Verhältnisse muss außerdem dazu führen, dass einer Vertragspartei das Festhalten am Vertrag nicht zuzumuten ist. Ob die Zumutbarkeitsgrenze im konkreten Fall überschritten ist, beurteilt sich nach den Grundsätzen von Treu und Glauben i.S.d. § 242 BGB und den Grundsätzen über eine unzulässige Rechtsausübung.[1114] Maßgeblich ist letztlich das Ergebnis aller Gesichtspunkte des jeweiligen Einzelfalles.[1115]

ad) Die Zumutbarkeitsgrenze bei Sanierungsverträgen

Voraussetzung für die Annahme der Unzumutbarkeit ist, dass ein untragbares Missverhältnis zwischen Leistung und Gegenleistung, bzw. eine besonders schwerwiegende Äqivalenzstörung vorliegt.[1116]
Das von jeder Partei normalerweise zu tragende Risiko muss weit überschritten sein und es muss der betroffenen Vertragspartei unmöglich werden, in der ursprünglichen vertraglichen Regelung seine Interessen auch nur annähernd gewahrt zu sehen.[1117] Änderungen, die die "Opfergrenze" nicht überschreiten bleiben daher außer Betracht.[1118]
Sofern sich beim Abschluss komplexer Sanierungsverträge - aus der Natur des Vertragsinhalts - regelmäßig mehr oder weniger erhebliche Unsicherheiten über den weiteren Geschehensverlauf ergeben können, so ist, soweit die vertragsinhaltstypi-

1112 Vgl. Henneke in Knack VwVfG, § 60, Rdnr. 5
1113 Vgl. Kopp VwVfG, § 60, Rdnr. 4, Meyer NJW 1977, 1705 ff., 1710, Obermayer VwVfG, § 60, Rdnr. 26, Oppenländer/Dolde DVBl 1995, 637 ff., 642
1114 Vgl. Kopp VwVfG, § 60, Rdnr. 9
1115 Vgl. Kopp VwVfG, § 60, Rdnr. 9
1116 Vgl. OVG Münster NVwZ 1986, 1042 ff., 1044, 1045, VGH Mannheim NVwZ 1996, 1270 ff.
1117 Vgl. Lorenz DVBl 1997, 865 ff., 867
1118 Vgl. Henneke in Knack VwVfG, § 60, Rdnr. 6, Palandt BGB, § 242, Rdnr. 6

schen Risiken reichen, die nach Abschluss des Vertrages eintretende Entwicklung der Verhältnisse auf die vertragliche Bindung ohne Einfluss und ungeeignet, einen Anspruch des einen oder anderen Vertragspartners auf Vertragsanpassung an die veränderten Verhältnisse zu begründen.[1119]

Bei öffentlichen Rechtsträgern ist bei der Frage nach der Zumutbarkeit vor allem auch das öffentliche Interesse zu berücksichtigen,[1120] das gerade bei der Sanierung von Boden- und Grundwasserkontaminationen im Hinblick auf die überragende Bedeutung der Ressource Grundwasser sowie des Schutzgutes der menschlichen Gesundheit nicht hoch genug eingestuft werden kann.

Solange sich die Veränderungen im Rahmen der für Sanierungsverträge normalen Vertragsrisiken halten, dürfte die Zumutbarkeitsgrenze in aller Regel nicht überschritten sein.

Zu berücksichtigen ist beim Abschluss von Sanierungsverträgen insbesondere, dass sich aus dem subordinationsrechtlichen Vertrag sowie dem Vertragszweck und der damit zwangsläufig verbundenen Übernahme erheblicher wirtschaftlicher Risiken ohnehin eine stark einseitige Risiokoverteilung zu Lasten des Sanierungspflichtigen ergibt. Umstände, die in die Risikosphäre des Störers bzw. des Sanierungspflichtigen fallen, geben diesem regelmäßig nicht das Recht, sich auf das Fehlen oder den Wegfall der Geschäftsgrundlage zu berufen. Dies gilt - wie bereits dargelegt - in besonderem Maße für das Kostenrisiko bzw. die sanierungsvertraglich übernommenen allgemeinen wirtschaftlichen und technischen Risiken und Unwägbarkeiten. Selbst bei erheblichen Kostenänderungen und Leistungserschwerungen infolge allgemeiner wirtschaftlicher Notlagen ist es normalerweise den Parteien zuzumuten, am Inhalt des Sanierungsvertrages festzuhalten.

Etwas anderes gilt allenfalls dann, wenn die tatsächlichen Kosten völlig außer Verhältnis zum vertraglich vereinbarten Sanierungsziel und zum erreichbaren Sanierungserfolg stehen und den Sanierungspflichtigen in seiner wirtschaftlichen Existenz

---

[1119] Vgl. Henneke in Knack VwVfG, § 60, Rdnr. 6 in grundsätzlicher Hinsicht und unter Hinweis auf BVerwGE 87, 77 ff.

[1120] Vgl. Henneke in Knack VwVfG, § 60, Rdnr. 6 ff.

gefährden. Insbesondere in den Fällen, in denen der Sanierungspflichtige auch Zustandsstörers ist, ist zur Beurteilung der Opfergrenze die Rechtsprechung des Bundesverwaltungsgerichts zur Beschränkung der Störerhaftung heranzuziehen. Entgegen der in der Literatur - unter bestimmten Voraussetzungen - vertretenen Haftungsbegrenzung des Zustandsstörers[1121] vertritt das Bundesverwaltungsgericht die Auffassung, dass für eine derartige Einschränkung der Zustandshaftung jedenfalls keine Veranlassung besteht, wenn jemand beim Erwerb des Grundstücks von dessen ordnungswidrigem Zustand wusste oder doch zumindest Tatsachen kannte, die auf das Vorhandensein von Belastungen schließen lassen konnten.[1122]
Desweiteren ist hinsichtlich subordinationsrechtlicher Sanierungsverträge zu berücksichtigen, dass der Sanierungspflichtige die Sanierungskosten und die weitgehenden Sanierungsrisiken keineswegs aus altruistischen Gründen übernimmt. Es geht dem Sanierungspflichtigen regelmäßig darum, eine einseitig hoheitliche Inanspruchnahme als Handlungs- oder Zustandsstörer durch die zuständige Behörde abzuwenden, um sich die Möglichkeit einer einvernehmlichen und für ihn oftmals günstigeren Regelung offenzuhalten. Die spezifische Situation des Sanierungspflichtigen als Vertragspartei eines subordinationsrechtlichen Verwaltungsvertrages entspricht somit nicht den typischen Fallkonstellationen der Geschäftsgrundlage im Rahmen eines normalen Leistungsaustausches. Dies hat zur Folge, dass der ohnehin schon stark eingeschränkte Anwendungsbereich des § 60 VwVfG in der Praxis der Sanierungsverträge eine weitergehende Restriktion erfährt.

Soweit Verpflichtungen aus dem Vertrag bereits erfüllt sind und die erbrachten Leistungen nicht mehr ohne weiteres zurückgegeben werden können, ist eine Abänderung des Vertrages oder eine Kündigung in der Regel ohnehin nicht mehr zumut bar.[1123] Sofern die vertraglichen Verpflichtungen erfüllt sind, bzw. das vertragliche Schuldverhältnbis durch Erfüllung gem. § 62 VwVfG i.V.m. § 362 BGB in entspre-

[1121] Vgl. Breuer JuS 1986, 359 ff., 361, Hohmann DVBl 1984, 997 ff., 998, Papier DVBl 1985, 873 ff., 878, NVwZ 1986, 256 ff., 261, Schwerdtner NVwZ 1992, 141 ff., 143
[1122] Vgl. BVerwG NVwZ 1997, 577 ff., 578
[1123] Vgl. OVG Münster DVBl 1973, 696 ff., 697, VGH Mannheim VBl BW 87, 388 ff., 395, Lorenz DVBl 1997, 865 ff., 866, Meyer NJW 1977, 1705 ff., 1711, Nierwetberg NVwZ 1989, 535 ff., 539

chender Anwendung erloschen ist, ist eine Vertragsanpassung i.d.R. ebenfalls nicht mehr möglich.[1124]

b) Das außerordentliche Kündigungsrecht der Behörde i.S.d § 60 Abs. I S. 2 VwVfG

Gem. § 60 Abs. I S. 2 VwVfG steht der Behörde ein besonderes außerordentliches Kündigungsrecht zu, um schwere Nachteile für das Gemeinwohl zu verhüten oder zu beseitigen, ohne dass die übrigen Voraussetzungen des § 60 Abs. I S. 1 VwVfG vorliegen müssen.[1125] Das außerordentliche Kündigungsrecht ist als ein Notrecht der öffentlichen Hand restriktiv zu interpretieren.[1126] Die Anwendung des § 60 Abs. I S. 2 VwVfG setzt voraus, dass es sich um eine außergewöhnliche Situation handelt, die - unter Abwägung im Einzelfall - das Eingreifen in den Vertrag vom Standpunkt der Allgemeinheit für zwingend geboten erscheinen lässt.[1127]
Im Gegensatz zu § 60 Abs. I S. 1 VwVfG ist bei der Kündigung gem. § 60 Abs. I S. 2 VwVfG nicht Voraussetzung, dass der Kündigungsgrund erst nach Vertragsschluss entstanden oder erkennbar geworden ist, so dass das besondere Kündigungsrecht auch dann gilt, wenn die Voraussetzungen dafür schon bei Abschluss des Vertrages vorgelegen haben.[1128]

[1124] Vgl. Kopp VwVfG, § 60, Rdnr. 11 m.w.Nw.
[1125] Vgl. Henneke in Knack VwVfG, § 60, Rdnr. 9
[1126] Heberlein DVBl 1982, 763 ff., 768, Henneke in Knack VwVfG, § 60, Rdnr. 9, Lorenz DVBl 1997, 865 ff., Meyer NJW 1987, 1705 ff., 1711, Kopp VwVfG, § 60, Rdnr. 17 der eine besonders restriktive Auslegung der Norm für nicht geboten hält
[1127] Henneke in Knack VwVfG, § 60, Rdnr. 9.2
[1128] Vgl. Henneke in Knack VwVfG, § 60, Rdnr. 9, Kopp VwVfG, § 60, Rdnr. 18, Stelkens/Bonk/Sachs VwVfG, § 60, Rdnr. 29

c) Die Vertragsanpassung als milderes Mittel

Obwohl § 60 Abs. I S. 2 VwVfG der Behörde ausdrücklich ein Kündigungsrecht einräumt, ist entsprechend der Regelung des § 60 Abs. I S. 1 VwVfG nach dem Grundsatz der Verhältnismäßigkeit vorab zu prüfen, ob im konkreten Fall eine Vertragsanpassung als das für den Vertragspartner mildere Mittel zur Abwehr der Nachteile für das Gemeinwohl geeignet und ausreichend ist.[1129]
Die Anpassung eines bestehenden Vertrages geht aus Gründen der Rechtssicherheit einer Kündigung des Verwaltungsvertrrages, die insoweit als "ultima ratio" bezeichnet werden muss, vor.

d) Form, Rechtsnatur und Wirkung von Kündigung und Vertragsanpassung

Gem. § 60 Abs. II S. 1 VwVfG bedarf die Kündigung der Schriftform i.S.d. § 57 VwVfG, soweit nicht durch Rechtsvorschrift eine andere Form vorgeschrieben ist. Die Kündigung soll gem. § 60 Abs. II S. 2 VwVfG begründet werden. Für die Erklärung bzw. das Verlangen nach Vertragsanpassung ist Schriftform i.S.d. § 57 VwVfG demgegenüber nicht zwingend erforderlich, da von dem Anpassungsverlangen nicht dieselbe unmittelbare, rechtsgestaltende Wirkung ausgeht, wie von der Kündigung.[1130]
Die Anpassung selbst ist hingegen Vertrag und unterliegt demzufolge hinsichtlich der neuen vertraglichen Vereinbarung zwingend dem Schriftformerfordernis gem. § 57 VwvfG.[1131]

1129 Vgl. Henneke in Knack VwVfG, § 60, Rdnr. 9, Kopp VwVfG, § 60, Rdnr. 19, Meyer/Borgs VwVfG, § 60, Rdnr. 19, Meyer NJW 1977, 1705 ff., 1711 ff., Obermayer VwVfG, § 60, Rdnr. 66
1130 Vgl. Henneke in Knack VwVfG, § 60, Rdnr. 7.2, Kopp VwVfG, § 60, Rdnr. 20
1131 Henneke in Knack VwVfG, 3 60, Rdnr. 7.2, Kopp VwVfG, § 60, Rdnr. 12, 13, VGH München NVwZ 1989, 167 ff., 168, 169

Die Rechtsnatur der Kündigung ist umstritten. Es handelt sich um eine öffentlich-rechtliche Willenserklärung,[1132] auf die jedoch - nach der Auffassung eines Teils der Literatur - wegen ihres verwaltungsaktsähnlichen Charakters die Vorschriften des Verwaltungsverfahrensgesetzes zum Verwaltungsakt sinngemäß bzw. analog anzuwenden sind.[1133] Nach anderer Auffasung besteht für eine entsprechende Anwendung von Vorschriften des Verwaltungsaktsverfahrens auf die Kündigung kein Raum.[1134]

Zu berücksichtigen ist bei der Vertragsanpassung und Kündigung, dass beiden nur Wirkung ex nunc zukommt. Die Vertragsanpassung kann nur für die Zukunft verlangt werden.[1135] Gleiches gilt für die Kündigung, die ebenfalls grundsätzlich nur mit Wirkung für die Zukunft möglich ist,[1136] das heißt aufgrund der rechtsgestaltenden Wirkung der Kündigung wird das bestehende Rechtsverhältnis für die Zukunft aufgehoben.

2. Die Unterwerfung unter die sofortige Vollstreckung gem. § 61 VwVfG

a) Die Titelfunktion des Verwaltungsaktes und die Bedeutung der Unterwerfungsklausel im Rahmen subordinationsrechtlicher Verträge

Gem § 61 VwVfG kann sich jeder Vertragschließende der sofortigen Vollstreckung aus einem öffentlich-rechtlichen Vertrag im Sinne der § 54 S. 2 VwVfG unterwerfen. Diese Regelung ist auch für den Abschluss subordinationsrechtlicher Sanierungsverträge von erheblicher praktischer Relevanz. Wie bereits dargestellt stehen der Verwaltung im Rahmen des Verwaltungsverfahrens i.S.d. § 9 VwVfG die Hand-

[1132] Vgl. OVG Bremen NVwZ 1987, 250 ff., 251
[1133] Vgl. Bullinger DÖV 1977, 812 ff., 820 ff., der die Kündigung sogar als verwaltungsaktsähnliche Willenserklärung wertet, Kopp VwVfG, § 60, Rdnr. 22
[1134] Vgl. Henneke in Knack VwVfG, § 60, Rdnr. 8
[1135] Vgl. Kopp VwVfG, § 60, Rdnr. 12, Lorenz DVBl 1997, 865 ff., 868 ff., 870
[1136] Henneke in Knack VwVfG, § 60, Rdnr. 8, Kopp VwVfG, § 60, Rdnr. 13

lungsformen des Verwaltungsaktes und des verwaltungsrechtlichen Vertrages gleichermaßen zur Verfügung, um generell-abstrakte Regelungen im konkreten Fall rechtsverbindlich umzusetzen und das Verwaltungsverfahren abzuschließen. Ein wesentlicher Vorteil des Verwaltungsaktes liegt dabei in seiner "Titelfunktion".[1137]

aa) Die Möglichkeit eines Rückgriffs auf die Handlungsform des Verwaltungsaktes zur Durchsetzung verwaltungsvertraglicher Ansprüche

Wie sich gem. §§ 3 Abs. II a, 6 VwVG ergibt, kann sich die Verwaltung die Voraussetzungen für die Vollstreckung durch den Erlass eines Verwaltungsaktes,[1138] das heißt durch einseitighoheitliches Handeln selbst schaffen. Diesen Vorteil genießt der Hoheitsträger beim Abschluss eines subordinationsrechtlichen Vertrages nicht ohne weiteres. Schließt die zuständige Behörde mit dem Sanierungspflichtigen einen Sanierungsvertrag ab, so ist es ihr bei Nichterfüllung der sanierungsvertraglichen Pflichten verwehrt, diese durch den Erlass eines Verwaltungsaktes durchzusetzen.[1139] Die Behörde muss vielmehr zur Durchsetzung ihrer Ansprüche zunächst ein Leistungsurteil erstreiten.[1140] Ein "Umschalten" auf ein einseitig hoheitliches Handeln ist regelmäßig nicht mehr zulässig.[1141]

Dies ergibt sich mittelbar aus § 61 VwVfG im Wege des Gegenschlusses. Die Behörde kann die Verpflichtungen des Bürgers aus subordinationsrechtlichen Verträgen, soweit durch § 61 VwVfG oder entsprechende Vorschriften nichts anderes bestimmt ist, - entgegen einer früher vertretenen Auffassung[1142] - nicht einseitig durch Verwaltungsakt festsetzen und diesen dann vollstrecken.[1143] Mit dem Abschluss

---

[1137] Vgl. Berg JuS 1997, 888 ff., 889 m.w.Nw.
[1138] Vgl. Berg JuS 1997, 888 ff., 889
[1139] Vgl. Kobes NVwZ 1998, 786 ff., 794
[1140] Vgl. Kobes NVwZ 1998, 786 ff., 794, Maurer Allgemeines Verwaltungsrecht, § 10, Rdnr. 6 m.w.Nw.
[1141] Vgl. Berg JuS 1997, 888 ff., 889 m.w.Nw., Maurer Allgemeines Verwaltungsrecht, § 14, Rdnr. 55
[1142] Vgl. OVG Münster DÖV 1960, 798 ff., 800
[1143] BVerwGE 50, 171 ff., 175, 59, 60 ff., 62 ff., OVG Münster DÖV 1967, 722 ff., 723, Bay VGH BayVBl 1997, 596 ff., Henneke in Knack VwVfG, § 61, Rdnr. 2, Kopp VwVfG, § 61, Rdnr. 4 m.w.Nw.

eines verwaltungsrechtlichen Vertrages - dies gilt auch für den Abschluss subordinationsrechtlicher Verträge - stellt sich die Behörde der Form nach auf die Ebene der Gleichordnung mit dem Bürger und begibt sich damit selbst ihrer hoheitlichen Stellung und damit auch der Möglichkeit, das fragliche Rechtsverhältnis mit einseitig hoheitlichen Mitteln zu regeln.[1144] Wenn die Verwaltung mit dem Bürger eine einvernehmliche Regelung im Vertragswege trifft, so muss sie diese vertraglichen Ansprüche konsequenterweise - auch ebenso wie der Bürger - im Wege der Leistungsklage gerichtlich geltend machen.[1145]
Etwas anderes gilt nur, wenn ein Gesetz eine abweichende Regelung vorsieht und zum Beispiel die Durchsetzung vertraglich übernommener Pflichten durch Verwaltungsakt ausdrücklich zulässt,[1146] oder wenn trotz des Vertragsabschlusses das Gesetz die maßgebliche unmittelbare Rechtsgrundlage für den behördlichen Anspruch bleibt, wenn die Pflichten des Vertragsgegners also trotz des Vertrages primär normativ begründet sind, weil der Vertrag die Rechtsbeziehungen nicht abschließend regelt, sondern nur einige Teilaspekte, die Befugnis zu einer einseitigen Gestaltung des Rechtsverhältnisses durch Verwaltungsakt aber im übrigen unberührt bleibt.[1147]

Ob und inwieweit ein subordinationsrechtlicher Verwaltungsvertrag die Rechtsbeziehungen abschließend regelt und demzufolge ein Rückgriff der Behörde auf die einseitig hoheitliche Handlungsform des Verwaltungsaktes ausnahmsweise zulässig ist, ist im Wege der Vertragsauslegung zu ermitteln.[1148]

[1144] BVerwG DÖV 1976, 353, OVG Münster DÖV 1967, 722 ff. 723, VGH Kassel JuS 1970, 143 ff. VGH München NVwZ 1987, 814 ff., 815, Henneke in Knack VwVfG, § 61, Rdnr. 2

[1145] Vgl. Henneke in Knack VwVfG, § 61, Rdnr. 2, Maurer Allgemeines Verwaltungsrecht, § 10, Rdnr. 6

[1146] BVerwGE 50, 171 ff., 175, 59, 60 ff., 62, 89, 345 ff., 348, NJW 1992, 2846, Badura NJW 1978, 2413 ff., 2414 Anmerkungen zu VGH München NJW 1978, 2410 ff., Kopp VwVfG, § 61, Rdnr. 4, Henneke in Knack VwvfG, § 61, Rdnr. 2, Maurer Allgemeines Verwaltungsrecht, § 10, Rdnr. 6 m.w.Nw.

[1147] Vgl. Kopp VwVfG, § 61, Rdnr. 4 m.w.Nw., Henneke in Knack VwvfG, § 61, Rdnr. 2, VGH Kassel JuS 1970, 143 ff.

[1148] Vgl. Kopp VwVfG, § 61, Rdnr. 4 m.w.Nw.

Im Regelfall kann die zuständige Behörde die Erfüllung der sanierungsvertraglichen Pflichten nur über eine verwaltungsgerichtliche Leistungsklage erreichen,[1149] es sei denn, der Sanierungspflichtige hat sich gem. § 61 Abs. I VwVfG der sofortigen Vollstreckung unterworfen. In diesem Fall eröffnet das Gesetz ausdrücklich eine Möglichkeit, den umständlichen, zeitraubenden, kostspieligen und risikobehafteten Weg zum Gericht für beide Vertragspartner zu vermeiden.[1150]

ab) Die Möglichkeit einer Unterwerfung unter die sofortige Vollstreckung gem. § 61 VwVfG und § 794 ZPO

Die Möglichkeit einer verwaltungsvertraglichen Unterwerfung unter die sofortige Vollstreckung gleicht insofern die Defizite des Verwaltungsvertrages gegenüber dem Verwaltungsakt, als einem von der Behörde einseitig geschaffenen "Vollstreckungstitel" wieder aus. Sofern sich der Sanierungspflichtige der sofortigen Vollstreckung gem. § 61 VwVfG unterwirft, entfaltet auch der Sanierungsvertrag die Wirkung eines Vollstreckungstitels.[1151] Die Durchsetzung der sanierungsvertraglichen Pflichten erfolgt dann in entsprechender Anwendung des Verwaltungsvollstreckungsgesetzes.[1152]

§ 61 Abs. II S. 1 VwVfG gilt nur für subordinationsrechtliche Verträge i.S.d. §§ 61 Abs. I S. 1, 54 S. 2 VwVfG und nur dann, wenn eine Behörde des Bundes, einer bundesunmittelbaren Körperschaft oder Anstalt des öffentlichen Rechts vollstrecken will oder gegen eine Behörde i.S.d. § 1 Abs. I Nr. 1 VwVfG vollstreckt werden soll.[1153] Sofern eine Landesbehörde, eine Behörde einer Gemeinde, eines Kreises, eines Amtes oder einer nicht bundesunmittelbaren Körperschaft, Anstalt oder Stif-

[1149] Vgl. Kobes NVwZ 1998, 786 ff., 794
[1150] Vgl. Berg JuS 1997, 888 ff., 889
[1151] Vgl. Kobes NVwZ 1998, 786 ff., 794
[1152] Vgl. Kobes NVwZ 1998, 786 ff., 794
[1153] Vgl. Henneke in Knack VwVfG, § 61, Rdnr. 7

tung vollstrecken will bzw. gegen sie vollstreckt werden solll, gilt nicht § 61 Abs. II VwVfG, sondern Landesrecht, also die Vollstreckungsgesetze der Länder.[1154]

Daneben besteht die Möglichkeit, dass sich der Bürger durch eine entsprechende Erklärung in einer Urkunde gem. § 794 Abs. I Nr. 5 ZPO hinsichtlich aller oder einzelner Verpflichtungen aus dem Verwaltungsvertrag der sofortigen Vollstreckung unterwirft.[1155] Eine solche Unterwerfung unter die sofortige Zwangsvollstreckung zu notarieller Urkunde ist auch beim öffentlich-rechtlichen Vertrag möglich, obwohl es sich um eine zivilprozessuale Ermächtigungsnorm handelt.[1156] Die Regelung gem. § 61 Abs. I S. 1 VwVfG kann insofern keine Spezialität oder Vorrang für sich beanspruchen, dass den Vertragspartnern andere von ihnen unter Umständen bevorzugte Gestaltungsformen nicht zur Verfügung stehen.[1157] Dies gilt jedenfalls dann, wenn die Pflicht, deren Durchsetzbarkeit erleichtert werden soll, eine solche ist, die der Bürger dem Staat gegenüber übernimmt.[1158] Der Schutz, den § 61 Abs. I S. 2, 3 VwVfG im Falle einer Unterwerfung unter die sofortige Vollstreckung vermittelt, wird durch § 794 Abs. I Nr. 5 ZPO nicht unterlaufen, da der Weg über § 794 Abs. I Nr. 5 ZPO einen Schutz bdeutet, der nicht hinter dem von § 61 Abs. I S. 1, 2 VwVfG ausgehenden Schutz zurückbleibt.[1159]

Zu berücksichtigen ist auch, dass die Unterwerfung unter die sofortige Vollstreckung nur die Durchsetzung von Ansprüchen beschleunigt, die Vertragserfüllung selbst nicht sichern kann.[1160]

1154 Vgl. Henneke in Knack VwVfG, § 61, Rdnr. 7
1155 Vgl. BVerwGE 98, 58, 65 ff., BVerwG DVBl 1995, 675 ff., 677
1156 BVerwGE 96, 324 ff., 326 ff., NJW 1995, 1104 ff., 1105, Grziwotz JuS 1998, 902 ff., 903
1157 Vgl. BVerwG DVBl 1995, 677 ff.
1158 Vgl. Henneke in Knack VwVfG, § 61, Rdnr. 4.5
1159 Vgl. BVerwGE 98, 58 ff., 68, BVerwG DVBl 1995, 675 ff., 677

ac) Die Unterwerfungserklärung als Bestandteil des verwaltungsrechtlichen Vertrages sowie das Erfordernis der Schriftform

Die Zwangsvollstreckungsunterwerfung kann sowohl von einem Vertragschließenden als auch von beiden Parteien erfolgen.[1161] Sofern der Verwaltungsvertrag - hier der Sanierungsvertrag - selbst zum Vollstreckungstitel gemacht wird, ist für den Vertrag und die Vollstreckungserklärung gleichermaßen Schriftform i.S.d. § 57 VwVfG erforderlich.[1162]

Umstritten ist nach wie vor, ob die Unterwerfungserklärung einen Bestandteil des verwaltungsrechtlichen Vertrages darstellt,[1163] oder ob eine einseitige Erklärung ausreicht.[1164]

Das Erfordernis der Schriftform der Unterwerfungserklärung ist demgegenüber nunmehr im wesentlichen unstreitig.

Die bislang in der Literatur vertretenen Auffassung, Schriftform sei für die Rechtsgültigkeit einer Unterwerfungserklärung nicht erforderlich, wenn diese selbständig, etwa durch einseitige Erklärung zu Protokoll oder zur Niederschrift erklärt worden sei,[1165] wurde im Anschluss an die Entscheidung des Bundesverwaltungsgerichts[1166] aufgegeben. Das Bundesverwaltungsgericht hat dahingehend argumentiert, die in den §§ 57, 58, 60 Abs. II S. 1 VwVfG zum Ausdruck kommende allgemeine Regel, daß sämtliche die Wirksamkeit eines öffentlich-rechtlichen Vertrages betreffenden

---

[1160] Vgl. Grziwotz JuS 1998, 902 ff., 903

[1161] Vgl. Henneke in Knack VwVfG aaO., § 61, Rdnr. 4, Maurer Allgemeines Verwaltungsrecht, § 14, Rdnr. 56

[1162] Kopp VwVfG, § 61, Rdnr. 5, 6, Henneke in Knack VwVfG, § 61, Rdnr. 4.1

[1163] Vgl. BVerwG JZ 1996, 97 ff., 98 ff., BVerwGE 98, 58 ff., 65 ff.

[1164] Kopp VwVfG, § 61, Rdnr. 5, Stelkens/Bonk/Sachs VwVfG, § 61, Rdnr. 15, Henneke in Knack VwVfG, § 61, Rdnr. 4.1. unter Aufgabe der in der Vorauflage vertretenen entgegenstehenenden Ansicht zur Schriftform, Meyer JZ 1996, 78 ff., 82 ff. unter Aufgabe der zuvor vertretenen, entgegenstehenden Auffassung zur Schriftform, Obermayer VwVfG, § 61, Rdnr. 25, diese Autoren fordern grds. die Beachtung der Schriftform auch für eine außerhalb der Vertragsurkunde erklärte Unterwerfung, da der in den §§ 57, 58 I, 60 II VwVfG enthaltene allgemeine Rechtsgrundsatz der Schriftlichkeit auch insoweit gelte, vgl. auch OVG Münster NVwZ 1986, 779 ff., 780 zum Grundsatz der Schriftlichkeit

[1165] Vgl. Henneke in Knack VwVfG, § 61, Rdnr. 4 der Vorauflage, Meyer/Borgs VwVfG, § 61, Rdnr. 7

[1166] Vgl. BVerwGE 98, 58 ff., 65 ff.

Erklärungen formbedürftig seien, lasse letztlich keinen Raum für die Auslegung, die Unterwerfung unter die sofortige Vollstreckung aus einem solchen Vertrag könne ungeachtet ihrer erheblichen, unter Umständen noch über die der vertraglichen Vereinbarungen selbst hinausgehenden Bedeutung und Tragweite formlos erklärt werden.[1167]
Eine formlose einseitige Unterwerfungserklärung genügt nicht, erforderlich ist vielmehr Schriftform.[1168]

Die hinsichtlich der Schriftform zutreffende Begründung des Bundesverwaltungsgericht lässt jedoch nicht zwingend den Schluss zu, die Unterwerfungserklärung bedürfe selbst eines Vertrages.[1169] Bei einer Unterwerfungserklärung handelt es sich vielmehr um die typische einseitige, wenn auch der Annahme bedürftige Erklärung, was natürlich nicht ausschließt, dass sie im Normalfall im Vertrag selbst erklärt wird.[1170] Die gegenwärtige Fassung des § 61 VwVfG lässt daher die Unterwerfung nicht nur im Rahmen eines subordinationsrechtlichen Vertrages zu, sie kann vielmehr auch in einem gesondert dazu abgeschlossenen Vertrag oder auch durch einseitige schriftliche Erklärung gegenüber der Behörde oder zur Niederschrift der Behörde erfolgen.[1171]

b) Das Vertretungsgebot und das Genehmigungserfordernis

Bis zur Novellierung des Verwaltungsverfahrensgesetzes war zudem äußerst umstritten, ob die besonderen Voraussetzungen des § 61 Abs. I S. 2, 3 VwVfG über die interne Zuständigkeit und über die aufsichtsbehördliche Genehmigung nur für die

---

1167 Vgl. BVerwGE 98, 58 ff., 67
1168 Bonk in Stelkens/Bonk/Sachs VwVfG, § 61, Rdnr. 15, Henneke in Knack VwVfG, § 61, Rdnr. 4.1, Kopp VwVfG, § 61, Rdnr. 5, Meyer JZ 1996, 78 ff., 82 ff., Obermayer VwVfG, § 61, Rdnr. 25, vgl. auch OVG Münster NVwZ 1986, 779 ff., 780 zum Grundsatz der Schriftlichkeit
1169 Vgl. BVerwGE 98, 58 ff., 67 ff., BVerwG JZ 1996, 97 ff., 99 ff.
1170 Vgl. Henneke in Knack VwVfG, § 61, Rdnr. 4.1, Meyer JZ 1996, 78 ff., 82
1171 Kopp VwvfG, § 61, Rdnr. 5

Unterwerfungserklärung der vertragschließenden Behörde oder auch für die Unterwerfungserklärungen der anderen Vertragspartei Geltung beanspruchen.

ba) Das Vertretungsgebot gem. § 61 Abs. I S. 3 VwVfG

Mit dem 2. Verwaltungsverfahrensänderungsgesetz vom 06.08.1998[1172] wurde der Wortlaut des § 61 Abs. I S. 3, 4 VwVfG dahingehend geändert, dass die Unterwerfung der Behörde unter die sofortige Vollstreckung nur wirksam ist, wenn sie von der fachlich zuständigen Aufsichtsbehörde der vertragschließenden Behörde genehmigt worden ist.

Die Genehmigung ist gem. § 61 Abs. I S. 4 VwVfG nur dann nicht erforderlich, wenn die Unterwerfung von einer obersten Bundes- oder Landesbehörde erklärt wird. Damit wurde diese Streitfrage durch den Gesetzgeber entgegen der vom Bundesverwaltungsgericht zum ursprünglichen Wortlaut der Norm vertretenen Auffassung [1173]entschieden. Durch die Einfügung der Worte "der Behörde" in den Gesetzestext des § 61 Abs. I S. 3 VwVfG wird nunmehr unmissverständlich zum Ausdruck gebracht, dass nur die Unterwerfungserklärung der Behörde genehmigungspflichtig ist, nicht auch die ihres Vertragspartners.[1174]

bb) Das Vertretungsgebot gem. § 61 Abs. I S. 2 VwVfG unter besonderer Berücksichtigung der Rechtsauffassung des Bundesverwaltungsgerichts

Nach wie vor streitig ist die Bedeutung des § 61 Abs. I S. 2 VwVfG. Gem. § 61 Abs. I S. 2 VwVfG muss die Behörde auch im Falle des § 61 Abs. I S. 1 VwVfG von dem

---

[1172] BGBl. 1998 I, S. 2002

[1173] Vgl. BVerwGE 98, 58 ff., 73 ff., 96, 326 ff., 334 ff.

[1174] Vgl. BT-Drucks. 13/8884, S. 5, Bonk in Stelkens/Bonk/Sachs VwVfG, § 61, Rdnr. 22, Meyer/Borgs VwVfG, § 61, Rdnr. 12, Kopp VwVfG, § 61, Rdnr. 8, Maurer Allgemeines Verwaltungsrecht, § 14, Rdnr. 56, vgl. die abweichende Auffassung zur vorherigen Gesetzeslage, Kowalski NVwZ 1992,

Behördenleiter, seinem allgemeinen Vertreter oder einem Angehörigen des öffentlichen Dienstes, der die Befähigung zum Richteramt hat oder die Voraussetzungen des § 110 S. 1 des Deutschen Richtergesetzes erfüllt, vertreten werden.
Entgegen der Differenzierung, die der Gesetzgeber nunmehr ausdrücklich in § 61 Abs. I S. 3, 4 VwVfG vorgenommen hat, mithin eine Differenzierung zwischen der Unterwerfungserklärung der Behörde und der Unterwerfungserklärung des Bürgers, hat der Gesetzgeber den Wortlaut des § 61 Abs. I S. 1, 2 VwVfG in seiner ursprünglichen Form belassen. Henneke vertritt daher die Auffassung, dass dadurch der Gesetzgeber seinen Willen eindeutig dahingehend zum Ausdruck gebracht hat, das Erfordernis des qualifizierten Behördenvertreters - anders als die Genehmigung der Aufsichtsbehörde - auf die Unterwerfungserklärung beider Seiten zu erstrecken.[1175] Henneke schließt sich somit der Auffassung des Bundesverwaltungsgerichts an, das die Mitwirkung des besonders qualifizierten Behördenleiters i.S.d. § 61 Abs. I S. 1 VwVfG als Schutz beider Vertragschließender erachtet.

Das Bundesverwaltungsgericht begründet seine Auffassung mit der besonderen Bedeutung der Unterwerfungsklausel und dem sich daraus ergebenden Schutzbedürfnis der Behörde und des Bürgers.[1176]Der Zweck der Mitwirkung eines besonders qualifizierten Behördenvertreters diene dem "Schutz beider Vertragschließenden". Die Behörde habe regelmäßig ein erhebliches Interesse an einer wirksamen Unterwerfungserklärung des Bürgers. Bereits die Gefahr einer Übervorteilung begründe bei schwerwiegenden Vertragsabschlüssen für den rechtsunkundigen Bürger ein entsprechendes Schutzbedürfnis. Dies gelte erst recht bei der Vollstreckbarkeit aus einem Verwaltungsvertrag. Insbesondere im Hinblick auf die weitreichenden Rechtsfolgen seiner Unterwerfungserklärung solle der Bürger davor bewahrt werden, eine derartige Erklärung unbedacht abzugeben.

351 ff., Möllgaard in Knack VwVfG, Vorauflage, § 61, Rdnr. 6, Obermayer VwVfG, § 61, Rdnr. 37, Ule/Laubinger aaO., § 72, Rdnr. 23

[1175] Vgl. Henneke in Knack VwVfG, § 61, Rdnr. 4.2

[1176] Vgl. BVerwGE 98, 58 ff., 68

Zur weiteren Begründung seiner Auffassung zieht das Bundesverwaltungsgericht die § 27 Abs II S.1 VwVfG und § 794 Abs. I Nr. 5 ZPO als vergleichbare Regelungen heran. Gem. § 27 Abs. II S. 1 VwVfG ist der in § 61 Abs. I S. 2 VwVfG genannte Personenkreis - der Behördenleiter, dessen allgemeiner Vertreter sowie Angehörige des öffentlichen Dienstes mit der Befugnis zum Richteramt oder den Voraussetzungen i.S.d. § 110 S. 1 des Deutschen Richtergesetzes - auch zur Aufnahme einer Versicherung an Eides Statt zur Niederschrift der Behörde ausdrücklich ermächtigt.
§ 794 Abs. I Nr. 5 ZPO bestimmt als zuständige Personen zur Aufnahme einer vollstreckbaren Urkunde ausschließlich ein deutsches Gericht oder einen deutschen Notar. Die Einschränkung auf bestimmte, besonders qualifizierte Behördenvertreter im Rahmen des § 27 Abs II S. 1 VwVfG unterstreiche nicht nur die Bedeutung der Angelegenheit, sie solle zugleich auch dazu beitragen, zu verhindern, dass eidesstattliche Versicherungen leichtfertig abgegeben werden oder unklar bzw. missverständlich formuliert würden.[1177]
Als weiteres Argument wird auf eine gewisse "Richtigkeitsgewähr" von Verwaltungsakten hingewiesen sowie auf die Tatsache, daß der Bürger beim Abschluss eines subordinationsrechtlichen Vertrages die Möglichkeit verliere, die Behörde zu einer einseitig verantwortlichen gesetzmäßigen Entscheidung durch Verwaltungsakt zu veranlassen.

Die Systematik des § 61 Abs. I VwVfG lässt jedoch eher den Schluss zu, dass die in § 61 Abs. I S. 2 VwVfG getroffenen Regelungen für die Unterwerfungserklärung der vertragschließenden Behörde, nicht aber für die bloße Entgegennahme einer Unterwerfungserklärung des Bürgers gelten sollen.[1178]
Die vom Bundesverwaltungsgericht zur Stützung seiner Begründung herangezogenen Normen - § 27 Abs. II S. 1 VwvfG und § 794 Abs. I Nr. 5 ZPO - regeln Situationen, die mit der bei einer Unterwerfungserklärung des Bürgers bestehenden Lage

[1177] Vgl. Kopp VwVfG, § 27, ,Rdnr. 11
[1178] Stelkens/Bonk/Sachs VwVfG, § 61, Rdnr. 7, 22, Kopp VwVfG, § 61, Rdnr. 7, Meyer JZ 1996, 78 ff., 81 ff., Obermayer VwVfG, § 61, Rdnr. 27, Schmitz-Wessendorf NVwZ 1996, 955 ff., 962 ff.

keinesfalls vergleichbar sind.[1179] § 27 Abs. I, II S. 1 VwVfG stellt sozusagen die "ultima ratio" der Sachverhaltsermittlung dar. Nach dem in § 27 Abs. I S. 2 VwVfG enthaltenen Subsidiaritätsgrundsatz soll die Versicherung an Eides statt nur gefordert werden, sofern andere Mittel zur Erforschung der Wahrheit nicht vorhanden sind, zu keinem Ergebnis geführt haben oder einen unverhältnismäßigen Aufwand erfordern. Hinzu kommt, dass es zur Abnahme der Versicherung an Eides Statt - insbesondere wegen der besonderen Strafandrohung des § 156 StGB - stets einer speziellen Ermächtigung und einer entsprechenden Zuständigkeitserklärung im Sinne des § 27 Abs. I S.1 VwVfG bedarf.

§ 27 Abs.I, II VwVfG regelt einen Sachverhalt, bei dem es nicht nur um den Schutz des Betroffenen, sondern vorrangig um den Schutz Dritter sowie über § 156 StGB auch um den Schutz der staatlichen Rechtspflege geht. Wenn für die Aufnahme einer Versicherung an Eides Statt gem. § 27 Abs. II VwVfG nur besonders qualifizierte Behördenvertreter befugt sind, dann hängt das mit dem großen öffentlichen Interesse an der Richtigkeit solcher Erklärungen zur Erforschung der Wahrheit und mit ihren weitreichenden Wirkungen zusammen, da die auf eine solche Versicherung gestützte Sachverhaltsfeststellung durchaus für Rechtsverhältnisse Dritter von entscheidender Bedeutung sein kann.[1180]

Auch § 794 Abs.I Nr. 5 ZPO kann nicht zur Begründung herangezogen weden. Bei der Schaffung einiger der in § 794 ZPO genannten "weiteren Vollstreckungstitel" muss gerade die Heranziehung besonders qualifizierter und neutraler Dritter, die selbst nicht Vertragspartei sind, als Schutz und Ausgleich dafür gesehen werden, dass die inhaltliche Gestaltung der dort bezeichneten Urkunden Privaten überlassen ist. In diesen Fällen, in denen keine der Vertragsparteien in besonderem Maße an Recht und Gesetz gebunden ist, erscheint das Risiko der Übervorteilung einer unerfahrenen und rechtsunkundigen Vertragspartei relativ hoch.[1181] Beim Abschluss eines subordinationsrechtlichen Vertrages wirkt jedoch stets die - auch zum Erlass

[1179] Vgl. Berg JuS 1997, 888 ff., 891
[1180] Vgl. Berg JuS 1997, 888 ff., 891
[1181] Vgl. Berg JuS 1997, 888 ff., 891

eines entsprechenden Verwaltungsaktes befugte - zuständige Behörde mit. Diese ist als Träger öffentlicher Gewalt in besonderem Maße an rechtsstaatliche Prinzipien gebunden. Die Tatsache, dass sie in Form eines Verwaltungsvertrages handelt, steht dem nicht entgegen, da insoweit die gleichen Verfahrensbestimmungen wie für einen Verwaltungsakt gelten.[1182]

Die notwendige aktive Beteiligung des Betroffenen, der beim Abschluss komplexer Sanierungsverträge ohnehin regelmäßig anwaltlich vertreten sein wird, erhöht zudem die Wahrscheinlichkeit beträchtlich, dass ein materiellrechtlich vertretbares Ergebnis erzielt wird.[1183] Das Ergebnis entspricht zudem dem Willen des Betroffenen, da ohne sein Einverständnis ein derartiger Vertragsabschluss überhaupt nicht zustande kommen kann.

Die Auffassung des Bundesverwaltungsgerichts, ein Verwaltungsakt biete prinzipiell eine höhere Richtigkeitsgewähr als eine verwaltungsvertragliche Regelung, erscheint insbesondere im Umweltrecht höchst zweifelhaft. Die Ausarbeitung von Sanierungsverträgen erfolgt regelmäßig interdisziplinär unter frühzeitiger Einbeziehung naturwissenschaftlicher, rechtlicher und wirtschaftswissenschaftlicher Kenntnisse und Erfahrungen. Bereits der Austausch unterschiedlicher Standpunkte, der kontinuierliche Abstimmungsprozess sowie ein ständiger Wissenstransfer zwischen den Vertragspartnern, den mit der Sanierung beauftragten Fachleuten und etwaigen Dritten führt im Regelfall zu einer sachgerechten und rechtlich gut vertretbaren Lösung komplexer umweltrechtlicher Probleme.

Ein einseitiges hoheitliches Handeln in Form eines Verwaltungsaktes birgt bei komplexen Sachverhalten stets die Gefahr rechtlicher oder tatsächlicher Defizite der Entscheidung und stellt daher im Sanierungsrecht eher ein probates Mittel zur Lösung einfacher Sachverhalte dar.

Die öffentliche Verwaltung und damit die Qualität des Gesetzesvollzugs profitieren von Vereinbarungen mit dem Bürger, weil dieser - als bester Kenner der konkreten

---

[1182] Vgl. Berg JuS 1997, 888 ff., 891

Verhältnisse - seinen Sachverstand insbesondere in atypischen Fällen einbringen kann.[1184]

Auch aus der Systematik und dem Wortlaut des § 61 Abs. I S. 2, 3 VwVfG lässt sich nicht zwingend etwas anderes herleiten. [1185]

Der Wortlaut des § 61 Abs. I S. 2 VwVfG "die Behörde muss hierbei .... vertreten werden" ist insoweit missverständlich, da sich das "hierbei" sowohl konkret auf die Abgabe der Unterwerfungserklärung als auch insgesamt auf den Abschluss eines sofort vollstreckbaren öffentlich-rechtlichen Vertrages beziehen kann.

Bedenken begegnen der bundesverwaltungsgerichtlichen Entscheidung aber auch aus einem anderen Grund. Der subordinationsrechtliche Vertrag bleibt ohne die Unterwerfung unter die sofortige Vollstreckung aus Sicht der Behörde ein stumpfes Instrument, da die Durchsetzung der sich aus dem Verwaltungsvertrag ergebenden Ansprüche über den Umweg der allgemeinen Leistungsklage als ineffizient und risikobehaftet empfunden werden muss. Die Rechtsprechung des Bundesverwaltungsgerichts schließt zwar die Möglichkeit der Unterwerfung unter die sofortige Vollstrekkung nicht aus, die für jede Unterwerfung geforderte Einschaltung der Aufsichtsbehörde führt jedoch zu einem erheblichen Verwaltungsmehraufwand, der allen aktuellen Beschleunigungsbestrebungen und Verfahrensvereinfachungen zuwiderläuft.[1186] Dies gilt auch für die Vertretungsregelung des § 61 Abs. I S. 2 VwVfG. Der zuständige Sachbearbeiter wird einerseits regelmäßig nicht ohne eine Vollstrekkungsklausel abschließen wollen oder können, aber andererseits seinem Vorgesetzten nicht laufend Verträge zur Prüfung und Abzeichnung vorlegen wollen, zumal, wenn es sich um Angelgenheiten handelt, die er im Rahmen seiner Zeichnungsbefugnis ansonsten abschließend bearbeiten dürfte.[1187]

[1183] Vgl. Berg JuS 1997, 888 ff., 891
[1184] Vgl. Berg JuS 1997, 888 ff., 892
[1185] Vgl. Obermayer VwVfG, § 61, Rdnr. 28
[1186] Vgl. Berg JuS 1997, 888 ff., 892, Obermayer VwVfG, § 61, Rdnr. 28
[1187] Vgl. Maurer DVBL 1989, 798 ff., 803, der sogar mit einer Hemmschwelle des Sachbearbeiters in Routineangelegenheiten argumentiert

Aus diesem Grund wurde in der Literatur bereits frühzeitig eine Klarstellung des Gesetzgebers gefordert, die besagt, dass die bislang praktizierte Nichtanwendung des § 61 Abs. I S. 2, 3 VwVfG auf Unterwerfungserklärungen des Bürgers auch künftig zulässig sein soll.[1188] Der Gesetzgeber ist dieser Notwendigkeit nunmehr nachgekommen.

Andernfalls drohte dem subordinationsrechtlichen Verwaltungsvertrag, dem nicht nur bei der Lösung atypischer umweltrechtlicher Probleme eine hohe Befriedungswirkung zukommt, ein - aus rechtsstaatlichen und verwaltungspraktischen Gründen - nicht wünschenswerter Akzeptanzverlust. Die sich insbesondere im Sanierungsrecht ohnehin abzeichnende Tendenz der Verwaltungspraxis Rechtsprobleme - wegen der bereits vorhandenen Komplexität der Materie und den damit verbundenen Vollzugsdefiziten - verstärkt durch den Einsatz informaler Mittel zu lösen, sollte nicht noch durch den Aufbau zusätzlicher, im Ergebnis nicht erforderlicher verfahrensrechtlicher Hürden und Hemmnisse beschleunigt werden. Es ist in diesem Zusammenhang stets zu berücksichtigen, dass das informale Verwaltungshandeln, die informalen bargains - nicht zuletzt wegen der fehlenden Rechtsverbindlichkeit - nur einer äußerst eingeschränkten verwaltungsgerichtlichen Kontrolle unterliegen und daher nicht unerheblichen rechtlichen Bedenken ausgesetzt sind. Um so wichtiger ist es, den subordinationsrechtlichen Verwaltungsvertrag als rechtlich anerkannte und bewährte Handlungsform zu fördern.

VI. Sonderprobleme des subordinationsrechtlichen Sanierungsvertrages

Als Sonderproblem beim Abschluss subordinationsrechtlicher Sanierungsverträge stellt sich zunächst die Zulässigkeit der Vereinbarung einer Vertragsstrafe dar.

[1188] Vgl. Schmitz-Wessendorf NVwZ 1996, 955 ff., 962 ff.

Desweiteren ist die Problematik einer Anfechtung von Willenserklärungen durch die Vollzugsbehörde und den Sanierungspflichtigen gem. § 62 VwVfG i.V.m. §§ 119 ff BGB, §§ 142 ff. BGB in entsprechender Anwendung näher zu erörtern.

1. Die Zulässigkeit einer Vereinbarung von Vertragsstrafen in subordinationsrechtlichen Sanierungsverträgen

In einem engen Zusammenhang mit der Verwaltungsvollstreckung bzw. der Anwendung von Verwaltungszwangsmitteln mit Beugecharakter steht die Vereinbarung einer Vertragsstrafe in subordinationsrechtlichen Verträgen.

a) Die Vertragsstrafe als Institut des Privatrechts

Die ursprünglich als zivilrechtliches Institut in den §§ 339 ff. BGB geregelte Vertragsstrafe besteht im Versprechen des Schuldners, dem Gläubiger eine Geldsumme als Strafe zu bezahlen, wenn der Schuldner seine Verbindlichkeit nicht in gehöriger Weise erfüllt.[1189]

Der im Einzelfall vereinbarten Vertragsstrafe kommt somit eine zweifache Funktion zu. Sie soll einerseits als Druckmittel den Schuldner zur ordnungsgemäßen Leistungserbringung anhalten, andererseits soll sie dem Gläubiger im Verletzungsfalle die Möglichkeit einer erleichterten Schadloshaltung ohne Einzelnachweis eröffnen.[1190] Der privatrechtlichen Vertragsstrafe kommt nach h.M. gleichermaßen Beugefunktion wie auch Schadensersatzpauschalierungsfunktion zu.[1191]

[1189] Koch DÖV 1998, 141 ff., 141, Schilling VerwArch. Bd. 85, 1994, 226 ff., 229

[1190] Vgl Schilling VerwArch Bd. 85, 1994, 226 ff., 229, 230 m.w.Nw. insbesondere auch zur Problematik, inwieweit dem Institut der Vertragsstrafe unabhängig von der Vereinbarung im Einzelfall eine Doppelfunktion zukommt oder ob es sich um zwei getrennte Institute handelt

[1191] Vgl. BGHZ 85, 305 ff., 312, 105, 24 ff., 27, 28, Koch DÖV 1998, 141ff., 142, Schilling VerwArch Bd. 85, 1994, 226 ff., 228

b) Die Vereinbarung von Vertragsstrafen im Rahmen subordinationsrechtlicher Verwaltungsverträge

ba) Die prinzipielle Zulässigkeit einer Vertragsstrafenvereinbarung

Die wirksame Vereinbarung von Vertragsstrafen in subordinationsrechtlichen Verträgen - hier in Sanierungsverträgen - setzt voraus, dass eine derartige Vereinbarung im Rahmen von Verwaltungsverträgen überhaupt zulässig ist.

Ein pauschal untersagendes Verbot kann der verwaltungsrechtlichen Ordnung nicht entnommen werden.[1192] Die Vertragsstrafe ist zwar im Verwaltungsverfahrensgesetz nicht ausdrücklich vorgesehen, ihre prinzipielle Anwendbarkeit ergibt sich jedoch aus der Verweisungsnorm des § 62 VwVfG, die die Vorschriften des BGB und damit auch die §§ 339 ff. BGB für entsprechend anwendbar erklärt.[1193]

Die Wirksamkeit einer Vertragsstrafe setzt zunächst voraus, dass der Verwaltungsvertrag, in dem die Vertragsstrafenklausel enthalten ist, wirksam ist.[1194]

Dies ergibt sich gem. § 344 BGB in entsprechender Anwendung. Auch im Rahmen von Sanierungsverträgen dient die Vereinbarung von Vertragsstrafen u.a. der Sicherung der verwaltungsvertraglichen Hauptverbindlichkeiten. Sowohl die sanierungsvertragliche Hauptverbindlichkeit, als auch die sich darauf beziehenden Vertrags-

---

[1192] BVerwGE 74, 78 ff., 82, 98, 58 ff., Koch DÖV 1998, 141 ff., 142, 143, BVerwG JZ 1996, 97 ff., 100, 101, NJW 1996, 608 ff., 610 ff., JuS 1997, 888 ff., 889, 892 mit Anmerkungen von Berg, die Vertragsstrafenklausel, die die Entscheidung des Bundesverwaltungsgerichts zum Gegenstand hatte, lautete:
§........des Vertrages
Der Antragsteller verpflichtet sich, eine Vertragsstrafe in Höhe von........DM zu entrichten, falls er seiner in §........des Vertrages bezeichneten Verpflichtung nicht oder nicht fristgerecht nachkommensollte.
In diesem Fall wird die Vertragsstrafe nach Ablauf eines Monats der in §........des Vertrages bezeichneten Frist fällig.
§.......des Vertrages
Der Antragsteller unterwirft sich mit dem Zeitpunkt der Fälligkeit der Vertragsstrafe in Höhe der fälligen Vertragsstrafe unter die sofortige Vollstreckung in sein Vermögen

[1193] Vgl. BVerwGE 98, 58 ff., 74, 78 ff., 83 ff., Koch DÖV 1998, 141 ff., 143

[1194] Koch DÖV 1998, 141 ff., 143

strafenregelungen müssen - infolge ihres akzessorischen Verhältnisses - gem. § 62 VwVfG i.V.m. den Vorschriften des BGB wirksam vereinbart worden sein. Dies setzt auch die Beachtung der Schriftform gem. § 57 VwVfG voraus, da die Vertragsstrafenvereinbarung regelmäßig in den Urkundentext aufgenommen wird.

Neben der Wirksamkeit der zu sichernden Hauptverbindlichkeit des subordinationsrechtlichen Vertrages muss auch die Vereinbarung der Vertragsstrafe im konkreten Fall wirksam sein. Problematisch ist hier, ob und in welchem Umfang eine Vertragsstrafe in subordinationsrechtlichen Verwaltungsverträgen ohne Verstoß gegen höherrangiges Recht wirksam vereinbart werden kann.
Die früheren - häufig zitierten - höchstrichterlichen verwaltungsgerichtlichen Entscheidungen betreffen schwerpunktmäßig Vertragsstrafenregelungen im Rahmen koordinationsrechtlicher Verwaltungsverträge.[1195] Diese unterscheiden sich jedoch von subordinationsrechtlichen Sanierungsverträgen dadurch, dass sich die Parteien gerade nicht in einem Über - Unterordnungsverhältnis gegenüberstehen und bei koordinationsrechtlichen Verträgen regelmäßig selbst für ein ausgewogenes Verhältnis der vertraglichen Regelungen und Leistungen zu sorgen haben.

Unter der Geltung des Verwaltungsverfahrensgesetzes ist daher bei einem subordinationsrechtlichen Vertrag die Vereinbarung einer Vertragsstrafe keinesweges so unproblematisch wie in koordinationsrechtlichen Verträgen, da der subordinationsrechtliche Vertrag weit strengeren Rechtmäßigkeits- und Wirksamkeitsanforderungen unterliegt.[1196]
Sie ist bei dieser Vertragsart demzufolge auch nicht beliebig zulässig, sondern muss sich sachlich rechtfertigen lassen, etwa im Blick darauf, dass im Falle der Nichterfüllung des Vertrages besondere Nachteile der Behörde oder besondere Vorteile des Bürgers entstehen, die sachlich nicht gerechtfertigt sind.[1197]

[1195] Vgl. BVerwGE 74, 78 ff., OVG Münster OVGE 41, 309 ff.
[1196] Vgl. Meyer JZ 1996, 78 ff., 80
[1197] Vgl. Maurer DVBl. 1989, 798 ff., 804

Insbesondere ist zu berücksichtigen, dass sich die Behörde durch die Vereinbarung einer Vertragsstrafe im Einzelfall ein Druckmittel verschaffen kann, das ihr bei entsprechenden Verwaltungsakten so nicht zustünde.[1198]
Dies bedeutet jedoch im Ergebnis, dass die Vertragsstrafe im Rahmen eines subordinationsrechtlichen Verwaltungsvertrages regelmäßig weitergehende Funktionen hat, als die zur Durchsetzung von Vertragspflichten eingesetzten hoheitlichen Zwangsmittel der Verwaltung. Sowohl die Beugefunktion als auch die Schadensersatzpauschalierungsfunktion der Vertragsstrafe gehen über die Funktionen der Zwangsmittel hinaus, die die Verwaltung im Normalfall zur Durchsetzung ihrer Rechtspositionen einsetzt.[1199]
Den Zwangsmitteln des Verwaltungsvollstreckungsechts kommt im Ergebnis weder eine Schadensersatzfunktion zu, noch eine der Vertragsstrafe vergleichbare Präventivwirkung.[1200]

Die Möglichkeit, hoheitliche Rechtspositionen auch mit den im Verwaltungsvollstreckungsgesetz bezeichneten Mitteln des Verwaltungszwangs durchsetzen zu können, rechtfertigt nicht die Annahme, neben den rein verwaltungsmäßigen Zwangsmitteln verbleibe für das Instrument der Vertragsstrafe beim subordinationsrechtlichen Vertrag kein Raum.

Gem. § 62 VwVfG i.V.m. §§ 339 ff. BGB in entsprechender Anwendung sind Vertragsstrafenvereinbarungen auch im Rahmen subordinationsrechtlicher Verwaltungsverträge prinzipiell zulässig, da die Vertragsstrafe jedenfalls aufgrund ihrer Doppelfunktion mindestens den einem Verwaltungszwangsmittel vergleichbaren Zweck eines Beugemittels verfolgt.[1201]

[1198] Vgl. Maurer DVBl. 1989, 798 ff., 804
[1199] Vgl. Schilling VerwArch Bd. 85, 1994, 226 ff., 231
[1200] Vgl. Schilling VerwArch Bd. 85, 1994, 226 ff., 231
[1201] Vgl. VGH Mannheim NVwZ 1982, 252 ff., 253

bb) Die Grenzen von Vertragsstrafenvereinbarungen

Problematisch sind jedoch die Grenzen, die das öffentliche Recht möglicherweise einer Vertragsstrafenvereinbarung setzt.[1202]

Schilling differenziert vor dem Hintergrund der Grundrechtsgebundenheit der öffentlichen Verwaltung und den Funktionen einer Vertragsstrafe in Verträgen mit der öffentlichen Hand zwischen "freiwilligen" und "unfreiwilligen" Verwaltungsverträgen. Desweiteren erfolgt eine Differenzierung nach der jeweiligen Funktion der Vertragsstrafe, d.h. nach der Schadensersatzpauschalierungsfunktion und der Beugemittelfunktion.

Da der Abschluss von Sanierungsverträgen regelmäßig unter dem massiven Eindruck einer ansonsten drohenden Sanierungsverfügung erfolgt, kann aus Sicht der betroffenen Vertragspartei häufig kaum noch von echter "Freiwilligkeit" gesprochen werden.[1203]

Es ist Schilling sicherlich dahingehend zuzustimmen, dass ein Verwaltungsvertrag nicht bereits dann als "unfreiwillig" bezeichnet werden muss, wenn der Betroffene einen ihm günstigeren Vertrag angestrebt hat, als er ihn letztlich erreichte.[1204]

Beim Abschluss komplexer Sanierungsverträge werden beide Vertragsparteien typischerweise "Abstriche von ihren Idealvorstellungen" machen müssen. Inwieweit es der Vollzugsbehörde oder dem Sanierungspflichtigen im konkreten Fall gelingt, die eigenen Vorstellungen durchzusetzen, hängt maßgeblich von der jeweiligen Verhandlungsmacht der Parteien ab und nicht zuletzt auch von deren Verhandlungsgeschick. Bei einem deutlichen Verhandlungsübergewicht des Sanierungspflichtigen und einer entsprechend schwachen Position der zuständigen Behörde, wird sich der Betroffene beim Abschluss eines für ihn ohnehin schon "günstigen" Sanierungsvertrages kaum noch zu einer Vertragsstrafenvereinbarung "hinreißen lassen". Das Kriterium der "Freiwilligkeit" bzw. der "Unfreiwilligkeit" beim Abschluss subordinati-

---

[1202] Schilling VerwArch Bd. 85, 1994, 226 ff., 232

[1203] Vgl. Schilling VerwArch Bd. 85, 1994, 226 ff., 236,allgemein zu subordinationsrechtlichen Verträgen

[1204] Vgl. Schilling VerwArch Bd. 85, 1994, 226 ff., 236

onsrechtlicher Sanierungsverträge eröffnet - trotz der bestehenden begrifflichen Unschärfe - eine für die Vertragsparteien gangbare und im Ergebnis auch systemkonforme Lösung der Problematik.

bc) Die Vertragsstrafe als Teil der Gegenleistung i.S.d. § 56 VwVfG

Die Vertragsstrafe mit Beugefunktion dient in der Verwaltungspraxis vorrangig zur Sicherung der vertraglich vereinbarten Hauptleistung des Betroffenen. Das Ziel der Vereinbarung einer Vertragsstrafe ist, den Schuldner zur Erbringung der geschuldeten Leistung anzuhalten.[1205] Die Vertragsstrafe könnte somit im vertraglichen Synallagma durchaus als Teil der Gegenleistung betrachtet werden.[1206] Dies gilt umso mehr, als die Vertragsstrafe die Erfüllung der Hauptverbindlichkeiten gerade anders als durch deren Vollstreckung bewirken will. [1207]Es wird daher die Auffassung vertreten, dass auf subordinationsrechtliche Verträge mit einer Vertragsstrafenvereinbarung zu Lasten des Betroffenen § 56 VwVfG anwendbar sei.[1208]
Nach anderer Auffassung findet § 56 VwVfG keine Anwendung, da die Vereinbarung einer Vertragsstrafe keine Gegenleistung z.B. für den Erlass einer Maßnahme darstelle, sondern nur der ordnungsgemäßen Erfüllung des Vertrages diene.[1209] Die Vertragsstrafe diene nur dazu, denjenigen zur Vertragserfüllung anzuhalten, der sich vom Vertrag lösen will, ohne seiner Leistungspflicht nachzukommen.[1210]
Es ist unbestritten, dass die Vereinbarung einer Vertragsstrafe zunächst als Druckmittel zur ordnungsgemäßen Vertragserfüllung dient. Dies steht der Auffassung jedoch nicht entgegen, dass die Vertragsstrafe bei Fälligkeit als Gegenleistung i.S.d. § 56 Abs. I VwVfG zu qualifizieren ist. Die Vertragsstrafe ist Gegenstand eines bedingten Leistungsversprechens des Vertragspartners der Behörde und im Falle ihrer

[1205] Vgl. Berg JuS 1997, 888 ff., 890 m.w.Nw.
[1206] Vgl. Berg JuS 1997, 888 ff., 891, Schilling VerwArch Bd. 85, 1994, 226 ff., 243
[1207] Vgl. Koch DÖV 1998, 141 ff., 146
[1208] Vgl. Berg JuS 1997, 888 ff., 891, 892, Meyer JZ 1996, 78 ff., 81, Schilling VerwArch Bd. 85, 1994, 226 ff., 243
[1209] Vgl. Kessler/Kortmann DVBl 1977, 690 ff., 691, Koch DÖV 1998, 141 ff., 147

Realisation auch Gegenleistung im Sinne der Norm.[1211] Dies gilt zumindest in den Fällen, in denen die sanierungsvertraglichen Hauptleistungen als Austauschverhältnis i.S.d. § 56 VwVfG ausgestaltet sind.

bd) Die Auswirkungen des § 56 VwVfG i.V.m. § 59 VwVfG auf die Vertragsstrafenvereinbarung

Die subordinationsrechtlichen Sanierungsverträge, bei denen die Gegenleistungen des Sanierungspflichtigen i.S.d. § 56 VwVfG durch eine Vertragsstrafe gesichert werden, unterliegen demzufolge hinsichtlich der Vertragsstrafenklausel ebenfalls den strengen Regeln des § 56 VwVfG. Die im Einzelfall zulässige Höhe einer Vertragsstrafe in Sanierungsverträgen und der im Sanierungsvertrag konkret festzulegende Verwendungszweck richten sich nach § 56 Abs. I VwVfG. In diesem Zusammenhang ist zu berücksichtigen, dass der Grund einer Vertragsstrafe im Nichterbringen der Hauptleistung liegt. Dies ist jedoch nicht der Zweck der Gegenleistung i.S.d. § 56 Abs. I VwVfG, die zudem der Erfüllung öffentlicher Aiufgaben dienen muss.

Es ist daher erforderlich, dass im Sanierungsvertrag - sofern wegen der erheblichen rechtlichen Risiken einer Nichtigkeit des gesamten Vertrages überhaupt eine Vertragsstrafe vereinbart wird - der Vertragszweck der Vertragsstrafe, die regelmäßig als Geldstrafe vereinbart wird, genau festgelegt wird. Nur der Verwendungszweck kann Aufschluss darüber geben, ob die Gegenleistung der Behörde zur Erfüllung ihrer öffentlichen Aufgaben dient.[1212]

Im Rahmen des Sanierungsvertrages dient die Vertragsstrafe als Druckmittel zur Einhaltung der Sanierungspflichten. Die fällig gewordene Vertragsstrafe kann diese Funktion aber nicht mehr erfüllen. Demzufolge muss der Zweck der fälligen Vertragsstrafe ein anderer sein, als die Beugefunktion. Insofern bedarf der konkrete Verwendungszweck der Vertragsstrafe einer ausdrücklichen und zweifelsfreien ver-

---

[1210] Koch DÖV 1998, 141 ff., 147
[1211] Vgl. Meyer JZ 1996, 78 ff., 81
[1212] Meyer JZ 1996, 78 ff., 81

traglichen Fixierung.[1213] Sofern in einem Sanierungsvertrag eine Vertragsstrafe vereinbart wird, bedeutet dies, dass die Geldstrafe dem Schutz der Umwelt, insbesondere der Sanierung von Boden- und Grundwasserverunreinigungen zuzuführen ist. Bei der Vereinbarung von Vertragsstrafen im Rahmen subordinationsrechtlicher Sanierungsverträge ist - wie bereits dargelegt - besondere Vorsicht geboten.

Qualifiziert man die Vertragsstrafenvereinbarung auch als Austauschvertrag i.S.d. § 56 VwVfG - gegebenenfalls in analoger Anwendung bei sogenannten "hinkenden Austauschverträgen", in denen nicht die Leistung der Behörde, sondern die Gegenleistung des Bürgers als vertragliche Hauptleistung ausgestaltet ist -, so begründen die durch § 59 Abs. II Nr. 4 VwVfG sanktionierten Voraussetzungen jedenfalls einen umfassenden Schutz der Vertragspartei, da die Gegenleistung für einen bestimmten Zweck vereinbart sein, der Erfüllung öffentlicher Aufgaben dienen, angemessen sein und - i.S.d. Koppelungsverbotes - in sachlichem Zusammenhang mit der vertraglichen Leistung stehen muss. [1214] Fehlt im Rahmen eines Sanierungsvertrages mit Vertragsstrafenvereinbarung nur eine der gesetzlichen Voraussetzungen, so ist die Vereinbarung der Vertragsstrafe gem. § 59 Abs. II Nr. 4 VwVfg nichtig. Dies gilt gem. § 59 Abs. III VwVfG im Zweifel für den gesamten Verwaltungsvertrag einschließlich der Unterwerfung unter die sofortige Vollstreckung. Diese Rechtsfolge stellt zudem im Ergebnis sicher, dass die Vollzugsbehörde durch den Abschluss eines Sanierungsvertrages nicht die Grenzen des Vollstreckungsrechts zu Lasten des Sanierungspflichtigen umgehen kann.

2. Die Anfechtung von Willenserklärungen gem. § 62 VwVfG i.V.m. §§ 119 ff., 142 ff. BGB in entsprechender Anwendung

Mit der zunehmenden Bedeutung konsensualer Handlungsformen in der praktischen Arbeit öffentlicher Verwaltungen und dem spürbaren "Drang zu mehr Gestaltungs-

[1213] Vgl. insoweit auch Meyer JZ 1996, 78 ff., 81
[1214] Vgl. Berg JuS 1997, 888 ff., 891

freiheit"[1215] im Einzelfall, rückt auch die verwaltungsrechtliche Willenserklärung stärker als bisher in den Vordergrund. Auch im Verwaltungsrecht stellt die Willenserklärung ein universelles Mittel der Rechtsgestaltung mit höchst unterschiedlichen Erscheinungsformen dar.[1216]

Im Zusammenhang mit dem Abschluss subordinationsrechtlicher Sanierungsverträge sind die Erklärungen der Vertragsparteien im Rahmen eines Verwaltungsverfahrens i.S.d. § 9 VwVfG von besonderem Intersse. Wie bereits dargestellt, ist der Vertrag die Einigung mindestens zweier Rechtssubjekte über die Herbeiführung eines bestimmten Rechtserfolges und kommt durch die Abgabe einander entsprechender, auf einen gemeinsamen Rechtserfolg gerichteter Willenserklärungen - Angebot und Annahme - zustande.[1217] Da das Verwaltungsverfahrensgesetz in den §§ 54 ff. VwVfG nur einige grundsätzliche Bestimmungen zum Verwaltungsvertrag enthält, muss gegebenenfalls gem. § 62 S. 2 VwVfG ergänzend auf die Vorschriften des Bürgerlichen Gesetzbuches zurückgegriffen werden. Für die Willenserklärungen gelten nach h.M. die §§ 116 ff.BGB in entsprechender Anwendung.[1218] Da eine Abweichung des Erklärten vom Gewollten auch bei der Abgabe verwaltungsrechtlicher Willenserklärungen möglich ist, stellt sich - vor dem Hintergrund der Komplexität sanierungsrechtlicher Verträge - die Frage nach der Anfechtbarkeit bzw. nach deren Wirkung.

Die Anfechtung einer Willenserklärung für einen öffentlich-rechtlichen Vertrag wegen Irrtums, Täuschung oder Drohung nach §§ 119, 120, 123 Abs. I BGB ist nach h.M. grundsätzlich neben der Vertragsanpassung und Kündigung in besonderen Fällen möglich.[1219] Die in den §§ 119 ff. BGB getroffenen Regelungen sind Ausdruck eines allgemeinen Rechtsgedankens, die auch im öffentlichen Recht Geltung beanspruchen.[1220] Die Irrtumsanfechtung gem. §§ 119, 120 BGB wegen Inhalts-, Erklä-

---

[1215] Vgl. Kluth NVwZ 1990, 608 ff., 608

[1216] Vgl. Kluth NVwZ 1990, 608 ff., 608

[1217] Vgl. Maurer Allgemeines Verwaltungsrecht, § 14, Rdnr. 6

[1218] Hartmann DÖV 1990, 8 ff.; Henneke in Knack VwVfG, § 62, Rdnr. 3; Kluth NVwZ 1990, 608 ff., 613; Kopp VwVfG, § 62, Rdnr. 5; Krause JuS 1972, 425 ff., 429 ff.

[1219] Vgl. Henneke in Knack VwVfG, § 62, Rdnr. 3 m.w.Nw., Obermayer VwVfG, § 62, Rdnr. 33 ff., m.w.Nw.

[1220] Kluth NVwZ 1990, 608 ff., 613, 614 m.w.Nw.

rungs-, Eigenschafts- oder Übermittlungsirrtums steht dem Bürger grundsätzlich offen,[1221] es sei denn, die Erklärungen haben - vergleichbar zivilprozessualen Erklärungen - vornehmlich verfahrensrechtliche Bedeutung.[1222]

Einer uneingeschränkten Anwendbarkeit der privatrechtlichen Anfechtungsregeln auf den Abschluss subordinationsrechtlicher Sanierungsverträge begegnen jedoch rechtliche Bedenken. Maßgebliches Kriterium dürfte nach Auffassung Kluths[1223] sein, ob eine Willenserklärung ähnlich wie im Privatrecht nur einen Erklärungsgegener trifft, also innerhalb eines Verwaltungsrechtsverhältnisses wirkt, oder ob sich Auswirkungen auf Dritte oder gar die Allgemeinheit ergeben. Letztere Gesichtspunkte sind im Privatrecht nicht berücksichtigt und können deshalb im öffentlichen Recht zu einer Einschränkung der Anfechtungsmöglichkeiten führen, da das öffentliche Recht den Interessenausgleich in einem umfassenderen Sinne zur Aufgabe hat, als das bürgerliche Recht.[1224] Auch im Rahmen von Sanierungsverträgen kann der Sanierungspflichtige die Anfechtungsmöglichkeiten gem. §§ 119 ff. BGB in entsprechender Anwendung grundsätzlich für sich in Anspruch nehmen. In diesem Zusammenhang ist zu berücksichtigen, dass die Rechtswidrigkeit des Vertragsinhalts als solche jedoch nicht zur Anfechtung berechtigt. § 59 VwVfG stellt eine abschließende Regelung über die Nichtigkeit rechtswidriger Verwaltungsverträge dar und schließt demzufolge auch die Rückgängigmachung von Sanierungsverträgen durch Anfechtung wegen Rechtswidrigkeit aus.[1225] Da die Sanierungspflichtigen sich zudem aufgrund der Komplexität der sanierungsvertraglichen Regelungen regelmäßig rechtskundiger Unterstützung bedienen, dürfte das Risiko eines Inhalts- oder Erklärungsirrtums der Betroffenen in der Verwaltungspraxis ohnehin als eher gering einzustufen sein.

Zu berücksichtigen ist jedoch, da beim Abschluss von Sanierungsverträgen über die privaten Belange der Sanierungspflichtigen hinaus öffentliche Belange betroffen sind, dass insoweit ein stärkeres Bedürfnis nach Rechtssicherheit gegeben ist. Die-

[1221] Henneke in Knack VwVfG, § 62, Rdnr. 3 m.w.Nw.
[1222] Vgl. Kluth NVwZ 1990, 608 ff, 614 m.w.Nw.
[1223] Vgl. Kluth NVwZ 1990 aaO., 608 ff., 614
[1224] Kluth NVwZ 1990, 608 ff., 614, differenzierend auch Krause JuS 1972, 429 ff.
[1225] Vgl. Henneke in Knack VwVfG, § 62, Rdnr. 3 m.w.Nw.

sem Bedürfnis trägt auch § 121 BGB Rechnung. Gem. § 121 BGB ist die Anfechtung i.S.d. § 143 BGB in entsprechender Anwendung unverzüglich, d.h. ohne schuldhaftes Zögern, zu erklären. Erklärt der Sanierungspflichtige die Anfechtung, so muss er zudem damit rechnen, dass die Behörde - dann wieder zulässigerweise - auf das einseitig hoheitliche Instrumentarium zurückgreifen wird. Desweiteren kann bei bereits vollzogenen Sanierungsverträgen eine Rückgewähr bzw. eine Erstattung der Sanierungsleistungen nach dem Grundsatz von Treu und Glauben ausgeschlossen sein.

Zweifelhaft ist auch, ob der Anfechtung bei einer bereits erfolgten Sanierung überhaupt noch Rückwirkung i.S.d. § 142 BGB zukommt, oder ob eine Anfechtung mit rückwirkender Kraft bei bereits erfüllten Sanierungspflichten prinzipiell ausgeschlossen ist. Sofern der Betroffene auch durch den Erlass einer Sanierungsverfügung oder durch den erneuten Abschluss eines Sanierungsvertrages herangezogen werden könnte, kann auch die Geltendmachung einer Anfechtung im Einzelfall rechtsmissbräuchlich sein.

Während der Bürger die Anfechtungsmöglichkeit gem. §§ 119 ff. BGB prinzipiell für sich in Anspruch nehmen kann, gilt für die Behörde als Vertragspartner etwas anderes. Irrt sich der Bedienstete der vertragschließenden Behörde, etwa über die anzuwendende Rechtsvorschrift oder bei der Subsumtion des Sachverhalts unter die Rechtsnorm, so wird zu berücksichtigen sein, dass diese Tätigkeit zu den Aufgaben der Behörde in den Grenzen ihrer sachlichen Zuständigkeit gehört.[1226] Eine Irrtumsanfechtung wird man der Behörde allenfalls in Ausnahmefällen zugestehen können.[1227]

Im Ergebnis wird man daher feststellen können, dass die Risiken, die aus der Möglichkeit einer Anfechtung von Sanierungsverträgen resultieren, nicht so hoch sind, dass sie die Vorzüge der konsensualen, verwaltungsvertraglichen Handlungsform, insbesondere deren erhöhte Bindungswirkung, in Frage stellen könnten.

[1226] Henneke in Knack VwVfG, § 62, Rdnr. 3

G. Resümee und die genetische Struktur eines subordinationsrechtlichen Verwaltungsvertrages zur Sanierung von Bodenkontaminationen und dadurch verursachten Grundwasserverunreinigungen

Der subordinationsrechtliche Verwaltungsvertrag stellt eine i.S.d. §§ 54 ff. VwVfG i.Vm. §§ 13 ff. BBodSchG prinzipiell zulässige Handlungsform der zuständigen Behörde und ein - auch aus praktischer Sicht - geeignetes Instrument zur Sanierung komplexer Boden- und Grundwasserkontaminationen dar. Insbesondere hinsichtlich einer adäquaten, flexiblen Bewältigung atypischer Problemlagen sowie im Rahmen von Vergleichs- und Austauschverhältnissen entfaltet der Sanierungsvertrag seine spezifische Wirkung.
Die rechtsverbindliche und rechtskonforme, konsensuale Handlungsform des Sanierungsvertrages entspricht zudem in besonderem Maße dem umweltrechtlichen Kooperationsgedanken und den daraus resultierenden neuen Wegen und Mechanismen einvernehmlicher Konfliktlösung.

Auch im Kontext des Neuen Steuerungsmodells der öffentlichen Verwaltung bietet die stark kundenorientierte Handlungsform des subordinationsrechtlichen Sanierungsvertrages vielfältige Möglichkeiten zur Steigerung der Effizienz, Effektivität und Qualität des Verwaltungshandelns im Sinne einer insgesamt ressourcenschonenderen, flexibleren Aufgabenerfüllung und Zielerreichung.

Die Grundstruktur des subordinationsrechtlichen Verwaltungsvertrages zur Sanierung von Boden- und Grundwasserkontaminationen kann dem folgenden Vertragsschema entnommen werden.

[1227] Henneke in Knack VwVfG, § 62, Rdnr. 3

Präambel des Sanierungsvertrages

Die Präambel des Sanierungsvertrages enthält die für den Vertragsabschluss maßgeblichen Gründe der Parteien, sofern diese für eine spätere Auslegung oder Anpassung des Vertrages von Bedeutung sein können.

§ 1 des Sanierungsvertrages

In § 1 des Sanierungsvertrages erfolgt die genaue Bezeichnung der Vertragsparteien.

§ 2 des Sanierungsvertrages

In § 2 des Sanierungsvertrages erfolgt die Darstellung der Ausgangslage bezüglich der Standortverhältnisse. Die Standortbeschreibung beinhaltet die geographische Lage und Topographie der Liegenschaft sowie Angaben zu deren Größe und Umgebung. Neben einer ausführlichen Beschreibung der lokalen und regionalen Geologie kommt der Beschreibung der lokalen hydrogeologischen Verhältnisse bei möglichen oder bereits festgestellten Grundwasserkontaminationen besondere Bedeutung zu. Dementsprechend sind Anzahl und Lage der grundwasserführenden Schichten, die Art der Grundwasserleiter, die Durchlässigkeit und Mächtigkeit der Grundwasserdeckschichten und Grundwasserleiter sowie die Fließrichtung, Fließgeschwindigkeit und vorhandene Grundwasserscheiden so genau wie möglich anzugeben. Sofern nahegelegene Oberflächengewässer vorhanden sind, ist deren exakte hydrologische Darstellung ebenfalls geboten.
Im Rahmen der Dokumentation ist zudem auf die standortspezifische biologische Situation, insbesondere auf die Fauna und Flora der Liegenschaft und ihrer Umgebung näher einzugehen. Sofern im konkreten Sanierungsfall bereits Vegetationsschäden festgestellt worden sind, sind diese ebenfalls entsprechend zu dokumentieren.

Sämtliche Angaben zur Ausgangslage sind ausdrücklich als zwischen den Vertragsparteien unstreitiger Sachverhalt kenntlich zu machen. Strittige Sachverhaltspunkte oder fortbestehende tatsächliche Ungewissheiten i.S.d. § 55 VwVfG sind ebenfalls in den Vertragstext aufzunehmen.

§ 3 des Sanierungsvertrages

In § 3 des Sanierungsvertrages erfolgt eine detaillierte Beschreibung der historischen Entwicklung und Nutzung der Liegenschaft.
In diesem Zusammenhang sind insbesondere die früheren und gegenwärtigen Eigentums- und Nutzungsverhältnisse sowie Art, Ausmaß und zeitliche Abfolge der Nutzungen und etwaiger besonderer Vorkommnisse festzulegen.
Desweiteren ist die Umgebungsnutzung, die Prägung des Gebietes und dessen absehbare Entwicklung unter besonderer Berücksichtigung der geplanten bzw. planungsrechtlich zulässigen Nutzung so genau wie möglich zu beschreiben.

§ 4 des Sanierungsvertrages

In § 4 des Sanierungsvertrages erfolgt eine ausführliche Beschreibung der kontaminierten bzw. kontaminationsverdächtigen Flächen unter Einbeziehung der Nutzung und etwaiger besonderer Vorkommnisse.
Sofern bereits Geländebegehungen, Befragungen, Archivrecherchen, Dokumentenanalysen und sonstige Maßnahmen einer historischen Erkundung erfolgt sind oder bereits orientierende Untersuchungen der Sanierungsphase I durchgeführt wurden, sind deren Ergebnisse darzustellen. Dies betrifft insbesondere den gegenwärtigen Zustand der Liegenschaft, die Dimensionen der Kontamination und die Arten der festgestellten bzw. wahrscheinlichen Schadstoffe.
Sofern auf der Liegenschaft mit potentiell gefährlichen Stoffen umgegangen wurde, so sind die Lager- und Umschlagsmengen, die Umschlagsstellen und die vorhandenen Transportwege zu berücksichtigen.

Im Rahmen der ausführlichen Risikobeurteilung bzw. der Abschätzung des Gefährdungspotentials erfolgt eine Bewertung der festgestellten oder vermuteten Schadstoffe im Boden und Grundwasser unter Berücksichtigung der Nutzung, der jeweiligen Besonderheiten der Liegenschaft sowie potentieller Kontaminationspfade.
Im Hinblick auf die von der Kontamination ausgehenden Gefahren sind vorrangig die menschliche Gesundheit, die Reinhaltung des Grundwassers bzw. der Schutz der Trinkwasserversorgung sowie das Eigentum Dritter zu berücksichtigen.

§ 5 des Sanierungsvertrages

In § 5 des Sanierungsvertrages sind die Sanierungsziele, die Sanierungsstrategie sowie das Sanierungsleitbild festzulegen.
Welche konkreten Inhalte der jeweilige Sanierungsvertrag hat, hängt maßgeblich von den Ergebnissen der Phase I - Erfassung und Erstbewertung - und der weitergehenden technischen Erkundung der Phasen II a und b sowie von dem Gefährdungspotential, den Standortbedingungen und der gegenwärtigen und zukünftigen Nutzung ab.
Dies gilt insbesondere hinsichtlich der Auswertung und Interpretation bzw. Bewertung der vorhandenen Informationen und Messwerte.

Da die Qualität der Aussagen maßgeblich von der Verlässlichkeit und Belastbarkeit des erhobenen Datenmaterials abhängt, ist es unabdingbar, die durchzuführenden Untersuchungen, die Untersuchungskonzepte sowie die Anforderungen an die Untersuchungsmethoden zur Erkundung und Bewertung kontaminierter bzw. kontaminationsverdächtiger Flächen und Standorte so genau wie möglich i.S. einer umfassenden Qualitätssicherung zu fixieren.
Dies gilt in besonderem Maße für die Anforderungen, die nach den einschlägigen DIN , ISO-Vorgaben an die Probenahme, den Untersuchungsumfang, die Untersuchungsmethoden, die Repräsentativität, die Dokumentation und die Bewertung zu stellen sind.

Standardisierte Vorgehen erscheinen i.d. Regel wegen der Komplexität der Sanierungssituation in den Phasen I und II a, b kaum möglich. Die genauen Anforderungen sind daher individuell und in Abhängigkeit von den Besonderheiten des konkreten Einzelfalles zu definieren.

§ 6 des Sanierungsvertrages

In § 6 des Sanierungsvertrages erfolgt eine Festlegung der zeitlichen und technischen Rahmenbedingungen sowie die Festlegung der durchzuführenden Sanierungsmaßnahmen.
Eine ausdrückliche zeitliche Staffelung der Sanierungsmaßnahmen und Sanierungszielwerte kann im konkreten Fall geboten sein. In den Vertragstext können auch spezifische Ausstiegs-, Anpassungs- und Nachbesserungsklauseln, umfassende Kostenregelungen, etwaige Freistellungsabsprachen sowie Regelungen zu einem internen Lastenausgleich mehrerer Sanierungspflichtiger aufgenommen werden. Weitergehende Leistungs- und Gegenleistungspflichten im Rahmen von Austauschverhältnissen sollten ebenfalls - aus Gründen der Rechtssicherheit - in den Vertragstext aufgenommen werden.

§ 7 des Sanierungsvertrages

In § 7 des Sanierungsvertrages werden die vereinbarten Eigenkontrollmaßnahmen sowie die weiteren Maßnahmen der Überwachung vertraglich verankert.
Weitergehende Obliegenheiten sowie Informations-, Auskunfts- und Handlungspflichten des Sanierungspflichtigen im Rahmen der Sanierungsdurchführung bzw. im Anschluss an die Sanierung können hier ebenfalls aufgeführt werden.

§ 8 des Sanierungsvertrages

In § 8 des Sanierungsvertrages erfolgt bei Privaten die Unterwerfung unter die sofortige Vollstreckung. Sofern es im konkreten Fall geboten erscheint und noch verhältnismäßig ist, können an dieser Stelle des Vertrages auch weitergehende Regelungen zur Sicherheitsleistung erfolgen.

Der Inhalt des Sanierungsvertrages bzw. der Vertragstext ist den Besonderheiten des jeweiligen Einzelfalles anzupassen.

Literaturverzeichnis

Achterberg, N. Der öffentlich-rechtliche Vertrag, JA 1979, 356-363

Adamaschek, B. Die Kundenorientierung steht im Mittelpunkt, VOP 1997, Heft 11, 18-20

Adamaschek, B. Der Leistungsvergleich in der Neuen Steuerung, VOP 1999, Heft 10, 20-24

ADL Projekterfahrungen mit der KLR-Einführung, KLR-Sonderheft, VOP 1998

Andriof, U. Qualitätsmanagement in einer Mittelbehörde, Andriof/Ehrlein, VOP 1997, Heft 4, 30-34

Arbeitshilfen Altlasten, BD. I/II, Bundesministerium für Raumordnung, Bauwesen und Städtebau, Bundesministerium der Verteidigung, Bonn 1996

Arbeitshilfen Altlasten aktuell, Nr. 2, OFD Hannover, LBV, Leitstelle des Bundes für Altlasten, 1999, 1-12

Arnold, P. Die Arbeit mit öffentlich-rechtlichen Verträgen im Umweltschutz beim Regierungspräsidium Stuttgart, VerwArch. Bd. 80, 1989, 125-142

Badura, P. Anmerkung zu VGH München NJW 1978, 2410-2413, NJW 2413-2414

Balzereit, F. Abschätzung des Transferverhaltens von Stoffen im ungesättigten und gesättigten Untergrund, IWS-Schriftenreihe Bd. 27, Grundwassersanierung, Lühr/Schulz-Terfloth/Balzereit/Wegener, Berlin 1996, 97-117

Bantz, D. Sanierungsverträge als Instrument der Beseitigung von Grundwasserschäden, IWS-Schriftenreihe Bd. 27, Grundwassersanierung, Bantz/Görtz, Berlin 1996, 48-62

Bauer, H. Informelles Verwaltungshandeln im öffentlichen Wirtschaftsrecht, VerwArch. Bd. 78, 1987, 241-268

Beck, K. "Weitreichende organisatorische Entscheidungen als Befreiungsschlag", Die Neue Verwaltung, 1999, Heft 3, 4-8

Becker, J. Informales Verwaltungshandeln zur Steuerung wirtschaftlicher Prozesse im Zeichen der Deregulierung, DÖV 1985, 1003-1011

Becker, R. Navigationshilfe Verwaltungscontrolling, Horvath/ Becker, Die innovative Verwaltung, 1995, Heft 6, 34-38

Beckmann, M. Umweltrecht, Hoppe/Beckmann, München 1989

Beckmann, M. Wiederverwertung von Industrie- und Gewerbebrachen mit Hilfe von Sanierungsvereinbarungen, Beckmann/Große-Hündfeld, BB 1990, 1570-1575

Behrend, K. Neue Konzepte in der Umwelttechnik: Kopplung von physiko-chemischer Adsorption an polymere Adsorberharze mit einer nachgeschalteten biologischen Regeneration zur effizienten Grundwassersanierung, IWS-Schriftenreihe Bd. 27, Grundwassersanierung, Behrend/Niebelschütz, Berlin 1996, 118-129

Bender, B. Umweltrecht, Bender/Sparwasser, Heidelberg 1995

Berg, W. Zur Untersuchungsmaxime im Verwaltungsverfahren, Die Verwaltung 1976, 161-168

Berg, W. Zur Durchsetzbarkeit einer öffentlich-rechtlich vereinbarten Vertragsstrafe - BVerwGE 98, 58, JuS 1997, 888-892

Beyer, W. Der öffentlich-rechtliche Vertrag, informales Verwaltungshandeln der Behörden und Selbstverpflichtungen Privater als Instrumente des Umweltschutzes, Köln 1986

Beyerlin, U. Schutzpflicht der Verwaltung gegenüber dem Bürger außerhalb des formellen Verwaltungshandelns ?, NJW 1987, 2713-2721

Blankenagel, A. Folgenlose Rechtswidrigkeit öffentlichrechtlicher Verträge ?, VerwArch. Bd. 76, 1985, 276-300

Bleckmann, A. Verfassungsrechtliche Probleme des Verwaltungsvertrages, NVwZ 1990, 601-607

BMU Informationen zur neuen Bundes-Bodenschutz- und Altlastenverordnung, Umwelt, 1999, Nr. 7-8, Sonderteil

Bohne, E. Der informale Rechtsstaat: Eine empirische und rechtliche Untersuchung zum Gesetzesvollzug unter besonderer Berücksichtigung des Immissionschutzes, Berlin 1991

Bohne, E. Informales Verwaltungs- und Regierungshandeln als Instrument des Umweltschutzes, VerwArch. Bd. 75,1984, 343 - 373

Bohne, E. Verwaltungshandeln (informal), in Kimmich/Lersner, v./Storm (Hrsg.), Bd. 2, 1988, 1055-1069

Brandt, Gesetzgebungskompetenz für ein BundesBodenschutzgesetz, DÖV 1996, 675-683

Breuer, R. "Altlasten" als Bewährungsprobe der polizeilichen Gefahrenabwehr und des Umweltschutzes - OVG Münster NVwZ 1985, 355, JuS 1986, 359-364

Breuer, R. Empfehlen sich ergänzende gesetzliche oder untergesetzliche Regelungen der Altlasten und welchen Inhalt sollen sie haben?, DVBl. 1994, 890-901

Brohm, W. Die staatliche Verwaltung als eigenständige Gewalt und die Grenzen der Verwaltungsgerichtsbarkeit, DVBl. 1986, 321-331

Brohm, W. Rechtsgrundsätze für normersetzende Absprachen, DÖV 1992, 1025-1035

Brohm, W. Rechtsstaatliche Vorgaben für informelles Verwaltungshandeln, DVBl. 1994, 133-139

Buch, v. U. Die Gesetzgebungskompetenz für das Bundes-Bodenschutzgesetz, NVwZ 1998, 822-823

Bückmann, W. Bodenschutzrecht, Ökologie und Bodenschutz, Köln, Berlin, Bonn, München 1992

Bulling, M. Kooperatives Verwaltungshandeln (Vorverhandlungen, Arrangements, Agreements und Verträge) in der Verwaltungspraxis, DÖV 1989, 277-289

Bullinger, M. Leistungsstörungen beim öffentlich-rechtlichen Vertrag?, DÖV 1977, 812-822

Correll, C. Problembereiche und Möglichkeiten des öffentlichrechtlichen Vertrages, DÖV 1998, 363-370

Czychowski, M. Wasserhaushaltsgesetz, Kommentar, München 1998

Damkowski, W. Public Management, Damkowski/Precht, Stuttgart 1995

Daten zur Umwelt, Umweltbundesamt, Berlin 1992, 1993

Degenhart, C. Der öffentlichrechtliche Abfindungsvergleich, NVwZ 1982, 71-75

Di Fabio, U. Verwaltungsentscheidung durch externen Sachverstand, VerwArch. Bd. 81, 1990, 193-227

Di Fabio, U. Vertrag statt Gesetz? Gesetzesvertretende und gesetzesausfüllende Verwaltungsverträge im Natur- und Landschaftsschutz, DVBl. 1990, 338-346

Di Fabio, U. Integratives Umweltrecht, NVwZ 1998, 329-337

Dolde, K. Auswirkung veränderter Verhältnisse auf den Zweckverband als Freiverband, Oppenländer/Dolde, DVBl. 1995, 637-648

Drews, B. Gefahrenabwehr, Drews/Wacke/Vogel/Martens, Köln/Berlin/Bonn/München 1986

Durner, W. Der Umweltgesetzbuch-Entwurf der Sachverständigenkommission (UGB-KomE), Kloepfer/Durner, DVBl. 1997, 1081 - 1107

Eberle, C.-E. Arrangements im Verwaltungsverfahren, Die Verwaltung Bd. 17, 1984, 439-464

Ehlers, D. Die Einwirkungen des Rechts der Europäischen Gemeinschaften auf das Verwaltungsrecht, DVBl. 1991, 603-613

Ehlers, D. Das VwVfG im Spiegel der Rechtsprechung, Die Verwaltung 1998, 53-62

Ehrlein, M. Qualitätsmanagement in einer Mittelbehörde, Andriof/Ehrlein, VOP 1997, Heft 4, 30-34

Elsner, T. Selbstregulierung im Umwelt- und Technikrecht, Kloepfer/Elsner, DVBl. 1996, 964-975

Enders, R. Zur Fortentwicklung des Altlastenrechts, Enders/Uwer BB 1995, 629-636

Erichsen, H.-U. Allgemeines Verwaltungsrecht, Erichsen/Martens (Hrsg.), Berlin 1988

Erichsen, H.-U. Die Nichtigkeit und Unwirksamkeit verwaltungsrechtlicher Verträge, Jura 1994, 47-51

Euler, W. Das Berliner Grundwasserentnahmeentgelt und die Berliner Grundwassersituation, BB 1998, 1087-1091

Eulers, S. Bundes-Bodenschutzgesetz: Bilanz- und steuerrecht liche Erfassung von Umweltschutzmaßnahmen, Eulers/Geisler, BB 1998, 2411-2415

Fehr, H.-P. Die Rechtsnatur der Einigung im Vermögenszuordnungsrecht, Fehr/Nolte, VIZ 1997, 321-325

Fluck, J. Grundprobleme des öffentlich-rechtlichen Vertragsrechts – Dargestellt anhand beamtenrechtlicher Entscheidungen, Die Verwaltung, Bd. 22, 1989, 185-191

Fluck, J. Selbstverpflichtungen und Umweltvereinbarungen rechtlich gangbarer Königsweg deutscher und europäischer Umweltpolitik?, Fluck/Schmitt, VerwArch. Bd. 89, 220-263

Frank, G. Nichtigkeit des subordinationsrechtlichen Verwaltungsvertrages nach dem Verwaltungsverfahrensgesetz (VwVfG), DVBl. 1977, 683-692

Friehe, H.-J. Die Konkurrentenklage gegen einen öffentlichrechtlichen Subventionsvertrag, DÖV 1980, 673-677

Fritsch, K. Das neue Kreislaufwirtschafts- und Abfallrecht, München 1996

Gaentzsch, G. Gesetzmäßigkeit oder Wirtschaftlichkeit der Verwaltung: Beißt oder verträgt sich das?, DÖV 1998, 952 -958

Geisler, M. Bundes-Bodenschutzgesetz: Bilanz- und steuerrechtliche Erfassung von Umweltschutzmaßnahmen, Eulers/Geisler, BB 1998, 2411-2415

Görtz, W. Sanierungsverträge als Instrument der Beseitigung von Grundwasserschäden, IWS-Schriftenreihe Bd. 27, Grundwassersanierung, Bantz/Görtz, Berlin 1996, 48-62

Götz, F. Nichtigkeit des subordinationsrechtlichen Verwaltungsvertrages nach dem Verwaltungsverfahrensgesetz (VwVfG), DVBl. 1977, 683-692

Götz, V. Hauptprobleme des verwaltungsrechtlichen Vertrages, JuS 1970, 1-6

Götz, V. Der rechtswidrige verwaltungsrechtliche Vertrag, DÖV 1973, 298-302

Götz, V. Das neue Verwaltungsverfahrensgesetz, NJW 1976, 1425-1430

Grüter, M. Umweltrecht und Kooperationsprinzip in der Bundesrepublik Deutschland, Umwelt- und Technikrecht Bd. 10, Düsseldorf 1990

Grziwotz, H. Einführung in die Vertragsgestaltung im Öffentlichen Recht, JuS 1998, 807-810

Grziwotz, H. Einführung in die Vertragsgestaltung im Öffentlichen Recht, JuS 1998, 902-905

Gusy, C. Öffentlich-rechtliche Verträge zwischen Staat und Bürgern, DVBl. 1983, 1222-1229

Habel, W. Die rechtliche Bedeutung von Grenzwerten, IWS-Schriftenreihe Bd. 27, Grundwassersanierung 1996, 63-68

Harms, R. Die Erstattungsfähigkeit von Sanierungskosten für den Käufer eines kontaminierten Grundstücks, NJW 1999, 3668-3674

Hartmann, A. Zur Widerruflichkeit und Anfechtbarkeit von öffentlich-rechtlichen Willenserklärungen am Beispiel der Nachbarunterschrift gem. Art. 73 Bay BO, DÖV 1990, 8-14

Heberlein, I. Wider den öffentlich-rechtlichen Vertrag?, DVBl. 1982, 763-769

Henke, W. Praktische Fragen des öffentlichen Vertragsrechts – Kooperationsverträge, DÖV 1985, 41-53

Hennecke, F. Informelles Verwaltungshandeln im Wirtschaftsverwaltungs- und Umweltrecht - Zwischenbilanz zur Erfassung eines seit zehn Jahren benannten Phänomens, Natur und Recht, 1991, 267-275

Henneke, H.-G. 30 Jahre LVwG, 20 Jahre VwVfG - Stabilität und Flexibilität des Verwaltungshandelns, DÖV 1997, 768-781

Henneke, H.-G. in Knack, Kommentar zum Verwaltungsverfahrensgesetz, Köln/Berlin/Bonn/München 1998

Herzog, R. Kommentar zum GG, in Maunz/Dürig, München 1999

Hesse, K. Grundzüge des Verfassungsrechts der Bundesrepublik Deutschland, 1996

Hilger, B. Handkommentar zum Bundes-Bodenschutzgesetz, Holzwarth/Radtke/ Hilger, Berlin 1998

Hill, H. Verfahrensermessen der Verwaltung, NVwZ 1985, 449-456

Hill, H. Rechtsstaatliche Bestimmtheit oder situationsgerechte Flexibilität des Verwaltungshandelns, DÖV 1987, 885-895

Hill, H. Das hoheitliche Moment im Verwaltungsrecht der Gegenwart, DVBl. 1989, 321-327

Hohmann, H. Einschränkungen der Kostentragungspflicht des Grundstückseigentümers beim Ablagern von Giftfässern, DVBl. 1984, 997-1001

Holl, H.-E. Aufgaben der Produkte innerhalb der Reform, VOP 1997, Heft 4, 12-15

Holzwarth, F. Handkommentar zum Bundes-Bodenschutzgesetz, Holzwarth/Radtke/ Hilger, Berlin 1998

Hoppe, W. Umweltrecht, Hoppe/Beckmann, München 1989

Horvath, P. Navigationshilfe Verwaltungscontrolling, Horvath/Becker, Die innovative Verwaltung 1995, Heft 6, 34-38

Horvath, P. Das Controllingkonzept, Horvath und Partner, München 1998

Israel, R. Grundlagen zur Einführung der Kosten- und Leistungsrechung, Israel/ Schneider, Die Neue Verwaltung, 1999, 9-13

Jann, W. Neues Steuerungsmodell, Handbuch zur Verwaltungsreform, v.Bandemer/Blanke/Nullmeier/Wewer (Hrsg.), Opladen 1998, 70-80

Jarass, H.-D. Der Vorbehalt des Gesetzes bei Subventionen, NVwZ 1984, 473-480

Jarass, H.-D. Effektivierung des Umweltschutzes gegenüber bestehenden Anlagen, DVBl. 1985, 193-199

Jarass, H.-D. Reichweite des Bestandsschutzes industrieller Anlagen gegenüber umweltrechtlichen Maßnahmen, DVBl. 1986, 314-321

Jarass, H.-D. Grundgesetz für die Bundesrepublik Deutschland, Kommentar, Jarass/Pieroth, München 1997

Jauck, E. Der Schutz des Grundwassers - eine ökologische Notwendigkeit, IWS-Schriftenreihe Bd. 23, Grundwassersanierung, Berlin 1995, 7-16

Jedlitschka, J. Erfordernis der Grundwassersanierung durch öffentlich-rechtlichen Sanierungsvertrag, IWS-Schriftenreihe Bd. 27, Grundwassersanierung, Berlin 1996, 38-47

Jedlitschka, J. Die neue Bodenschutzverordnung aus der Sicht des Grundwasserschutzes, Vorreyer/Jedlitschka, Bodenschutz 1999, 96-97

Kanther, M. Modernisierung der Bundesverwaltung, VOP 1996, Heft 5,6, 6-10

Kaufmann, F.-X. Zur historischen und aktuellen Entwicklung des europäischen Staates, Handbuch zur Verwaltungsreform, v.Bandemer/Blanke/Nullmeier/Wewer (Hrsg.), Opladen 1998, 11-18

Kessler, R. Die Vertragsstrafe im öffentlich-rechtlichen Vertrag, Kessler/Kortmann, DVBl. 1977, 690-692

Ketteler, G. Umweltrecht, Ketteler/Kippels, Verwaltung in Praxis und Wissenschaft, Banner/Pappermann (Hrsg.), Köln 1988

KGSt Das Neue Steuerungsmodell: Definition und Beschreibung von Produkten, Bericht Nr. 8/1994, Köln 1994

KGSt Produktbuch der Kommunalen Geschäftsstelle für Gemeinden, Städte und Kreise, Bericht Nr. 5/1997, Köln 1997

Kiel, M. Zur Praxis der Gefahrenbeurteilung in der Altlastenbearbeitung, Wöstmann/Kiel, altlasten spektrum 1999, 137-143

Kippels, K. Umweltrecht, Ketteler/Kippels, Verwaltung in Praxis und Wissenschaft, Banner/Pappermann (Hrsg.), Köln 1988

Kippes, S. Bargaining, Verwaltungswissenschaftliche Abhandlungen, Bd. 11, Köln/Berlin/Bonn/München 1995

Klie, T. Neues Steuerungsmodell und Bürgerschaftliches Engagement, Klie/Meysen, DÖV 1998, 452-459

Kloepfer, M. Zur Kodifikation des Allgemeinen Teils eines Umweltgesetzbuches (UGB-AT), Kloepfer/Kunig/Rehbinder/Schmidt-Aßmann, DVBl. 1991, 339-358

Kloepfer, M. Zu den neuen umweltrechtlichen Handlungsformen des Staates, JZ 1991, 737-744

Kloepfer, M. Selbstregulierung im Umwelt- und Technikrecht, Kloepfer/Elsner, DVBl. 1996, 964-975

Kloepfer, M. Der Umweltgesetzbuch-Entwurf der Sachverständigenkommission (UGB-KomE), Kloepfer/Durner, DVBl. 1997, 1081-1107

Kloepfer, M. Umweltrecht, München 1998

Kluth, W. Rechtsfragen der verwaltungsrechtlichen Willenserklärung, NVwZ 1990, 608-614

Knack, H.J. Kommentar zum Verwaltungsverfahrensgesetz, Köln/Berlin/Bonn/München 1998

Knopp, G.-M. Altlastensanierung und Grundwasserschutz aus der Sicht der Länderarbeitsgemeinschaft Wasser, IWS-Schriftenreihe Bd. 23, Grundwassersanierung, Berlin 1995, 23-26

Knopp, L. Grenzen der Kostentragung durch den Grundstückseigentümer bei Altlasten, BB 1989, 1425-1430

Knopp, L. Altlastenrecht in der Praxis, Herne/Berlin 1992

Knopp, L. Das neue Bundesbodenschutzgesetz und Altlasten, Knopp/Albrecht, BB 1998, 1853-1861

Knuth, A. Konkurrentenklage gegen einen öffentlich-rechtlichen Subventionsvertrag - OVG Münster, NVwZ 1984, 522, JuS 1986, 523-530

Kobes, S. Das Bundes-Bodenschutzgesetz, NVwZ 1998, 786-797

Koch, J. Die Vertragsstrafe im öffentlich-rechtlichen Vertrag am Beispiel von Ausbildungsförderungsverträgen, DÖV 1998, 141-148

König, K. "Neue" Verwaltung oder Verwaltungsmodernisierung: Verwaltungspolitik in den 90er Jahren, DÖV 1995, 349-358

König, K. Der Verwaltungsstaat in Deutschland, VerwArch. Bd. 88, 1997, 545-567

Kopp, F. Anmerkungen zu BAG 5 AZR 634/89, JZ 1991, 564-565

Kopp, F. Kommentar zum Verwaltungsverfahrensgesetz, mit Nachtrag von Ramsauer, München 1996

Kortmann, J. Die Vertragsstrafe im öffentlich-rechtlichen Vertrag, Kessler/Kortmann, DVBl. 1977, 690-692

Kothe, P. Die Verantwortlichkeit bei der Altlastensanierung, VerwArch. Bd. 88, 1997, 456-498

Kowalski, A. Zur Unterwerfung des Bürgers unter die sofortige Vollstreckung eines öffentlich-rechtlichenVertrages, § 61 I VwVfG, NVwZ 1992, 351-352

Kracht, H. Das untergesetzliche Regelwerk zum Kreislaufwirtschafts- und Abfallgesetz, Petersen/Stöhr/Kracht, DVBl. 1996, 1161-1170

Krause, P. Willensmängel bei mitwirkungsbedürftigen Verwaltungsakten und öffentlichrechtlichen Verträgen, JuS 1972, 425-430

Krebs, W. Konsensuales Verwaltungshandeln im Städtebaurecht, DÖV 1989, 969-975

Krüger, Die Auflage als Instrument der Wirtschaftsverwaltung DVBl. 1955, 380-387

Kunig, P. Aushandeln statt Entscheiden ?, Kunig/Rublack, Jura 1990, 1-11

Kunig, P. Zur Kodifikation des Allgemeinen Teils eines Umweltgesetzbuches (UGB-AT), Kloepfer/Kunig/Rehbinder/Schmidt-Aßmann, DVBl. 1991, 339-358

Kunig, P. Verträge und Absprachen zwischen Verwaltung und Privaten, DVBl. 1992, 1193-1203

Ladeur, K.-H. Die Zukunft des Verwaltungsaktes, VerwArch. Bd. 86, 1995, 511-530

Lang, S. Ziele und Prinzipien der Staatsmodernisierung, VOP 1999, Heft 1,2, 11-14

Lange, K. Die Abgrenzung des öffentlich-rechtlichen Vertrages vom privatrechtlichen Vertrag, NVwZ 1983, 313-322

Laubinger, H.W. Verwaltungsverfahrensrecht, Ule/Laubinger, Köln/Berlin/Bonn/München 1995

LAWA Stellungnahme der LAWA-Arbeitsgruppen "Wasserrecht" und "Grundwasserschutz und Wasserversorgung" zum Gutachten von Prof. Dr. Salzwedel zum Thema "Altlastensanierung und Grundwasserschutz", IWS-Schriftenreihe Bd. 21, Lühr (Hrsg.), Altlastenbehandlung, Berlin 1995, 71-80

Loitz, R. Gründe und Gestaltungsoptionen für ein kaufmännisches Rechnungswesen bei Gebietskörperschaften, Mühlen/Loitz, BB 1998, 578-585

Lorenz, D. Der Wegfall der Geschäftsgrundlage beim verwaltungsrechtlichen Vertrag, DVBl. 1997, 865-873

Lübbe-Wolff, G. Das Kooperationsprinzip im Umweltrecht - Rechtsgrundsatz oder Deckmantel des Vollzugsdefizits?, Benz/Seibel (Hrsg.), 1992, 209-232

Lühr, H.-P. Abschätzung des Transferverhaltens von Stoffen im ungesättigten und gesättigten Untergrund, IWS-Schriftenreihe Bd. 27, Grundwassersanierung, Lühr/Schulz-Terfloth/Balzereit/Wegener, Berlin 1996, 97-117

Maaß, R. Mediation in immissionsschutzrechtlichen Widerspruchsverfahren, VerwArch. Bd. 88, 1997, 701-714

Mache, H.-M. Umweltrecht, Herne/Berlin 1994

Maurer, H. Das Verwaltungsverfahrensgesetz des Bundes, JuS 1976, 485-497

Maurer, H. Der Verwaltungsvertrag - Probleme und Möglichkeiten, DVBl. 1989, 798-807

Maurer, H. Allgemeines Verwaltungsrecht, München 1999

Meiners, G. Bodenschutzverordnung - Ende der Beliebigkeit?, Bodenschutz 1999, 102-103

Meyer, H. Das neue öffentliche Vertragsrecht und die Leistungsstörungen, NJW 1977, 1705-1713

Meyer, H. Vertragsstrafe und Unterwerfungserklärung im öffentlichen Recht, JZ 1996, 78-83

Meyer, H., Borgs-Maciejewski, H. Kommentar zum Verwaltungsverfahrensgesetz, Frankfurt am Main 1982

Meyer-Hesemann, W. Die Zulässigkeit gesetzesinkongruenter verwaltungsrechtlicher Vergleichsverträge und Prozeßvergleiche, DVBl. 1980, 869-873

Meysen, T. Neues Steuerungsmodell und Bürgerschaftliches Engagement, Klie/Meysen, DÖV 1998, 452-459

Mühlen, M. Gründe und Gestaltungsoptionen für ein kaufmännisches Rechnungswesen bei Gebietskörperschaften, Mühlen/Loitz, BB 1998, 578-585

Müllmann, C. Altlastensanierung und Kooperationsprinzip - der öffentlichrechtliche Vertrag als Alternative zur Ordnungsverfügung, NVwZ 1994, 876-879

Murswiek, D. Freiheit und Freiwilligkeit im Umweltrecht, JZ 1988, 985-993

Murswiek, D. Staatsziel Umweltschutz (Art. 20a GG), NVwZ 1996, 222-230

Nau, H.-R. Verwaltungscontrolling für Einsteiger, Nau/Wallner, Freiburg 1998

Nolte, R. Die Rechtsnatur der Einigung im Vermögenszuordnungsrecht, Fehr/Nolte, VIZ 1997, 321-325

Niebelschütz, H. Neue Konzepte in der Umwelttechnik: Kopplung von physikochemischer Adsorption an polymere Adsorberharze mit einer nachgeschalteten biologischen Regeneration zur effizienten Grundwassersanierung, IWS-Schriftenreihe Bd. 27, Grundwassersanierung, Behrend/Niebelschütz, Berlin 1996, 118-129

Nierwetberg, R. Privatrechtliche Regeln im Öffentlichen Recht: Zinsen bei Erstattung vertraglicher Vorauszahlungen auf die Erschließungskosten?, NVwZ 1989, 535-539

Nisipeanu, P. Abwasserrecht, München 1991

Obermayer, K. Verwaltungsrecht im Wandel, NJW 1987, 2642-2647

Obermayer, K. Kommentar zum Verwaltungsverfahrensgesetz, Fritz (Hrsg.), Neuwied 1999

Oberrath, J.-D. Umweltrecht, Ludwigshafen 1996

Odensaß, M. Abschätzung des Stoffeintrages in das Grundwasser nach Bodenschutz- und Altlastenverordnung, Pfeifer/Odensaß/Schroers, altlasten spektrum 1999, 144-154

Oebbecke, J. Die staatliche Mitwirkung an gesetzesabwendenden Vereinbarungen, DVBl. 1986, 793-799

Oerder, M. Altlasten in der anwaltlichen Praxis, DVBl. 1992, 691-697

Oldiges, M. Richtlinien als Ordnungsrahmen der Subventionsverwaltung, NJW 1984, 1927-1936

Oppenländer, F. Auswirkung veränderter Verhältnisse auf den Zweckverband als Freiverband, Oppenländer/Dolde, DVBl. 1995, 637-648

Ossenbühl, F. Informelles Hoheitshandeln im Gesundheits- und Umweltschutz, Jahrbuch des Umwelt- und Technikrechts, 1987, 27-48

Ossenbühl, F. Verzicht, Verwirkung und Verjährung als Korrektive einer polizeilichen Ewigkeitshaftung, NVwZ 1995, 547-550

Palandt, Kommentar zum BGB, München 1995

Pape, K.A. Die Bewältigung von Altlasten in der Praxis, NJW 1994, 409-413

Papier, H.-J. Altlasten und polizeiliche Störerhaftung, DVBl. 1985, 873-879

Papier, H.-J. Die Verantwortlichkeit für Altlasten im öffentlichen Recht, NVwZ 1986, 256-263

Papier, H.-J. Empfehlen sich ergänzende gesetzliche oder untergesetzliche Regelungen der Altlasten, und welchen Inhalt sollen sie haben?, JZ 1994, 810-822

Paßlick, H. Altlasten aus Sicht der Eingriffsverwaltung und der Bauleitplanung, DVBl. 1992, 674-682

Peine, F.-J. Risikoabschätzung im Bodenschutz, DVBl. 1998, 157-164

Petersen, F. Konzeption für ein Bundes-Bodenschutzgesetz, Rid/Petersen, NVwZ 1994, 844-849

Petersen, F. Das untergesetzliche Regelwerk zum Kreislaufwirtschafts- und Abfallgesetz, Petersen/Stöhr/Kracht, DVBl. 1996, 1161-1170

Pfeifer, F. Abschätzung des Stoffeintrages in das Grundwasser nach Bodenschutz- und Altlastenverordnung, Pfeifer/Odensaß/Schroers, altlasten spektrum 1999, 144-154

Pieroth, B. Grundgesetz für die Bundesrepublik Deutschland, Kommentar, Jarass/Pieroth, München 1997

Pitschas, R. Struktur- und Funktionswandel der Aufsicht im Neuen Verwaltungsmanagement, DÖV 1998, 907-915

Precht, C. Public Management, Damkowski/Precht, Stuttgart 1995

Pützenbacher, S. Der Ausgleichsanspruch nach § 24 II BBodSchG, NJW 1999, 1137-1142

Rat der Sachverständigen für Umweltfragen Auszüge aus dem Sondergutachten "Altlasten II", IWS-Schriftenreihe Bd. 21, Lühr (Hrsg.), Altlastenbehandlung, Berlin 1995, 9-22

Rehbinder, E. Zur Kodifikation des Allgemeinen Teils eines Umweltgesetzbuches (UGB-AT), Kloepfer/Kunig/Rehbinder/Schmidt-Aßmann, DVBl. 1991, 339-358

Reißig, S. Kosten- und Leistungsrechnung, Die Neue Verwaltung 1999, 13-15

Renck, L. Bestandskraft verwaltungsrechtlicher Verträge?, NJW 1970, 737-741

Rid, U. Konzeption für ein Bundes-Bodenschutzgesetz, Rid/Petersen, NVwZ 1994, 844-849

Rosenbach, H.J. Elektronische Datenverarbeitung und das Verwaltungsverfahrensgesetz, NWVBl. 1997, 326-330

Rublack, S. Aushandeln statt Entscheiden?, Kunig/Rublack, Jura 1990, 1-11

Sachs, M. "Volenti non fit iniuria", VerwArch. Bd. 76, 1985, 398-426

Salzwedel, J. Altlastensanierung und Grundwasserschutz, IWS-Schriftenreihe Bd. 21, Altlastenbehandlung, Lühr (Hrsg.), Berlin 1995, 27-70

Salzwedel, J. Das Bewirtschaftungskonzept als Grundlage zur Gefährdungsabschätzung und Sanierung, IWS-Schriftenreihe Bd. 23, Grundwassersanierung 1995, 17-22

Salzwedel, J. Das Bewirtschaftungskonzept der Wasserbehörde als Steuerungsinstrument für die Planung der Verhältnismäßigkeit einer Altlast im Einzelfall, IWS-Schriftenreihe Bd. 27, Grundwassersanierung 1996, 19-25

Sanden, J. Konsequenzen aus dem Bundes-Bodenschutzgesetz für die Grundwasserdsanierung, IWS-Schriftenreihe Bd. 27, Grundwassersanierung 1996, 7-18

Schenke, W.-R. Der rechtswidrige Verwaltungsvertrag nach dem Verwaltungsverfahrensgesetz, JuS 1977, 281-292

Scherer, J. Rechtsprobleme normersetzender "Absprachen" zwischen Staat und Wirtschaft am Beispiel des Umweltrechts, DÖV 1991, 1-7

Scherzberg, A. Grundfragen des verwaltungsrechtlichen Vertrages, JuS 1992, 205-215

Schilling, T. Die Vertragsstrafe in Verträgen mit der öffentlichen Hand, VerwArch. Bd. 85, 1994, 226-250

Schilling, T. Der "unfreiwillige" Vertrag mit der öffentlichen Hand, VerwArch. Bd. 87, 1996, 191-211

Schink, A. Wasserrechtliche Probleme der Sanierung von Altlasten, DVBl. 1986, 161-170

Schink, A. Rechtsfragen der Altlastensanierung in den neuen Bundesländern, Systematische Darstellung IX, 1-59, Rechtshandbuch Vermögen und Investitionen in der ehemaligen DDR, München 1996

Schink, A. Der neue Abfallbegriff und seine Folgen, VerwArch. Bd. 88, 1997, 230-264

Schink, A. Kodifikation des Umweltrechts, DÖV 1999, 1-12

Schlabach, E. Die Rechtsnachfolge beim Verhaltensstörer, Schlabach/Simon, NVwZ 1992, 143-146

Schleicher, H. Das Verwaltungsverfahrensgesetz des Bundes, DÖV 1976, 550-555

Schlemminger, H. Die Gestaltung von Grundstückskaufverträgen bei festgestellten Altlasten oder Altlastenverdacht, BB 1991, 1433-1439

Schmidt, A. Rückzug des Ordnungsrechts im Umweltschutz, Berichte über das 14. Trierer Kolloquium zum Umwelt- und Technikrecht, DVBl. 1998, 1271-1276

Schmidt-Aßmann, E. Zur Kodifikation des Allgemeinen Teils eines Umweltgesetzbuches (UGB-AT), Kloepfer/Kunig/Rehbinder/Schmidt-Aßmann, DVBl. 1991, 339-358

Schmidt-Jortzig, E. Aktuelle Aspekte der kommunalen Haftung für Altlasten, DÖV 1991, 758-762

Schmitt, T. Selbstverpflichtungen und Umweltvereinbarungen - rechtlich gangbarer Königsweg deutscher und europäischer Umweltpolitik?, Fluck/Schmitt, VerwArch. Bd. 89, 1998, 220-263

Schmitz, H. Das Genehmigungsverfahrensbeschleunigungsgesetz - Neue Regelungen im Verwaltungsverfahrensgesetz und der Wirtschaftsstandort Deutschland, Schmitz/Wessendorf, NVwZ 1996, 955-962

Schneider, J.-P. Kooperative Verwaltungsverfahren, VerwArch. Bd. 87, 1996, 38-67

Schneider, C. Grundlagen zur Einführung der Kosten- und Leistungsrechnung, Israel/Schneider, Die Neue Verwaltung, 1999, 9-13

Schröder, M. Konsensuale Instrumente des Umweltschutzrechts, NVwZ 1998, 1011-1016

Schroers, S. Abschätzung des Stoffeintrages in das Grundwasser nach Bodenschutz- und Altlastenverordnung, Pfeifer/Odensaß/Schroers, altlasten spektrum 1999, 144-154

Schulte, M. Informales Verwaltungshandeln als Mittel staatlicher Umwelt- und Gesundheitspflege, DVBl. 1988, 512-520

Schulze-Fielitz, H. Kooperatives Recht im Spannungsfeld von Rechtsstaatsprinzip und Verfahrensökonomie, DVBl. 1994, 657-667

Schulz-Terfloth, G. Abschätzung des Transferverhaltens von Stoffen im ungesättigten und gesättigten Untergrund, IWS-Schriftenreihe Bd. 27, Grundwassersanierung, Lühr/Schulz-Terfloth/Balzereit/Wegener, Berlin 1996, 97-117

Schweikl, R. Umweltrecht aus einem Guß, BB 1997, 2123-2127

Schwerdtner, E. Die Lastenverteilung unter mehreren Störern, NVwZ 1992, 141-143

Seibert, M.-J. Altlasten in der verwaltungsgerichtlichen Rechtsprechung, DVBl. 1998, 664-673

Sendler, H. Stand der Überlegungen zum Umweltgesetzbuch, NVwZ 1996, 1145-1151

Sieder, Zeitler, Dahme, Kommentar zum Wasserhaushaltsgesetz, 1996

Siegmund, Handbuch Verwaltungsverfahren und Verwaltungsprozeßrecht, Brandt/Sachs (Hrsg.), Stuttgart/München/ Hannover/Berlin/Weimar/Dresden 1999

Simon, A. Die Rechtsnachfolge beim Verhaltensstörer, Schlabach/Simon, NVwZ 1992, 143-146

Sondermann, W.D. Kritische Würdigung der Ergebnisse des Deutschen Juristentages 1994 unter Berücksichtigung der Bodensanierung in einem künftigen Bodenschutzgesetz, IWS-Schriftenreihe Bd. 23, Grundwassersanierung, Berlin 1995, 27-40

Sparwasser, R. Umweltrecht, Bender/Sparwasser, Heidelberg 1995

Spieth, W.F. Zur Risikominimierung bei der Wiedernutzbarmachung von kontaminierten Industriebrachen und komplexen Grundwassersanierungen, altlasten spektrum 1996, 163-172

Spieth, W.F. Risikominimierung bei der Grundwassersanierung durch öffentlich-rechtlichen Sanierungsvertrag, IWS-Schriften-reihe Bd. 27, Grundwassersanierung, Berlin 1996, 38-47

Staupe, J. Individualrechtliche Haftung für Altlasten, Staupe/Dieckmann, 154-177, Altlasten, Brandt (Hrsg.), Taunusstein 1993

Stelkens, P. Bonk, H.J., Sachs, M. Kommentar zum Verwaltungsverfahrensgesetz, München 1998

Stöhr, G. Das untergesetzliche Regelwerk zum Kreislaufwirtschafts- und Abfallgesetz, Petersen/Stöhr/Kracht, DVBl. 1996, 1161-1170

Storm, P.-C. Umweltrecht, Berlin 1995

Storm, P.-C. Umweltgesetzbuch (UGB-KomE): Einsichten in ein Jahrhundertwerk, NVwZ 1999, 35-40

Tiedemann, P. Der Vergleichsvertrag im kommunalen Abgabenrecht, DÖV 1996, 594-604

UGB-KomE Entwurf der Unabhängigen Sachverständigenkommission zum Umweltgesetzbuch beim Bundesministerium für Umwelt, Naturschutz und Reaktorsicherheit, Bundesministerium für Umwelt, Naturschutz und Reaktorsicherheit (Hrsg.), Sendler/Kloepfer/Bulling/Gaentzsch/Johann/Schweikl/Sellner/Winter, Berlin 1998

UGB-ProfE Berichte des Umweltbundesamtes 7/90 mit Begründung, 4/94, Kloepfer/Rehbinder/Schmidt- Aßmann/Kunig, UGB-ProfE AT, Jarass/Kloepfer/Kunig/ Papier/ Rehbinder/Salzwedel/Schmidt-Aßmann, UGB-ProfE BT, Texte 66/95

Uhle, A. Das Staatsziel "Umweltschutz" und das Sozialstaatsprinzip im verfassungsrechtlichen Vergleich, JuS 1996, 96-103

Ule, C. Verwaltungsverfahrensrecht, Ule/Laubinger, Köln/Berlin/Bonn/München 1995

Umweltbundesamt Forschungsvorhaben: Erfassung und Sanierung der Belastung von Böden und Wässern durch Holzschutzmittel, Teilvorhaben I, 1995, BMBF, 1993

Versteyl, L.-A. Änderungen des Abfallrechts, Versteyl/ Wendenburg, NVwZ 1994, 833-843

Versteyl, L.-A. Änderungen des Abfallrechts: Aktuelles zum Kreislaufwirtschafts- und Abfallgesetz sowie dem untergesetzlichen Regelwerk, Versteyl/Wendenburg, NVwZ 1996, 937-949

Vierhaus, H.-P. Das Bundes-Bodenschutzgesetz, NJW 1998, 1262-1269

Vorreyer, C. Die neue Bodenschutzverordnung aus der Sicht des Grundwasserschutzes, Vorreyer/Jedlitschka, Bodenschutz 1999, 96-97

Wacke, G. Gefahrenabwehr, Drews/Wacke/Vogel/Martens, Köln/Berlin/Bonn/München 1986

Wächter, G. Praktische Fragen der Gestaltung und Auslegung von Altlastenklauseln in Grundstücks- und Unternehmenskaufverträgen, NJW 1997, 2073-2080

Waechter, K. Polizeiliches Ermessen zwischen Planungsermessen und Auswahlermessen, VerwArch. Bd. 88, 1997, 298-333

Wallner, G. Verwaltungscontrolling für Einsteiger, Nau/Wallner, Freiburg 1998

Wegener, I. Abschätzung des Transferverhaltens von Stoffen im ungesättigten und gesättigten Untergrund, IWS-Schriftenreihe Bd. 27, Grundwassersanierung, Lühr/ Schulz-Terfloth/Balzereit/Wegener, Berlin 1996, 97-117

Weihrauch, O. Verwaltungsrechtlicher Vertrag und Urkundeneinheit, VerwArch. Bd. 82, 1991, 543-564

Wendenburg, H. Änderungen des Abfallrechts, Versteyl/Wendenburg, NVwZ 1994, 833-843

Wendenburg, H. Änderungen des Abfallrechts: Aktuelles zum Kreislaufwirtschafts- und Abfallgesetz sowie dem untergesetzlichen Regelwerk, Versteyl/Wendenburg, NVwZ 1996, 937-949

Wessendorf, F. Das Genehmigungsverfahrensbeschleunigungsgesetz - Neue Regelungen im Verwaltungsverfahrensgesetz und der Wirtschaftsstandort Deutschland, Schmitz/Wessendorf, NVwZ 1996, 955-962

Wöstmann, U. Zur Praxis der Gefahrenbeurteilung in der Altlastenbearbeitung, Wöstmann/Kiel, altlasten spektrum 1999, 137-143

Würtenberger, T. Akzeptanz durch Verwaltungsverfahren, NJW 1991, 257-263

Ziehm, H. Die Störerverantwortlichkeit für Boden- und Wasserverunreinigungen, Schriften zum Umweltrecht Bd. 12, Kloepfer (Hrsg.), Berlin 1989

Abkürzungsverzeichnis

a.A.	anderer Ansicht
aaO.	am angegebenen Ort
AbwAG	Abwasserabgabegesetz
Abl.	Amtsblatt
Abs.	Absatz
ÄndG	Änderungsgesetz
Anm.	Anmerkung
Art.	Artikel
AT	Allgemeiner Teil
BauGB	Baugesetzbuch
BB	Betriebsberater
BBodSchG	Bundes-Bodenschutzgesetz
BBodSchV	Bundes-Bodenschutz- und Altlastenverordnung
Bd.	Band
Begr.	Begründung
BGB	Bürgerliches Gesetzbuch
BGBl.	Bundesgesetzblatt
BGH	Bundesgerichtshof
BHO	Bundeshaushaltsordnung
BimSchG	Bundes-Immissionsschutzgesetz
BT	Besonderer Teil
BVerfG	Bundesverfassungsgericht
BVerfGE	Entscheidung des Bundesverfassungsgerichts
bzw.	beziehungsweise
ca.	circa
d.h.	das heißt
DÖV	Die Öffentliche Verwaltung

Drs.	Drucksache
DVBl.	Deutsches Verwaltungsblatt
E	Entscheidung
EG	Europäische Gemeinschaften
EuGH	Gerichtshof der Europäischen Gemeinschaften
f.	folgend
ff.	folgende Seiten
Fn.	Fußnote
G.	Gesetz
gem.	gemäß
Gem. Sen.	Gemeinsamer Senat
GG	Grundgesetz für die Bundesrepublik Deutschland
h.A.	herrschende Auffassung
h.M.	herrschende Meinung
HGrG	Haushaltsgrundsätzegesetz
Hrsg.	Herausgeber
i.d.R.	in der Regel
i.S.	im Sinne
i.S.d.	im Sinne des
i.V.m.	in Verbindung mit
i.w.S.	im weiteren Sinne
JA	Juristische Arbeitsblätter
Jura	Juristische Ausbildung
JuS	Juristische Schulung
JZ	Juristenzeitung
KGSt	Kommunale Gemeinschaftsstelle
KLR	Kosten- und Leistungsrechnung
KrW-/AbfG	Kreislaufwirtschafts- und Abfallgesetz
LAWA	Länderarbeitsgemeinschaft Wasser
LWG	Landeswassergesetz

m.w.Nw.	mit weiteren Nachweisen
NJW	Neue Juristische Wochenschrift
NuR	Natur und Recht
NVwZ	Neue Zeitschrift für Verwaltungsrecht
NW	Nordrhein-Westfalen
NWVBl	Verwaltungsblätter für das Land Nordrhein-Westfalen
o.ä.	oder ähnliche
OLG	Oberlandesgericht
OVG	Oberverwaltungsgericht
PflSchG	Pflanzenschutzgesetz
Rdnr.	Randnummer
S.	Seite
UGB	Umweltgesetzbuch
u.U.	unter Umständen
UVP	Umweltverträglichkeitsprüfung
v.	von
VerwArch.	Verwaltungsarchiv
VGH	Verwaltungsgerichtshof
vgl.	vergleiche
VO	Verordnung
VOP	Verwaltung, Organisation, Personal
Vorbem.	Vorbemerkung
VwVfG	Verwaltungsverfahrensgesetz
WHG	Wasserhaushaltsgesetz
Z	Zivilsachen
z.B.	zum Beispiel
ZfW	Zeitschrift für Wasserrecht

FSC
www.fsc.org
MIX
Papier | Fördert
gute Waldnutzung
FSC® C083411

Kolibri 360 GmbH
Ferdinand-Jühlke-Straße 7
99095 Erfurt, Deutschland
produktsicherheit@kolibri360.de

Druck:
CPI Druckdienstleistungen GmbH
im Auftrag der
Kolibri 360 GmbH
Ferdinand-Jühlke-Str. 7
99095 Erfurt